交通版 高等学校土木工程专业规划教材
JIAOTONGBAN GAODENG XUEXIAO TUMU GONGCHENG ZHUANYE GUIHUA JIAOCAI

高层建筑结构设计

Gaoceng Jianzhu Jiegou Sheji

张世海　张有才　薛　茹　主编
郭院成　主审

人民交通出版社
China Communications Press

内 容 提 要

本书是土木工程专业建筑工程方向的一门十分重要的专业课，也是一门理论与实际联系密切，多学科综合的专业限选课。内容安排上注重实用性、系统性和全面性，并注重建筑结构体型对结构整体性能影响的分析。

本书共十章，首先从整体上对高层建筑分类及其发展作以阐述，其后介绍了高层结构系统及其分类与受力特点、高层建筑结构选型与结构布置、结构上的作用与结构设计原则、结构分析方法，以及常用的高层钢筋混凝土框架、剪力墙、框架—剪力墙、筒体结构与高层钢结构、高层钢—混凝土组合结构和高层建筑结构基础设计与分析方法，上述内容体现我国有关现行规范、规程和有关规定的要求。同时，本书也列举了有关的工程实例和实用图表，可供读者及有关设计人员参考。通过本书的学习，力求使学生了解和掌握高层建筑结构设计过程中的有关设计内容和关键设计问题与方法。本书可作为高等学校土木工程专业的教科书，还可供工程设计人员及科研人员参考。

图书在版编目（CIP）数据

高层建筑结构设计/张世海等主编 .—北京：人民交通出版社，2007.8

ISBN 978-7-114-06649-8

Ⅰ. 高… Ⅱ. 张… Ⅲ. 高层建筑－结构设计－高等学校－教材 Ⅳ. TU973

中国版本图书馆 CIP 数据核字（2007）第 093977 号

书　　名： 高层建筑结构设计
著 作 者： 张世海　张有才　薛　茹
责任编辑： 张征宇　赵瑞琴
出版发行： 人民交通出版社
地　　址：（100011）北京市朝阳区安定门外外馆斜街3号
网　　址： http：//www.ccpress.com.cn
销售电话：（010）59757969，59757973
总 经 销： 人民交通出版社发行部
经　　销： 各地新华书店
印　　刷： 北京交通印务实业公司
开　　本： 787×1092　1/16
印　　张： 18
字　　数： 451千
版　　次： 2007年8月　第1版
印　　次： 2011年8月　第2次印刷
书　　号： ISBN 978-7-114-06649-8
印　　数： 3001-4000册
定　　价： 32.00元

交通版

高等学校土木工程专业规划教材

编委会

序

XU

随着科学技术的迅猛发展、全球经济一体化趋势的进一步加强以及国力竞争的日趋激烈，作为实施“科教兴国”战略重要战线的高等学校，面临着新的机遇与挑战。高等教育战线按照“巩固、深化、提高、发展”的方针，着力提高高等教育的水平和质量，取得了举世瞩目的成就，实现了改革和发展的历史性跨越。

在这个前所未有的发展时期，高等学校的土木类教材建设也取得了很大成绩，出版了许多优秀教材，但在满足不同层次的院校和不同层次的学生需求方面，还存在较大的差距，部分教材尚未能反映最新颁布的规范内容。为了配合高等学校的教学改革和教材建设，体现高等学校在教材建设上的特色和优势，满足高校及社会对土木类专业教材的多层次要求，适应我国国民经济建设的最新形势，人民交通出版社组织了全国二十余所高等学校编写“交通版高等学校土木工程专业规划教材”，并于2004年9月在重庆召开了第一次编写工作会议，确定了教材编写的总体思路，于2004年11月在北京召开了第二次编写工作会议，全面审定了各门教材的编写大纲。在编者和出版社的共同努力下，目前这套规划教材已陆续出版。

这套教材包括“土木工程概论”、“建筑工程施工”等31门课程，涵盖了土木工程专业的专业基础课和专业课的主要系列课程。这套教材的编写原则是“厚基础、重能力、求创新，以培养应用型人才为主”，强调结合新规范、增大例题、图解等内容的比例并适当反映本学科领域的新发展，力求通俗易懂、图文并茂；其中对专业基础课要求理论体系完整、严密、适度，兼顾各专业方向，应达到教育部和专业教学指导委员会的规定要求；对专业课要体现出“重应用”及“加强创新能力和工程素质培养”的特色，保证知识体系的完整性、准确性、正确性和适应性，专业课教材原则上按课群组划分不同专业方向分别考虑，不在一本教材中体现多专业内容。

反映土木工程领域的最新技术发展、符合我国国情、与现有教材相比具有明显特色是这套教材所力求达到的，在各相关院校及所有编审人员的共同努力下，交通版高等学校土木工程专业规划教材必将对我国高等学校土木工程专业建设起到重要的促进作用。

交通版高等学校土木工程专业规划教材编审委员会

人民交通出版社

前言

QIANYAN

20世纪90年代以来，我国随着经济建设的持续发展，高层建筑也得到了迅速发展。高层建筑从过去的沿海几个大城市发展到遍及全国的大中城市，建筑功能从旅馆、办公楼发展到住宅、公寓、商业、文教、科研、交通、通信、电视、展览和图书馆等多种建筑功能用房，并建成了一批综合性的多功能大楼，且数量、层数、高度有日益增加之趋势，这就要求土木工程专业学生必须掌握高层建筑结构设计方法。为适应新形势下复合型高等土木工程人才和实际工程设计的需要，根据全国高等学校土木工程专业指导委员会关于该课程教学大纲的要求及我国现行的相关规范和规程，编写了本书。

本书是土木工程专业建筑工程方向的一门十分重要的专业课，也是一门理论与实际联系密切，多学科综合的专业限选课。内容安排上注重实用性、系统性和全面性，并注重建筑结构体型对结构整体性能影响的分析。学好这门课程需要学生具备材料力学、结构力学、钢结构、地基基础、房屋建筑学、钢筋混凝土结构设计原理、建筑结构抗震设计等前期多门课程知识，用这些课程知识来综合解决高层结构设计问题，使学生在较短时间内转变传统多层建筑结构设计思维模式，掌握常用高层结构的特征及其结构设计方法、并达到综合利用多门前置课程知识，从整个高层建筑结构设计过程和整个结构系统的层次上来分析解决高层结构设计所遇到的建筑结构选型、结构布置、构件选择、荷载与内力分析、构件设计、构造措施与方法等有关方面问题的能力。

本书共十章，首先从整体上对高层建筑分类及其发展作以阐述，其后介绍了高层结构系统及其分类与受力特点、高层建筑结构选型与结构布置、结构上的作用与结构设计原则、结构分析方法，以及常用的高层钢筋混凝土框架、剪力墙、框架—剪力墙、筒体结构与高层钢结构、高层钢—混凝土组合结构和高层建筑结构基础设计与分析方法，上述内容体现我国有关现行规范、规程和有关规定的要求。同时，本书也列举了有关的工程实例和使用图表，可供读者及有关设计人员参考。力求通过本书的学习，使学生了解和掌握高层建筑结构设计过程中的有关设计内容和关键设计问题与方法。本书可作为高等学校土木工程专业的教科书，还可供工程设计人员及科研人员参考。

本书由河南理工大学张有才教授和南阳理工学院张世海博士编写第一章，南阳理工学院张世忠编写第二章，南阳理工学院张世忠编写第三章，南阳理工学院张世海和陈孝珍博士编写第四、第五章，河南理工大学丁亚红博士编写第六章，河南理工大学李婕博士编写第七章，郑州航空工业管理学院薛茹教授编写第八、第十章，河南理工大学胡春红博士编写第九章。由张有才教授和张世海博士负责制订编写大纲并进行统稿。郑州大学郭院成教授审阅了全部书稿，并提出了很多宝贵的建议和具体的修改意见，这里再次表示衷心感谢。

由于编写时间仓促及编者水平所限，书中错误和不当之处，恳请读者批评指正。

编　者

目录 MULU

第一章 绪论

DIYIZHANG

第一节 高层建筑及分类

一、高层建筑定义

高层建筑一般是指与低层和多层建筑相比,层数多、高度大的建筑。我国《高层建筑混凝土结构技术规程》(JGJ 3—2002)规定,10 层及 10 层以上或房屋高度大于 28m 的建筑物为高层建筑;我国《高层民用建筑设计防火规范》(GB 50045—95)中规定,10 层及 10 层以上的住宅和建筑高度超过 24m 的公共建筑为高层建筑,其划分原则是以中国消防车供水能力等为依据;美国规定高度在 7 层以上或 25m 以上的建筑物为高层建筑;英国规定 24.3m 以上的建筑物为高层建筑;法国规定居住建筑高度在 50m 以上,其他建筑高度 28m 以上的建筑为高层建筑。

二、高层建筑的分类

按不同的分类标准或分类指标可对高层建筑进行不同的分类,同时,有时即使采用相同的分类标准或分类指标,不同国家或不同时期,其分类规定亦不相同,目前国际上还没有统一的高层建筑划分标准。以下给出高层建筑的几种分类方法。

1. 按层数和高度分类

国际上按建筑的高度与层数可将高层建筑分为:低高层(40 层或 152m 高度以下)、高层、超高层(100 层或 365m 高度以上)等 3 类。据联合国教科文组织所属的世界高层建筑委员会建议,一般将高层建筑划分为以下 4 类:第一类高层建筑为 9~16 层,高度不超过 50m;第二类高层建筑为 17~25 层,高度不超过 75m;第三类高层建筑为 26~40 层,高度不超过 100m;第四类高层建筑为 40 层以上,高度超过 100m。日本规定,8 层以上或高度超过 31m 的建筑为高层建筑,30 层以上的旅馆、办公楼和 20 层以上的住宅定为超高层建筑等。

2. 按高层建筑功能分类

按建筑的主要使用功能,可将高层建筑分为住宅类、旅馆类、办公类和综合类等。

3. 按高层建筑建筑结构材料分类

按高层建筑结构材料的不同，可将建筑分为钢筋混凝土类高层建筑、钢结构类高层建筑、钢—混凝土混合结构类高层建筑等。同样，也可按结构体系或施工方法等进行分类。

第二节　高层建筑产生与发展

一、高层建筑产生与发展的原因与动力

从古代的各类寺塔到今天的各类现代高层建筑，人类对高层建筑的探索与实践一直没有停止。特别是近年来，随着社会经济与现代科技的发展，高层建筑已经成为各国各级政府解决现代城市问题的重要手段之一，高层建筑已经成了城市和时代的标志和象征，其美学价值与广告效应也将成为城市的重要文化财富，高层建筑与现代城市的关系日益密切。特别是近30多年，世界各地兴建的各式各样高楼，如同雨后春笋，在许多大中城市中拔地而起。其规模之大，数量之多，技术之先进，形式之多样，外观之新颖，让人惊叹称奇。导致高层建筑产生发展及其近几十年内得到快速发展的原因较多，其主要原因可概括为以下几个方面。

(1)社会的需求是高层建筑产生与发展的源动力。如古代军事战争、宗教、瞭望、皇权象征等的需要，导致了古代高层塔、寺的产生与发展；又如18世纪末的产业革命，带来了生产力的飞速发展和经济繁荣，大工业的兴起促使人口向城市集中，造成城市用地紧张，地价高涨，为了缓解城市用地紧张的矛盾，就要在较小的场地范围内，建造出更多的建筑使用空间或建筑面积，迫使建筑物不得不向空中延伸，由低层发展到多层，又由多层发展为高层。人类社会不断提高的需求是高层建筑产生与发展的最直接原因。

(2)高层建筑建设经验的积累与技术的进步、新型建筑材料、结构体系、设计理论方法与手段的产生及其在高层建筑结构设计、施工与运行中的应用，为高层建筑向更高的高度和更多的层数发展提供了可能，并奠定了物资与技术基础。如1850年水泥的问世并开始生产、1890开始采用回转窑进行大规模生产，1859年转炉炼钢新方法的出现，1861年钢筋混凝土的出现，1857年电梯的发明及其于1880年在工程中的应用，为高层建筑的发展提供了可能。特别是近几十年来科学技术的快速发展，出现了多种轻质高强建筑材料和多种新型高效的结构体系，创造出了先进的施工技术和机械设备，提供了高速电梯、空调、防火、自控等自动化、现代化设施，再加上计算机技术在工程分析设计中的应用等，为高层建筑向更高更复杂的方向发展提供了更加充分的条件。

(3)现代化城市建设的要求。一方面，高层建筑可以增加人们的聚集密度，缩短相互联系的距离，水平交通与竖向交通相结合，使人们在城市中活动的分布走向空间化，节约了时间，增加了效率。另一方面，在建筑面积与场地面积相同的条件下，高层建筑比低层和多层建筑能够提供更多的自由地面。利用它可进行场地与环境的绿化或用作活动和休息场地，有利于美化城市环境，并给房屋带来更充足的日照、采光和通风效果。其三，从城市建设角度来看，建筑物向高空发展，可以充分利用城市土地资源，减小城市平面规模，缩短城市道路和各种公用管线的长度等市政工程费和复杂地形处理费，减少拆迁费，节约城市建设投资，提高城市社会综合效益，缓解因城市化进程加快而带来的城市快速膨胀及城市房屋的严峻供需矛盾，改善城市环境与调节心理等城市社会性问题。其四，高层建筑已成为现代化城市建设和发展的重要标志

和象征，现代建筑思潮的倡导者，为高层建筑发展建立了理论基础，现代结构工程学科在工程结构新材料、新技术、新工艺、新结构体系型式以及先进的分析计算方法和手段等方面的发展，为各类更高和更复杂高层建筑结构设计与建造，提供了技术上的支持，也为增加高层建筑的使用功能和适用性奠定了基础。

(4)高层建筑工程建设的高度与层数及其复杂程度，已成为衡量一个国家、地区和部门设计水平、建设能力以及工程创新和竞争能力的决定性因素。

二、高层建筑的产生与发展

从古代的高层塔、寺到今天的现代化高层建筑，高层建筑经历了孕育、产生与发展等发展阶段后，今天已进入到了快速发展的繁荣期。以下简要介绍各发展时期的特征。

1. 孕育期(古代)

早在远古时代，人类在建筑方面就有着向高空发展的愿望和需要。在我国，早在汉武帝时代，长安城内就已经出现了不少较高的木结构楼阁。公元520年，在河南登封县，用砖砌筒体和木楼板建造的嵩岳寺塔，共10层，高约40m。公元704年(唐代)在西安建造的大雁塔，为砖砌塔身，木楼板，共7层，总高64m。河北省定县开元寺的瞭敌塔，建于公元1001～1055年(北宋咸平年间)，用于监视敌情，其平面为正八边形，底部边长为9.8m，采取砖砌双层筒体系，外筒壁厚3m，共11层，总高82m。公元1056年在山西省应县佛宫寺内建造的释迦塔，是迄今保存得最完好的最古最大的木塔，是一座正八边形的木结构塔楼，共9层，高达67m。

在西方，上古时期的七大建筑奇迹中，就有两座是高层建筑。一座是公元前338年巴比伦国王在巴比伦城建造的巴贝尔(tower of babel)，塔高90m。据说，当时建塔的动机是要在高空中形成葱翠的花园，以取悦皇后。另一座是埃及亚历山大港的灯塔，建于公元前280年，塔身高约150m，塔身用料石砌筑，塔顶常年燃点烽火，作为航标。据考证，公元80年的古罗马时代，欧洲的城市中，已经建造了采用砖墙承重的10层楼房。

这一时期的高层构筑物主要是纪念性或功能性建筑，所采用的材料主要是天然的木、石及烧制的黏土砖等，材料强度低，承重构件尺度较大，使用面积小，虽然这一时期以寺塔等为主的建筑缺乏理论指导，主要是由能工巧匠根据经验进行建造，高度也较低，一般不具有居住生活等功能，但正是这一时期人们对高层寺塔的建设探索与实践，积累了高层构筑物的建设经验，孕育了以后高层建筑的产生与发展。

2. 产生或萌芽期(近代，19世纪初至19世纪末)

19世纪随着工业的发展，人口向城市集中，用地逐渐紧张，这一形势要求在城市里建造高楼。不过，在19世纪初，由于主要建筑材料依旧是砖、石和木材，因而当时建造的大多数高楼，仍摆脱不开古老的承重墙体系。例如，1819年美国芝加哥市建造的一幢16层Monadnock大楼，就是采用砖承重墙体系，底部8层砖墙的厚度竟达1.8m。

这一时期，在设计理论方面，纳维于1825年建立了结构设计的容许应力法，里特尔于19世纪末建立了极限平衡概念，麦可韦尔于1854年提出了优化的思想，19世纪后期惠普尔和克拉伯龙先后提出了桁架计算理论和连续梁计算方法，以后麦可斯韦于1864年提出了超静定结构的力法方程，1874～1885年莫尔发展了利用虚位移原理求位移的理论。在材料与结构技术方面，水泥、混凝土产生，转炉炼钢新方法出现，钢铁产量开始增加，电梯出现并在工程中开始应用。上述设计理论与建筑技术的进步,使19世纪开始产生采用钢铁材料制作的框架承重结构体系,如1801年在英国曼彻斯特建成的一座7层棉纺厂房,厂房内部采用铸铁框架承重,而且框架梁第一次采用工字形截面,以及1854年在美国长岛黑港采用熟铁框架建造了一座灯塔。19世纪后期,在美国芝加哥则相继建成不少高楼,如1883年建造的11层保险公司大楼,是采用由生铁柱和熟铁梁所构成的框架来承担全部荷载,外围砖墙仅是自承重墙,就结构而论,这一幢大楼可以说是近代高楼的始祖,又如1889年建造的9层Second Rand Menally大楼,则是世界上第一幢采用全钢框架承重的高层建筑。显然,这时期是高层建筑的产生或萌芽期,由于受材料性能、设计理论及电梯速度等的限制,高层建筑的层数一般不高。

3. 发展期(现代,19世纪末至20世纪50年代)

20世纪初,随着混凝土与钢结构设计技术的进步,以及高速电梯的出现,高层建筑的建设得到迅速发展,而且层数与高度逐步增加。高层建筑高度增大以后,风荷载成为结构设计的一个重要因素。由于在结构理论方面突破了纯框架抗侧力体系,提出在框架中间设置竖向支撑或剪力墙,来增强结构的抗推刚度和强度,使高层建筑进一步向更多的层数发展。自从1903年在美国辛辛那提市建成世界上首座钢筋混凝土结构高层建筑(Ingalls,高16层,64m)以后,1905年在美国纽约建造了50层的Metrop Litan大楼;1913年建造了60层、高234m的Woolwroth大楼;1929年建造了319m高的Charysler大厦;1931年又建造了著名的102层、高381m的帝国大厦,该建筑保持世界最高楼房称号达47年之久。我国高层建筑的起步较晚,且发展缓慢,于20世纪20年代以后才开始兴建,自1921年起到1936年,先后在上海和广州等城市陆续建造了一些高层旅馆、住宅和办公楼,其中最高的是上海国际饭店,地上22层,地下2层,高82.51m,这些高层建筑标志着我国现代高楼的初步发展。

在这一时期,本迪克森于1914年首先提出了转角位移法,克罗斯于1932年首创了力矩分配法,戴孙于1922年提出了基于破损阶段的强度计算方法,这些理论的创建为以后建立各类结构设计理论与方法奠定了基础,也为更高更复杂高层建筑的出现奠定了理论基础。但由于结构设计仍未摆脱平面结构理论,而且建筑材料的强度低、质量大,以致整个大楼的材料用量较多,结构自重仍然较大。

4. 繁荣期(20世纪50年代末至今)

1945年第二次世界大战结束以后,建筑业得以复苏,并出现较大的发展,高层建筑也像雨后春笋一般在美国各地涌现,并向超高层建筑发展。继而在欧洲、亚洲、澳洲以及第三世界各国陆续建造了许多高楼,形成了世界范围的高层建筑建设繁荣期。如1972年建成的世界贸易中心(Twin Towers,高402m,110层,钢结构),1974年在美国芝加哥建成的西尔斯大厦(高442m,立体结构—框筒束体系,用钢量161kg/m^2,与帝国大厦相比减少20%,钢结构),又如1996年吉隆坡建成石油大厦,88层,高450m,是钢与混凝土混合结构,目前世界最高建筑之一。

中国近代高层起步较晚,并于近30年高层建筑得到了快速发展。20世纪50年代的国内高层建筑有上海电报大楼,地上12层,高68.35;民族饭店,地下1层,地上12层,高47.4m;1968年建成的广州宾馆27层(20世纪60年代最高建筑),高112.7m,是当时中国8度区最高的建筑(按9度设防),1976年建成的白云宾馆(广州)33层(1976~1985年最高建筑),深圳发展中心大厦,43层,高165.3m。20世纪90年代以后,高层建筑发展较快,广州广东国际大厦,RC结构,63层,高200.18m;深圳贤成大厦,RC结构,筒中筒,61层,高218m;深圳地王大厦,81层,高383.95m。

中国银行(香港,72 层,高 364m),深圳赛格广场(72 层,353.8m,世界最高的钢管混凝土结构),香港汇丰银行大楼(48 层,179m),广东国际大厦(63 层,200m),中信广场(80 层,340m),上海金茂大厦(1999 年建成,88 层,420.5m,世界第四高层建筑)等。

这一时期高层建筑得以迅猛发展的客观条件有四:

其一,城市化进程加快,大量人口向城市集聚,密度激增,纽约每公顷 1 000 人,香港更高,达 3 700 人,造成城市生产、生活用房紧张,地价猛涨,迫使高层建筑向更高空间发展。

其二,设计技术革新,建筑结构力学由一维的平面结构理论,发展为二维或三维的立体结构理论和空间结构理论,为新的高效抗侧力体系的出现创造了条件,同时计算机的出现和工程中的应用,提高了结构分析的速度和精度,为高层建筑在设计过程中进行多方案比较和优选提供了方便。上述设计技术方面的革新,增加了高楼的使用功能和适用性,并进一步降低了高楼的建筑造价。例如,1931 年建造的高 381m 帝国大厦,采用属平面结构的框架体系,用钢量为 $206kg/m^2$;而 1974 年建造的高 442m 的西尔斯塔楼,由于采用了属立体结构的框筒束体系,用钢量仅为 $161kg/m^2$,约减少 20%。

其三,轻质材料的应用,轻质隔墙和轻型围护墙的应用,减轻了建筑自重,并大大降低了基础工程费用,同时镜面玻璃、合金铝板等新型饰面材料的问世,更使高层建筑面貌焕发异彩,为城市勾画出一幅美丽的空构图,受到人们的赞许和欢迎。

其四,多种性能更优的新型结构体系(如高性能混凝土、钢骨混凝土结构,钢结构等)出现并在高层建筑结构中开始应用。

三、现代高层建筑的发展现状与趋势

1. 国内外高层建筑发展现状

目前,世界尤其是我国正处在经济的快速发展期,城市化进程稳步加快,城市人口继续增加,高层建筑的建设正处于快速发展期。表 1-1 给出了高层建筑与城市住宅委员会(CTBUH)1995 年 10 月 31 日发布的世界上最高的 100 幢建筑。

世界上最高的 100 幢建筑[高层建筑与城市住宅委员会(CTBUH)1995 年发布]　　表 1-1

序号	名称		城市	建成年	层数	高度(m)	材料	用途
1	石油大厦 1	Petronas Tower1	吉隆坡	UC86	88	452	M	多功能
2	石油大厦 2	Petronas Tower2	吉隆坡	UC96	88	452	M	多功能
3	西尔斯大厦	Sears Tower	芝加哥	1974	110	443	S	办公
4	金茂大厦	Jin Mao Building	上 海	UC98	88	421	M	多功能
5	世界贸易中心 1	One World Trade Center	纽 约	1972	110	417	S	办公
6	世界贸易中心 2	Two World Trade Center	纽 约	1973	110	415	S	办公
7	帝国大厦	Empire State Building	纽 约	1931	102	381	S	办公
8	中环广场	Central Plaza	香 港	1992	78	374	C	办公
9	中银广场	Bank of China Tower	香 港	1989	70	369	M	办公
10	T&C 大厦	T&C Tower	高 雄	UC97	85	348	S	多功能
11	标准石油公司大厦	Amoco	芝加哥	1973	80	346	S	办公
12	约翰·汉考克中心	John Hancock Center	芝加哥	1969	100	344	S	多功能

续上表

序号	名　称	城市	建成年	层数	高度(m)	材料	用途
13	地王大厦　Shun Hing Square	深 圳	UC96	81	325	M	办公
14	中天大厦　Sky Central Plaza	广 州	UC96	80	322	C	多功能
15	拜约基大厦　Baiyoke Tower II	曼 谷	UC97	90	320	C	多功能
16	克莱斯勒大厦　Chrysler Bullding	纽 约	1930	77	319	S	办公
17	国民银行大厦　Nations Bank Plaza	亚特兰大	1992	55	312	M	办公
18	第一州际世界中心 First Interstate World Center	洛杉矶	1989	75	310	M	办公
19	得克萨斯商业大厦　Texas Commerce Tower	休斯顿	1982	75	305	M	办公
20	柳京饭店　Ryugyong Hotel	平 壤	UC95	105	300	C	饭店
21	咨询大厦　Two Prudential Plaza	芝加哥	1990	64	298	C	办公
22	第一州际银行广场　First Interstate bank Plaza	休斯顿	1983	71	296	S	办公
23	兰马克大厦　Landmark Tower	横 滨	1993	70	296	S	多功能
24	南威克街 311 大厦　311 South Wacker Drive	芝加哥	1990	65	292	C	办公
25	租庇利街/皇后大道中大厦 Jubillee Street/Queen's Road Central	香 港	UC97	69	292	S	办公
26	第一加拿大大厦　First Canadian Place	多伦多	1975	72	290	S	办公
27	美洲国际大厦 American International Building	纽 约	1932	66	290	S	办公
28	自由大厦 1　One Liberty Place	费 城	1987	61	287	S	办公
29	哥伦比亚第一海上中心　Columbia Seafirst Center	西雅图	1985	76	287	M	办公
30	华尔街 40 大厦　40Wall Street	纽 约	1930	70	283	S	办公
31	国民银行广场　Nations Band Plaza	达拉斯	1985	72	281	M	办公
32	华联银行中心 Overseas Union Bank Centre	新加坡	1986	66	280	S	办公
33	华联银行广场　United Overseas Bank Plaza	新加坡	1992	66	280	—	办公
34	共和国广场　Republic Plaza	新加坡	1995	66	280	M	办公
35	花旗中心　Citicorp Center	纽 约	1977	59	279	S	多功能
36	斯科林广场　Scotia Plaza	多伦多	1989	68	275	M	办公
37	特兰斯科大厦　Transco Tower	休斯顿	1983	64	275	S	办公
38	社会中心　Society Center	克利夫兰	1991	57	271	M	办公
39	AT&T 公司中心　AT&T corporate Center	芝加哥	1989	60	270	M	办公
40	北密西根 900 大厦　900 North Michigan	芝加哥	1989	66	265	M	多功能
41	国民银行中心 Nations Bank Corporate Center	夏洛特	1992	60	265	C	办公

续上表

序号	名　称	城市	建成年	层数	高度(m)	材料	用途
42	桃树中心　One Peachtree Center	亚特兰大	1992	60	264	C	办公
43	加拿大信托大厦　Canada Trust Tower	多伦多	1990	51	263	—	办公
44	水塔大厦　Water Tower Place	芝加哥	1976	74	262	C	多功能
45	第一州际大厦　First Interstate Tower	洛杉矶	1974	62	262	S	办公
46	全美金字塔大厦　Transamerica Pyranid	旧金山	1972	48	260	S	办公
47	GE·洛克菲勒大厦　G. E. Rockefeller Center	纽约	1933	70	259	S	办公
48	第一国民银行广场　One First National Plaza	芝加哥	1969	60	259	S	办公
49	商业银行大厦　Commerzbank Tower	法兰克福	UC97	60	259	—	办公
50	自由大厦 2　Two Liberty place	费城	1990	58	258	—	办公
51	迈萨托大厦　Messeturm	法兰克福	1990	63	257	C	办公
52	USX 大厦　USXTower	匹兹堡	1970	64	256	S	办公
53	门楼　Gate Tower	大阪	UC96	56	254	—	办公
54	世界贸易中心　World Trade Center	大阪	1994	55	252	M	办公
55	亚特兰大中心　One Atlantic Center	亚特兰大	1988	50	250	M	办公
56	B60NI 城市大厦　BNICity Tower	雅加达	1995	46	250	—	办公
57	韩国人寿保险公司大厦 Korea Life Insurance Company	汉城	1985	60	249	S	办公
58	城巅大厦　City Spire	纽约	1989	72	248	C	多功能
59	蔡斯曼哈顿广场　One Chase Manhattan Plaza	纽约	1961	60	248	S	办公
60	公园街 200 大厦　200Park Avenue	纽约	1963	59	246	S	办公
61	KTAB 大厦 Kompleks Tun Abdul Razak Building	槟城	1985	65	245	C	办公
62	马拉声银行大厦　Malayan Bank	吉隆坡	1988	50	244	C	办公
63	东京都府大厦 Tokyo Metropolitan Government Building	东京	1991	48	243	M	办公
64	内托大厦　Rialto Tower	墨尔本	1985	56	242	C	办公
65	乌尔沃斯大厦　Woolworth Building	纽约	1913	57	241	S	办公
66	美浓银行中心　Mellon Bank Center	费城	1990	54	241	S	办公
67	约翰·汉考克大厦　John Hancock Tower	波士顿	1976	60	240	S	办公
68	银行中心　Bank One Center	达拉斯	1987	60	240	M	办公
69	JR 中心大厦　JR Central Towers	名古屋	UC99	53	240	—	多功能
70	商业大厦　Commerce Court West	多伦多	1973	57	239	M	办公
71	莫斯科国立大学　Moscow State University	莫斯科	1953	26	239	—	文教
72	国民银行中心　Nations Bank Center	休斯顿	1984	56	238	S	办公

续上表

序号	名　　称	城市	建成年	层数	高度(m)	材料	用途
73	美洲银行中心　Bank of America Center	旧金山	1969	52	237	S	办公
74	世界广场　One worldwide Plaza	纽约	1989	47	237	S	办公
75	加拿大广场　One Canada Square	伦敦	1991	50	237	S	办公
76	IDS 中心　IDS center	明尼阿波利斯	1972	57	236	M	办公
77	西北中心　Norwest Center	明尼阿波利斯	1988	57	236	S	办公
78	第一银行大厦　First Bank Place	明尼阿波利斯	1992	53	236	S	办公
79	新加坡财政部大厦　Singapore Treasury Building	新加坡	1986	52	235	M	办公
80	夏巨库公园大厦　Shinjuku Park Tower	东京	1994	52	233	S	多功能
81	继承广场　Heritage Plaza	休斯顿	1987	53	232	S	办公
82	科学文化宫　Palace of Culture and Science	华沙	1955	42	231	M	文教
83	卡内基大厦　Carnegle Hall Tower	纽约	1991	60	231	C	办公
84	第一国民广场　The First National Plaza	芝加哥	1981	57	230	M	办公
85	公平大厦　Equitabic Tower	纽约	1985	51	229	S	办公
86	宾夕法尼亚广场　One Penn Plaza	纽约	1972	57	229	S	办公
87	美洲街 1251 大厦　1251 Avenue of the Americas	纽约	1972	54	229	S	办公
88	咨询中心　Prudential Center	波士顿	1964	52	229	S	办公
89	加利福尼亚广场　Two California Plaza	洛杉矶	1992	52	229	—	办公
90	煤气公司大厦　Gas Company Tower	洛杉矶	1991	50	228	—	办公
91	MLC 中心　MLC Center	悉尼	1978	65	228	C	办公
92	太吉广场/香格里拉饭店 Two pacifix Place/Shangri-La Hotel	香港	1991	56	228	C	多功能
93	路易斯安那 1100 大厦　1100 Louisiana Building	休斯顿	1982	55	228	M	办公
94	朝鲜世界贸易中心　Korea World Trade Center	汉城	1988	54	228	S	办公
95	永乐街/皇后大道中大厦 Wing Lok Street/Queen's Road Central	香港	UC97	54	228	—	办公
96	菲利浦总部大厦　Governor Phillip Tower	悉尼	1993	54	227	C	办公
97	摩尔根总部大厦 J. P. Morgan Headquarters	纽约	1989	50	227	S	办公
98	联合广场　Two Union Square	西雅图	1989	56	226	M	多功能
99	希望大厦南 333　333 South Hope Building	洛杉矶	1975	55	226	S	办公
100	自由广场 One Liberty Plaza(U. S. Steel)	纽约	1973	54	226	S	办公

2. 高层建筑发展趋势

随着城市化进程的加快，城市人口的增多，经济社会的发展，科学技术的进步及人们生活工作需求的提高，高层建筑建设将持续增长，并将具有以下发展趋势。

（1）高层建筑的高度与层数将会持续增多，高度将突破1000m大关，高层建筑的建设数量、速度将会增加。

（2）高层建筑的用途和功能将会增多并向集成智能化、信息化、自动化、绿色化和可持续发展方向发展，建筑的平面与立面形状将会越来越复杂，建筑体型向多样化、个性化、现代化方向发展，高层建筑将更加美丽多彩，真正成为时代和城市的象征和标志。

（3）高层建筑结构系统的综合抗灾性能、高新技术含量等也将进一步提高，高性能的结构体系型式将会增多并在工程中应用，结构体系日趋多样化。

思考题与练习题

1-1 什么是高层建筑？人们如何对高层建筑进行分类？

1-2 高层建筑发展的动力是什么？高层建筑有哪些优点？

1-3 简述高层建筑的产生与发展过程，说明高层建筑的未来发展趋势是什么？

1-4 为什么说高层建筑是现代城市的标志和象征？

第二章 结构体系和结构布置

DIERZHANG

第一节　概　　述

建筑工程的全部设计工作包括建筑设计、结构设计和设备设计等几个方面的内容。建筑设计是在总体规划的前提下，根据设计任务书的要求，对场地环境、使用功能、结构形式、施工条件、材料设备、建筑经济及建筑艺术等各方面的条件和要求进行综合考虑后，作出的平面关系、空间关系的建筑造型设计，包括总体设计和单体设计，在整个工程设计中起着主导和先行的作用，主要由建筑师完成；结构设计主要是根据建筑设计选择合理的结构方案（包括结构形式优选和结构布置），并进行结构的分析计算，进而进行构件设计，结构设计主要由结构工程师完成；设备设计主要包括建筑物的给排水、电气照明、采暖通风等方面的设计，由相关专业的工程师配合完成。在设计过程中各专业应密切配合，互相协调，不断修改完善，以满足建筑、结构、设备等各方面的要求。

一般房屋设计可分为两个阶段，即初步设计阶段和施工图阶段。对大型或技术复杂的建筑项目，在初步设计之前应当增加方案设计阶段，对一般工程该阶段可以省略，并把有关工作并入初步设计阶段；同时应在初步设计和施工图设计之间增加技术设计阶段，对一般工程该阶段可以省略，并把一部分工作并入初步设计阶段（承担技术设计任务的初步设计称为扩大初步设计），另一部分工作则留待施工图设计阶段进行。

在建筑方面，方案阶段主要是在总体规划范围内对房屋的功能分区、人流组织、建筑体型、体量、立面、总体效果等提出设计方案，该阶段的设计成果一般包括建筑总平面图、各建筑主要楼层平面图、建筑主要立面和主要剖面图等。在方案阶段，结构设计人员要优选出与建筑设计方案相适应的结构体系方案，以求结构体系类型和建筑方案协调统一，保证结构的可行性与合理性，至于结构的具体设计，则可放在以后进行。方案设计后即可通过设计招标的方式，经对应标设计方案功能、技术、经济、美观等各方面因素综合分析后，从多个方案中优选出满意的建筑设计方案，并确定受委托的设计单位。对一般的高层建筑，该阶段内容并入初步设计阶段完成。

初步设计阶段是对方案的修改、完善和深化，该阶段要求各个专业的设计人员通力合作，按照项目批准文件、城市规划的要求、工程建设强制性标准等方面的要求，进行全面的整合，使其在整体上能够达到基本完整、各专业之间设计配合良好、基本无冲突的效果。该阶段要求建筑专业的图纸标明建筑的定位轴线和轴线尺寸、总尺寸、建筑高程、总高度及与技术工种有关的定位尺寸。对结构设计来说，初步设计阶段要在方案设计阶段所确定结构体系型式的基础上，初步给出结构布置方案图，初步估算各结构构件的截面基本尺寸。对大型复杂的建筑，为了进一步确定各专业之间的技术问题，解决各专业之间的矛盾及为施工图设计做准备，需在初步设计的基础上进行技术设计或扩初设计。

技术设计（也称扩大初步设计或扩初设计）阶段是初步设计具体化的阶段，也是各种技术问题的定案阶段。主要任务是在初步设计的基础上进一步解决各种技术问题，协调和研究各专业之间技术上的矛盾。技术设计的图纸和文件与初步设计大致相同但更详细些。

施工图阶段的主要任务是满足施工要求，在初步设计或技术设计的基础上，把满足工程施工的各项具体要求反映在图纸中，做到图纸齐全统一，明确无误。内容包括建筑、结构、水电电讯、采暖、空调通风、消防等工种的设计图纸、工程说明书、结构及设备计算书和预算书等。对建筑专业设计人员来说主要是完成设计说明、建筑总平面图、各层平面图、各个方向的立面图、剖面图、构造节点详图、构造详图、计算书等施工图设计文件与内容。对结构设计人员来说主要是进行详细的结构分析、结构构件配筋计算以及有关的构造设计，以保证结构构件有足够的承载力和刚度、各结构构件间有可靠联系，以组成可靠的结构体系，最后给出可供施工的图纸。本章重点讨论结构的方案设计（结构选型和结构布置）问题。

第二节　结构设计的过程与内容

组成建筑物的基本单元是结构构件，如梁、柱、墙、板等，若干个构件以一定的排列形式和联结方式组成了一个用于完成特定功能的结构子系统（或子结构），如一榀框架、一片连续抗震墙、抗侧力系统、楼盖系统、承重系统等。若干子系统的相互结合，就形成了一个能抗御各种作用、保证结构正常服役并完成预定功能的完整的总体结构系统。设计者所进行的结构设计实际上就是一个从结构整体系统到子结构系统再到具体结构构件的设计过程，换句话说是一个从抽象到形象再到详细设计参数的设计过程。

一般地，我们可将结构设计过程概括为结构型式确定、结构拓扑（或结构布置）设计、设计荷载等级确定、结构构件设计等四个自然设计阶段，各个阶段具有如下的特征及内容。

结构选型阶段，也是结构设计的初级阶段，该阶段是设计者在综合考虑设计对象方案特征、环境与不同结构型式结合后所形成结构系统整体综合性能优劣的基础上，选择确定一个合适结构形式的决策过程。这种初选的结构形式是十分抽象的，或者说它仅仅是一个抽象的概念而已，没有具体规模和形象，如它可能是混凝土框架—剪力墙、混凝土框架—筒体等。该阶段一般在建筑方案设计的后期和初步设计的前期进行。

结构拓扑设计阶段是结构形式确定后直接进行的第二个设计阶段，在该阶段设计者主要是根据建筑方案的平、立、剖面特征（如形状、尺度等）、空间大小分布及环境条件等情况，经与建筑师合作，从整体上规划调整确定结构各子系统，建立子系统之间的联系及各子系统内各构件的布置和联结，并初步估计出构件的截面尺寸，从而形成一个具有一定规模和具体形象的结构体系，这个具体形象完全是几何意义上的形象，因此时的设计结果，一般只是确定了结构体系中各子结构及其构件的形式、相互联结形式及初步的构件截面估算，该阶段的设计可认为是对结构型式的进一步拓展，该设计称为结构拓扑设计，也称结构平面布置设计，该阶段一般在初步设计阶段中后期和技术设计阶段进行。

结构设计荷载等级确定阶段是在构件设计前必须进行的比较独特的设计阶段。结构在服役期间所可能承受的荷载或作用一般包括两种:即确定性荷载和非确定性荷载。对于确定性荷载,可以在构件设计阶段根据预先选定的构件几何尺寸直接确定。故本阶段所要确定的荷载等级为除自重之外的非确定性随机设计荷载等级,这些荷载作用于结构系统上的大小、分布、发生时间或方向是不确定的,其变化规律是不可能精确预知的。但其中的一些荷载(如风、雪、活载),因有足够多和可靠的统计资料,可以从概率意义上把握它们的发生周期、大小和分布等情况,故现行荷载规范在对大量统计资料进行统计分析的基础上给出了设计基准期内可能遇到的有一定概率保证的活载、风载、雪载的标准设计值,该类随机荷载可直接由规范确定。而对另外一类环境作用(如地震),因其强度高、作用时间短、破坏性大、发生周期长、影响因素多,我们甚至没有足够多的历史资料去进行概率统计分析,故对该类环境作用等级(设防水平)的确定,应在全面分析地震发生的可能性、地震动参数的随机性及其对结构可能产生影响的基础上进行确定。一般提高设防水平就会增加当前的投资,但却降低了结构对未来地震灾害的损失期望,若降低设防水平,将增加其对未来震灾的损失期望,因而存在一个最优设防水平的决策问题。因最优设防水平的决策理论难度大,不易被一般工程设计人员掌握,故目前的抗震设防水平确定主要是按照我国新的地震烈度区划表及现行抗震规范中的规定确定。可见,一般结构在正常服役期内所受非确定性荷载均可按有关规范规定提前(方案设计后期和初步设计阶段)确定,并作为构件设计阶段的荷载作用计算依据。

结构构件设计阶段,主要是由试选定的各构件的截面和其他几何尺寸确定自重,并由现行有关规范确定的环境荷载(如活、风、雪载及地震作用)等级确定其设计值,然后进行力学分析和验证,从而最终确定出设计构件的二维或三维几何尺寸及相应截面、节点及有关构造设计。该阶段在结构施工图设计阶段进行。

由上述分析,可以看出,前三个设计阶段是构件设计(狭义的结构设计)前进行的三项重要的决策性设计工作。它对整个结构的安全、经济等综合性能起着关键的决定作用,狭义结构设计阶段也只有在上述三个阶段完成以后才能进行有关的力学分析和构件截面设计。在一般工程设计中考虑到常遇随机荷载(如风、雪、活载等)及偶遇随机荷载作用(如地震作用)的确定方法不是一般设计人员所能掌握的,故现行有关规范给出了它们的设防等级标准及简化的确定方法,设计人员在具体设计时可直接按有关规范对它们的设防等级标准等进行确定。因此,我们可将上述四个设计阶段综合为两个设计阶段(或层次):即结构方案设计阶段(包括结构选型和结构布置)和构件设计阶段(包括荷载确定、内力分析、结构施工图绘制等)。其中方案设计阶段包括结构型式确定和结构拓扑设计两个阶段,在该阶段中,设计对象、内容和有关因素比较笼统和抽象,它基本上是靠设计专家或有经验的工程师综合考虑方案特征、环境条件、结构抗震性能、经济性及社会效益等影响的前提下,凭主观经验和判断进行的,带有较强的主观性。该阶段中的结构型式确定是结构拓扑的前提和基础,它在一定程度上决定着结构拓扑的形式及其抵抗荷载作用的有效程度,该阶段的成果是形成初步的结构体系(即完成抗力构件的三维布置),它是构件设计的基础。结构构件设计阶段包括随机荷载等级确定及构件设计两个阶段,在该阶段,设计对象和有关因素非常具体(如风、雪、活载及抗震设防等级等都要由规范确定,构件截面尺寸也可根据预估荷载大小预先选定等),可应用各种力学方法或有关结构分析设计软件进行结构体系的平面或空间的弹塑性静动力分析,从而进行构件的截面计算、构件间的节点及有关细部构造等的设计,比较成熟的结构截面等的优化设计就在该阶段进行,该阶段的设计成果将直接用于施工。可见上述两个阶段从不同的设计层次上客观地刻画了结构设计全过程的内容及特征。

本章将重点介绍结构方案设计阶段中结构选型与结构布置设计的原则与方法。该设计阶段与内容属结构概念设计范畴，是整个建筑结构设计过程中的关键设计环节之一，也是结构构件设计前的一项重要决策活动，其结果优劣将直接影响或决定构件设计的效果。

第三节　高层结构系统及其分类

一、高层建筑整体结构系统组成

高层建筑的结构体系是由很多结构构件组成的复杂空间结构系统。其中，该结构系统又可分解为下部结构系统与上部结构系统等二级子结构系统，二级结构系统又可继续分解为若干三级子结构系统等，这样可一直分解到各类具体构件为止。图 2-1 给出了高层建筑整体结构系统的组成关系图。

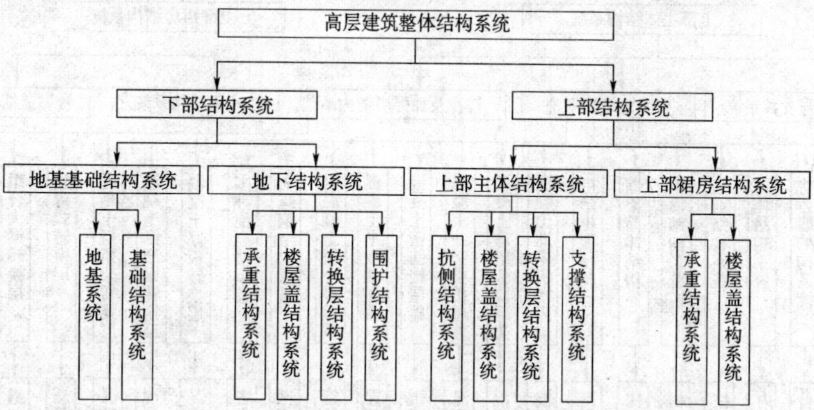

图 2-1　高层建筑整体结构系统组成图

二、高层建筑上部结构系统的分类

每一个高层建筑都有其自身具体的实体上部结构系统形式或结构系统方案（Scheme），建筑的结构系统形式具有多样性、多变性、可视性与相对独立性等特征。高层建筑上部结构系统形式的类型（form）是对结构系统形式（Scheme）的进一步抽象，也是对具有相似结构性能或功能特征的结构系统形式的聚类与分组，结构类型（form）反映了隐含在一类不同结构系统形式间的共性规律或规则，体现了不同结构系统形式间的统一性，它没有具体的形象，只是抽象的概念，结构系统形式是其类型的变体或实现，一种类型可以有多种变体。同时，结构类型具有相对性，如上部结构系统类型又是工程结构类型（type）的一个子类等。

1. 结构系统形式的分类目的

"物以类聚"反映了人们总把事物进行分类的思想与方法，以便于满足区分、辨识、比较、利用、改进、深入分析与研究等的不同需要。同样，人们在长期的设计实践过程中，对高层建筑结构系统的形式也进行了分类，实现了如下的分类目的：通过对各类结构形式类型的构成法则及其随社会发展而演变的比较分析，可以使人们认识某类结构形式所共有的一些形式特征及这些特征的变化规律，有利于对各类结构进行实验与理论研究，有利于探讨其新的应用领域并扩充其适用范围；通过比较研究各类结构的不同特征，可以取长补短实现结构形式的创新；作为一种认识方法，可以通过结构型式之间性能特征的比较，重新发现指导结构分类的隐含知识；作为结构创新的工具和方法，可以推演组合出新的结构型式。

2. 结构系统形式的分类与组成构件

根据研究与处理问题的不同需要，对上部结构系统形式进行分类的方法有多种，如按结构材料可分为：钢筋混凝土结构、钢结构、劲性混凝土组合结构、钢管混凝土结构、两种及以上上述结构组成的混合结构等；按结构体系可分为：框架结构、板柱结构、剪力墙结构、筒体结构、框架剪力墙结构、框架筒体结构、框筒结构、框架剪力墙与筒体结构；国际上按结构的高度与层数可分为低高层（40 层及 152m 高度以下）、高层、超高层结构（100 层及 365m 高度以上）；我国按结构的高度与层数将高层结构可分为四类等。图 2-2 给出了一种高层结构系统的组成分类方法。

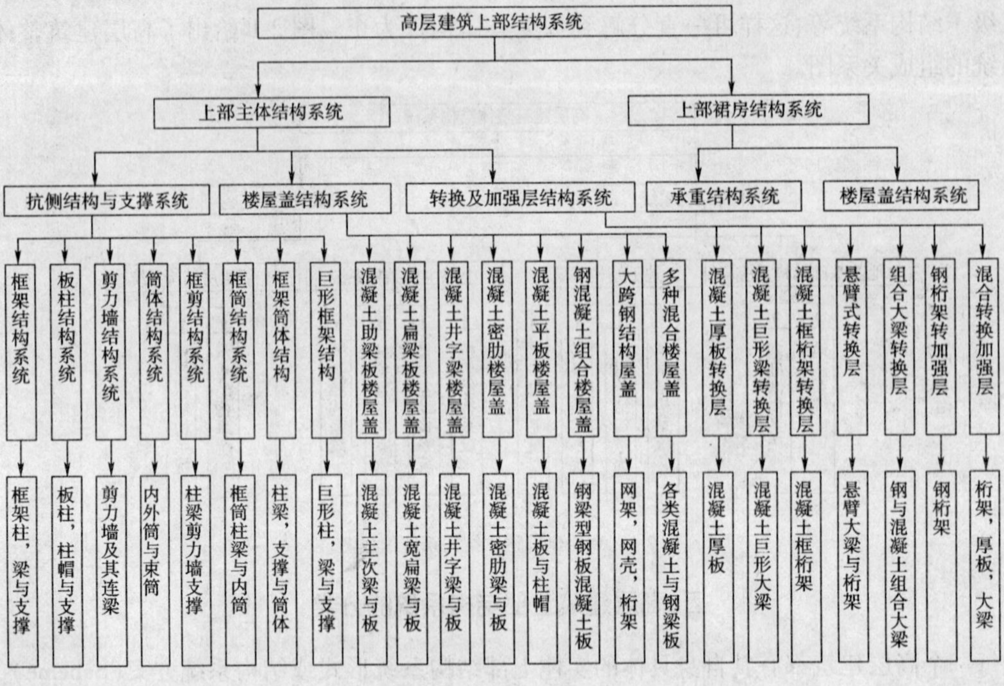

图 2-2　高层建筑上部结构系统分类图

3. 上部结构系统组成构件的分类

组成上部结构系统的构件可概括为：梁类、柱类、板类、墙类、筒类、支撑类与其他类等七类构件系统，每类构件系统又可继续划分为若干种类，图 2-3 给出了上部结构系统的各类组成构件的分类图。其中，下层的构件还可依据其材料等级、截面形状、尺度等进行进一步的划分（如巨形钢筋混凝土梁柱等），同时，随着新的社会需求与技术的进步，将不断有性能更好的新结构构件出现并在工程中应用，如近几年出现的智能混凝土、纤维混凝土、耗能支撑等构件。

三、高层结构受力特征与设计关键（工作特点）

1. 水平荷载成为控制结构设计的决定因素

任何建筑都要同时承受竖向荷载和水平荷载。在低层或多层建筑中，往往是重力为代表

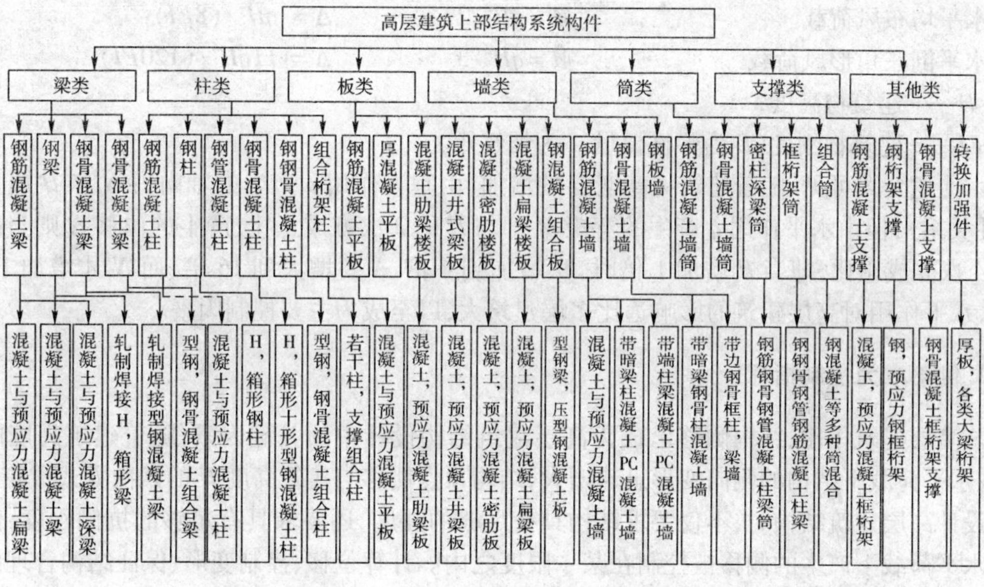

图 2-3　上部结构系统构件分类图

的竖向荷载控制着结构设计，在高层或超高层建筑中，尽管竖向荷载仍对结构设计产生着重要影响，水平作用力（水平荷载和地震作用）却起着决定的作用，且水平作用力的影响随着建筑高度的增加而不断加大，并由水平作用力与竖向荷载共同控制结构设计逐渐到水平作用力成为主要控制因素过渡，同时竖向荷载的影响也相对减小，而侧向位移迅速增大。其主要原因是，一方面，因为房屋自重和楼面使用荷载一般沿建筑竖向的分布是均匀的，在结构竖向构件中所引起的内力（轴力和弯矩）随建筑高度或层数也基本上是线性增长的；而水平荷载沿建筑竖向的分布是不均匀的，对结构产生的倾覆力矩，以及由此在竖向构件中所引起的轴力，是与建筑高度的两次方成正比；另一方面，对某一定高度建筑来说，竖向荷载大体上是定值，而作为水平作用的风荷载和地震作用，其数值随结构动力特性的不同而有较大幅度的变化；其三，多层建筑竖向构件主要以承受竖向荷载引起的轴力为主，高层建筑竖向结构构件主要以承受水平荷载引起的剪力和弯矩为主，而高层建筑结构的主导材料混凝土和钢结构材料在承受简单拉、压荷载时最能发挥其材料强度潜力，在承受弯剪作用时不能充分发挥其材料强度潜力，且弯剪作用越大材料强度越不能得到充分发挥。

图 2-4 给出了建筑物在水平风荷载作用下的计算简图及其内力和位移与建筑物高度 H 间的关系图，它相当于一个最简单的悬臂梁结构，基础部分是梁的固定端，当它受均布竖向荷载 p、水平均布和倒三角形风荷载 q 作用时，该悬臂结构底部轴向力 N，弯矩 M 和顶部的侧向位移 Δ 为：

竖向荷载　　　　$N = pH$

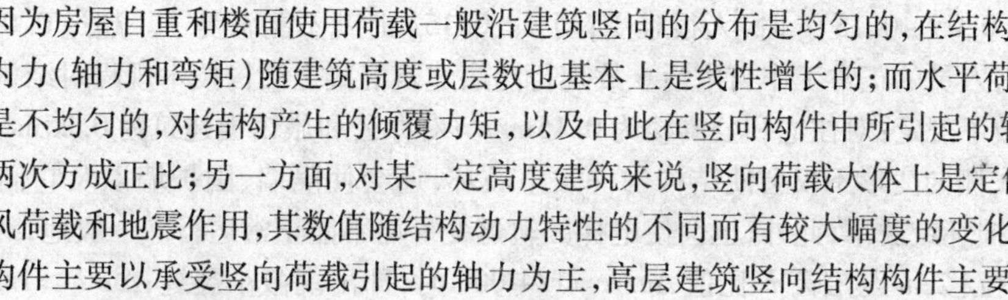

图 2-4　荷载内力和侧移及其与高度的关系图

水平均布风荷载　　　　　　　　$M = qH^2/2$　　　　　　$\Delta = qH^4/(8EI)$

水平倒三角形风荷载　　　　　　$M = qH^2/3$　　　　　　$\Delta = 11qH^4/(120EI)$

式中：H——建筑物高度；

EI——建筑物刚度（E 为弹性模量，I 为惯性矩）。

由上述公式可见，随着建筑物高度 H 的增加，由垂直作用 p 产生的轴向力 N 和 H 成正比（线性关系）；但由水平作用 q 产生的弯矩 M 却与 H 的 2 次方成正比；产生的位移 Δ 则与高度 H 的 4 次方成正比，即当 H 增加 1 倍时，M 增加到 4 倍，Δ 要增大到 16 倍，而 N 才增加 1 倍。显然，水平作用对高层建筑的影响远比多层建筑大，以至成为主要控制因素。

2. 侧移成为控制指标

与多层建筑相比，结构侧移已成为高层建筑结构设计中的关键因素，随着建筑高度的增加，在水平荷载下结构的侧向变形迅速增大，结构顶点侧移与建筑高度 H 的四次方式成正比。

设计高层建筑结构时，不仅要求结构具有足够的强度，还要求具有足够的抗侧刚度，使结构在水平荷载下产生的侧移被控制在某一限度之内。计算位移、控制变形、保证结构合理的侧移刚度是高层建筑结构设计十分重要的内容。侧向位移过大会使结构产生开裂、破坏、倾覆、电梯脱轨，因此为高楼的使用功能和安全与结构侧移的大小密切相关。

1）高层建筑在风荷载作用下将会产生侧向振动，过大的振动加速度将会使在高楼内居住的人感觉不舒服，甚至不能忍受，如振动加速度 a 小于 $0.005g$（g 为重力加速度）时，人无感觉；当 $a=(0.005 \sim 0.015)g$ 时，有感觉且能忍受；当 $a=(0.015 \sim 0.05)g$ 时，会烦恼且难忍受；当 $a=(0.05 \sim 0.15)g$ 时，人很难受；当 $a>0.15g$ 时就不能忍受了。超过 $0.015g$ 时，就会影响楼房内人员的正常工作与生活。故现行高层建筑混凝土结构技术规程对结构顶点最大加速度限值做了规定：对住宅和公寓楼为 $0.15\mathrm{m/s^2}$；对办公和旅馆类建筑为 $0.25\mathrm{m/s^2}$。

2）过大侧向变形不仅会使结构构件发生破坏，还会使隔墙、围护墙以及它们的饰面材料出现裂缝、损坏或脱落，此外，也会使电梯因轨道变形而不能正常运行。一般地，对于砌体填充墙，当层间位移 Δu 与层高 h 比值 $\Delta u/h = 1/4\,000$ 时，即出现微小裂缝；$\Delta u/h \geq 1/500$ 时，墙体开裂相当严重；$\Delta u/h \geq 1/300$ 时，则发生局部崩塌。钢筋混凝土剪力墙，$\Delta u/h = (1/800) \sim (1/1\,000)$ 时，产生裂缝；$\Delta u/h \geq (1/400) \sim (1/250)$ 时就会破坏。同样现行高层建筑混凝土结构技术规程对结构楼层层间最大位移与层高之比限值做了明确规定，如要求结构在低于本地区设防烈度的多遇地震作用下或在按 50 年一遇确定的风荷载标准值作用下，按弹性方法计算的楼层层间最大位移与层高之比 $\Delta u/h$ 宜符合以下规定：

（1）高度不大于 150m 的高层建筑，其楼层层间最大位移与层高之比 $\Delta u/h$ 不宜大于表 2-1 的限值。

楼层层间最大位移与层高之比的限值　　表 2-1

结构类型	$\Delta u/h$ 限值
框架	1/550
框架—剪力墙、框架—核心筒、板柱—剪力墙	1/800
筒中筒、剪力墙	1/1000
框支层	1/1000

（2）高度等于或大于 250m 的高层建筑，其楼层层间最大位移与层高之比 $\Delta u/h$ 不宜大于 1/500。

（3）高度在 150 ~ 250m 之间的高层建筑，其楼层层间最大位移与层高之比 $\Delta u/h$ 的限值按上述第（1）条和第（2）条给出的限值线性插入取用。其中，楼层层间最大位移 Δu 以楼层最大的水平位移差计算，不扣除整体弯曲变形。抗震设计时，本规定的楼层位移计算不考虑偶然偏心的影响。

(4)为了实现“大震不倒”的设计目标，对于某些结构，宜进行高于本地区设防烈度预估的罕遇地震作用下薄弱层的抗震变形验算，详见现行抗震规范或高层规程。

3）高楼的重心位置较高，过大的侧向变形使结构因 p—Δ 效应（即建筑物上的垂直荷载在侧向变形下将产生的附加弯矩等）而产生较大的附加应力，甚至因侧移与应力的恶性循环导致建筑物倒塌。当顶点位移与总高度比值 $u/H>1/500$ 时，p—Δ 效应在结构内部产生的附加内力不能忽视。

3. 轴向变形和剪切变形的影响不容忽视

相对于低层或多层建筑结构，高层建筑层数多，高度与质量大，墙柱等结构构件所承受的轴力与剪力较大，整个构件轴向变形（或剪切变形）沿高度的累积大。这种累积的轴向变形将对结构系统的内力与位移值及其分布产生较为显著的影响，累积的剪切变形将加剧 P—Δ 效应。这种影响一般不能忽略，否则将会使计算结果与实际情况产生较大偏差。

4. 建筑体型与结构体系形式是结构综合性能的关键影响因素

高层建筑规模大，投资多，使用人数多，跨越的历史较长，对城市社会的影响较大，一旦发生事故所产生的影响和造成的损失往往较大，人们对高层建筑结构的整体综合性能要求较高。而建筑体型与结构体系形式一旦确定，就从整体上决定了建筑的使用、美观、技术、抗灾（抗震、抗风、抗火等）、经济、施工等方面的性能，建筑体型与结构体系形式对结构综合性能的影响往往要大于恰当的结构布置、精确的力学分析和精心的构造措施，建筑体型与结构体系形式已成了决定建筑结构综合性能的关键影响因素，应进行客观合理的确定。

5. 高层结构构件刚度大、延性差，应加强构造设计

高层建筑结构所受荷载较大、受力与变形复杂、构件刚度较大、易形成薄弱楼层、薄弱部位和薄弱构件等薄弱环节，对结构的整体协调变形能力与结构的整体性及结构及其构件的延性等要求较高。在进行高层建筑结构及其构件设计时，应加强构造设计和概念设计，保证结构有较好的整体工作性能和加强和改进的薄弱环节与良好的延性性能。与多层建筑结构相比，高层建筑结构对象更复杂，需要考虑的问题更多，需要解决的关键技术问题与矛盾难度更大，需要设计者具有更多和更丰富的设计知识和经验，需要更重视建筑结构的概念设计。概念设计往往与理论分析计算同等重要，减轻高层建筑自重比多层建筑更重要。

四、常用高层结构体系及其发展趋势

1. 常用高层结构体系

目前，国内的高层建筑主要以钢筋混凝土结构为主，该类结构中的基本抗侧力单元（或子结构）主要有：框架、剪力墙、实腹筒、框筒及支撑等。由上述单元可以组成以下几种结构形式，不同结构型式具有不同的特征。

(1)框架结构

该结构型式的抗侧力体系主要由梁、柱组成，在侧向力作用下，其水平位移由两部分组成（见图2-5）：第一部分 Δ_1 由梁、柱的弯曲变形产生，因框架下部的梁、柱内力大，层间相对变形也大，愈到上部层间相对变形愈小，使整个结构呈现剪切形变形特征；第二部分 Δ_2 由柱的轴向变形产生，水平力作用下引起的倾覆力矩使柱产生拉伸和压缩变形，从而导致结构出现侧移，这种侧移上部各层较大，愈到底部层间相对侧移愈小，使整个结构呈现弯曲变形特征。在总位移Δ中，第一部分侧移是主要的，虽随着建筑高度及水平力的增加，第二部分变形比例逐渐加大，但合成后结构仍呈剪切变形特征。框架结构主要通过具有较小惯性矩、较大长细比的梁、柱构件的弯曲变形来抵抗侧向力，其抗侧刚度较小，在地震等水平作用下易引起非结构构件破坏。但若通过合理设计，该类结构可获得较好的延性性能，同时它还具有平面布置灵活，易于改造及形成较大空间和造价低、使用方便等特点，因而这类结构在抗震设防区 15 ~20 层以下的高层建筑中得到广泛采用，如北京长城饭店即采用了混凝土框架结构(22 层)。该类结构的典型平面见图 2-6。

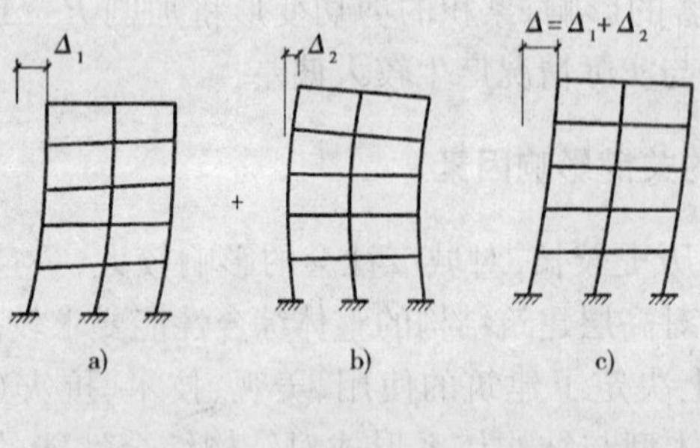

图 2-5　框架侧向变形图

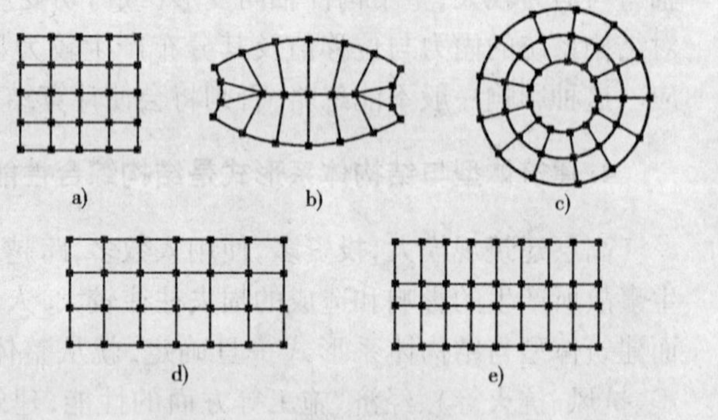

图 2-6　框架结构典型平面布置图

(2)剪力墙结构

该类结构形式的抗侧力体系主要是建筑物的钢筋混凝土墙体。在侧向力作用下，当剪力墙宽度比较大时，是一个受弯为主的悬臂墙，侧向变形呈弯曲形(见图2-7)。该类结构虽然质量大、剪力墙间距不能太大(3 ~8m)、平面布置不灵活，但因其具有刚度大、侧向变形小，经合理设计可获得较好的延性性能，同时还可采用滑模、大模板等先进施工方法提高施工速度，以及震害较轻等优点，而被广泛地应用于抗震设防区的 10 ~40 层的住宅、旅馆等类建筑中。图 2-8 给出了几种实际工程的剪力墙结构布置形式。

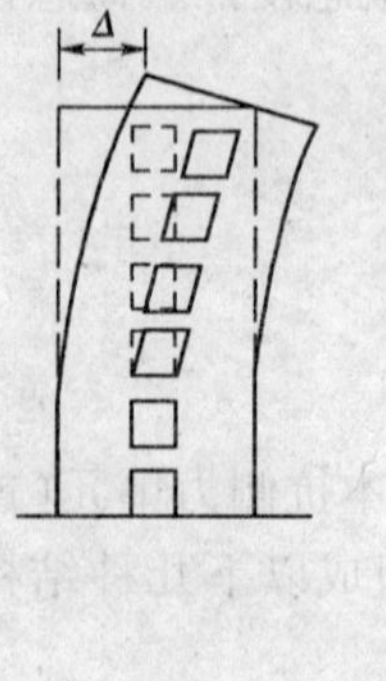

图 2-7　剪力墙结构变形图

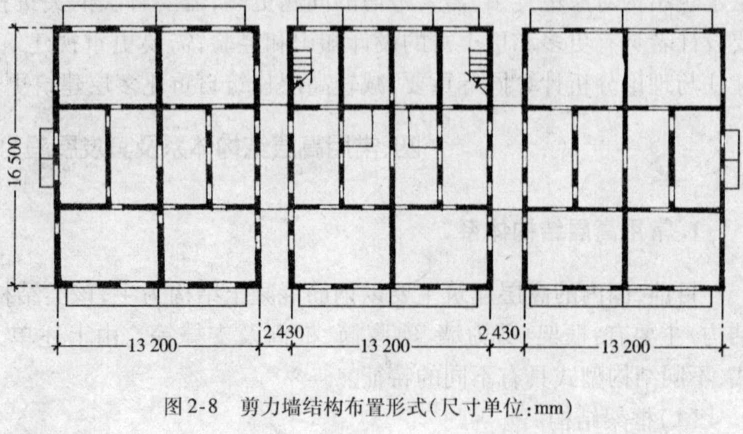

图 2-8　剪力墙结构布置形式(尺寸单位：mm)

近几年为了满足使用功能的要求，出现了底部大空间剪力墙结构(该体系由剪力墙和框支剪力墙结构单元组成)，它是将底层或下部几层部分剪力墙取消，形成部分框支剪力墙以扩大使用空间。虽框支剪力墙下的框支柱与上部墙体刚度相差悬殊，在地震作用下将产生较大的侧向变形（见图2-9），一般震害严重，但通过采取限制落地剪力墙间距、加强底层或过渡层楼板设计、保证落地墙数量（如大于50%）、上下层抗剪刚度比（如小于2）、提高框支层强度、刚度等措施，可明显改善其抗震性能；同时因具有较好的使用性能，在我国抗震设防区已得到了推广应用，图2-10给出了一种该类结构的工程实例。

（3）框架—剪力墙结构

该类结构抗侧力单元是框架与剪力墙，故它兼有二者的能提供较大使用空间及刚度较大的优点，其侧向力主要由剪力墙承受，框架一般仅承受20%左右。在侧向力作用下，框架属剪切形变形，剪力墙属弯曲形变形，二者通过楼板协同工作，共同抵抗侧向力；整体侧向变形呈弯剪形，因上部剪力墙的侧向变形比框架大，下部相反，上部框架约束墙变形，下部侧剪力墙约束框架变形，从而使其上下各层层间变形趋于均匀，见图2-11。因其具有二道抗震防线，若通过设置适当的剪力墙数量并且恰当布置可以获得较好的强度、刚度及抗震性能，同时它可有效地防止非抗力构件的损坏，故在我国抗震设防区的20层左右的高层建筑得到了广泛的应用，图2-12给出了一个实际工程的结构布置简图。

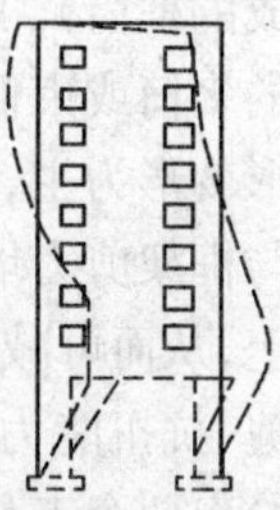

图2-9　框架剪力墙在地震作用下变形

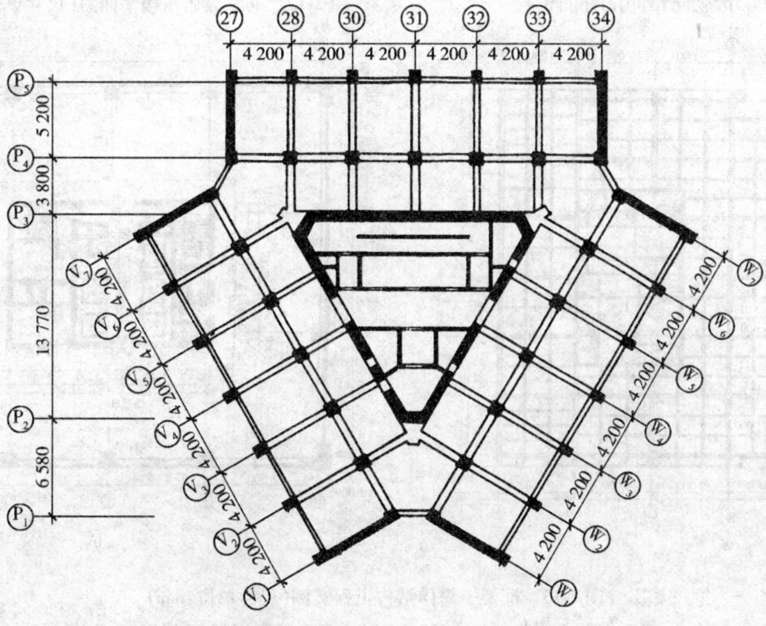

图2-10　北京兆龙饭店（22层，62m）（尺寸单位：mm）

（4）框架—筒体结构

当框架—剪力结构中的剪力墙组成具有空间工作性能的筒体结构时，即形成具有更大抗侧力刚度的框架—筒体结构，其抗侧力单元是框架和筒体，它具有与框架—剪力墙相似的工作性能和平面布置较灵活等的特征，但其抗侧力能力又比框架剪力墙有较大的提高，故其适用的建造高度更大，一般广泛用于40层以下的高层建筑，图2-13给出了几个该类结构的工程实例。

（5）筒体结构

该类结构的基本抗侧力单元是筒体（包括实腹式、筒开小洞口的空腹式筒及密柱深梁组成的框筒），其常用的结构形式是用框筒作外筒，实腹筒作内筒的筒中筒结构及由若干筒组成的多筒或束筒结构，侧向力作用下筒体相当于固定于基础上的箱形悬臂构件。框筒仍以剪切形变形为主，核心筒通常以弯曲形为主，二者通过楼板联系共同抗御水平力，其协同工作原理与框架剪力墙结构类似，即下部核心筒承担大部分剪力，而上部水平剪力逐步转移到外框筒上，从而可减小层间变形。与其他结构形式相比，它具有更好的空间受力性能，更大的刚度、抗剪、抗扭能力，即能更有效地抵抗较大的水平力，故常用于40层以上的高层建筑中。图2-14给出两个工程实例简图。

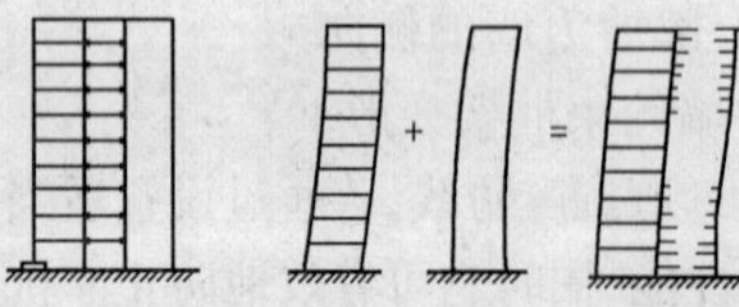

图2-11　框架—剪力墙协同工作内力分布图

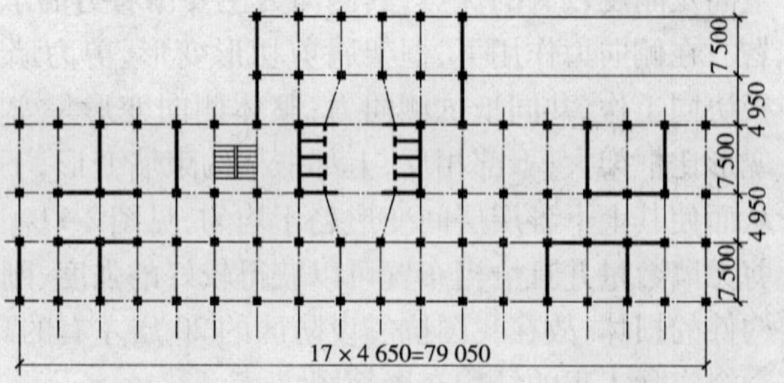

图2-12　北京饭店东楼平面图（尺寸单位：mm）

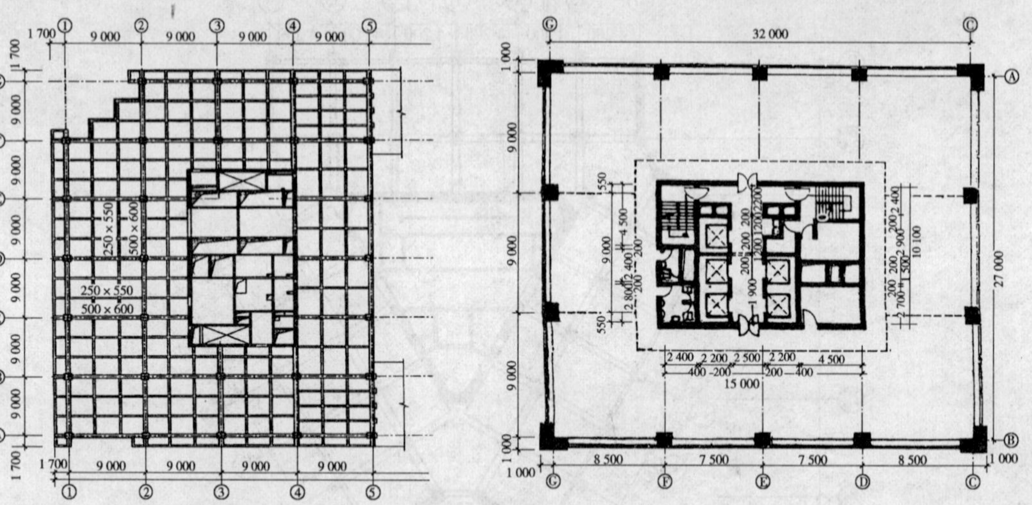

a)　　b)

图2-13　框架—筒体结构工程实例（尺寸单位：mm）

a）珠海蓝天酒家（34层110m）；b）上海联谊大厦（29层106.5m）

2. 几种新型高层结构体系

随着建筑高度增高及建筑功能、体型的日益复杂，近年来出现了如下几种新的结构体系。

（1）巨形框架结构

该类结构打破了传统的以一个单独楼层为基本传力单元的一级结构系统，其整个结构体系由二级结构组成，第一级为跨越若干楼层的巨形框架，其柱多采用筒体，在各筒体之间每隔数层用巨形梁连接从而形成巨形框架，因巨形框架的梁、柱断面很大，抗弯刚度、抗倾覆能力和承载能力也很大，它主要用来承受体系的侧向和竖向荷载；第二级为一般楼层框架结构，其梁、柱截面很小,主要传递楼面荷载及各层的重力荷载,但因其具有灵活的空间布置特征,故可较好地满足不同功能需要。侧向力作用下,其变形见图 2-15。图 2-16 给出了该类结构的工程实例:该工程由中央电梯井及三个端筒形成四根巨形框架柱,内外柱之间在每隔 6 层的设备中,

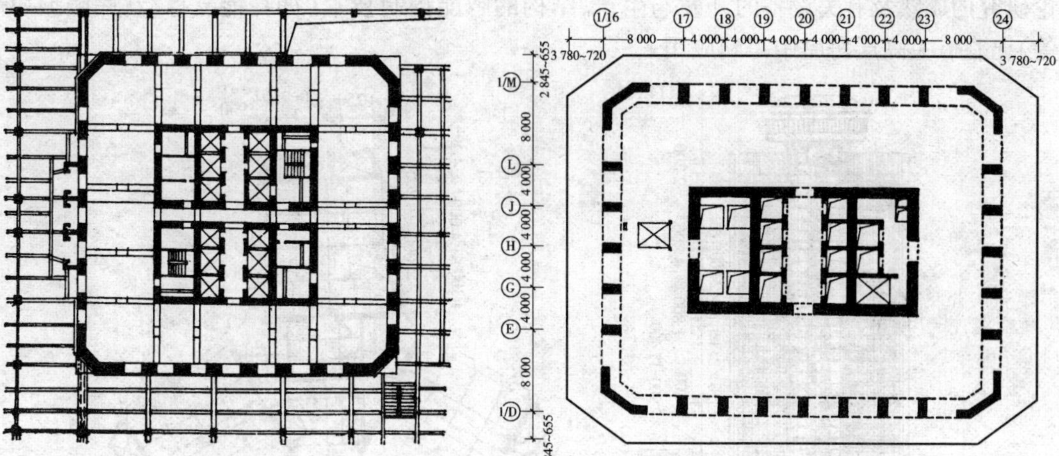

结构首层平面

a)

8~22 层结构平面

b)

图 2-14　筒体结构工程实例(尺寸单位:mm)

a)深圳国际贸易中心大厦(50 层 158.7m);b)广州国际大厦(63 层 200m)

由整个层高(1.8 ~2.2m)和上下楼板形成 12 根 16.5m 跨的工字巨形框架梁,从而形成了抗侧力巨形框架体系。另外深圳的新华大厦(地上 37 层,高 126m)也采用了该类结构,其巨形柱为中央电梯筒和四角的四个大型筒体,巨形梁为 6m 或 3m,分别设在第 2、第 5、第 14、第 24 及第 34 层上。该类建筑结构在抗震、施工、经济等诸方面都有较大优越性,预计今后将在我国 40 ~50 层建筑中进一步推广应用。

(2)具有刚性水平构件的结构

该类结构主要是指在高层建筑结构中的某些适当位置,设置一道或若干道刚性水平构件,如刚性大梁、设备层、结构转换层(梁式、平板式、转换框架式等)等,通过这些各种形式刚性水平构件,一方面可迫使内部剪力墙或内筒与外框架等共同工作,并通过轴向拉、压力来承担外荷载的倾覆力矩,达到使内部剪力墙负担减轻,提高整个结构的抗震、抗风能力;另一方面,可以适应多功能综合性大楼沿高度多次变化使用功能的需要,该类结构已在北京兆龙饭店(上部标准层为剪力墙,底层除中间电梯井筒仍落地外,其余剪力墙均改为转换框架)、京广中心大厦等高层建筑中应用,估计今后的应用还会增加。

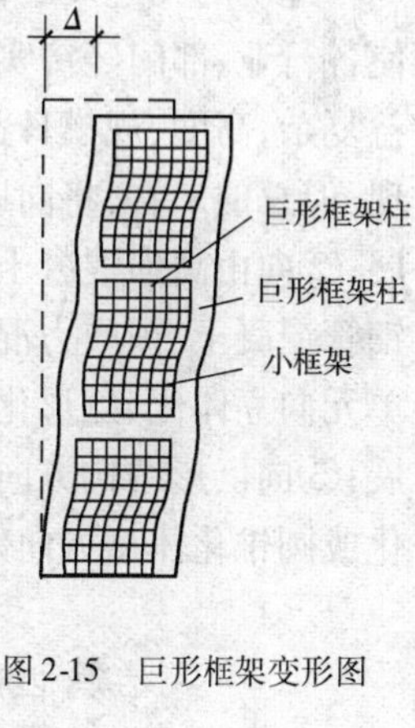

图 2-15　巨形框架变形图

(3)其他新型结构

随着我国结构及抗震理论研究的不断发展,新的结构设计概念促进一些新的结构体系的应用与开发。在地震区的高层建筑结构设计中,一些具有较好性能的结构形式,如异形框架、短肢剪力墙、带缝剪力墙、延性连梁、偏心支撑、钢板外包混凝土剪力墙、型钢混凝土组合结构等将得到应用。这些结构除具有较好的耗能能力外,还有空间布置灵活、使用方便、损坏是局部的、容易修复等优点。

(4)基于主被动控制的智能结构

近年来，结构控制理论研究在我国方兴未艾，人们利用现代控制论、计算机技术和其他工程技术来控制结构的风与地震反应行为，实际上这是人们在新的科学技术基础上发展起来的一种新的结构体系形式——智能结构体系形式。智能结构体系的应用前景是诱人的，随着理论研究的成熟及有关设备的开发与生产，结构的智能控制技术（如耗能支撑、基底隔振、TMD等）已在有关高层房屋中得到应用。

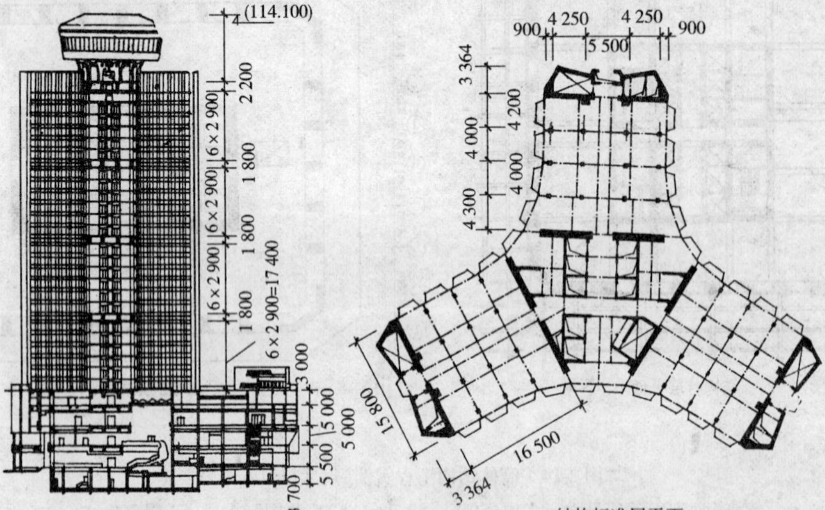

建筑剖面　　　　结构标准层平面

图 2-16　深圳亚洲大酒店巨形框架布置图（尺寸单位：mm）

3. 结构体系的发展趋势

经济的飞速发展，一方面加快了城市化进程，使城市人口日益集中，地价飞涨；另一方面，使各行业、部门经济实力和技术水平增长，从而也将推动建筑业的进一步发展。为满足功能日益复杂，高度、规模日益增加或增大，建筑体型日益多样化等的需求，新的结构型式也将不断出现，但总的来看，将向以下方向发展：①同时向兼有各基本结构型式优点的复合形结构体系发展；②向由高强混凝土与高强钢材相组合的组合结构方向发展，如钢骨架混凝土、钢—混凝土、钢管混凝土、预应力混凝土等构件将作为组合结构的抗侧力基本单元；③结构体系基本抗侧力单元向立体化、巨形化、支撑化、周边化方向发展；④向具有自我调节能力的智能化结构体系发展；⑤向巨形结构方向发展，如巨形支撑框架等；⑥建筑结构体型向有利于抗震和抗风的规则化或圆锥化体型方向发展，结构和非结构构件向较轻质量方向发展。

第四节　高层建筑结构选型的影响因素与原则

一、建筑选型与结构选型的关系

建筑选型与结构选型设计之间既有区别又有联系，既有分工又有合作。

一方面，二者所设计的对象是相同的，设计过程也是密切相关的，在建筑与结构选型过程中需要建筑师与结构工程师共同合作，在建筑设计中适当考虑结构因素与在结构设计中充分考虑建筑特征是同等重要的，一个整体性能良好的建筑应该是建筑体型（或方案）与结构型式

(或方案)的统一与完美结合,很难想像良好的建筑体型不能获得一个与之相适应的优良的结构形式,也很难想像良好结构形式与方案与一个不恰当的建筑形式或方案相匹配。

另一方面,二者所要考虑解决的问题是不同的,建筑选型所考虑解决的问题主要是功能、美学、消防、城市规划等方面的要求,结构选型所要考虑解决的问题是使所选结构形式能够较好地适应建筑功能、场地、抗灾、经济与施工等方面要求,同时,二者设计过程虽然有融合和交叉,但其先后顺序不相同,一般建筑选型与建筑方案设计在前,结构选型与结构方案设计滞后于前者。

其三,建筑体型对结构选型有着重要影响,有时体型在一定程度上也决定了建筑可能采用的结构体系形式,甚至也决定了结构体系工作的有效程度;结构体系形式的构思也将直接影响和制约建筑的体型选择与空间布置,并将随着建筑高度的增加,结构体系形式对建筑体型的影响与控制程度逐渐增大。

二、建筑选型的影响因素与原则

1. 建筑选型的影响因素

影响建筑体型设计的因素很多,其主要的影响因素可概括为如下四个方面。

其一为建设现场和场地条件的限制与影响,往往建设场地的几何形状、尺度大小、位置及周边交通与建筑物环境的要求与城市规划的限制等,均会不同程度影响建筑的体型及其方位,如当场地较小时,场地的形状成了建筑平面形状、尺寸及体型的决定因素,当建筑场地较大时,建筑平面及体型设计受场地的影响就较小或不受影响。

其二为建筑功能的影响,不同功能的建筑,往往对其平面形状、内部功能空间和交通空间等的布置形式以及建筑体型特征等有不尽相同的要求,建筑功能在一定程度上也决定了功能空间的尺度(平面尺寸和层高)及其布置形式,该影响是为适应使用功能的需要而从建筑内部空间设计提出的要求。

其三是建筑形象或外观美学要求的影响,该影响反映了建筑设计者、所有者及有关城市管理部门的愿望和要求,该影响要求设计者进行建筑体型设计时,在借鉴大量同类建筑体型设计经验教训的基础上,通过巧妙构思,设计出优美的建筑体型。

其四是其他方面的影响,除上述影响因素外,建筑总投资、总建筑面积等也对建筑体型有一定的影响,如建筑投资、建筑面积和场地大小、各楼层面积等一起决定了建筑总层数,建筑层数和层高又决定了房屋的总高度等。同时结构的整体性能与结构的抗震、抗风等性能也对建筑的体型有重要的影响。总之,建筑体型是三维的,除了确定各层平面形状,并在各层平面上分割、分配与布置各类空间外,还应考虑竖向的层高、层数、高度与体型等竖向空间布置与竖向体型设计。建筑选型是对多个可行建筑体型设计结果的优选,建筑体型设计考虑的影响因素也是建筑选型所考虑的因素。

2. 建筑选型(或建筑体型设计)与建筑方案设计的一般原则

(1)建筑平面形状宜简单、规则、对称,宜选用风作用效应较小的平面形状(如圆形、椭圆形与凸多边形等),不应采用严重不规则的平面形式。如对凸凹等不规则的建筑平面,虽然该类平面具有有利于功能分区、自然采光与通风等优点,但因各部分质量、刚度等的不均匀分布,而使各部分的自振特性差异较大,在地震作用时,将因各部分的不协调振动而在各部分连接的凹角处产生应力集中，随持时的增加将首先在此薄弱处引起破坏，同时，因形状的复杂性，很难使质心和刚心重合，在地震作用下，不仅使建筑产生剪切和弯曲变形，还将产生扭转变形，导致复杂的扭剪应力。剪扭的共同作用会进一步加剧地震时的破坏程度，对该类问题首先应采取设置抗震缝的措施，将建筑平面分割成若干简单独立的部分，也可采用以斜面凹角代替直面凹角减小槽口效应的办法来解决。

(2)建筑平面尺寸及其比例关系应合理。平面长度不宜过长，否则可能会引起温度应力、预先存在或地震引起的不均匀沉降应力、地震动引起的沿长度方向异步振动及可能的扭转效应等产生附加应力。上述应力的叠加将进一步加剧建筑结构的破坏，解决该问题的措施是采用抗震缝或伸缩缝(混凝土结构伸缩缝的最大间距见表 2-2)，将较长的建筑分成若干独立的单元、将基础作成刚度较大的整体基础，或通过加强上部结构的方法来解决；对抗震设计的 A 级高度钢筋混凝土高层建筑，不宜采用角部重叠的平面图形或细腰形平面图形，平面尺寸的长宽比及突出部分长度 l 不宜过大(见图 2-17)，L/B、l/B_{max}、l/b 等值宜满足表 2-3 的限值要求。否则如长宽比或凸出部分越大，楼屋面刚度相对越小且两个方向的刚度也相差越大，楼屋面板协调整体变形的能力及结构的整体性也越差，与结构分析时楼屋面无穷刚度的假定不符，在强震时高振形的影响下，楼屋面还可能在水平方向产生扭转与挠曲变形及两端或凸出部分的差异运动，从而对建筑抗震不利。一般可通过限制高宽比、设置抗震缝加厚楼屋面板等途径来解决该问题。同样，对抗震设防的高层建筑钢结构，其常用平面的尺寸关系应符合表 8-2 和图 2-18 的要求，当钢框筒结构采用矩形平面时，其长宽比不宜大于 1.5∶1，不能满足此项要求时，宜采用多束筒结构。

伸缩缝的最大间距　　表 2-2

结构体系	施工方法	最大间距(m)
框架结构	现浇	55
剪力墙结构	现浇	45

注：1. 框架—剪力墙的伸缩缝间距可根据结构的具体布置情况取表中框架结构与剪力墙结构之间的数值。

2. 当屋面无保温或隔热措施、混凝土的收缩较大或室内结构因施工外露时间较长时，伸缩缝间距应适当减小。

3. 位于气候干燥地区、夏季炎热且暴雨频繁地区的结构，伸缩缝的间距宜适当减小。

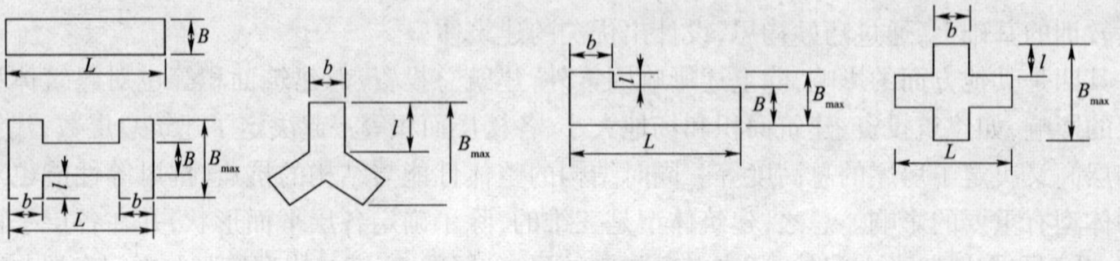

图 2-17　建筑平面

L、l 的限值　　表 2-3

设防烈度	L/B	l/B_{max}	l/b
6、7 度	≤6.0	≤0.35	≤2.0
8、9 度	≤5.0	≤0.30	≤1.5

(3)建筑平面空间布置宜均匀对称，以尽量减小因质心和刚心不重合而引起的扭转和应力集中效应。空间在平面上的均匀分布可有效地使质量在平面上均匀分布，可能使质心与几何中心接近或重合，有利于通过结构布置使刚心与几何形心重合；尽量使楼电梯间、设备井等

主要构件对称，防止因平面对称、刚度不对称不均匀而引起的刚心与质心有较大偏移的“虚假对称”现象。

（4）建筑平面中的洞口尺寸不宜过大，宜满足：$l \times B' \leqslant 0.3 \times B_{max}$，$B' \leqslant 0.5B_{max}$，$a_1 \geqslant 2.0m$，$a_2 \geqslant 2.0m$，$a_1 + a_2 \geqslant 5.0m$（见图2-18）。否则，楼板水平刚度突变，协调整体变形能力下降，宜形成抗震薄弱环节，整体抗灾性能劣化，同时，现行抗震规范在用底部剪力法和振型分解反应谱法计算地震作用时所采用的层单自由度（“糖葫芦串”）计算模型的假设（同一楼层的各点在同一时间的位移、速度、加速度是同相位同振幅的单自由度质点）将与实际情况有较大出入，其地震作用计算结果将失真。

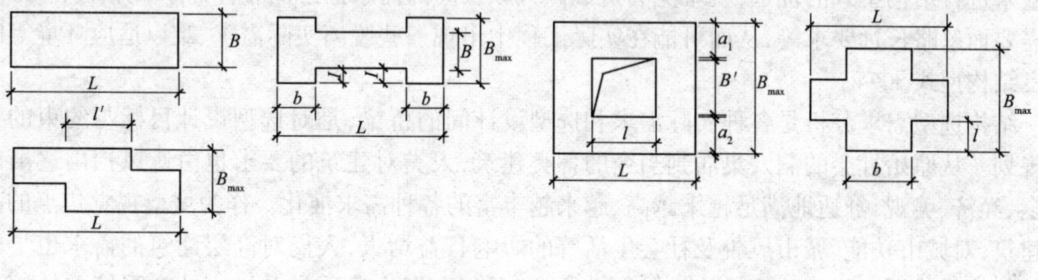

图2-18　常用建筑平面

（5）建筑竖向体型应规则、均匀，避免有过大的外挑和内收，建筑的高宽比例应合适。抗震设计时，结构上部楼层相对于下部楼层收进时，收进的部位越高、收进后的平面尺寸越小，结构的高振型反应越明显。为减小这种“鞭梢”效应，当结构上部楼层收进部位到室外地面的高度 H_1 与房屋高度 H 之比大于0.2时，上部楼层收进后的水平尺寸 B_1 不宜小于下部楼层水平尺寸 B 的0.75倍［图2-19a）、图2-19b）］；同时，为减小外挑结构的扭转效应和竖向地震作用，当上部结构楼层相对于下部楼层外挑时，下部楼层的水平尺寸 B 不宜小于上部楼层水平尺寸 B_1 的0.9倍，且水平外挑尺寸 a 不宜大于4m［图2-19c）、图2-19d）］。当不满足上述要求时，宜在建筑立面设置抗震缝，将其分为简单、规则对抗震有利的建筑单元。同时，建筑的高宽比例尚应满足表2-10至表2-12的要求。

（6）建筑竖向各层的空间布置宜相同或相似，当竖向各层空间布置及其质量、刚度等相差悬殊时，宜在上下空间变化层之间设置转换层，避免因竖向抗侧力构件不连续及上下层间刚度和质量突变而产生的抗震薄弱层。

（7）建筑竖向宜避免错层和夹层，各层层高宜相同或相近，当层高相差悬殊时，宜采取有效的结构措施，使层高变化处上下层间的线刚度接近，以防止或避免建筑结构出现抗震薄弱环节与薄弱构件。

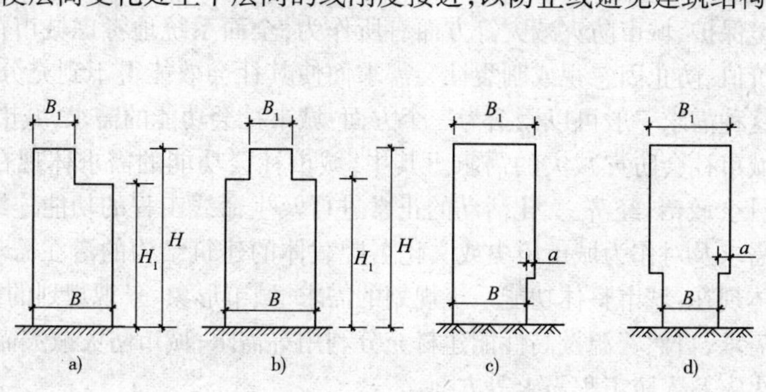

图2-19　结构竖向收进和外挑示意

三、结构选型的影响因素与原则

1. 结构选型的影响因素需求分析

建筑结构体系形式的优选是从根本上改善结构整体性能的重要途径，是结构概念设计的重要内容之一。系统地分析在结构选型过程中需要考虑的各种要求和约束等方面的影响因素（也称结构选型需求分析），是结构选型设计的起点和关键。如在选型时对与工程实际需求紧密相关的各种需求分析的不够全面，就可能在结构选型时，主要是根据有限的性能需求或影响因素来进行结构型式的优选，就难免会造成因只顾及局部需求而忽略整体需求，或因只考虑近期需要而忽略长远要求等，从而可能在实际工程中出现一些脱离实际需求、难以适应环境等的不良结构型式。

结构选型需求分析是各种实际需求和选型设计间的桥梁，是对选型设计目标与约束的整体规划。从原始社会的洞穴巢居到当今的各类建筑，人类对建筑的要求也由遮风挡雨逐渐向安全、经济、美观、舒适地满足越来越高、越来越丰富的各种需求演化。作为城市视觉焦点的高层建筑，对城市功能、城市风貌及社会生活等的影响日益增大，人们对高层建筑的需求也早已超越传统的使用功能及技术性能，已扩大融入到了与人们生活质量及城市社会系统整体综合需求等相关的诸多方面。这种需求纵向涉及高层建筑结构设计、施工、管理、使用、维修、改造、加固、报废等全寿命过程，横向涉及城市社会、业主用户、环境、政治、经济、有关技术规范、规程等的各个方面。在上述需求中，有的应在建筑方案设计时考虑，并通过其所转化成的建筑方案特征来间接影响结构选型；还有部分需求需在结构选型时直接考虑，如受力合理性、工期等；而有的需在结构布置及构件设计中考虑，为保证结构选型设计质量，并为其提供较全面系统的工程实际需求。以下将通过对结构选型的需求分析，辨识需通过结构选型来考虑的性能需求目标或影响因素，并建立其需求或影响因素模型。

（1）城市社会系统的需求分析

日趋大型化、社会化、复杂化与现代化的高层建筑已成为城市社会系统的重要组成部分，不仅工程建设的资源与需求来源于社会，而且工程建设的最终目的也是服务于社会的有关需求，工程与社会的关系日益密切。高层建筑工程在对城市社会经济文化活动、城市功能结构、城市景观等方面产生重要影响的同时，也必将受到现代城市社会系统更广泛需求的影响和制约。这种需求反映了政府有关部门在解决现代城市问题时对高层建筑所提出的综合要求，其目的是使高层建筑结构在改善提高城市社会功能、城市形象与景观、城市建设与持续发展、城市资源利用与环境保护、城市防灾减灾等方面有所作为，全面系统地考虑城市社会的需求，对提高工程的建设价值、防止因忽视或割裂社会需求而使其社会效能得不到充分发挥等方面将有积极的意义。这种需求一般可以概括为三个方面：城市社会功能的需求，城市规划建设与持续发展的需求及城市社会防灾减灾的需求。其中，城市社会功能的需求体现在非常情况（如地震）时，为维持社会政治、经济、文化活动的正常进行及生命线工程的功能连续性，而对建筑安全性能的特殊需求及对作为城市历史或文化名胜载体的建筑结构的潜在需求；城市建设规划等方面的需求体现在：城市整体功能系统规划的需求，城市形象、景观规划的需求，城市生态环境系统保护的需求，自然资源及高性能建材充分利用等需求；城市防灾减灾需求体现在防震减灾、气象灾害、火灾及人防工程需求等方面。

在上述三方面需求中，第一方面需求及第三方面需求中的城市防震减灾、防气象灾害方面的要求，应根据建筑物重要等级、预估各方面损失的大小等情况，通过对灾害作用设防等级（如地震设防烈度等）的调整来实现对结构选型的约束与影响；对第二方面需求及第三方面的火灾消防与人防功能需求，可以在建筑方案确定阶段或结构构件设计阶段予以考虑，但第二方面中的城市形象、景观规划的需求应在综合美学需求中统一考虑。由上述分析可知，城市社会系统的三方面性能需求均不直接在结构选型性能模型中出现，而是通过对灾害荷载设防等级的调整及建筑方案的有关特征参数来间接影响结构选型。

（2）业主用户对建筑结构的功能与环境需求分析

业主用户不同的功能要求是工程建设的首要目的，也是建筑结构设计中应考虑的首要因素。随着社会经济的发展、科学技术的进步、社会生产力的提高、国际间交往的频繁及人们生活、工作方式的改变，导致了人们对传统建筑需求观念的改变，人们已不再满足于建筑空间的形状、尺度、面积等的需求，而是向综合利用有关材料、环境、可持续发展等学科的技术成果和手段，创造适合提高人们生活质量和工作效率需要的高质量的空间和环境转化，同时由于人们生活质量、工作效率、经济发展水平提高速度的明显加快，往往要求主功能空间在其设计基准期内有一次或若干次的调整或改变。这就要求在建筑结构方案确定时，能适应使用功能空间需求改变速度加快及增加使用功能空间使用弹性的要求，以延长建筑的使用寿命，满足功能的可持续发展需求。

这些需求可概括为以下四个方面：使用功能空间的需求，生活、工作空间系统正常使用的环境需求，使用功能正常运转的设备系统需求，功能空间使用弹性需求。在上述四个方面的需求中，前两个方面与第三方面中对设备层、设备空间等的需求及前述城市社会系统中的有关需求，均应在建筑平面总图及单体建筑方案设计中予以考虑解决，并以建筑方案的有关特征参数间接影响结构选型。在诸特征参数中，主要使用功能空间系统的大小及空间分布对选型有着重要影响，其他特征参数，如平面规则性、高度、高宽比等对选型也有影响，将分别在美学、结构受力合理性、结构抗灾性能需求等方面考虑；第四方面的功能空间使用弹性需求，将直接影响到结构型式选择，它应进入结构选型性能模型；第三方面中的具体设备需求，包括竖向交通、空气调节、供排水、强弱电、管理及信息系统等方面的设备需求，应在建筑与设备设计过程中予以考虑解决，结构选型时一般不予考虑。通过上述分析即可将业主用户的远近期功能需求转化为对结构选型有影响的性能指标体系，具体见图 2-20 中的有关内容。

（3）建筑结构的综合美学性能需求分析

人们除了对高层建筑的物质功能需求外，另一个很重要的需求就是美学性能的需求。传统的美学需求主要体现在建筑的形式、构图、尺度、比例、韵律、节奏、色彩、对称性等信息所决定的建筑形象美方面的要求。随着艺术、美学、材料、环境、生态等科学理论与技术的发展，人们对美学性能本质的理解和认识也逐渐深入，对美学的需求也由对建筑直观形象的感悟上升到了包括"形象"美在内的多元共存的更系统、更本质的综合美，如技术美、生态美、可持续发展美、结构创新美等。这种综合美学性能需求是在传统美学性能需求基础上发展起来的，它反映了城市社会及业主用户等对高层建筑外在美与内在美和谐统一的本质需求。这种综合美的要求将产生更多更新的美学需求信息，并激发人们从更广泛的范围内、从美学的性质及其本质根源上寻求改善提高高层建筑结构美学品质的途径、方法和规律。

对建筑结构综合美的需求，可概括为以下四个方面：单体视觉形象美、外部环境系统的协调美、内部功能系统的协调美、结构系统的技术美等。其中，前三个方面的美学需求应与前述使用功能需求一起，在建筑方案阶段的总平面图及单体方案中统一考虑，并体现在建筑方案平、立面及体型特征参数上，通过建筑平、立面的规则性影响结构型式的选择。第四方面的需求包括结构构件材料性能及充分发挥的先进性，结构型式的新颖性及高新技术含量，结构形式所决定结构体系的施工工艺、施工技术的先进性、经济有效性及所可能采用设计理论的先进性等。其中结构材料及结构型式的先进性需求将直接影响到结构型式材料选择及高效能结构形式的创新与应用；而结构施工工艺、技术先进性及经济有效性的需求，可与后面将要分析的结构施工安装性及经济有效性需求一起进行考虑，此处不再考虑该需求；对结构设计理论先进性的需求，应在结构内力分析与构件设计中加以考虑。通过上述分析，即可将综合美学需求转化为相应的性能需求模型，具体见图 2-20。

(4)结构技术性能(受力合理性与抗灾减灾性能)需求分析

人类为了在有限的城市土地资源上充分地利用城市空间，把建筑物越建越高，越建规模也越大、越复杂，相应地人们对高层建筑结构技术性能的需求越来越全面、越系统，也越来越深入、越合理、越综合。人们的这种更高、更深入、更本质的需求，无疑将一方面促使设计及研究人员研究构建并选择高性能的新型结构型式，来满足人们对结构系统的多技术性能需求；同时另一方面也将促进结构设计由传统的仅对结构构件强度、刚度、延性等进行的校核型设计，向更全面、更合理的包括强度、刚度、损伤耗能、防灾减灾等综合性能在内的主动的“全性能”设计的转化，进而将推动结构设计理论、设计方法与设计质量的改善与提高。

对高层结构综合技术性能的需求，一般可概括为三个方面：结构受力合理性，结构动力参数合适性、结构抗减灾性能等。结构受力合理性，又包括高度合理性、刚度合适性、空间整体性、场地适应性、抗倾合理性等。结构动力参数合理性包括质量刚度系统大小及分布、结构阻尼与自振频率、结构动力反应特性等，其中，质量刚度系统的大小和分布及自振频率可分别在刚度合适性、场地适应性及具体构件设计中予以考虑，阻尼及结构动力反应需求可在结构型式材料选择及抗灾减灾性能需求中考虑，该需求在性能模型中不再单独出现。结构抗减灾性能包括抗震减灾性能(为引起重视而从地质灾害中分离出来单独考虑)、抗风减灾性能、抗火减灾性能、抗地质灾害(如滑坡、地基不均匀沉降等)性能。其中，抗震减灾性能需求体现在对耗能减振性能、损伤性能、振动控制要求等方面。这些需求将直接影响结构选型，应在结构选型模型中考虑。抗风减灾性能需求，一方面可通过设防风压的形式在高度合理性、刚度合适性、抗倾合理性中予以考虑，另一方面对于灾害风振控制可直接在抗灾性能中考虑；抗地质灾害性能需求可在场地选择及基础选型及结构场地适应性中考虑；结构抗火减灾性能需求包括耐火极限、材料高温力学性能等，可通过结构材料选择、防火构造措施、增加消防能力等措施来保证，选型时一般不直接考虑。上述部分性能需求还可通过其下一级子性能或有关约束条件等来进行控制。通过上述分析，我们即可将各方面对结构技术性能的需求转化为需在结构选型时考虑的结构技术性能需求目标体系模型，具体见图 2-20 中的有关内容。

(5)结构施工安装性能需求分析

结构施工安装作为建筑功能、结构技术性能得以最终实现的物质基础，其技术水平高低、工艺与设备先进性、速度的快慢、工期的长短、质量的优劣等，将直接影响到工程的整体综合效益，结构施工安装性能需求是结构型式确定时应考虑的一个重要因素。

高层建筑高度及体型较大，功能空间复杂，各工种设备多，往往还带有地下商业、设备、人防、停车库等地下空间，基础埋深较大，其施工受周边相邻建筑或构筑物及地下水文地质等条件的约束大，且施工造成的噪声、垃圾、振动、废水等对城市及周围居民生活工作环境的干扰和影响也较大。同时，高层建筑的施工难度较大、工期较长，对施工技术、设备、施工组织管理、各

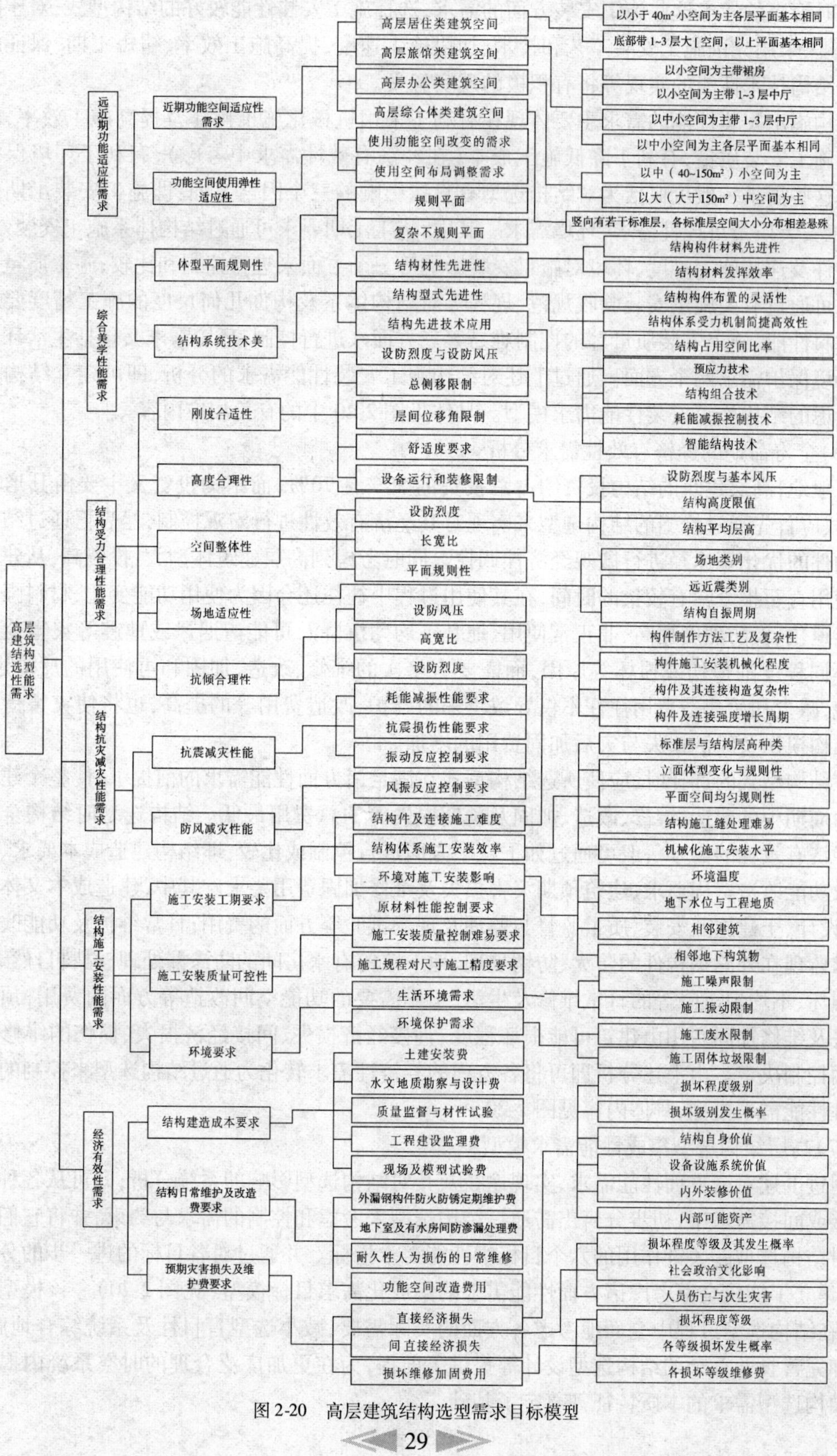

图 2-20　高层建筑结构选型需求目标模型

工种协调、质量保证、施工精度等的要求也较高,故建立合适的施工安装需求模型,并在结构型式确定时恰当的考虑这些施工安装方面的需求,选择施工安装性能较好的结构型式,对于减小施工难度、采用先进施工安装工艺和技术、加快施工速度、提高施工效率、缩短工期、保证施工质量及结构技术性能的实现等将有积极的现实意义。

结构施工安装性能的需求主要体现在有利于采用机械化施工操作及提高施工效率,有利于控制施工安装质量,有利于降低施工成本(在经济有效性需求中考虑),有利于环境保护等方面。这些需求一般可概括为对结构选型有直接影响的三个因素方面:即施工安装工期的需求、施工安装质量可控性需求、环境需求。其中,施工工期要求可通过结构体系施工安装效率、结构构件及连接施工难度、环境对施工安装影响等三个方面来进行控制和比较;施工质量可控性需求可通过有关施工安装验收规范、规程等对结构体系及构件几何尺度的施工精度要求及对原材料性能、施工安装质量等的控制难易等三方面来进行控制;环境需求又包括生活环境需求与环境保护需求两个方面。通过上述对结构施工安装性能需求的分析,即可建立结构选型时应考虑的结构施工安装性能需求模型。具体见图 2-20 中的有关相应内容。

(6)全寿命期的经济有效性需求分析

一般地,高层建筑的结构投资约占总投资的 50% ~70%,而结构投资又主要由其形式所决定,故应首先通过恰当的结构选型来实现对其经济有效性进行宏观控制,然后再通过结构布置与构件的优化等途径进行微观经济性调控。同时考虑到高层建筑体型大、投资高,从建设到投入使用直至报废常有较长的时间,在其使用过程中往往还会因为使用功能变化、材料强度刚度自然退化、设防烈度提高、非正常使用、地基不均匀沉降及可能遭遇风或地震等灾害荷载而引起不同程度的损伤或损坏等原因,而需要有多次的维修、改造、加固和再使用的反复过程。一般地,减少初始建造费用往往不仅导致将来的维护、改造费用等的提高,也将使灾害荷载引起的结构损伤及经济损失与灾后加固费用的增加。

在结构型式的选择时,应使所选结构型式在满足诸方面性能需求的前提下,使整个建设使用寿命周期中的建造、维修、改造、加固及预期损失等的总费用最低。结构选型时结构全生命周期经济有效性的需求一般可通过如下三个方面进行控制或比较:即结构建造成本要求、日常维护及功能改造费用要求、建筑预期灾害损失及维修加固费用要求。其中,建造成本又体现在勘察、设计、土建施工安装、质量监督与监理及现场试验等方面的费用;日常维护及功能改造费用要求体现在外漏钢构件的防火、防锈处理、地下室等有水房间的防渗漏处理、材料自然老化、人为损坏、不均匀沉降等的日常维修及生活、工作需要的功能空间改造等方面的费用;预期灾害损失及维修加固费用由建筑可能损坏程度、直接经济损失、间接经济损失、损伤的维修加固等方面控制决定。由上述分析即可将各方面的经济性需求转化为通过结构选型来控制的经济有效性性能需求模型,具体内容见图 2-20。

(7)高层结构选型集成性能需求模型

通过上述对诸方面性能需求、实现途径及其对结构选型影响的系统分析,即可从各种复杂的直接或间接需求中,初步分辨出需通过结构选型来考虑和控制的需求与约束,并将它们转化成了对结构选型起关键作用的六个目标级性能需求指标。并通过对各目标的进一步的分解和细化,建立了能较全面考虑诸方面性能需求的集成化需求目标模型(见图 2-20)。该模型的建立,为在结构选型过程中全面地考虑各方面的实际需要、减小选型盲目性及系统综合地解决、改进和完善日益复杂的结构选型设计等提供了前提,为在更加广泛合理的时空系统内揭示和认识结构选型需求的本质特征等奠定了基础。

2. 结构选型设计的一般原则

(1)功能适应性原则

不同功能的建筑,往往具有不同的功能空间特征;不同的结构体系型式,也往往能够提供不同的空间布置;不同的内部空间特征又要求不同的结构与其相适应。在进行结构型式选择时,首先应使所选的结构体系型式能够适应建筑平立面形状及满足方便地形成建筑功能空间需要。若结构不能较好地满足或限制正常的使用功能的实现,建筑物将减少或部分失去其存在的价值,功能的特殊要求往往促进一些新结构型式的产生。表 2-4 给出了几种常用结构型式结构布置与可形成的空间特征。

常用结构型式所能提供的内部空间 表 2-4

结构型式	框架	剪力墙	框一剪	框一筒	多筒	综合型
结构平面布置	灵活	限制大	比较灵活	灵活	较灵活	灵活
内部空间	大空间	小空间	较大空间	大空间	大空间	大、中、小

(2)高度合理性原则

不同的结构体系往往具有不同的力学特征和整体性能,也有其整体综合性能得到较好发挥的高度适应范围。为充分发挥各类不同结构体系的作用,结合我国高层建筑的建设经验,现行有关规范对各类建筑结构型式的最大适用高度做了明确的规定,该规定对指导与规范我国高层建筑结构型式优选及建筑高度确定等起到了积极的作用。表 2-5 至表 2-7 给出了钢筋混凝土结构、钢结构和有混凝土剪力墙的钢结构的最大适用高度,在进行结构型式优选时一般应满足该规定或规则的要求,当不能满足时应进行专门的研究。

A 级高度钢筋混凝土高层建筑的最大适用高度(m) 表 2-5

结 构 体 系		非抗震设计	抗震设防烈度			
			6 度	7 度	8 度	9 度
框架		70	60	55	45	25
框架—剪力墙		140	130	120	100	50
剪力墙	全部落地剪力墙	150	140	120	100	60
	部分框支剪力墙	130	120	100	80	不应采用
筒体	框架—核心筒	160	150	130	110	70
	筒中筒	200	180	150	120	80
板柱—剪力墙		70	40	35	30	不应采用

注:1. 房屋高度指室外地面至主要屋面高度,不包括局部突出屋面的电梯机房、水箱、构架等高度。

2. 表中框架不含异形柱框架结构。

3. 部分框支剪力墙结构指地面以上有部分框支剪力墙的剪力墙结构。

4. 平面和竖向均不规则的结构或Ⅳ类场地土的结构,最大适用高度应适当降低。

5. 甲类建筑,6、7、8 度时直接本地区抗震设防烈度提高一度后符合本表的要求,9 度时应专门研究。

6. 9 度抗震设防、房屋高度超过本表数值时,结构设计应有可靠依据,并采取有效措施。

B级高度钢筋混凝土高层建筑的最大适用高度(m) 表2-6

结构体系		非抗震设计	抗震设防烈度		
			6度	7度	8度
框架—剪力墙		170	160	140	120
剪力墙	全部落地剪力墙	180	170	150	130
	部分框支剪力墙	150	140	120	100
筒体	框架—核心筒	220	210	180	140
	筒中筒	300	280	230	170

注:1. 房屋高度指室外地面至主要屋面高度,不包括局部突出屋面的电梯机房、水箱、构架等高度。

2. 部分框支剪力墙结构指地面以上有部分框支剪力墙的剪力墙结构。

3. 平面和竖向均不规则的结构或Ⅳ类场地土的结构,最大适用高度应适当降低。

4. 甲类建筑,6、7度时直接本地区抗震设防烈度提高一度后符合本表的要求,8度时应专门研究。

5. 9度抗震设防、房屋高度超过本表数值时,结构设计应有可靠依据,并采取有效措施。

钢结构和有混凝土剪力墙的钢结构高层建筑的适用高度(m) 表2-7

结构种类	结构体系	非抗震设防	抗震设防烈度		
			6度、7度	8度	9度
钢结构	框架	110	110	90	70
	框架—支撑(剪力墙板)	260	220	200	140
	各类筒体	360	300	260	180
有混凝土剪力墙的钢结构	钢框架—混凝土剪力墙 钢框架—混凝土核心筒	220	180	100	70
	钢框筒—混凝土核心筒	220	180	150	70

注:表中适用高度系指规则结构的高度,为从室外地坪算起至建筑檐口的高度。

(3)场地适应性原则

国内外历次大地震震害表明:在同一场地上,地震往往“有选择”地破坏或加剧破坏某一类建筑结构,而“放过”或减轻其他结构类型建筑的破坏,且软弱场地上,建筑破坏严重。造成该现象的原因是建筑结构的地震作用同结构自振周期与场地土条件及其相互关联程度有关,当结构自振周期 T 与场地土特征周期 T_g 接近或相等时,易引起共振,导致结构反应增大、破坏加剧的后果。结构型式及建筑方案特征一方面在一定程度上决定了概念结构的整体内在抗震潜力;另一方面也决定了结构的动力特性(如自振周期 T 等),若其动力特征与场地土的动力特性(如其卓越周期 T_g 等)相关或场地土条件较差,则即使结构具有较好抗震潜力,也可能引起较严重的破坏。建筑应优先选用场地条件较好的场地,在场地确定后,应使结构自振周期与场地特征周期错开。

场地特征周期 T_g 是一个由环境因素(地震震源特性、传播介质及该地区场地条件等)决定的综合指标,它相当于根据地震时某一地区地面运动记录算出的反应谱的主峰位置所对应的周期,一般随震源距离的增大、场地土层的增厚、变软而增长,对于一定的环境条件(如场地土类型、厚度及设计地震分组等) T_g 一般具有稳定的确定值。我国现行抗震规范根据国内外各类场地上记录到的地震波谱进行分析计算与统计后,给出了四类标准场地三类设计地震分组的特征周期值(表2-8)。

特征周期值(s) 表 2-8

设计地震分组	场地类别			
	Ⅰ	Ⅱ	Ⅲ	Ⅳ
第一组	0.25	0.35	0.45	0.65
第二组	0.30	0.40	0.55	0.75
第三组	0.35	0.45	0.65	0.90

可见,可以通过调整或改变结构自振周期 T 使之错开 T_g 达到提高结构的场地适应性,以达到减少地震作用,间接提高结构抗震潜力的目的。

资料表明,影响结构自振周期的因素很多,除结构型式、结构平面布置、质量、刚度分布、材料强度等级、施工质量等外,还有建筑高度、高宽比、构件应力状态、非结构构件、地基基础与结构之间相互作用等。同时,建筑物是一个复杂的空间体系,振动形式很复杂,在纵、横两个方向及震前、震中和震后,T 都不相同,可见 T 实际是一个变量,并随着外力的增加而变化(结构大变形时的周期与小变形时的周期有相当大的出入),特别是由弹性阶段进入弹塑阶段后,结构的自振特性将发生很大变化。

目前,对于确定性结构,确定 T 的常用方法有:计算法(瑞雷法、李兹法、集中质量法、迭代法等)、实测法(激振法、自由振动法、脉动法)、经验公式法等。

鉴于影响 T 的因素很多及有些因素很难精确考虑,T 的真实值也很难精确确定等特点,同时考虑到现行抗震规范采用的是弹性平均反应谱及概念结构的具体情况,和结构在弹性阶段 T 具有较好稳定性等特点,可采用根据对大量高层建筑自振周期实测值及理论分析基础上建立的具有一定精度的实测统计经验公式来确定概念结构的自振周期。表 2-9 给出了几类结构的自振周期经验公式,上述公式反映了建筑物的实际空间振动,也考虑了阻尼影响,与实际比较接近,可作为初步设计阶段估算概念结构自振周期时的参考。

结构自振周期实测统计经验公式 表 2-9

结构形式	以层数 n 为参数	结构形式	以层数 n 为参数
混凝土框架	$T=(0.08-0.1)n$	混凝土框架筒体	$T=(0.045-0.055)n$
混凝土框架剪力墙	$T=(0.055-0.065)n$	混凝土筒体	$T=(0.03-0.04)n$
混凝土剪力墙	$T=(0.04-0.045)n$	综合类	$T=(0.05-0.06)n$

(4)空间整体性原则

建筑结构系统是一个由多个子结构及其若干组成构件组成的空间结构体系。一个结构的抗震能力不仅取决于各子结构及相应构件强度、刚度、延性及其受力状态,而更主要地取决于保证这些子结构、构件能协同工作的能力或空间整体性。

传统的建筑结构设计比较重视构件及子结构等的设计(如对它们进行的精确分析计算和构造处理等),对整体结构的协调工作能力重视不够。实际上,一方面,单一子结构或构件的抗御震灾能力是非常有限的,只有形成良好的空间整体结构,才能提高结构协同抗御地震等灾害的能力;另一方面,只有整个结构有较好的空间整体性,才能保证各子结构、构件能充分发挥其抗震能力或潜能,否则在其发挥抗震能力之前,就可能因过大变形、平面外失稳、节点失效等使结构因丧失整体性而破坏或倒塌;其三,有较好空间整体性的结构可能通过协调变形、内力重分布、释放赘冗度形成一定屈服机制等途径,实现使结构始终保持空间整体协同工作状态,提高各自结构共同抗御震灾及适应保证大震时延性耗能的能力,同时还有可能使体系中构件的抗震能力超过单独构件的抗震能力。

影响结构空间整体性的因素主要有：楼屋盖种类、抗力构件布置、梁柱墙间相互连接、构造方法措施、平面尺寸、平面及竖向规则性决定的体型规则性、长宽比等，对概念结构主要影响因素是上述因素中的后三个，表现如下。

其一，现行抗震规范规定的结构抗震分析的反应谱理论是假定结构基底各处的地面运动规律是一致的，不考虑地震波传播的相位差，此理论适用于结构物基底尺寸较地震波的波长显著为小的情况，实际上地震波的传播是一个过程，对底面尺寸较大的建筑可能引起地基基础各部分沿其长度方向以不同的速度作异步振动；

其二，平面、立面越不规则，各部分或部位刚度、质量分布差异越大，结构各部分的自振周期越悬殊，地震作用下的差异运动越明显；

其三，长宽比越大，结构纵横两个方向的刚度及楼屋盖刚度差异越大，强震时在高振形影响下楼屋盖将同时产生扭转与挠曲，并引起两端的差异运动。

上述三方面因素均会引起结构各部分的差异运动，从而导致结构的空间整体性下降，整体协调变形能力降低及空间整体作用不能充分发挥，同时也将在各部分间连续处或薄弱处等引起复杂的拉、压、弯、扭应力或变形，它们的共同作用会进一步加剧地震力的破坏作用。

为保证结构具有良好的整体性，对第一个和第二个因素，主要是在建筑选型时，通过设置变形缝、限制平立面形状或在基础设计时通过加强基础整体性等方法来解决；对长宽比 L/B 这个影响因素，一般认为，当长宽比 L/B 接近 1 时，能充分发挥结构的空间整体作用，整体性最好，协调变形能力最强；当 L/B 达到某限值时上述性能则较差，现行《高层建筑混凝土结构技术规程》（JGJ 3—2002）和《高层民用建筑钢结构技术规程》（JGJ 99—98）分别给出了不同结构形式在不同烈度下的 L/B 限值（表 2-2 和表 2-3）。

（5）整体稳定性原则

对于高层建筑，水平地震作用引起的倾覆力矩，将使结构产生整体弯曲变形，并在外侧墙、柱和基础中引起较大的附加拉压应力，当倾覆力矩 M_f 达到一定值或抗倾覆力矩较小时，过大的 M_f 及其引起的附加应力、变形及 $P—\Delta$ 效应的共同影响下，易引起建筑物的倾覆或倒塌。如 1985 年墨西哥地震中，一栋 9 层钢筋混凝土结构，因地震时产生的倾覆力矩，使整个房屋倾倒，埋深 2.5m 的箱形基础翻转 45°，并将下面的摩擦桩拔出；再如 1967 年加拉加斯地震中一幢 18 层框架结构的 Caromay 公寓，因倾覆力矩过大，在地下室柱中引起很大轴力，造成地下室很多柱子在中段被压碎。显然，结构的抗倾能力对其整体稳定性有着显著的影响。一般地，在设防烈度一定的条件下，结构刚度越大、高宽比（H/B）越小、长宽比（L/B）越接近 1，结构的整体稳定性越好，结构在两个方向的抗倾覆能力越接近。为保证结构有足够的抗倾能力或整体稳定性，现行《高层建筑混凝土结构技术规程》（JGJ 3—2002）和《高层民用建筑钢结构技术规程》（JGJ 99—98）分别给出了不同结构型式的高宽比限值（表 2-10 至表 2-12），以便在进行结构选型时参考。其中，B 级高度高层建筑结构的最大适用高宽比可较 A 级适当放宽，其结构抗震等级、有关的计算和构造措施应相应加严。

A 级高度钢筋混凝土高层建筑结构适用的最大高宽比 表 2-10

结构体系	非抗震设计	抗震设防烈度		
		6 度、7 度	8 度	9 度
框架、板柱—剪力墙	5	4	3	2
框架—剪力墙	5	5	4	3
剪力墙	6	6	5	4
筒中筒、框架—核心筒	6	6	5	4

B级高度钢筋混凝土高层建筑结构适用的最大高宽比　　表2-11

非抗震设计	抗震设防烈度	
	6度、7度	8度
8	7	6

高宽比的限值　　表2-12

结构种类	结构体系	非抗震设防	抗震设防烈度		
			6度、7度	8度	9度
钢结构	框架	5	5	4	3
	框架—支撑(剪力墙板)	6	6	5	4
	各类筒体	6.5	6	5	5
有混凝土剪力墙的钢结构	钢框架—混凝土剪力墙	5	5	4	4
	钢框架—混凝土核心筒	5	5	4	4
	钢框筒—混凝土核心筒	6	5	5	4

注:当塔形建筑的底部有大底盘时,高宽比采用的高度应从大底盘的顶部算起。

(6)施工方便性原则

不同的结构型式决定着不同的结构体系及抗力构件,也决定着结构的施工工艺、施工难度、施工工期及可能的施工质量。与多层建筑相比,高层建筑具有体型大,高度高,总建筑面积大、施工技术复杂、施工难度高、工期长且对施工企业级别、施工机械、施工技术及管理水平要求高等特点,故受不同结构体系所决定的不同施工工艺或工程量的影响,往往不同结构的施工工期相差较大,而施工工期往往是影响工程经济性或其造价的主要因素之一,因此,在选择结构型式时,适当考虑施工可行性与方便性原则,对保证施工质量,提高施工速度,降低工期,从而降低成本等有着重要意义。

(7)经济有效性原则

不同的结构型式往往具有不同的土建工程量和不同的建造费用,在全寿命使用过程中,也具有不同的因功能改变、构件损伤、地震等灾害引起的改造、维护、加固等方面的费用。结构形式一旦确定,就基本上决定了结构建造及其全寿命期的改造、维护、加固等方面的主要费用。故在选型时适当考虑选择全寿命期综合造价较低的结构型式是有必要的。

第五节　结构布置原则

在建筑体型、建筑方案与结构体系类型初步确定以后,就应结合建筑方案设计与结构体系特征,对结构系统的抗力构件进行恰当的规划和布置。结构布置的目的是使结构体系能较好地适应远近期建筑功能空间要求,满足结构施工方便、经济合理以及构件、刚度分布均匀,刚心与质心重合或接近、稳定性及延性耗能能力较好等要求,结构布置的结果是形成整体性能优良、传力途径合理的结构体系三维空间骨架系统。若抗力构件布置不当,将会导致结构体系出现薄弱环节、薄弱构件、局部应力集中、整体强度与刚度突变、改变结构受力特性等安全隐患,从而使结构整体性能劣化。结构布置是改善结构整体性能的重要途径之一,也是结构概念设计的重要内容。结构布置一般包括结构平面布置和结构竖向布置两个方面,以下将介绍结构布置应遵循的基本原则。

一、结构抗力构件的平面布置原则

结构的整体性能及其静动力特性主要取决于抗侧力构件及保证各抗侧力构件整体协同工作的楼屋盖结构构件平面布置特征，为获得较大的抵抗侧向荷载或侧向作用的能力，尽可能使各构件受力均匀，抗侧力与楼屋盖构件沿平面纵横方向的布置应符合以下基本原则。

1）在一个独立结构单元内，宜使结构构件的平面布置规则、简单、对称，刚度和承载力分布均匀，尽量使质心和刚心接近或重合，减小偏心；宜有多道抗震防线；结构在两个主轴方向的动力特性宜相近；有利于有效均匀地抵抗水平荷载及其产生的倾覆和扭转，有利于楼屋盖构件受力均匀合理，传力途径简捷、清晰、明确，以便能有效均匀地抵抗竖向荷载，增加结构系统的整体性。不应采用严重不规则的平面布置形式。对抗震设计的A级高度钢筋混凝土高层建筑，其结构平面布置宜符合：平面长度不宜过长，突出部分长度 l 不宜过大（见图2-17）；L、l 等值宜满足表2-3要求。

2）框筒、墙筒、支撑筒等抗推刚度较大的芯筒，在平面上应居中或对称布置。

3）抗力构件宜在平面上均匀及周边均匀布置，以提高结构的整体抗弯与抗扭刚度，减小弯曲引起的侧向变形，增大抗倾与抗扭性能，增大和改善结构体系的整体抗震性能。对刚度小、周边构件弱的框架结构应加强周边构件的延性与承载能力。

4）在阳角处宜布置筒体、剪力墙、框架柱等抗力构件，并应加强该受力复杂部位构件的构造措施，以避免因地震作用引起的倾覆、质刚心不一致引起的扭转、纵横向刚度不同引起的不协调挠曲变形与差异运动等所造成薄弱环节的损坏，提高结构的抗震性能。

5）对凸凹等不规则的建筑平面，应进行精心恰当的结构布置以减小应力集中。同时，宜在凸凹角相交部分的连接处，设置连续（跨越连接两部分）的水平连接件，加强两部分连接的整体性；在相交部分设置强度、刚度较大的筒体、剪力墙、壁式框架、支撑、耗能构件等加强构件，以抵抗较大的地震应力，减小两部分不协调振动引起的损坏；在凸凹角处的自由端，设置加劲构件，增大抗扭刚度和抗倾覆能力，减小差异运动，提高整体性。

6）对卄、井字形等外伸长度较大的建筑，当中央部分楼、电梯间使楼板有较大削弱时，应加强楼板以及连接部位墙体的构造措施，必要时可在外伸段凹槽处设置连接梁或连接板。

7）楼板局部不连续，楼板尺寸和刚度急剧变化，如有效楼板宽度小于该层楼板典型宽度的50%，或开洞面积大于该层楼面面积的30%，楼板开大洞削弱后，宜在洞口边缘设置边梁、暗梁；加厚洞口附近楼板，提高楼板配筋率；采用双层双向配筋或加配斜向钢筋；在楼板洞口角部集中配置斜向钢筋。

8）抗震设计时，高层建筑宜调整平面形状和结构布置，避免结构不规则，不设防震缝。对体型复杂、平立面特别不规则或有较大错层和部分刚度相差悬殊的建筑结构，可按实际需要在适当部位设置防震缝，形成多个较规则的抗侧力结构单元，并分别进行平面结构布置。防震缝应根据抗震设防烈度、结构材料种类、结构类型、结构单元的高度和高差情况，留有足够的宽度，其两侧的上部结构应完全分开。当设置伸缩缝和沉降缝时，其宽度应符合抗震缝的要求。

9）设置防震缝时，应符合下列规定：

（1）防震缝最小宽度应符合下列要求：

①框架结构房屋，高度不超过15m的部分，可取70mm；超过15m的部分，6度、7度、8度和9度相应每增加高度5m、4m、3m和2m，宜加宽20mm。

②框架—剪力墙结构房屋可按第一项规定数值的70%采用，剪力墙结构房屋可按第一项

规定数值的 50% 采用，但二者均不宜小于 70mm。

（2）防震缝两侧结构体系不同时，防震缝宽度应按不利的结构类型确定；防震缝两侧的房屋高度不同时，防震缝宽度应按较低的房屋高度确定。

（3）当相邻结构的基础存在较大沉降差时，宜增大防震缝的宽度。

（4）防震缝宜沿房屋全高设置；地下室、基础可不设防震缝，但在与上部防震缝对应处应加强构造和连接。

（5）结构单元之间或主楼与裙房之间如无可靠措施，不应采用牛腿托梁的做法设置防震缝。

10）结构长度较长时，宜设伸缩缝，高层建筑结构伸缩缝的最大间距宜符合表 2-2 规定。荷载或地质条件相差悬殊又未采取有效措施时宜设置沉降缝。抗震设计时，伸缩缝、沉降缝的宽度均应符合上条防震缝最小宽度的要求。

11）当采用下列构造措施和施工措施减少温度和混凝土收缩对结构的影响时，可适当放宽伸缩缝的间距。

（1）顶层、底层、山墙和纵墙端开间等温度变化影响较大的部位提高配筋率；

（2）顶层加强保温隔热措施，外墙设置外保温层；

（3）每 30 ~ 40m 间距留出施工后浇带，带宽 800 ~ 1 000mm，钢筋采用搭接接头，后浇带混凝土宜在两个月后浇灌；

（4）顶部楼层改用刚度较小的结构型式或顶部设局部温度缝，将结构划分为长度较短的区段；

（5）采用收缩小的水泥、减少水泥用量、在混凝土中加入适宜的外加剂；

（6）提高每层楼板的构造配筋率或采用部分预应力结构。

二、结构抗力构件的竖向布置原则

历次地震震害表明，若结构构件竖向布置不恰当，刚度沿竖向突变、外形外挑或内收等，都将会产生某些楼层变形过分集中，出现严重震害甚至倒塌。为减小竖向抗震薄弱环节，提高结构整体性能，在进行结构抗力构件的竖向布置时，应遵守以下原则。

（1）高层建筑的竖向体型宜规则、均匀，避免有过大的外挑和内收。结构的侧向刚度宜下大上小，逐渐均匀变化，不应采用竖向布置严重不规则的结构。

（2）抗震设计的高层建筑结构，抗侧力构件沿高度方向的布置，宜使各抗侧力构件所负担的楼层质量沿高度方向无剧烈变化，避免地震作用局部增大造成的局部变形增大；沿高度方向，宜连续均匀布置各抗侧力构件，并位于同一竖直线上，以避免竖向刚度的不连续，减小因刚度突变、应力与变形集中造成的薄弱环节；自上而下，各抗侧力构件的抗推刚度和承载力逐渐加大，并与各抗侧力构件所负担的水平剪力、弯矩和轴力成比例增大。宜具有合理的刚度和承载力分布，避免因局部削弱或突变形成薄弱部位，产生过大的应力集中或塑性变形集中。

（3）抗震设计时，为避免变形集中于荷载较大、刚度较小的下部楼层，形成结构薄弱层，其楼层侧向刚度不宜小于相邻上部楼层侧向刚度的 70% 或其上相邻三层侧向刚度平均值的 80%。为避免楼层抗侧力结构的承载力突变而引起的薄弱层破坏，A 级高度高层建筑的楼层层间抗侧力结构的受剪承载力不宜小于其上一层受剪承载力的 80%，不应小于其上一层受剪承载力的 65%；B 级高度高层建筑的楼层层间抗侧力结构的受剪承载力不应小于其上一层受剪承载力的 75%。其中，楼层层间抗侧力结构受剪承载力是指在所考虑的水平地震作用方向上，该层全部柱及剪力墙的受剪承载力之和。

(4)抗震设计时，结构上部楼层相对于下部楼层收进时，收进的部位越高、收进后的平面尺寸越小，结构的高振形反应越明显，为减小这种鞭梢效应，当结构上部楼层收进部位到室外地面的高度 H_1 与房屋高度 H 之比大于0.2时，上部楼层收进后的水平尺寸 B_1 不宜小于下部楼层水平尺寸 B 的0.75倍[图2-19a)、图2-19b)]；同时，为减小外挑结构的扭转效应和竖向地震作用，当上部结构楼层相对于下部楼层外挑时，下部楼层的水平尺寸 B 不宜小于上部楼层水平尺寸 B_1 的0.9倍，且水平外挑尺寸 a 不宜大于4m[图2-19c)、图2-19d)]。

(5)抗震设计时，对竖向收进的建筑体型，首先，应考虑采用抗震缝将各部分隔离，使各单体单独承受荷载，无变形缝时，应使收进的塔体与其相应底面抗力构件布置连续均匀，塔体质刚心尽量与塔底质刚心在平面投影上重合，以减少扭转；同时，应加强收进变化处楼屋面的强度和刚度，保证上部地震作用引起的侧向力可靠向下传递，加强塔体底层抗力构件的强度、刚度和延性，控制减少因竖向刚度突变、扭转引起的应力集中现象及造成的损坏。

(6)对高层建筑钢结构，当根据刚度需要设置外伸刚臂和腰桁架或帽桁架(在顶层)时，宜设在设备层。外伸刚臂应横贯楼层连续布置。支撑和剪力墙板可选用中心支撑、偏心支撑、内藏钢板支撑、带缝混凝土剪力墙板或钢板剪力墙。抗震设防的钢框架—支撑结构中，支撑(剪力墙板)宜竖向连续布置，除底部楼层和外伸刚臂所在楼层外，支撑的形式和布置在竖向宜一致，以使结构的受力和层间刚度变化都比较均匀，并充分发挥水平刚臂的作用。高层建筑钢结构不宜设置防震缝和伸缩缝。当必须设置时，抗震设防的结构伸缩缝应满足防震缝要求。建筑物中有较大的中庭时，可在中庭的上端楼层用水平桁架将中庭开口连接，或采取其他增强结构抗扭刚度的有效措施。

(7)为增加结构的嵌固与稳定性能，提高地基承载能力，减小地基附加应力，减轻震害，高层建筑宜设地下室。

三、复杂高层建筑结构布置原则

为适应多功能高层建筑、复杂体型、结构布置复杂(错层结构、连体结构、多塔楼结构等复杂高层建筑结构)、改善和提高结构整体性能等的需要，常常需要在结构中布置若干转换或加强构件，形成带转换层的结构、带加强层的结构、错层结构、连体结构、多塔楼结构以及混合结构等复杂高层建筑结构，该类高层建筑结构在竖向荷载、风荷载或地震作用下受力复杂，对结构布置要求高，除遵守前述结构平面与竖向布置要求外，尚应符合以下要求。

1)在高层建筑竖向因功能空间相差悬殊等，要求采用不同结构布置形式时，或在高层结构底部，当上部楼层部分竖向构件(剪力墙、框架柱)不能直接贯通落地时，应设置结构转换层，在转换层布置转换结构构件。转换结构构件可采用梁、桁架、空腹桁架、箱形结构、斜撑等；非抗震设计和6度抗震设计时转换构件可采用厚板，7度和8度抗震设计的地下室的转换构件可采用厚板，9度抗震设计时不应采用带转换层、加强层、错层和连体的结构。7度和8度抗震设计的高层建筑不宜同时采用超过两种前述的复杂结构。

2)对带转换层的高层建筑结构，底部大空间部分框支剪力墙高层建筑结构在地面以上的大空间层数，8度时不宜超过3层，7度时不宜超过5层，6度时其层数可适当增加；底部带转换层的框架—核心筒结构和外筒为密柱框架的筒中筒结构，其转换层位置可适当提高。

3)对底部带转换层的高层建筑结构的布置应符合以下要求：

(1)落地剪力墙和筒体底部墙体应加厚；

(2)转换层上部结构与下部结构的侧向刚度比应符合《高层建筑混凝土结构技术规程》

(JGJ 3—2002)附录 E 的规定；

(3)框支层周围楼板不应错层布置；

(4)落地剪力墙和筒体的洞口宜布置在墙体的中部；

(5)框支剪力墙转换梁上一层墙体内不宜设边门洞，不宜在中柱上方设门洞；

(6)长矩形平面建筑中落地剪力墙的间距 l 宜符合以下规定：

非抗震设计：$l \leqslant 3B$ 且 $l \leqslant 36$m；

抗震设计：底部为 1 ~2 层框支层时：且 $l \leqslant 2B$ 且 $l \leqslant 24$m；底部为 3 层及 3 层以上框支层时：$l \leqslant 1.5B$ 且 $l \leqslant 20$m。其中 B 为楼盖宽度。

(7)落地剪力墙与相邻框支柱的距离，1 ~2 层框支层时不宜大于 12m，3 层及 3 层以上框支层时不宜大于 10m。

(8)转换层上部的竖向抗侧力构件（墙、柱）宜直接落在转换层的主结构上。B 级高度框支剪力墙高层建筑的结构转换层，不宜采用框支主、次梁方案。

4)对带转换层的高层建筑结构，框架—核心筒结构、筒中筒结构的上部密柱转换为下部稀柱时可采用转换梁或转换桁架，转换桁架宜满层设置，其斜杆的交点宜作为上部密柱的支点。转换桁架的节点应加强配筋及构造措施，防止应力集中产生的不利影响。

5)对带转换层的高层建筑结构，采用空腹桁架转换层时，空腹桁架宜满层设置，应有足够的刚度保证其整体受力作用。空腹桁架的上、下弦杆宜考虑楼板作用，竖腹杆应按强剪弱弯进行配筋设计，加强箍筋配置，并加强与上、下弦杆的连接构造。空腹桁架应加强上、下弦杆与框架柱的锚固连接构造。

6)当框架—核心筒结构的侧向刚度不能满足设计要求时，可沿竖向利用建筑避难层、设备层空间，设置适宜刚度的水平伸臂构件，构成带加强层的高层建筑结构，以加强核心筒与周边框架柱、角柱与边柱的联系。必要时，也可设置周边水平环带构件。加强层采用的水平伸臂构件、周边环带构件可采用斜腹杆桁架、实体梁、整层或跨若干层高的箱形梁、空腹桁架等形式。

7)对带加强层的高层建筑结构，加强层位置和数量要合理有效，当布置 1 个加强层时，位置可在 0.6H 附近；当布置 2 个加强层时，位置可在顶层和 0.5H 附近；当布置多个加强层时，加强层宜沿竖向从顶层向下均匀布置；加强层水平伸臂构件宜贯通核心筒，其平面布置宜位于核心筒的转角、T 字节点处；水平伸臂构件与周边框架的连接宜采用铰接或半刚接。

8)错层结构的抗震性能往往较差，抗震设计时，高层建筑宜避免错层。当房屋不同部位因功能不同而使楼层错层时，宜采用防震缝划分为独立的结构单元。为减小错层结构的扭转效应以及错层处墙、柱内力，避免错层处结构形成薄弱部位，错层结构两侧宜采用结构侧向刚度和变形性能相近的结构体系。

9)连体结构各独立部分宜有相同或相近的体型、平面和刚度，宜采用双轴对称的平面形式，7 度和 8 度抗震设计时，层数和刚度相差悬殊的建筑不宜采用连体结构，以减小或避免因复杂的扭耦联振动，而引起应力与变形集中等抗震薄弱环节。

10)连接体结构与主体结构宜采用刚性连接，必要时连接体结构可延伸至主体部分的内筒，并与内筒可靠连接。连接体结构可设置钢梁、钢桁架和型钢混凝土梁，型钢应伸入主体结构并加强锚固。当连接体结构包含多个楼层时，应特别加强其最下面一至两个楼层的设计和构造。

11)多塔楼建筑结构各塔楼的层数、平面和刚度宜接近，塔楼对底盘宜对称布置，减小扭转与高振形的不利影响，以及塔楼和底盘的刚度偏心、塔楼结构与底盘结构质心的距离不宜大于底盘相应边长的 20%。抗震设计时，转换层不宜设置在底盘屋面的上层塔楼内，以免形成结构薄弱部位，多塔楼之间裙房连接体的屋面梁应加强，塔楼中与裙房连接体相连的外围柱、剪力墙，从固定端至裙房屋面上一层的高度范围内，剪力墙宜设置约束边缘构件，以保证塔楼与底盘的整体工作。

12）对由钢框架或型钢混凝土框架与钢筋混凝土筒所组成的共同承受竖向和水平作用的混合高层建筑结构体系，宜尽量使结构的抗侧力中心与水平合力中心重合。其竖向布置宜符合下列要求：结构的侧向刚度和承载力沿竖向宜均匀变化，构件截面宜由下至上逐渐减小，无突变；当框架柱的上部与下部的类型和材料不同时，应设置过渡层；对于刚度突变的楼层，如转换层、加强层、空旷的顶层、顶部突出部分、型钢混凝土框架与钢框架的交接层及邻近楼层，应采取可靠的过渡加强措施。

13）混合高层建筑结构体系钢框架部分采用支撑时，宜采用偏心支撑和耗能支撑，以增加结构的延性耗能能力；支撑宜连续布置，且在相互垂直的两个方向均宜布置，并互相交接，支撑框架在地下部分，宜延伸至基础。

14）混合结构体系的高层建筑，7 度抗震设防且房屋高度不大于 130m 时，宜在楼面钢梁或型钢混凝土梁与钢筋混凝土筒体交接处及筒体四角设置型钢柱；7 度抗震设防且房屋高度大于 130m 及 8 度和 9 度抗震设防时，应在楼面钢梁或型钢混凝土梁与钢筋混凝土筒体交接处及筒体四角设置型钢柱，以增加混凝土筒的延性，避免弯曲时平面外的错断。

15）混合结构中，外围框架平面内梁与柱应采用刚性连接，以提高外框架的刚度及抵抗水平荷载的能力；楼面梁与钢筋混凝土筒体及外围框架柱的连接可采用刚接或铰接。钢框架—钢筋混凝土筒体结构中，当采用 H 形截面柱时，宜将柱截面强轴方向布置在外围框架平面内，以增加平面内刚度，减小剪力滞后现象；角柱宜采用方形、十字形或圆形截面，以方便连接和受力合理。

16）混合结构中，可采用外伸桁架加强层，必要时可同时布置周边桁架。外伸桁架平面宜与抗侧力墙体的中心线重合。外伸桁架应与抗侧力墙体刚接且宜伸入并贯通抗侧力墙体，以便通过外伸桁架将筒体剪力墙的弯曲变形转换成框架柱的轴向变形，以减小水平荷载下结构的侧移，外伸桁架与外围框架柱的连接宜采用铰接或半刚接，以减小外柱弯矩。对于建筑物楼面有较大开口或为转换楼层时，应采用现浇楼板。对楼板开口较大部位宜采用采取设置刚性水平支撑等加强措施。

思考题与练习题

2-1 建筑与结构设计的过程与内容是什么？二者的区别与联系是什么？

2-2 高层建筑整体结构系统由哪几部分组成？如何对上部结构体系进行分类？如何对上部结构系统组成构件进行分类？

2-3 高层建筑结构的受力特点有哪些？

2-4 常用高层结构体系有哪些？各有哪些特征？结构体系的发展趋势是什么？

2-5 建筑选型与结构选型的关系是什么？简述建筑选型的影响因素与原则。

2-6 简述结构选型的影响因素与原则。

2-7 简述结构布置原则。

第三章 荷载作用与结构设计原则

DISANZHANG

第一节 荷载与作用的分类与代表值

与所有结构一样,高层建筑结构必须能抵抗外部各种作用,满足使用要求,并具有足够的安全度。外部作用包括建筑物自重、使用荷载、风荷载、地震作用及温度变化、地基不均匀沉降等。高层建筑的荷载主要可分为竖向荷载和水平荷载,竖向荷载包括结构自重、楼(屋)屋面使用活荷载、雪载和施工荷载;水平荷载有风荷载和水平地震作用。与多层建筑相比,高层建筑层数较多,高度较大,水平作用所产生的作用效应随高度的增加而迅速增大,并逐渐成为设计控制指标。

一、荷载与作用

使结构产生内力和位移效应的一切外因统称为作用。习惯上把直接施加于结构上的外因称为荷载,如自重、活荷载、风雪等直接作用;把间接施加于结构上的外因称为作用,如地基不均匀变形、混凝土收缩、焊接变形、温度变化或地震等间接作用。

二、荷载与作用的分类

按荷载或作用的不同特征,可进行不同的分类。常用的分类方法有以下三种。

1. 按荷载或作用的时间特征分类

(1)永久作用:在结构使用期间,其值不随时间变化,或其变化与平均值相比可以忽略不计,或其变化是单调的并能趋于限值的荷载。如结构自重、土压力、预应力等,其荷载值及作用位置几乎不变。

(2)可变作用:在结构使用期间,其值随时间变化,且其变化与平均值相比不可以忽略不计的荷载。如楼屋面活荷载、风雪荷载等,其荷载值和作用位置或方向等经常变化。

(3)偶然作用:在结构使用期间不一定出现,一旦出现,其值很大且持续时间很短的荷载。如地震、爆炸力、撞击力等其他偶然事件引起的作用。

2. 按荷载或作用的静动力特征分类

(1)静荷载:没有动力作用效应的荷载。如结构自重、土压力、预应力等。

(2)动荷载:能产生动力作用效应的荷载。如风荷载、地震作用等。

3. 按荷载或作用的方向特征分类

(1)竖向荷载:荷载作用方向沿竖直方向的荷载。如结构自重、楼屋面活荷载等。

(2)水平荷载:荷载作用方向沿水平方向的荷载。如风荷载、水平地震作用等。

三、荷载的代表值

荷载是结构设计的最基本数据之一,它们的取值及其组合问题直接关系到结构的安全和经济,必须合理地加以确定。

1. 荷载代表值

各种荷载的大小与建筑物所在地区、所用材料、使用状态和使用时间等多种因素有关,上述因素往往是随机的,故设计中要解决荷载的代表值问题。荷载代表值,是指设计中用以验算极限状态所采用的荷载量值,例如标准值、组合值、频遇值和准永久值。建筑结构设计时,对不同荷载应采用不同的代表值。对永久荷载应采用标准值作为代表值,对可变荷载应根据设计要求采用标准值、组合值、频遇值或准永久值作为代表值,对偶然荷载应按建筑结构使用的特点确定其代表值。

1)荷载标准值

荷载标准值是荷载的基本代表值,为设计基准期(为确定可变荷载代表值而选用的时间参数)内最大荷载统计分布的特征值(例如均值、众值、中值或某个分位值)。我国采用半概率半经验的方法,确定了结构在使用期间,正常使用情况下在设计基准期(如50年)内可能出现的最大荷载值,称为荷载的标准值。

(1)永久荷载标准值 G_k:对结构自重,可按结构构件的设计尺寸与材料单位体积的自重计算确定。对于自重变异较大的材料和构件(如现场制作的保温材料、混凝土薄壁构件等),自重的标准值应根据对结构的不利状态,取上限值或下限值,常用材料和构件的标准值按现行《建筑结构荷载规范》(GB 50009—2001)附录A采用。

(2)可变荷载标准值 Q_k:按现行《建筑结构荷载规范》(GB 50009—2001)确定。

2)荷载组合值

对可变荷载,使组合后的荷载效应在设计基准期内的超越概率,能与该荷载单独出现时的相应概率趋于一致的荷载值;或使组合后的结构具有统一规定的可靠指标的荷载值。可变荷载组合值,应为可变荷载标准值乘以荷载组合值系数。

3)荷载频遇值

对可变荷载,在设计基准期内,其超越的总时间为规定的较小比率或超越频率为规定频率的荷载值。可变荷载频遇值应取可变荷载标准值乘以荷载频遇值系数。

4)准永久值

对可变荷载,在设计基准期内,其超越的总时间约为设计基准期一半的荷载值。可变荷载准永久值应取可变荷载标准值乘以荷载准永久值系数。

一般地，承载能力极限状态设计或正常使用极限状态按标准组合设计时，对可变荷载应按组合规定采用标准值或组合值作为代表值。正常使用极限状态按频遇组合设计时，应采用频遇值、准永久值作为可变荷载的代表值；按准永久组合设计时，应采用准永久值作为可变荷载的代表值。

2. 荷载设计值

荷载代表值与荷载分项系数($\gamma>1$)的乘积。

第二节　荷载(效应)组合方法

一、荷载(效应)组合种类

荷载组合是指按极限状态设计时，为保证结构的可靠性而对同时出现的各种荷载设计值的规定。由荷载引起结构或结构构件的反应，称为荷载效应，例如内力、变形和裂缝等。不同种类的作用，因其值的大小和作用时间等的不同，对建筑结构的影响及造成的后果也不一样，永久作用力作用时间很长，会引起结构材料的徐变变形，使结构构件的变形和裂缝增大，引起结构的内力重分布；可变作用因时有时无，时大时小，有时其作用位置也变化，可能对结构各部分引起不同的影响，甚至完全引起相反的作用效应，故设计中必须考虑其最不利组合作用的影响；偶然作用因其作用时间很短，材料的塑性变形来不及发展，其实际强度会有一定提高，且因瞬时作用结构的可靠度也可以适当取小一点。现行荷载规范给出了以下几种荷载(效应)组合形式。

1. 基本组合

承载能力极限状态计算时，永久作用和可变作用的组合。

2. 偶然组合

承载能力极限状态计算时，永久作用、可变作用和一个偶然作用的组合。

3. 标准组合

正常使用极限状态计算时，采用标准值或组合值为荷载代表值的组合。

4. 频遇组合

正常使用极限状态计算时，对可变荷载采用频遇值或准永久值为荷载代表值的组合。

5. 准永久组合

正常使用极限状态计算时，对可变荷载采用准永久值为荷载代表值的组合。

在建筑结构设计时，应根据使用过程中在结构上可能同时出现的荷载，按承载能力极限状态和正常使用极限状态分别进行荷载(效应)组合，并应取各自的最不利的效应组合进行设计。

二、承载能力极限状态的荷载效应组合

1)对于承载能力极限状态，应按荷载效应的基本组合或偶然组合进行荷载(效应)组合，

并应采用下列设计表达式进行设计：

$$\gamma_0 S \leqslant R \tag{3-1}$$

式中：γ_0——结构重要性系数；

S——荷载效应组合的设计值；

R——结构构件抗力的设计值，应按各有关建筑结构设计规范的规定确定。

2）对于基本组合，荷载效应组合的设计值 S 应从下列组合值中取最不利值确定：

（1）由可变荷载效应控制的组合：

$$S = \gamma_G S_{GK} + \gamma_{Qi} S_{QiK} + \sum_{i=2}^{n} \gamma_{Qi} \psi_{Ci} S_{QiK} \tag{3-2}$$

式中：γ_G——永久荷载的分项系数；

γ_{Qi}——第 i 个可变荷载的分项系数，其中 γ_{Q1} 为可变荷载 Q_1 的分项系数；

S_{GK}——按永久荷载标准值 G_k 计算的荷载效应值；

S_{Qik}——按可变荷载标准值 Q_{ik} 计算的荷载效应值，其中 S_{Q1k} 为诸可变荷载效应中起控制作用者；

ψ_{Ci}——可变荷载 Q_i 的组合值系数；

n——参与组合的可变荷载数。

（2）由永久荷载效应控制的组合：

$$S = \gamma_G S_{GK} + \sum_{i=1}^{n} \gamma_{Qi} \psi_{Ci} S_{QiK} \tag{3-3}$$

基本组合中的设计值仅适用于荷载与荷载效应为线性的情况。当对 S_{Q1k} 无法明显判断时，轮次以各可变荷载效应为 S_{Q1k}，选其中最不利的荷载效应组合。当考虑以竖向的永久荷载效应控制的组合时，参与组合的可变荷载仅限于竖向荷载。

3）基本组合的荷载分项系数，应按以下规定采用。

（1）永久荷载的分项系数

当其效应对结构不利时：对由可变荷载效应控制的组合，应取 1.2；对由永久荷载效应控制的组合，应取 1.35。

当其效应对结构有利时，一般情况下应取 1.0；对结构的倾覆、滑移或漂浮验算有利时，应取 0.9。

（2）可变荷载的分项系数

一般情况下应取 1.4；对标准值大于 $4\mathrm{kN/m^2}$ 的工业房屋楼面结构的活荷载应取 1.3。对于某些特殊情况，可按建筑结构有关设计规范的规定确定。

4）偶然组合荷载效应组合的设计值宜按下列规定确定：

偶然荷载的代表值不乘分项系数；与偶然荷载同时出现的其他荷载可根据观测资料和工程经验采用适当的代表值。各种情况下荷载效应的设计值公式，可由有关规范另行规定。

三、正常使用极限状态的荷载效应组合

（1）对于正常使用极限状态，应根据不同的设计要求，采用荷载的标准组合、频遇组合或准永久组合，并应按下列设计表达式进行设计：

$$S \leqslant C \tag{3-4}$$

式中：C——结构或结构构件达到正常使用要求的规定限值，例如变形、裂缝、振幅、加速度、应力等的限值，应按各有关建筑结构设计规范的规定采用。

(2)对于标准组合,荷载效应组合的设计值 S 应按式(3-5)采用:

$$S = S_{GK} + S_{Q1K} + \sum_{i=2}^{n} \psi_{Ci} S_{QiK} \tag{3-5}$$

组合中的设计值仅适用于荷载与荷载效应为线性的情况。

(3)对于频遇组合,荷载效应组合的设计值 S 应按式(3-6)采用:

$$S = S_{GK} + \psi_{f1} S_{Q1K} + \sum_{i=2}^{n} \psi_{qi} S_{QiK} \tag{3-6}$$

式中:ψ_{f1}——可变荷载 Q_1 的频遇值系数;

ψ_{qi}——可变荷载 Q_i 的准永久值系数。

组合中的设计值仅适用于荷载与荷载效应为线性的情况。

(4)对于准永久组合,荷载效应组合的设计值 S 可按式(3-7)采用:

$$S = S_{GK} + \sum_{i=1}^{n} \psi_{qi} S_{QiK} \tag{3-7}$$

组合中的设计值仅适用于荷载与荷载效应为线性的情况。

第三节 竖向荷载

结构自重、楼屋面活荷载、雪荷载等竖向荷载,可根据现行《建筑结构荷载规范》(GB 50009—2001)的有关规定和方法进行确定。

一、结构恒载(自重荷载)的计算

结构恒载(自重荷载)可以由构件和装修的设计尺寸与材料单位体积的自重计算确定。《建筑结构荷载规范》(GB 50009—2001)的附录 A 给出了常用材料和构件的自重。

二、民用建筑楼面均布活荷载的计算与折减

1. 民用建筑楼面均布活荷载的计算

《建筑结构荷载规范》(GB 50009—2001)的 4.1.1 条的给出了民用建筑楼面均布活荷载的标准值及其组合值、频遇值和准永久值系数(表 3-2),应根据表 3-2 的规定确定民用建筑楼面均布活荷载。如对住宅、宿舍、旅馆、办公楼、医院病房楼等民用建筑,其楼面均布活荷载标准值及其组合值、频遇值和准永久值系数分别为:2.0、0.7、0.5、0.4 等。

2. 民用建筑楼面均布活荷载的折减

考虑到高层民用建筑在使用过程中活荷载同时满布各楼层的可能性很小,故在设计住宅、宿舍、旅馆、办公楼、医院病房楼等民用建筑的楼面梁、墙、柱、基础时,应对楼面使用活荷载进行折减。《建筑结构荷载规范》(GB 50009—2001)的给出了楼面活荷载标准值在不同情况下的折减系数(表 3-1)。

(1)设计楼面梁时的折减系数

对住宅、宿舍、旅馆、办公楼、医院病房楼等民用建筑,当楼面梁从属面积(从属面积是指所计算构件负荷的楼面面积,它应由楼板的剪力零线划分,在实际应用中可作适当简化)超过 $25m^2$ 时,应取 0.9;对教室、实验室、阅览室、会议室、医院门诊室等建筑,当楼面梁从属面积超

过 $50m^2$ 时应取 0.9；对厨房、浴室、厕所、走廊、门厅、楼梯、阳台等处的活荷载应采用与所属房屋类别相同的折减系数。楼面梁的从属面积应按梁两侧各延伸二分之一梁间距的范围内的实际面积确定。

(2)设计墙、柱和基础时的折减系数

对住宅、宿舍、旅馆、办公楼、医院病房楼等民用建筑，设计墙、柱和基础时的折减系数应按表 3-1 规定采用；对教室、实验室、阅览室、会议室、医院门诊室、食堂、餐厅、一般资料档案室等建筑，应采用与其楼面梁相同的折减系数；对厨房、浴室、厕所、走廊、门厅、楼梯、阳台等处的活荷载应采用与所属房屋类别相同的折减系数。

活荷载按楼层的折减系数 表 3-1

墙、柱、基础计算截面以上的层数	1	2~3	4~5	6~8	9~20	>20
计算截面以上各楼层活荷载总和的折减系数	1.00(0.90)	0.85	0.70	0.65	0.60	0.55

注：当楼面梁的从属面积超过 $25m^2$ 时，应采用括号内的系数。

3. 楼面等效均布荷载

结构设计时，楼面上不连续分布的实际荷载，一般采用均布荷载代替；等效均布荷载系指其在结构上所得的荷载效应能与实际的荷载效应保持一致的均布荷载。《建筑结构荷载规范》(GB 50009—2001)的附录 B 给出了将楼面结构上的局部荷载换算为等效均布活荷载的规定与方法。如楼面(板、次梁及主梁)的等效均布活荷载，应在其设计控制部位上，根据需要按内力(如弯矩、剪力等)、变形及裂缝的等值要求来确定，在一般情况下，可仅按内力的等值来确定。

三、民用建筑屋面活荷载的计算

1. 民用建筑屋面均布活荷载的确定

《建筑结构荷载规范》(GB 50009—2001)给出了房屋建筑屋面水平投影面上的屋面均布活荷载标准值及其组合值、频遇值和准永久值系数(表 3-2)，应根据该表的规定确定屋面均布活荷载，且屋面均布活荷载不应与雪荷载同时组合。同时，对不上人的屋面，当施工或维修荷载较大时，应按实际情况采用；对不同结构应按有关设计规范的规定，将标准值作 $0.2kN/m^2$ 的增减；对上人的屋面，当兼作其他用途时，应按相应楼面活荷载采用；对于因屋面排水不畅、堵塞等引起的积水荷载，应采取构造措施加以防止；必要时，应按积水的可能深度确定屋面活荷载；屋顶花园活荷载不包括花圃土石等材料自重。

屋面均布活荷载 表 3-2

项次	类 别	标准值(kN/m^2)	组合值系数 ψ_c	频遇值系数 ψ_f	准永久值系数 ψ_q
1	不上人的屋面	0.5	0.7	0.5	0
2	上人的屋面	2.0	0.7	0.5	0.4
3	屋顶花园	3.0	0.7	0.6	0.5

2. 民用建筑屋面直升机停机坪荷载的确定

屋面直升机停机坪荷载应根据直升机总重按局部荷载考虑，同时其等效均布荷载不低于

5.0kN/m^2。局部荷载应按直升机实际最大起飞重量确定，当没有机型技术资料时，一般可依据轻、中、重三种类型的不同要求，按下述规定选用局部荷载标准值及作用面积：对轻型，最大起飞重量2t，局部荷载标准值取20kN，作用面积0.20m×0.20m；对中型，最大起飞重量4t，局部荷载标准值取40kN，作用面积0.25m×0.25m；对重型，最大起飞重量6t，局部荷载标准值取60kN，作用面积0.30m×0.30m。荷载的组合值系数应取0.7，频遇值系数应取0.6，准永久值系数应取0。直升机在屋面上的荷载，应乘以动力系数，对具有液压轮胎起落架的直升机可取1.4，其动力荷载只传至楼板和梁。

3. 民用建筑屋面均布雪荷载的确定

(1)基本雪压 S_0

基本雪压是雪荷载的基准压力，一般按当地空旷平坦地面上积雪自重的观测数据，经概率统计得出50年一遇最大值确定。基本雪压应按现行《建筑结构荷载规范》(GB 50009—2001)附录D中附表D.4给出的50年一遇的雪压采用。当城市或建设地点的基本雪压值在规范附录D中没有给出时，基本雪压值可根据当地年最大雪压或雪深资料，按基本雪压定义，通过统计分析确定，分析时应考虑样本数量的影响(参见附录D)。当地没有雪压和雪深资料时，可根据附近地区规定的基本雪压或长期资料，通过气象和地形条件的对比分析确定；也可按本规范附录D中全国基本雪压分布图近似确定。

(2)雪荷载标准值

屋面水平投影面上的雪荷载标准值，应按式(3-8)计算：

$$S_k = \mu_r S_0 \tag{3-8}$$

式中：S_k——雪荷载标准值，kN/m^2；

μ_r——屋面积雪分布系数；

S_0——基本雪压，kN/m^2。

(3)屋面积雪分布系数

屋面积雪分布系数应根据不同类别的屋面形式，按《建筑结构荷载规范》(GB 50009—2001)表6-2中的规定采用。

(4)屋面积雪荷载组合值、频遇值和准永久值系数

雪荷载的组合值系数可取0.7；频遇值系数可取0.6；准永久值系数应按雪荷载分区Ⅰ、Ⅱ和Ⅲ的不同，分别取0.5、0.2和0；雪荷载分区应按《建筑结构荷载规范》(GB 50009—2001)规范附录D.4中给出的结果或附图D.5.2的规定采用。

四、施工和检修荷载

设计屋面板、檩条、钢筋混凝土挑檐、雨篷和预制小梁时，施工或检修集中荷载(人和小工具的自重)应取1.0kN，并应在最不利位置处进行验算。且对于轻型构件或较宽构件，当施工荷载超过上述荷载时，应按实际情况验算，或采用加垫板、支撑等临时设施承受；当计算挑檐、雨篷承载力时，应沿板宽每隔1.0m取一个集中荷载；在验算挑檐、雨篷倾覆时，应沿板宽每隔2.5~3.0m取一个集中荷载。

另外，楼梯、看台、阳台和上人屋面等的栏杆顶部水平荷载，应按下列规定采用：对住宅、宿舍、办公楼、旅馆、医院、托儿所、幼儿园，应取0.5kN/m；对学校、食堂、剧场、电影院、车站、礼堂、展览馆或体育场，应取1.0kN/m。当采用荷载准永久组合时，可不考虑施工和检修荷载及

栏杆水平荷载。

第四节　风　荷　载

水平荷载作用主要包括风荷载和地震作用。本节介绍风荷载的确定方法。

一、风荷载及特征

1. 风荷载

风荷载是指空气流动形成的风遇到建筑物时,在建筑物表面产生的压力或吸力,这种风力作用称为风荷载。

2. 风荷载的特征

风荷载的主要特征是:风荷载带有随机性,风压随着风速、风向的紊乱变化而不停的改变着,是随时间而波动的动荷载,它将使建筑物产生动力反应,在高度较大的刚度较小的高层建筑中应考虑风荷载的动力效应影响;风荷载与建筑物的尺寸大小、体型和其表面情况密切相关,平面为圆形、椭圆形与正多边形的规则建筑体型受到的风力较小,对抗风有利,相反,平面凸凹多变的复杂建筑体型受到的风力较大,易产生扭转效应,对抗风不利,对高层建筑宜优先选用对抗风有利的建筑体型;风力在建筑物表面分布不均匀,一般随高度的增大而增大,且在角区和凹入区域风力较大;风力受建筑物周边环境影响较大,处于高层建筑群中的高层建筑,有时会出现因不对称遮挡而使风力偏心产生扭转,以及相邻建筑物之间风力增大而使建筑物产生扭转等受力不利情况;与地震作用相比,风荷载相对较小,持续时间较长,其作用效应更接近静力荷载,在建筑物使用寿命期间出现较大风力的次数较多,记录与观测样本较多,对风力大小的估计比地震作用大小的估计较可靠,抗风设计具有较大的可靠性。

二、风荷载计算

结构计算时,应分别计算风荷载对建筑物的总体效应和局部效应,总体风荷载使主体结构产生内力与变形,局部风荷载使局部构件产生内力与变形。

1. 总体风荷载标准值

垂直于建筑物表面上的风荷载标准值,按公式(3-9)计算。风荷载作用面积应取垂直于风向的最大投影面积。

(1)当计算主要承重结构时,单位面积上的风荷载标准值

$$w_k = \beta_z \mu_s \mu_z w_0 \tag{3-9}$$

式中:w_k——风荷载标准值,kN/m^2;

β_z——高度 z 处的风振系数,可按式(3-10)计算:

$$\beta_z = 1 + \frac{\zeta \nu \varphi_z}{\mu_z} \tag{3-10}$$

式中:ζ——脉动增大系数,可按表 3-3 确定;

ν——脉动影响系数,可由总高度 H 及其与迎风面宽度 B 的比值,按表 3-4 确定;

φ_z——振型系数，应根据结构动力计算确定，对质量和刚度沿高度分布比较均匀的高层建筑，振型系数也可根据相对高度 z/H 按《建筑结构荷载规范》(GB 50009—2001)附录F确定；

μ_s——风荷载体型系数，按《高层建筑混凝土结构技术规程》(JGJ3—2002 第3.2.5条)的有关规定采用；

μ_z——风压高度变化系数，对位于平坦或稍有起伏地形的高层建筑，其风压高度变化系数应根据地面粗糙度类别按表3-5定；其中，地面粗糙度分类为：A类指近海海面和海岛、海岸、湖岸及沙漠地区；B类指田野、乡村、丛林、丘陵以及房屋比较稀疏的乡镇和城市郊区；C类指有密集建筑群的城市市区；D类指有密集建筑群且房屋较高的城市市区；对位于山区的高层建筑，按上述方法确定风压高度变化系数后，尚应按现行国家标准《建筑结构荷载规范》(GB 50009—2001)中第7.2条的有关规定进行修正；

w_0——基本风压(kN/m^2)，它是风荷载的基准压力，一般按当地空旷平坦地面上10m高度处10min平均的风速观测数据，经概率统计得出50年一遇最大值确定的风速 v_0，再考虑相应的空气密度 ρ，按公式 $w_0=\rho v_0{}^2/2$ 确定的风压；基本风压应按照现行国家标准《建筑结构荷载规范》(GB 50009—2001)附录D.4的规定采用，但不得小于 $0.3kN/m^2$；对于特别重要或对风荷载比较敏感的高层建筑，其基本风压应按100年重现期的风压值采用。

脉动增大系数 ζ(B类地区) 表3-3

$w_0T_1^2(kN\cdot s^2/m^2)$	0.01	0.02	0.04	0.06	0.08	0.10	0.20	0.40	0.60
钢结构	1.47	1.57	1.69	1.77	1.83	1.88	2.04	2.24	2.36
有填充墙的房屋钢结构	1.26	1.32	1.39	1.44	1.47	1.50	1.61	1.73	1.81
混凝土及砌体结构	1.11	1.14	1.17	1.19	1.21	1.23	1.28	1.34	1.38
$w_0T_1^2(kN\cdot s^2/m^2)$	0.80	1.00	2.0	4.00	6.00	8.00	10.00	20.00	30.00
钢结构	2.46	2.53	2.80	3.09	3.28	3.42	3.54	3.93	4.14
有填充墙的房屋钢结构	1.88	1.93	2.10	2.30	2.43	2.52	2.60	2.85	3.01
混凝土及砌体结构	1.42	1.44	1.54	1.65	1.72	1.77	1.82	1.96	2.06

注：计算 $w_0T_1^2$ 时，对地面粗糙度B类地区可直接代入基本风压，而对A类、C类和D类地区应按当地的基本风压分别乘以1.38、0.62和0.32后代入。近似的基本自振周期 T_1 可按《建筑结构荷载规范》(GB 50009—2001)中附录E方法计算。对钢筋混凝土结构，也可采用近似公式计算：框架结构 $T_1=(0.08-0.1)n$，框架—剪力墙结构和框架—核心筒结构 $T_1=(0.06\sim0.08)n$，剪力墙结构和筒中筒结构 $T_1=(0.05\sim0.06)$，n 为结构层数。

高层建筑的脉动影响系数 ν 表3-4

H/B	粗糙度类别	总高度							
		≤30	50	100	150	200	250	300	350
≤0.5	A	0.44	0.42	0.33	0.27	0.24	0.21	0.19	0.17
	B	0.42	0.41	0.33	0.28	0.25	0.22	0.20	0.18
	C	0.40	0.40	0.34	0.29	0.27	0.23	0.22	1.20
	D	0.36	0.37	0.34	0.30	0.27	0.25	0.24	0.22
1.0	A	0.48	0.47	0.41	0.35	0.31	0.27	0.26	0.24
	B	0.46	0.46	0.42	0.36	0.36	0.29	0.27	0.26
	C	0.43	0.44	0.42	0.37	0.34	0.31	0.29	0.28
	D	0.39	0.42	0.42	0.38	0.36	0.33	0.32	0.31

续上表

H/B	粗糙度类别	总 高 度							
		≤30	50	100	150	200	250	300	350
2.0	A	0.50	0.51	0.46	0.42	0.38	0.35	0.33	0.31
	B	0.48	0.50	0.47	0.42	0.40	0.39	0.35	0.33
	C	0.45	0.49	0.48	0.44	0.42	0.38	0.38	0.36
	D	0.41	0.46	0.48	0.46	0.46	0.44	0.42	0.39
3.0	A	0.53	0.51	0.49	0.42	0.41	0.38	0.38	0.36
	B	0.51	0.50	0.49	0.46	0.43	0.40	0.40	0.38
	C	0.48	0.49	0.49	0.48	0.46	0.43	0.43	0.41
	D	0.43	0.46	0.49	0.49	0.48	0.47	0.46	0.45
5.0	A	0.52	0.53	0.51	0.49	0.46	0.44	0.42	0.39
	B	0.50	0.53	0.52	0.50	0.48	0.45	0.44	0.42
	C	0.47	0.50	0.52	0.52	0.50	0.48	0.47	0.45
	D	0.43	0.48	0.52	0.53	0.53	0.52	0.51	0.50
8.0	A	0.53	0.54	0.53	0.51	0.48	0.46	0.43	0.52
	B	0.51	0.53	0.54	0.52	0.54	0.49	0.46	0.44
	C	0.48	0.51	0.54	0.53	0.52	0.52	0.50	0.48
	D	0.43	0.48	0.54	0.53	0.55	0.55	0.54	0.53

风压高度变化系数μ_s 表 3-5

离地面高度（m）	地面粗糙度类别			
	A	B	C	D
5	1.69	1.88	2.30	3.21
10	1.63	1.78	2.10	2.76
15	1.60	1.72	1.99	2.54
20	1.58	1.69	1.92	2.39
30	1.54	1.64	1.83	2.21
40	1.52	1.60	1.77	2.09
50	0.50	1.58	1.73	2.01
60	1.49	1.56	1.69	1.94
70	1.48	1.54	1.66	1.89
80	1.47	1.53	1.64	1.85
90	1.47	1.52	1.62	1.81
100	1.46	1.51	1.60	1.78
150	1.43	1.47	1.54	1.67
200	1.42	1.44	1.50	1.60
250	1.40	1.42	1.46	1.55
300	1.39	1.41	1.44	1.51

(2)当计算围护结构时

$$w_k = \beta_{gz}\mu_s\mu_z w_0 \tag{3-11}$$

式中:β_{gz}——高度 z 处的阵风系数,由表 3-5 确定。

(3)当房屋高度大于 200m 时宜采用风洞试验来确定建筑物的风荷载;当房屋高度大于 150m,且平面形状不规则,立面形状复杂或立面开洞或连体建筑或周围地形和环境较复杂时,宜采用风洞试验确定建筑物的风荷载。

(4)当多个建筑物,特别是群集的高层建筑,相互间距较近时,宜考虑风力相互干扰的群体效应;一般可将单独建筑物的体型系数 μ_s 乘以相互干扰增大系数,该系数可参考类似条件的试验资料确定;必要时宜通过风洞试验得出。

(5)风荷载的组合值、频遇值和准永久值系数可分别取 0.6、0.4 和 0。

2. 局部风荷载

风压在建筑表面上的分布是不均匀的,如迎风面的中部及一些凹陷部位,因气流不易向四周扩散,其局部风压往往超过平均风压,在风流侧面房屋的角隅处及房屋顶部风流的前沿部位吸力较大等。在计算总体风荷载时取风压平均值,在验算围护构件、悬挑构件及其连接时,应考虑采用局部加大的风压,计算局部风压时,应采用局部增大的风载体型系数。

局部风压体型系数 μ_s 为:对负压区的外墙面取 -1.0,墙角边取 -1.8,屋面局部部位(周边和屋面坡度大于 10°的屋脊部位),取 -2.2,檐口、雨篷、遮阳板、阳台等突出水平构件计算局部上浮风荷载时取 -2.0,其中,对墙角边和屋面局部部位的作用宽度为房屋宽度的 0.1 或房屋平均高度的 0.4,取其小者,但不小于 1.5m;对封闭式建筑物的内表面,按外表面风压的正负情况取 -0.2 或 0.2。

设计建筑幕墙时,风荷载应按国家现行有关建筑幕墙设计标准的规定采用。

第五节 地震作用

一、地震作用及影响因素

1. 地震作用及抗震设防目标

地震是地球运动过程中经常发生的一种自然现象,它具有突发性、随机性、复杂性、作用时间短、强烈地震造成的灾害严重等特点,目前还没有一种很有效的方法对其进行预报和抵御,人们能够做的更多的是防震减灾。防震减灾的有效措施之一就是对建筑结构进行动力分析、确定地震作用和进行抗震设计(包括抗震概念设计、构造措施、结构与构件变形与承载力或强度验算等)。地震作用是由地震动引起的结构动态作用,包括水平地震作用和竖向地震作用。为减轻建筑的地震破坏,避免人员伤亡,减少经济损失,现行《建筑抗震设计规范》(GB 50011—2001)规定对抗震设防烈度为 6 度及以上地区的建筑,必须进行抗震设计,且进行抗震设计的建筑,其抗震设防目标是:当遭受低于本地区抗震设防烈度的多遇地震影响时,一般不受损坏或不需修理可继续使用;当遭受相当于本地区抗震设防烈度的地震影响时,可能损坏,经一般修理或不需修理仍可继续使用;当遭受高于本地区抗震设防烈度预估的罕遇地震影响时,不致发生倒塌或危及生命的严重破坏。

2. 地震作用的影响因素

影响地震作用的因素很多，可概括为两个主要方面：地震动特性（峰值加速度、速度、位移及其频谱特性和持时等）和结构本身的力学特性。其中前者受震源因素（震源强度、深度、破裂尺度等）、传播途径和局部场地条件（局部地下土壤条件和地形变化等）等因素的影响和制约，后者主要受建筑的平立面形状特征、结构的材料与阻尼、结构型式、建筑空间与结构抗力构件的平立面布置、建筑层数与高度等因素的影响和制约。故每次大地震，不同的地震动特性、传播途径和局部场地条件和不同类型的建筑往往具有不同的破坏特征，工程中往往用设防烈度或设防地震动参数、设计地震分组、场地分类、结构自振特性等参数及建筑分类与区分结构地震作用分析方法、抗震等级等途径来考虑上述影响因素。

二、地震作用计算的一般原则与规定

1. 各类抗震高层建筑地震作用计算设防烈度确定原则

建筑根据其使用功能的重要性分为甲类、乙类、丙类、丁类四个抗震设防类别。甲类建筑属于重大建筑工程和地震时可能发生严重次生灾害的建筑，乙类建筑属于地震时使用功能不能中断或需尽快恢复的建筑，丙类建筑属于除甲、乙、丁类以外的一般建筑，丁类建筑属于抗震次要建筑。其中，对甲类建筑，应按高于本地区抗震设防烈度计算，其值应按批准的地震安全性评价结果确定；对乙、丙类建筑，应按本地区抗震设防烈度计算。

2. 高层建筑结构考虑地震作用的原则

一般情况下，按在结构两个主轴方向分别考虑水平地震作用计算；有斜交抗侧力构件的结构，当相交角度大于15°时，应分别计算各抗侧力构件方向的水平地震作用。质量与刚度分布明显不对称、不均匀的结构，应计算双向水平地震作用下的扭转影响；其他情况，应计算单向水平地震作用下的扭转影响；对8度、9度抗震设计时，高层建筑中的大跨度和长悬臂结构应考虑竖向地震作用。9度抗震设计时应计算竖向地震作用。

计算单向地震作用时应考虑偶然偏心的影响。每层质心沿垂直于地震作用方向的偏移值可按式(3-12)采用：

$$e_i = \pm 0.05 L_i \tag{3-12}$$

式中：e_i——第 i 层质心偏移值，m，各楼层质心偏移方向相同；

L_i——第 i 层垂直于地震作用方向上的建筑物总长度，m。

3. 高层建筑结构采用地震作用计算方法的原则

高层建筑结构应根据不同情况，分别采用不同的地震作用计算方法，并采用以下原则确定地震作用计算方法。

(1)高层建筑结构宜采用振型分解反应谱法。对质量和刚度不对称、不均匀的结构以及高度超过100m的高层建筑结构应采用考虑扭转耦联振动影响的振型分解反应谱法；

(2)高度不超过40m、以剪切变形为主且质量和刚度沿高度分布比较均匀的高层建筑结构，可采用底部剪力法；

(3)7～9度抗震设防的高层建筑，下列情况应采用弹性时程分析法进行多遇地震下的补充计算：甲类高层建筑结构；表 3-6 所列的乙、丙类高层建筑结构；不满足现行《高层建筑混凝土结构技术规程》（JGJ 3—2002）第 4.4.2 ~ 4.4.5 条规定的竖向有较大刚度突变的高层建筑结构；带转换层、加强层、错层、连体和多塔结构的复杂高层建筑结构；质量沿竖向分布特别不均匀的高层建筑结构。

采用时程分析法的高层建筑结构 表 3-6

设防烈度、场地类别	建筑高度范围
8 度Ⅰ、Ⅱ类场地和 7 度	>100m
8 度Ⅲ、Ⅳ类场地	>80m
9 度	>60m

4. 高层建筑结构进行动力时程分析时应符合的要求

（1）应按建筑场地类别和设计地震分组选用不少于二组实际地震记录和一组人工模拟的加速度时程曲线，其平均地震影响系数曲线应与振型分解反应谱法所采用的地震影响系数曲线在统计意义上相符，且弹性时程分析时，每条时程曲线计算所得的结构底部剪力不应小于振型分解反应谱法求得的底部剪力的 65%，多条时程曲线计算所得的结构底部剪力的平均值不应小于振型分解反应谱法求得的底部剪力的 80%。

（2）地震波的持续时间不宜小于建筑结构基本自振周期的 3 ~4 倍，也不宜少于 12s，地震波的时间间距可取 0.01s 或 0.02s。

（3）输入地震加速度的最大值可按表 3-7 采用。

弹性时程分析时输入地震加速度的最大值 表 3-7

设 防 烈 度	7 度	8 度	9 度
加速度最大值（g）	35（55）	70（100）	140

注：7、8 度时括号内数值分别用于设计基本地震加速度为 0.15g 和 0.30g 的地区，此处 g 为重力加速度。

（4）结构地震作用效应可取多条时程曲线计算结果的平均值与振型分解反应谱法计算结果的较大值。

5. 建筑结构的重力荷载代表值与可变荷载组合值系数

计算地震作用时，建筑结构的重力荷载代表值应取永久荷载标准值和可变荷载组合值之和。可变荷载的组合值系数应按下列规定采用：对雪荷载取 0.5；对楼面活荷载按实际情况计算时取 1.0；对按等效均布活荷载计算时，藏书库、档案库、库房取 0.8，一般民用建筑取 0.5。

6. 建筑结构的地震影响系数与场地特征周期

建筑结构的地震影响系数应根据烈度、场地类别、设计地震分组和结构自振周期及阻尼比确定，且对周期大于 6.0s 的高层建筑结构所采用的地震影响系数应做专门研究，对已编制抗震设防区划的地区，可按批准的设计地震动参数采用相应的地震影响系数。其水平地震影响系数最大值 α_{max} 应按表 3-8 采用；特征周期应根据场地类别和设计地震分组按表 3-9 采用，计算 8、9 度罕遇地震作用时，特征周期应增加 0.05s。

7. 高层建筑结构地震影响系数曲线的形状参数和阻尼调整要求

高层建筑结构地震影响系数曲线（图 3-1）的形状参数和阻尼调整应符合下列要求。

水平地震影响系数最大值 α_{max} 表3-8

地震影响	6度	7度	8度	9度
多遇地震	0.04	0.08(0.12)	0.16(0.24)	0.32
罕遇地震	—	0.50 (0.72)	0.90(1.20)	1.40

注：7、8度时括号内数值分别用于设计基本地震加速度为0.15g和0.30g的地区。

特征周期值 T_g(s) 表3-9

场地类别 设计地震分组	Ⅰ	Ⅱ	Ⅲ	Ⅳ
第一组	0.25	0.35	0.45	0.65
第二组	0.30	0.40	0.55	0.75
第三组	0.35	0.45	0.65	0.90

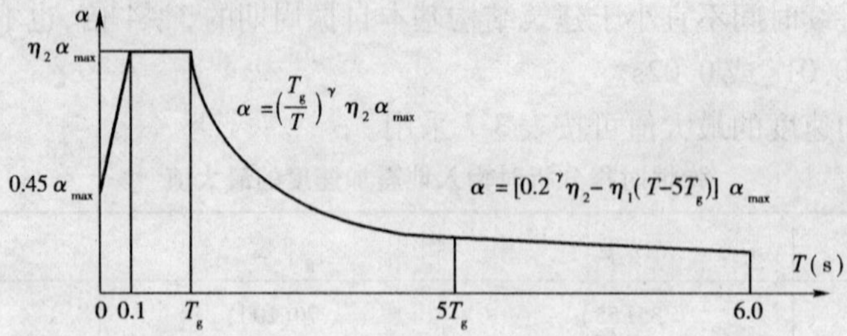

图3-1 地震影响系数曲线

α-地震影响系数；α_{max}-地震影响系数最大值；T-结构自振周期；T_g-特征周期；γ-衰减指数；η_1-直线下降段下降斜率调整系数；η_2-阻尼调整系数

除有专门规定外，钢筋混凝土高层建筑结构的阻尼比应取0.05，此时阻尼调整系数η_2应取1.0，形状参数应符合下列规定：①直线上升段，周期小于0.1s的区段；②水平段，自0.1s至特征周期T_s的区段，地震影响系数应取最大值α_{max}；③曲线下降段，自特征周期至5倍特征周期的区段，衰减指数γ应取0.9；④直线下降段，自5倍特征周期至6.0s的区段，下降斜率调整系数η_1应取0.02。

当建筑结构的阻尼比不等于0.05时，地震影响系数曲线的分段情况与阻尼比取0.05时相同，但其形状参数和阻尼调整系数η_2应符合下列规定：①曲线水平段地震影响系数应取$\eta_2\alpha_{max}$；②曲线下降段的衰减指数应按式(3-13)确定，直线下降段的下降斜率调整系数应按式(3-14)确定，阻尼调整系数应按式(3-15)确定。

$$\gamma=0.9+\frac{0.05-\xi}{0.05+5\xi} \tag{3-13}$$

$$\eta_1=0.02+(0.05-\xi)/8 \tag{3-14}$$

$$\eta_2=1+\frac{0.05-\xi}{0.06+1.7\xi} \tag{3-15}$$

式中：γ——曲线下降段的衰减指数；

ξ——阻尼比；

η_1——直线下降段的斜率调整系数，小于0时应取0；

η_2——阻尼调整系数，当 η_2 小于0.55时，应取0.55。

8. 高层建筑的场地类别

高层建筑的场地类别应按现行国家标准《建筑抗震设计规范》(GB 50011)中的有关规定确定。

三、水平地震作用计算

地震地面运动的随机性与复杂性、结构体系的多样性、结构破坏机理与地基基础相互作用的复杂性等因素决定了无论用什么方法确定地震作用，都只能是一种近似的估计。水平地震作用的确定方法主要有底部剪力法、振型分解反应谱法、时程分析法等。

1. 底部剪力法

底部剪力法是一种不需计算结构振型，而先计算结构底部剪力，然后将底部剪力按一定形式分配至结构不同高度的简化计算方法。采用底部剪力法时，各楼层可仅取一个自由度，结构的总水平地震作用标准值和质点 i 的水平地震作用标准值计算方法如下。

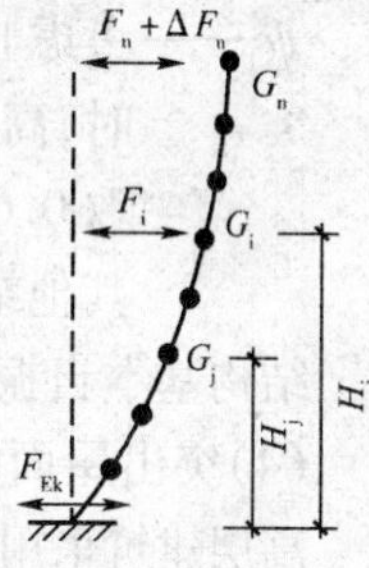

图 3-2 结构水平地震作用计算简图

(1)结构总水平地震作用标准值公式(图3-2)：

$$F_{Ek}=\alpha_1 G_{eq} \tag{3-16}$$

式中：F_{Ek}——结构总水平地震作用标准值；

α_1——相应于结构基本自振周期的水平地震影响系数值，多层砌体房屋、底部框架和多层内框架砖房，宜取水平地震影响系数最大值；

G_{eq}——结构等效总重力荷载，单质点应取总重力荷载代表值，多质点可取总重力荷载代表值的85%。

(2)质点 i 的水平地震作用标准值可按式(3-17)计算：

$$F_i=\frac{G_iH_i}{\sum_{j=1}^{n}G_jH_j}F_{Ek}(1-\delta_n)\ (i=1,2,\cdots,n) \tag{3-17}$$

式中：F_i——质点 i 的水平地震作用标准值；

G_i,G_j——分别为集中于质点 i、j 的重力荷载代表值(应按现行抗震规范第5.1.3条有关规定确定)；

H_i,H_j——分别为质点 i、j 的计算高度；

δ_n——顶部附加地震作用系数，多层钢筋混凝土和钢结构房屋可按表3-10采用，多层内框架砖房可采用0.2；其他房屋可采用0.0。

(3)主体结构顶层附加水平地震作用标准值可按式(3-18)计算：

$$\Delta F_n=\delta_n F_{EK} \tag{3-18}$$

式中：ΔF_n——顶部附加水平地震作用。

对于质量和刚度沿高度分布比较均匀的框架结构、框架——剪力墙结构和剪力墙结构，其基本自振周期可按式(3-19)计算：

顶部附加地震作用系数 表 3-10

T_g(s)	$T_1>1.4T_g$	$T_1\leqslant1.4T_g$
≤0.35	$0.08T_1+0.07$	0.0
<0.35~0.55	$0.08T_1+0.01$	
>0.55	$0.08T_1-0.02$	

注:T_g 为特征周期,T_1 为结构基本自振周期。

$$T_1=1.7\psi_T\sqrt{u_T} \tag{3-19}$$

式中:T_1——结构基本自振周期,s;

u_T——假想的结构顶点水平位移,m,即假想把集中在各楼层处的重力荷载代表值 G_i 作为该楼层水平荷载,并按 JGJ 3—2002《高层建筑混凝土结构技术规程》5.1 节的有关规定计算的结构顶点弹性水平位移;

ψ_T——考虑非承重墙刚度对结构自振周期影响的折减系数,当非承重墙体为填充砖墙时,高层建筑结构的计算自振周期折减系数 ψ_T 可按下列规定取值:框架结构可取0.6~0.7;框架—剪力墙结构可取0.7~0.8;剪力墙结构可取0.9~1.0。对于其他结构体系或采用其他非承重墙体时,可根据工程情况确定周期折减系数。

结构基本自振周期也可以采用根据实测资料并考虑地震作用影响的经验公式确定。

(4)突出屋面房屋水平地震作用标准值

高层建筑采用底部剪力法计算水平地震作用时,突出屋面房屋(楼梯间、电梯间、水箱间等)宜作为一个质点参加计算,计算求得的水平地震作用标准值应增大,增大系数 β_n 可按表 3-11 计算。增大后的地震作用仅用于突出屋面房屋自身以及与其直接连接的主体结构构件的设计。

突出屋面房屋地震作用增大系数 β_n 表 3-11

结构基本自振周期 T_1(s)	K_n/K \ G_m/G	0.001	0.010	0.050	0.100
0.25	0.01	2.0	1.6	1.5	1.5
	0.05	1.9	1.8	1.6	1.6
	0.10	1.9	1.8	1.6	1.5
0.50	0.01	2.6	1.9	1.7	1.7
	0.05	2.1	2.4	1.8	1.8
	0.10	2.2	2.4	2.0	1.8
0.75	0.01	3.6	2.3	2.2	2.2
	0.05	2.7	3.4	2.5	2.3
	0.10	2.2	3.3	2.5	2.3
1.00	0.01	4.8	2.9	2.7	2.7
	0.05	3.6	4.3	2.9	2.7
	0.10	2.4	4.1	3.2	3.0
1.50	0.01	6.6	3.9	3.5	3.5
	0.05	3.7	5.8	3.8	3.6
	0.10	2.4	5.6	4.2	3.7

注:1. K_n、G_m 分别为突出屋面房屋的侧向刚度和重力荷载代表值;K、G 分别为主体结构层侧向刚度和重力荷载代表值,可取各层的平均值。

2. 楼层侧向刚度可由楼层剪力除以楼层层间位移计算。

2. 不考虑扭转耦联振动影响的振型分解反应谱法

对于不考虑扭转耦联振动影响的结构，应按下列规定进行地震作用和作用效应的计算：

(1)结构第 j 振型 i 质点的水平地震作用的标准值应按下式确定：

结构 j 振型 i 质点的水平地震作用标准值，应按下列公式确定：

$$F_{ji} = \alpha_j \gamma_j X_{ji} G_i (i = 1, 2, \cdots, n; j = 1, 2, \cdots, m) \tag{3-20}$$

$$\gamma_j = \sum_{i=1}^{n} X_{ji} G_i / \sum_{i=1}^{n} X_{ji}^2 G_i \tag{3-21}$$

式中：F_{ji}——j 振型 i 质点的水平地震作用标准值；

α_j——相应于 j 振型自振周期的地震影响系数；

X_{ji}——j 振型 i 质点的水平相对位移；

γ_j——j 振型的参与系数；

n——结构计算总质点数，小塔楼宜每层作为一个质点参与计算；

m——结构计算振型数，规则结构可取 3，当建筑较高、结构沿竖向刚度不均匀时可取5 ~ 6。

(2)水平地震作用效应(弯矩、剪力、轴向力和变形)，应按式(3-22)确定：

$$S_{EK} = \sqrt{\sum_{i=1}^{m} S_j^2} \tag{3-22}$$

式中：S_{Ek}——水平地震作用标准值产生的效应；

S_j——j 振型水平地震作用标准值的产生效应，可只取前 2 ~ 3 个振型，当基本自振周期大于 1.5s 或房屋高宽比大于 5 时，振型个数应适当增加。

3. 考虑扭转耦联振动影响的振型分解反应谱法

考虑扭转影响的结构，按扭转耦联振型分解法计算时，各楼层可取两个正交的水平位移和一个转角位移共三个自由度，并应按下列规定计算地震作用和作用效应。确有依据时，尚可采用简化计算方法确定地震作用效应。

(1)j 振型 i 层的水平地震作用标准值，应按下列公式确定：

$$F_{xji} = \alpha_j \gamma_{tj} X_{ji} G_i \tag{3-23a}$$

$$F_{yji} = \alpha_j \gamma_{tj} Y_{ji} G_i (i = 1, 2, \cdots, n; j = 1, 2, \cdots, m) \tag{3-23b}$$

$$F_{tji} = \alpha_j \gamma_{tj} r_i^2 \varphi_{ji} G_i \tag{3-23c}$$

式中：F_{xji}、F_{yji}、F_{tji}——分别为 j 振型 i 层的 x 方向、y 方向和转角方向的地震作用标准值；

X_{ji}、Y_{ji}——分别为 j 振型 i 层质心在 x、y 方向的水平相对位移；

φ_{ji}——j 振型 i 层的相对扭转角；

r_i——i 层转动半径，可取 i 层绕质心的转动惯量除以该层质量的商的正二次方根；

γ_{tj}——计入扭转的 j 振型的参与系数，可按公式(3-24) ~ 公式(3-26)确定；

n——结构计算总质点数，小塔楼宜每层作为一个质点参与计算；

m——结构计算振型数，一般情况下可取 5 ~ 19，多塔楼建筑每个塔楼的振型数不宜小于 9。

当仅取 x 方向地震作用时

$$\gamma_{xj} = \sum_{i=1}^{n} X_{ji} G_i / \sum_{i=1}^{n} (X_{ji}^2 + Y_{ji}^2 + \varphi_{ji}^2 r_i^2) G_i \tag{3-24}$$

当仅取 y 方向地震作用时

$$\gamma_{yj}=\sum_{i=1}^{n}Y_{ji}G_i/\sum_{i=1}^{n}(X_{ji}^2+Y_{ji}^2+\varphi_{ji}^2r_i^2)G_i \tag{3-25}$$

当取与 x 方向斜交的地震作用时

$$\gamma_{tj}=\gamma_{xj}\cos\theta+\gamma_{yj}\sin\theta \tag{3-26}$$

式中：γ_{xj}、γ_{yj}——分别由式(3-24)、式(3-25)求得的参与系数；

θ——地震作用方向与 x 方向的夹角。

(2)单向水平地震作用下，考虑扭转的地震作用效应，应按下列公式确定：

$$S=\sqrt{\sum_{j=1}^{m}\sum_{k=1}^{n}\rho_{jk}S_jS_k} \tag{3-27}$$

$$\rho_{jk}=\frac{8\xi_j\xi_k(1+\lambda_T)\lambda_T^{1.6}}{(1-\lambda_T^2)^2+4\xi_j\xi_k(1+\lambda_T)^2\lambda_T} \tag{3-28}$$

式中：S——考虑扭转的地震作用标准值的效应；

S_j，S_k——分别为 j，k 振型地震作用标准值的效应；

ρ_{jk}——j 振型与 k 振型的耦联系数；

λ_T——k 振型与 j 振型的自振周期比；

ξ_j，ξ_k——分别为 j，k 振型的阻尼比。

(3)考虑双向水平地震作用下的扭转地震作用效应，应按下列公式中的较大值确定：

$$S=\sqrt{S_x^2+(0.85S_y)^2} \tag{3-29}$$

或

$$S=\sqrt{S_y^2+(0.85S_x)^2} \tag{3-30}$$

式中：S_x——仅考虑 x 向水平地震作用时的地震作用效应；

S_y——仅考虑 y 向水平地震作用时的地震作用效应。

4. 抗震验算时，结构任一楼层的水平地震剪力应符合式(3-31)要求：

$$V_{Eki}>\lambda\sum_{j=i}^{n}G_j \tag{3-31}$$

式中：V_{Eki}——第 i 层对应于水平地震作用标准值的楼层剪力；

λ——剪力系数，不应小于表 3-12 规定的楼层最小地震剪力系数值，对竖向不规则结构的薄弱层，尚应乘以 1.15 的增大系数；

G_j——第 j 层的重力荷载代表值；

n——结构计算总层数。

楼层最小地震剪力系数值 表 3-12

类 别	7 度	8 度	9 度
扭转效应弱量或基本周期小于 3.5s 的结构	0.016(0.024)	0.032(0.048)	0.064
基本周期大于 5.0s 的结构	0.012(0.018)	0.024(0.032)	0.040

注：基本周期介于 3.5s 和 5s 之间的结构可插入取值；括号内数值分别用 7、8 度于设计基本地震加速度为 0.15g 和 0.30g的地区。

四、竖向地震作用计算

9 度抗震设计时，结构竖向地震作用标准值可按下列规定计算(图 3-3)：

（1）结构总竖向地震作用标准值可按公式（3-32）计算：

$$F_{Evk}=\alpha_{vmax}G_{eq} \tag{3-32}$$

式中：F_{Evk}——结构总竖向地震作用标准值；

α_{vmax}——竖向地震影响系数的最大值，可取水平地震影响系数最大值的65%；

G_{eq}——结构等效总重力荷载，可取其重力荷载代表值的75%。

（2）结构质点i的竖向地震作用标准值可按式（3-33）计算：

$$F_{vi}=\frac{G_iH_i}{\sum_{j=1}^{n}G_jH_j}F_{Evk} \tag{3-33}$$

式中：F_{vi}——质点i的竖向地震作用标准值；

H_i，H_j——分别为质点i、j的计算高度；

G_i，G_j——分别为集中于质点i、j的重力荷载代表值。

（3）楼层各构件的竖向地震作用效应可根据各构件承受的重力荷载代表值按比例分配，并宜乘以增大系数1.5。

（4）水平长悬臂构件、大跨度结构以及结构上部楼层外挑部分考虑竖向地震作用时，竖向地震作用的标准值在8度和9度设防时，可分别取该结构或构件承受的重力荷载代表值的10%和20%。

五、高层建筑结构计算自振周期的折减

计算各振型地震影响系数所采用的结构自振周期，应考虑非承重墙体的刚度影响予以折减。当非承重墙体为填充砖墙时，高层建筑结构的计算自振周期折减系数ψ_T可按下列规定取值：框架结构可取0.6～0.7；框架—剪力墙结构可取0.7～0.8；剪力墙结构可取0.9～1.0。对于其他结构体系或采用其他非承重墙体时，可根据工程情况确定周期折减系数。

第六节　温度作用

热胀冷缩是物体的重要物理特性，当物体不受任何约束（如静定结构）时，在物体温度发生变化（存在温差）时，物体会自由变形而不会引起温度应力，反之，当物体受到约束（如超静定结构）时，物体的伸缩变形就会受到约束并产生温度应力。高层建筑结构是多次超静定结构，当其在外界温度变化影响下，结构构件将因与其施工阶段温度相比所产生温差的存在，而引起结构构件的内力与变形，并使建筑物形状和尺度随着温差的复杂变化而不断发生着变化，该变化相当于给建筑结构施加一个作用，这种因结构构件温度差引起的附加内力即为温度作用。

引起高层建筑结构温度内力的温度变化主要是由结构建造与使用阶段的温差引起的，这种温差主要表现为室内外温差、日照温差、白昼和季节温差等。

高层建筑单个构件受到温度变化的影响，可以分解为两个方面的反应，一是内外表面有温差时造成弯曲；二是内外温差的平均值比构件原始温度高（低）造成伸长（缩短）。一般地，受人工空气调节的影响，建筑物室内温差变化较小，室内墙柱梁板等结构（或非结构）构件温度变形也较小且较均匀，而建筑周边等外部结构构件因受日照、白昼和季节温差等的影响，其温差变化较大，与室内相比其结构（或非结构）构件的温度变形较大且不均匀。

在整体结构中,当部分外框筒柱有相当多层同时具有平均温升(或温降)时,会造成整体结构的侧向和竖向变形与各构件的内力;外框筒全部具有同样平均温升(或温降)时,仅造成整体结构的竖向变形,而不会造成外框筒各构件的内力,但内筒与外筒温升(或温降)不同时,会引起楼板内力并导致各竖向构件有微小的轴向力。当若干或全部外框柱沿高度有若干或全部层具内外温差时,对结构的整体变形影响甚微,而主要存有各柱段内的弯曲;裙梁具有内外温差或平均温升时,其全部作用由楼板承担。

在实际工程设计中,因结构系统的温度场分布复杂,温度作用计算理论难度较大,计算结果与实际情况出入较大,往往难以作为设计依据。大量工程建设经验与分析表明,多层建筑温度作用可忽略不计,9~30 层的建筑物,只要设计、施工及材料等方面综合技术措施适当,在内力计算时可忽略温度作用的影响,对 30 层以上的高层建筑,应考虑温度作用的影响。一般地,减小温度作用的综合技术措施主要有:采取规则的平立面形状,避免易引起温度变形集中的不规则结构出现;选择合理的结构型式与结构布置方案;合理布置分布钢筋,重视构造钢筋在抗御温度与收缩变形中的作用,加强易引起温度应力集中部位的构造配筋措施,加大顶层、屋顶、房屋两端、纵横墙交接处等温度影响较大部位的配筋率与连接构造措施;对较长的建筑可通过设置温度缝、划分施工区段设置后浇带、建筑外墙与屋面隔热层等综合技术措施等途径,来减小温度应力,以防止建筑物的结构和非结构的破坏。在我国,目前对高层建筑结构设计中如何考虑温度作用尚无具体规定。精确而实用的内力计算方法和具体而有效的构造措施都有待于进一步研究。

第七节　结构设计原则

一、结构设计总原则

结构设计应贯彻执行国家的技术经济政策,在学习国内外先进经验的基础上,结合工程的具体情况与技术发展现状,做到安全适用、技术先进、经济合理、方便施工、确保质量。设计前应对高层建筑的使用要求、工程特点、建筑方案特征、材料供应、制作安装、施工技术条件及地震、水文地质、地形与周边环境等进行充分调查和研究分析,以便使结构设计结果能够符合复杂的工程实际情况。结构设计中应注重概念设计,应重视结构选型与结构方案设计,保证建筑物有一个恰当的结构型式和平立面布局规则、抗震抗风及经济性等综合性能较好的结构系统,应使结构系统受力明确,传力简捷,结构系统整体性及整体稳定性好,有足够的承载能力、刚度和延性耗能能力,应加强结构关键部位、薄弱部位与构件、材料要求较严部位、施工操作困难部位和构件的设计与构造措施,以保证它们有足够的安全。

二、结构设计的一般原则与基本要求

1. 选择有利地段,避开不利地段,避免地震地面变形引起的直接危害

强烈地震引起的建筑破坏作用极其复杂,一般可主要概括为三种:断层滑坡与地陷、强烈地震动、地基失效。其中,强烈地震动既是造成上部结构破坏的主要原因,也是诱发地基滑移、失效、基础破坏等的外部条件,可在上部结构的抗减震设计中考虑。地基滑移、失效、基础破坏等可通过设防烈度或地震动参数的形式在地基基础抗御震灾性能分析中考虑。地基失效及其

引起的地基基础破坏种类有:饱和粉细砂土液化引起的地基承载力丧失及不良地基(如软弱疏松土层、软流塑淤泥、杂填土及不均匀地基等)的沉陷、倾斜、水平位移等引起的基础沉陷、倾斜或局部破坏等,它们可通过地基处理、基础选型与方案设计等途径进行考虑和解决。而断层、滑坡(包括山区地震滑坡和平原地震滑坡)与地陷(大面积采空区等)等引起的破坏,一般很难通过经济有效的工程措施来解决,应根据工程需要,在工程选址时进行详细的勘察,掌握地震活动情况、工程地质和地震地质的有关资料,并根据地质构造、地基土性质、地形、地貌等,综合评价划分出所在场地的地段类别:有利、不利和危险地段。对抗震设防区的高层建筑,应优先选择对抗震有利的地段,避开不利的地段,当不能避开时应采取有效措施,不应在危险地段建造可能引起人员伤亡或较大经济损失的甲、乙、丙类建筑。表 3-13 给出了选择建筑场地时,对建筑抗震有利、不利和危险地段的标准。

有利与不利和危险地段的划分 表 3-13

地段类别	地质、地形、地貌
有利地段	稳定基岩,坚硬土,开阔、平坦、密实、均匀的中硬土等
不利地段	软弱土,液化土,条状突出的山嘴,高耸孤立的山丘,非岩质的陡坡,河岸和边坡的边缘,平面上不分成因、岩性、状态明显不均匀的土层(如故河道、疏松的断层破碎带、暗埋的塘沟谷和半填半挖地基)等
危险地段	地震时可能发生滑坡、崩塌、地陷、地裂、泥石流等及发震断裂地上可能发生地表位错的部位

当需要在条状突出的山嘴、高耸孤立的山丘、非岩石的陡坡、河岸和边坡边缘等不利地段建造丙类及丙类以上建筑时,除保证其在地震作用下的稳定性外,尚应估计不利地段对设计地震动参数可能产生的放大作用,其地震影响系数最大值应乘以增大系数。其值可根据不利地段的具体情况确定,但不宜大于 1.6。

2. 选择恰当建设地点和高层建筑层数与结构型式,减小地震能量输入与结构的地震作用,减轻地震灾害

国内外大量震害调查、强震记录与理论分析表明:一方面,建在薄土层或直接建在岩石等坚实场地土上的高层建筑震害较轻,而建在厚土层或软弱土层上的高层建筑震害往往较重,其主要原因是对于高层建筑,建于基岩或薄土层上,与建于厚土层上相比能够减小地震能量输入,从而可减轻高层建筑破坏程度;另一方面,当建筑结构的自振周期与场地地震动特征周期或主振周期相等和接近时,建筑破坏较严重,其主要原因是建筑结构产生了“共振或准共振”现象,从而使输入结构的地震能量加大,结构承受的地震作用增加,震害加剧。因此,在建设地段确定后,一方面,尽可能选择在坚硬场地土或场地覆盖层较薄的地点建设高层建筑;另一方面,在建设地点确定后进行建筑结构方案设计时,应通过建筑层数或结构形式的优选,使建筑结构的自振周期避开场地的特征周期,以便在建设地点确定与建筑结构方案确定的初期,通过采取积极的措施,从设计源头上主动直接地减小地震作用,间接提高结构的抗震性能,以减小震害和节约工程抗震投资。

3. 确定建筑与场地类别,恰当确定设防烈度或地震动参数,采取合理抗震对策与措施

不同重要性的建筑及其所在场地类别的不同,对抗震设防的要求往往不同,在抗震设防区进行建筑结构设计时,首先应客观确定建筑与场地类别,并据此确定设防烈度或地震动参数,以便于在结构设计时采取相应的抗震对策与措施。

为区别不同建筑对抗震设防的不同要求，现行《建筑抗震设防分类标准》（GB 50223）根据建筑使用功能的重要性，将其分为甲类、乙类、丙类、丁类四个抗震设防类别。甲类建筑应属于重大建筑工程和地震时可能发生严重次生灾害的建筑，乙类建筑应属于地震时使用功能不能中断或需尽快恢复的建筑，丙类建筑应属于除甲、乙、丁类以外的一般建筑，丁类建筑应属于抗震次要建筑。

各抗震设防类别建筑的抗震设防标准，应符合以下要求：甲类建筑，地震作用应高于本地区抗震设防烈度的要求，其值应按批准的地震安全性评价结果确定，当抗震设防烈度为6～8度时，抗震措施应符合本地区抗震设防烈度提高一度的要求，当为9度时，应符合比9度抗震设防更高的要求；乙类建筑，地震作用应符合本地区抗震设防烈度的要求，一般情况下，当抗震设防烈度为6～8度时，抗震措施应符合本地区抗震设防烈度提高一度的要求，当为9度时，应符合比9度抗震设防更高的要求，地基基础的抗震措施应符合有关规定；对较小的乙类建筑，当其结构改用抗震性能较好的结构类型时，应允许仍按本地区抗震设防烈度的要求采取抗震措施；丙类建筑，地震作用和抗震措施均应符合本地区抗震设防烈度的要求；丁类建筑，一般情况下，地震作用仍应符合本地区抗震设防烈度的要求；抗震措施应允许比本地区抗震设防烈度的要求适当降低，但抗震设防烈度为6度时不应降低。抗震设防烈度为6度时，除有具体规定外，对乙、丙、丁类建筑可不进行地震作用计算。

国内外大量震害调查、地震记录与理论分析表明，同一次地震不同场地上的建筑物往往具有不同的震害特征，一般会有选择地加重自振周期与某一地区地震地面运动反应谱的主导周期（卓越周期）接近的一类建筑的震害，而放过周期相差较远的一类建筑。场地土对地震动频谱特征有着重要影响，工程中常通过对场地进行分类的方法来表征不同场地条件对地震动的影响。场地分类恰当与否直接影响到地震反应谱特征周期及地震作用确定的合理性，并将间接影响到工程结构型式选择、地震作用分析、构造措施处理等方面的恰当性及工程造价的高低。客观、科学的场地分类是工程结构抗震设计的一项关键性工作，现行《建筑抗震设计规范》（GB 50011—2001）根据土层等效剪切波速 v_{se} 和场地覆盖层厚度，将场地土划分为四类（见表3-14）。

各类建筑场地的覆盖层厚度 表3-14

等效剪切波速（m/s）	场地类别			
	Ⅰ	Ⅱ	Ⅲ	Ⅳ
$v_{se}>500$	0			
$500\geqslant v_{se}>250$	<5	⩾5		
$250\geqslant v_{se}>140$	<3	3～50	>50	
$v_{se}\leqslant 140$	<3	3～15	>15～80	>80

当有可靠的剪切波速和覆盖层厚度且其值处于表3-14所列场地类别的分界线附近时，应允许按插值方法确定地震作用计算所用的设计特征周期。

建筑场地为Ⅰ类时，甲、乙类建筑应允许仍按本地区抗震设防烈度的要求采取抗震构造措施；丙类建筑应允许按本地区抗震设防烈度降低一度的要求采取抗震构造措施，但抗震设防烈度为6度时仍应按本地区抗震设防烈度的要求采取抗震构造措施。建筑场地为Ⅲ、Ⅳ类时，对设计基本地震加速度为0.15g和0.30g的地区，除抗震规范另有规定外，宜分别按抗震设防烈度8度(0.20g)和9度(0.40g)时各类建筑的要求采取抗震构造措施。

根据我国建筑法与防震减灾法及预防为主的方针，现行建筑抗震设计规范规定，抗震设防烈度为6度及以上地区的建筑，必须进行抗震设计，以使建筑经抗震设防后，减轻建筑的地震破坏，避免人员伤亡，减少经济损失。建筑所在地区遭受的地震影响，应采用相应于抗震设防烈度的设计基本地震加速度和设计特征周期，一般情况下，抗震设防烈度可采用中国地震动参数区划图的地震基本烈度(或与抗震规范设计基本地震加速度值对应的烈度值)。对已编制抗震设防区划的城市，可按批准的抗震设防烈度或设计地震动参数进行抗震设防。抗震设防烈度和设计基本地震加速度取值的对应关系，应符合表3-15的规定。设计基本地震加速度为0.15g和0.30g地区内的建筑，除抗震规范另有规定外，应分别按抗震设防烈度7度和8度的要求进行抗震设计。

抗震设防烈度和设计基本地震加速度值的对应关系 表3-15

抗震设防烈度	6	7	8	9
设计基本加速度值	0.05g	0.10(0.15)g	0.20(0.30)g	0.40g

注：g为重力加速度。

建筑的设计特征周期应根据其所在地的设计地震分组和场地类别确定。抗震规范的设计地震共分为三组。对Ⅱ类场地第一组、第二组和第三组的设计特征周期，应分别按0.35s、0.40s和0.45s采用。我国主要城镇(县级及县级以上城镇)中心地区的抗震设防烈度、设计基本地震加速度值和所属的设计地震分组，可按现行抗震规范附录A采用。

4. 选择有利于抗风和抗震的建筑体型，提高建筑结构抗御风和地震灾害的整体性能

建筑体型主要指建筑的尺寸和形状，影响建筑体型的因素很多，如场地形状、功能、城市规划、美学、结构抗震抗风设计要求等。体型对结构综合性能有重要影响，且与多层建筑相比，高层建筑体型对结构综合性能的影响更大，从改善结构性能的角度，对建筑体型设计提出要求，有利于在建筑方案设计阶段就能充分考虑其对改善结构性能的综合影响，达到建筑与结构设计的协调与有效结合。

(1)选择有利于抗震和抗风的平面形状

常见的高层建筑平面有矩形、方形、圆形、Y形、L形、十字形、井字形等，从抗风的角度看，具有圆形、椭圆形、多边形等流线形或凸多边形周边的建筑物所受的风荷载较小，对抗风有利；从抗震的角度看，平面简单、规则、对称、形心与质心和刚心接近、偏心扭转的影响较小，结构薄弱环节少，对抗震有利。否则复杂的平面形状，使楼盖在其自身平面内的刚度多处发生变化，建筑物的水平合力中心与刚度中心偏离，容易使建筑产生扭转，平面形状转折处，往往易产生应力集中，加大结构中某些构件和节点的内力。此时应考虑扭转与局部应力集中的不利影响，其扭转基本周期T_t与各向平动基本周期T_1之比，A级高度高层建筑不宜大于0.8，B级高度高层建筑不应大于0.8。

(2)选择有利于减小温度变形和抗震与抗风的平面尺寸及其间的比例

当结构单元长度或凸出部分过长、长宽尺寸相差悬殊、长宽比较大时，容易产生较大的温度应力，在地震时，建筑物两端亦可能发生差异的地震动，在水平荷载作用下楼屋盖协调整体变形的能力及结构的整体性较差，对上部结构产生不利影响。故应通过建筑设计、设置变形缝等途径使建筑的结构单元尺寸及其间的比例关系能满足现行有关规范的限值要求。

(3)选择有利的立面形状

建筑物常见的竖向立面形状有矩形、梯形、阶梯形、三角形、曲线梯形等，竖向体型有塔形、板形、圆锥形等，一般上下相同或向上逐渐减小的体型比较有利。竖向体型变化较大体型复杂时，易导致结构刚度不均匀甚至产生突变，结构容易出现薄弱层或薄弱部位，而这些都会导致较大震害。在进行建筑立面设计特别是抗震设防区的建筑设计时，其竖向体型应力求规则，均匀和连续，要尽可能避免刚度突变和结构不连续，避免有过大的外挑和内收，避免错层和局部夹层，同一层的楼面应尽量设置在同一高程处。在建筑物的底部、中部或顶部，常由于建筑使用上的要求而布置大空间，这时既要尽量使竖向结构层间总刚度上下均匀，避免突变，又要加强上下层楼盖结构刚度，加强各抗侧力结构之间的联系，以保证水平剪力在各榀抗侧力结构之间的传递。对于阶梯建筑和有塔楼的建筑，由于地震中高振型的影响，在阶梯形建筑上阶部分的根部和塔楼的根部，将产生应力集中并造成开裂破坏，因而，应注意上下两段交接处的连接构造，尽可能使刚度逐渐减小，不要突变。

(4)选择有利的立面尺寸及其间的比例

建筑物的高度是高层建筑结构设计中的一个重要指标，高度越高建筑物所受地震作用和倾覆力矩则越大，遭受破坏的可能性越大，高度的确定受功能、城市规划、美学、抗震设防烈度、场地条件和拟采用的结构体系类型、工程投资与经济效益等因素的影响和制约，在确定建筑高度时，应在满足功能、美学等方面要求的前提下满足结构高度限值的要求，或在适用最大高度限值的约束下，确定能满足功能等方面要求的建筑高度。当超过最大高度限值规定时，要进行专门研究。

对于高层建筑，抗侧结构系统的设计成为结构设计的主要矛盾，结构的侧移是该类结构设计中的主要控制因素。对结构侧移控制的途径较多，常用的有两个方面，其一是在建筑体型设计过程中通过增加建筑宽度，控制高宽比与长宽比等途径，提高结构的整体刚度，减小结构侧移，按照高层建筑悬臂梁的假设，侧移与建筑宽度的三次方成反比，增大宽度可从宏观上控制侧移，防止高层建筑因过于细柔而产生过大的侧移；其二是在结构构件设计阶段，通过结构构件的截面设计，增加抗侧刚度，实施对侧移的控制，显然，依靠通过加大墙、柱等构件截面尺寸，增大构件本身刚度来满足高层建筑侧移限值要求的途径是不经济的，不仅增加材料消耗、加大了自重，相应亦使地震作用增加。同时，为了保证结构的整体稳定和抗倾覆能力，建筑体型的高宽比应比较恰当，并满足高层建筑结构适用的最大高宽比限值要求，否则应进行整体稳定和倾覆验算。

5. 选择恰当的结构体系形式，进行合理的结构布置

(1)恰当地选择结构型式

结构选型是结构设计的重要环节，恰当合理的结构型式对结构综合性能的影响，往往比精心的结构布置与精确的结构内力分析和构件设计大得多。结构选型时需综合考虑建筑物高度、层数、功能、建筑方案特征、各类结构的技术性能特征与适应范围、抗震设防要求、地震地质环境、经济性、施工技术与条件、工期等诸方面的影响因素，经分析比较各类结构体系的优缺点后，结合工程实际权衡利弊、扬长避短、因地制宜地做出结构型式的优选决策，确定出恰当的与工程实际相适应的结构型式。

(2)合理地进行结构布置

在结构型式确定后，即可结合建筑方案进行平面与竖向的结构布置，以形成结构的骨架系统。进行结构布置时应满足第二章给出的结构布置原则的要求，以达到结构构件的平面布置对称、规则、均匀，竖向构件布置连续、竖向各楼层刚度变化均匀没突变。

在进行结构选型与布置时，尚应考虑选用阻尼比较大、或带有能增大阻尼的耗能构件、延性耗能能力好的结构体系，以提高结构阻尼比和结构的延性，削减结构的地震作用，提高建筑物抗震能力。

通过结构选型与布置设计，还应使结构体系具有较高赘余度和多道抗震防线。超静定次数越高，结构抗震性能越好，结构如果缺少赘余度，则某些部位塑性铰的形成，将使结构变成“机构”，以致出现失稳和倒塌；多道防线的目的则是在结构的适当部位设置一些屈服区，有意识在使这些相对而言并不太危险的部位首先吸收耗散地震能量形成塑性铰，或发生可修复的破坏，从而使主要承重构件得到保护。预先安排的屈服区即第一道防线。地震中，当第一道防线破坏时，可以消耗大量的地震波能量，此后，剩余的地震波能量由结构第二道防线承担，由于此时地震所余能量有限，故可延长结构破坏过程，甚至使破坏范围仅局限于第一道防线范围，不再向第二道防线发展，从而显著提高结构抗震能力。在常用结构体系中，框架结构只有一道防线，因此，地震区的框架结构，其层数、高度均受到限制。具有多道防线的结构体系有剪力墙结构、框—墙结构体系、框—撑结构体系、框架—筒体结构体系、筒中筒结构体系。在框—剪结构体系中，剪力墙为第一道防线；框架为第二道防线；框架—筒体结构体系中，筒体为第一道防线，框架为第二道防线；筒中筒体系中，实腹筒为第一道防线，空腹筒为第二道防线。

6. 选择恰当的结构分析模型进行结构内力分析，精心进行结构构件设计

一个高层结构是由竖向抗侧力构件和水平楼屋盖等构件组成的复杂三维空间结构，且构件种类较多，在进行结构内力分析与设计时，要对结构的分析计算模型作一定的简化，但简化的程度因设计深度、结构复杂性、所采用的计算工具而异，其原则是计算简单、符合实际、满足工程要求。常用的结构分析模型有平面模型（包括平面结构模型和平面结构协同分析模型）和空间三维结构分析模型（包括空间杆—薄壁杆系模型和空间杆—墙元模型）。在内力分析后即可进行精心的结构构件变形验算与强度设计，在结构构件设计中可通过强柱弱梁的原则控制塑性铰的位置首先在延性耗能能力较好的梁上首先出现，推迟柱中塑性铰出现，防止因延性较差的柱铰机制首先出现而形成破坏机构。通过强剪弱弯的原则控制构件的破坏形态，防止延性较差的剪切脆性破坏先于延性较好的弯曲破坏发生，通过强节点弱构件的原则保证节点区的承载力，保证节点区不能在梁柱塑性铰顺序出现前过早发生脆性的剪切破坏，以保证梁和柱承载和变形能力得以充分发挥，通过强压弱拉的原则使构件产生延性破坏，以防止发生超筋梁的脆性破坏。同时，还应对薄弱层、薄弱环节、薄弱构件等进行精心的构造设计。

三、高层建筑地基基础的一般原则与基本要求

(1)同一结构单元的基础不宜设置在性质截然不同的地基上；

(2)同一结构单元不宜部分采用天然地基、部分采用桩基；

(3)地基为软弱黏性土、液化土、新近填土或严重不均匀土时，应估计地震时地基不均匀沉降或其他不利影响，并采取相应的措施；

(4)基础应有足够的埋深。

思考题与练习题

3-1　试从产生的原因区分构件自身重力荷载、雪荷载、风荷载之间的不同。

3-2　试述恒载和活载的特征和区别，并分析恒载和活载的影响因素是什么？

3-3　由地震产生地面运动使建筑结构产生的作用力与由风吹在建筑物表面施加于建筑结构的作用力，两者产生的原因有何区别？

3-4　试求下列楼盖的重力荷载：

(1)每平方米楼盖中80mm钢筋混凝土楼板自重标准值；

(2)每平方米楼面中80mm厚钢筋混凝土楼板加水磨石地面构造层(10mm水磨石面层;20mm水泥砂浆打底)和木丝板吊顶($0.26kN/m^2$)的重力荷载标准值。

3-5　为什么要进行荷载效应组合？荷载效应组合的种类有哪些？它们的表达式分别是什么？

3-6　高层建筑竖向作用有哪几种？如何进行确定？活荷载在计算内力时如何考虑？为什么？

3-7　风荷载的主要特征有哪些？垂直于建筑物表面的单位面积上的风荷载标准值的表达式是什么？表达式中各项物理量如何确定？

3-8　地震作用的特征是什么？影响地震作用的因素有哪些？水平地震作用的计算方法有哪些？如何用底部剪力法计算地震作用？

3-9　何谓温度作用？减小温度作用的技术措施有哪些？

3-10　结构设计的一般原则与基本要求有哪些？

第四章 框架结构设计

DISIZHANG

第一节 概 述

钢筋混凝土框架结构以其平面布置灵活、能提供较大建筑空间、构件材料强度较高、耐久性与防火性能较好、能就地取材、施工方便、经济性好、结构系统重量较轻、刚度较小、地震作用也较小、延性与整体抗震性能较好等特点，在办公、医院、教学、商业、旅馆、住宅等建筑中得到广泛应用。在按照第二章所给出的结构选型原则，确定采用框架结构型式以后，即可按本章方法进行具体框架结构系统的设计。

一、框架结构的震害分析

建筑物在强烈地震下的破坏、倒塌机理和过程是一个十分复杂的综合问题，目前对上述问题还没有充分认识，但通过对震害现象及其特征的了解与认识，可以指导我们在结构设计过程中正确地进行结构抗震设计。以下给出钢筋混凝土框架结构的一般震害特征。

1. 框架梁柱的震害

框架结构体系的震害一般较多发生在柱的上下端，一般柱的震害重于梁。就平面上不同的位置而言，边柱的破坏程度一般较中柱为重。边柱之中，又以角柱的破坏程度更重。就竖向不同高度位置的柱子而言，底层柱子往往较以上的柱子更早破坏。就长短柱的受力特征而言，短柱震害重于一般柱。就层内一根柱子而言，柱子上端的震害往往重于下端。与柱子的震害相对比较而言，梁端及梁身的震害较少，较轻；节点的震害也较少。常见震害情况如下：

(1)柱顶震害：在强烈地震作用下，柱顶周围可能出现有水平裂缝、斜裂缝或交叉裂缝，重者混凝土压碎崩落，柱内箍筋拉断，纵筋压曲呈灯笼状，上部梁板倾斜等较重的破坏现象，有的柱子剪拉、剪压等脆性破坏。

(2)柱底震害：常见的是在离地面或楼面100～400mm处有环向的水平裂缝，其受力情况虽与柱顶相似，但往往柱底箍筋较密，施工质量较好，也常常是纵筋加密区，故震害较轻。

(3)短柱震害：当有错层、夹层、或有半高的填充墙，或不适当地设置某些联系梁时，容易形成$H/b<4$(H为柱高，b为柱截面的边长)的短柱。一方面，短柱刚度大，将承担更多的地震

剪力，另一方面，短柱常发生剪切破坏，形成交叉裂缝乃至脆断。

(4)节点震害：一方面，因节点抗剪强度不足引起的剪切破坏，破坏时核心区产生斜向对角的通常裂缝，节点区内箍筋屈服、外鼓甚至崩断；另一方面当节点区剪压比较大时，箍筋可能并未达到屈服，而是混凝土被剪压酥碎成块而发生破坏；其三，因构造措施不当、节点箍筋过稀或因交于节点核心区钢筋过密引起混凝土浇注质量较差等而产生脆性剪切破坏。

(5)角柱震害：角柱震害特征同其他柱，但因其受地震时不可避免的扭剪及双向弯曲等的影响，其震害往往比其他柱较重。

(6)框架梁震害：大多发生在抗剪强度不足引起的斜向主拉应力处，如因梁配箍量不足、间距过大或弯起筋不足，无法承受强烈地震作用引起的附加剪力，而出现靠近梁端的斜向裂缝或混凝土剪压破坏。

2. 框架填充墙的震害

框架结构的砌体填充墙，在历次地震中表现出普遍较为严重的震害。根据震害调查，一般在6度地震作用下，就有可能在填充墙周边或墙中部产生斜向裂缝；在8度及8度以上地震作用下，填充墙的裂缝明显加重，甚至部分墙体倒塌。因框架的变形为剪切形，下部层间位移较大，故下部几层填充墙震害较严重。

3. 防震缝处理不当引起的震害

在防震缝两侧的结构单元，因它们的自振特性不同，可能在地震中产生相向位移，此时，如防震缝宽度不够，结构单元之间就会发生碰撞而产生震害。

二、框架结构设计过程

框架结构的设计过程一般包括：结构布置（如框架柱网、框架梁、联系梁、楼屋盖梁板系统等的布置）、结构构件选型（如梁、柱、板等构件的截面形状、尺寸与材料强度等级等的初步估计）、结构计算单元选取、计算简图确定、荷载计算、结构内力分析（如竖向荷载与水平荷载作用下的内力分析与变形计算）、荷载效应组合、构件设计（承载力设计与变形验算）、结构构造处理等。

经历上述框架结构设计的过程后所形成的最终设计结果是：结构设计说明书、结构计算书、上部结构施工图（如结构布置、结构构件设计施工图等）等设计文件。

三、框架结构设计要求与要点

1）框架结构的开间、进深、层高等尺寸以及所选用的构件类型应尽量减少规格类型，以利于构件生产的工业化，并最大限度的利用国家标准构配件。

2）抗震框架结构将承受来自不同方向的地震作用，应设计成双向梁柱抗侧力体系，梁与柱都应采取刚性连接构造，且不宜采用单跨框架。

3）框架梁、柱中心线宜重合。当梁柱中心线不能重合时，在计算中应考虑偏心对梁柱节点核心区受力和构造的不利影响，以及梁荷载对柱子的偏心影响。梁、柱中心线之间的偏心距，9度抗震设计时不应大于柱截面在该方向宽度的1/4；非抗震设计和6~8度抗震设计时不宜大于柱截面在该方向宽度的1/4，如偏心距大于该方向柱宽的1/4时，可采取增设梁的水平加腋（图4-1）等措施。设置水平加腋后，仍须考虑梁柱偏心的不利影响。

(1)梁的水平加腋厚度可取梁截面高度，其水平尺寸宜满足下列要求：

$$b_x/l_x \leqslant 1/2$$

$$b_x/b_b \leqslant 2/3$$

$$b_b + b_x + x \geqslant b_c/2$$

式中：b_x——梁水平加腋宽度；

l_x——梁水平加腋长度；

b_b——梁截面宽度；

b_c——沿偏心方向柱截面宽度；

x——非加腋侧梁边到柱边的距离。

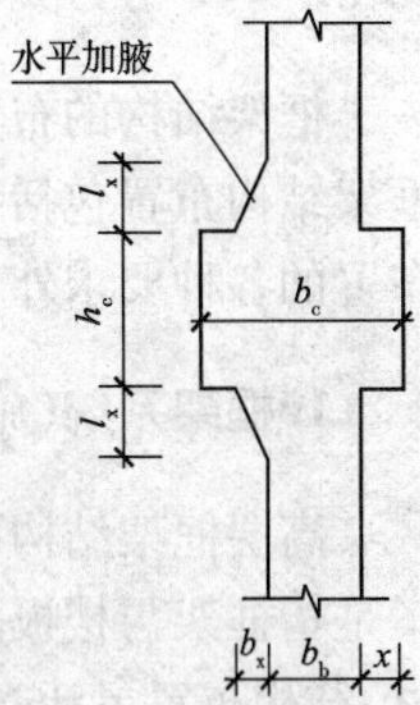

图 4-1　水平加腋梁

(2)梁采用水平加腋时，框架节点有效宽度 b_j 宜符合下式要求：

当 $x=0$ 时，b_j 按式(4-1)计算：

$$b_j \leqslant b_b + b_x \tag{4-1}$$

当 $x \neq 0$ 时，b_j 取公式(4-2)和公式(4-3)二式计算的较大值，且应满足公式(4-4)的要求。

$$b_j \leqslant b_b + b_x + x \tag{4-2}$$

$$b_j \leqslant b_b + 2x \tag{4-3}$$

$$b_j \leqslant b_b + 0.5h_c \tag{4-4}$$

式中：h_c——柱截面高度。

(3)框架结构按抗震设计时，不应采用部分由砌体墙承重的混合形式。框架结构中楼、电梯间及局部出屋顶的电梯机房、楼梯间、水箱间等，应采用框架承重，不应采用砌体墙承重。

(4)震害调查和试验结果均表明，强柱型框架的抗震性能明显优于弱柱型框架，进行框架构件设计时，应尽可能使纵横向框架均成为强柱(或"强柱弱梁")型框架。同时，无论是现浇框架，还是预制框架，还应尽量符合"强剪弱弯、强压弱拉、强节点弱构件"的抗震设计准则，使框架结构在水平地震作用下具有合理的抗震破坏机制——梁铰机制，达到规范对结构抗震设防的目标要求。

(5)采用装配式楼屋盖时，应采取措施保证楼屋盖的整体性。采用配筋现浇面层加强时，厚度不宜小于 50mm。

(6)框架结构的角柱不仅要承受水平地震作用引起的弯矩、扭矩和剪力，还要承受纵横方向的倾覆弯矩所引起的附加轴力，受力较为复杂，故应适当加强角柱的配筋和构造。

(7)框架结构的底层是上部结构与地基基础或地下室之间的过渡层和结合部，相对于基础或地下室，框架结构底层的抗侧刚度较小，受力较大也较复杂，往往是框架结构的抗震薄弱层，震害较严重，在底层框架柱设计时，宜适当加强其抗震能力。

(8)框架结构的填充墙及隔墙宜选用轻质墙体。抗震设计时，框架结构如采用砌体填充墙，其布置应符合以下要求：避免形成上、下层刚度变化过大；避免形成短柱；减少因抗侧刚度偏心所造成的扭转。抗震设计时，砌体填充墙及隔墙应具有自身稳定性，并应符合下列要求：砌体的砂浆强度等级不应低于 M5，墙顶应与框架梁或楼板密切结合；砌体填充墙应沿框架柱全高每隔 500mm 左右设置 2 根直径 6mm 的拉筋，拉筋伸入墙内的长度，6、7 度时不应小于墙长的 1/5 且不应小于 700mm，8、9 度时宜沿墙全长贯通；墙长大于 5m 时，墙顶与梁(板)宜有钢筋拉结；墙长大于层高的 2 倍时，宜设置钢筋混凝土构造柱；墙高超过 4m 时，墙体半高处(或门洞上皮)宜设置与柱连接且沿墙全长贯通的钢筋混凝土水平系梁。填充墙宜与框架梁、柱轴线位于同一垂直平面内。

四、框架结构布置

框架结构的布置既要满足建筑功能的要求，又要使结构体型规则、受力合理、施工方便。框架结构布置包括结构的平面布置和竖向布置。框架结构布置除了应考虑第二章中关于结构布置的各种要求外，尚应考虑满足以下要求。

1. 框架系统(施工)方案选择

高层框架结构可采用全现浇方案或部分现浇方案，也可采用装配整体式方案。全现浇方案是指框架与楼板均为现浇的框架结构，该类框架结构系统整体性好、节点构造简单、节省钢材、结构布置灵活，但其现场工作量大、模板用量大、工期长、施工受当地气候影响大；部分现浇方案是指现浇梁柱预制板和现浇柱预制梁板的框架结构，该类框架结构系统可保留全现浇方案的优点，并可节省大量现场支模工作，工期较短；装配式框架是指框架梁柱和楼板均采用预制构件，可以提前在预制厂工业化生产并进行现场安装，有利于保证构件质量，现场工作量小，施工速度快，缺点是结构整体性减弱，抗震性能也相应减弱，由于节点连接及构件运输吊装的需要，往往导致比现浇式框架更大的钢材用量；装配整体式方案是指框架梁柱和楼板均采用预制构件，在预制构件安装后，在构件节点区通过后浇混凝土和配置节点连接钢筋的方式加强各预制构件间(如梁与柱、梁与板间)的整体连接，从而增加框架的整体性。

在结构布置前，首先应进行框架系统方案选择，确定其施工方式。一般应根据结构是否进行抗震设防或设防烈度的高低、建筑功能与重要性等级、工期与经济性要求等综合确定。抗震设防区一般宜优先采用现浇方案，当采用现浇柱预制梁板的框架结构时，梁应采用叠合梁，使预制楼板端部钢锚节在梁的叠合层内，以加强梁板的整体性，其次是装配整体式框架结构体系，现已很少采用装配式框架结构体系。非地震区的框架结构则可以根据施工条件等因素来具体选定。

2. 结构平面布置

1)柱网布置

结构平面布置首先应确定柱网。柱网是柱在平面图上的分布与排列方式，因经常布置成矩形网格而得名。柱网尺寸(开间、进深)主要由使用要求、结构的受力合理性、施工条件、梁板柱的综合经济性等因素决定。柱网的开间和进深可设计成大柱网和小柱网，大柱网适用有大空间要求的建筑，但过大的柱网将使梁柱截面增大，并将会给抗震框架的强柱弱梁和延性框架设计带来困难。小柱网适用以小空间为主的建筑(如办公、宾馆、医院病房楼等)，其梁柱截面一般较小。柱网沿纵向(结构平面的长边方向)可按单开间或双开间布置，其开间一般为3.3~7.2m，柱网沿横向(结构平面的短边方向)可按两跨或三跨布置，柱间跨度为4.2~9.0m，内廊式的中间跨度为1.8~2.7m。

2)承重框架的布置

一般情况下，柱在纵、横两个方向均应有梁拉结，这样就构成沿纵向的纵向框架和沿横向的横向框架，两者共同构成空间受力体系。该体系中承受绝大部分竖向荷载的框架称为承重框架。楼盖形式不同，竖向荷载的传递途径不同，可以有不同的承重框架布置方案，即横向框架承重、纵向框架承重和纵、横向框架混合承重方案。纵、横向梁柱连接除个别部位外，不应采用铰接。

(1)横向框架承重方案。当在横向布置主梁、楼板平行于长轴布置、在纵向布置连系梁时,即构成横向框架承重方案,如图 4-2a)所示。横向框架往往跨数少,主梁沿横向布置有利于提高结构的横向抗侧刚度,可满足沿横向具有较大迎风面积且风荷载起控制作用时的需要。另外,主梁沿横向布置还有利于室内的采光与通风,对预制楼板而言,楼板跨度一般较小,传力明确。

(2)纵向框架承重方案。当在纵向布置主梁、楼板平行于短轴布置、在横向布置连系梁时,即构成纵向框架承重方案[图 4-2b)],横向框架梁与柱必须形成刚接。该方案楼面荷载由纵向梁传至柱子,所以横向梁的高度较小,有利于设备管线的穿行。当房屋纵向需要较大空间时,纵向框架承重方案还具有传力明确的优点。纵向框架承重方案的缺点是房屋的横向刚度较小。

(3)纵、横向框架混合承重方案。当在纵、横两个方向上均布置主梁以承受楼面荷载时,就构成纵、横向框架混合承重方案,如图 4-2c)(采用预制板楼盖)和图 4-2d)(采用现浇楼盖)所示。纵、横向框架混合承重方案具有较好的整体工作性能。框架结构一般应布置并设计为双向抗侧力体系,主体结构的梁柱间不应采用铰接,也不应采用横向为刚接、纵向为铰接的结构体系,宜使刚度中心与质量中心尽量减小偏差,并尽量使框架结构的纵向、横向具有相近的自振特性。

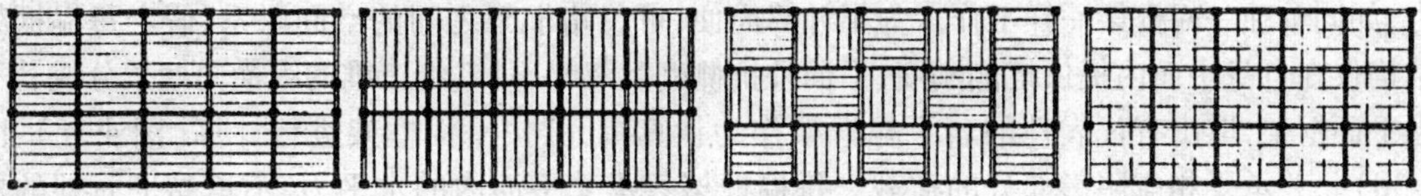

a) b) c) d)

图 4-2 承重框架的布置方案

a)横向承重;b)纵向承重;c)纵、横向承重(预制楼盖);d)纵、横向承重(现浇楼盖)

3. 竖向布置

房屋的层高应满足建筑功能要求,一般为 2.8 ~4.2m,通常以 300mm 为模数。在满足建筑功能要求的同时,应尽可能使结构规则、简单,刚度、质量变化均匀。从有利于结构受力角度考虑,沿竖向框架柱宜上下连续贯通,结构的侧向刚度宜下大上小。

五、框架结构计算简图确定

1. 计算简图确定原则与内容

(1)计算简图的确定原则:计算简图就是对实际的框架结构加以抽象简化而得到的力学模型。在抽象和简化过程中,必须抓住主要因素,使计算结果与实际情况足够接近,同时又忽略次要因素,使计算工作得以简化。在选定计算简图后,还应采取相适应的构造措施,使所设计的实际框架结构能体现出计算简图的要求。

(2)计算简图确定的内容:计算简图是由计算模型及作用在其上的荷载共同构成的。确定计算简图的主要内容包括对支座、节点、构件、结构体系、荷载等的抽象和简化。框架结构的计算模型是由梁、柱的截面几何轴线确定,框架柱在基础顶面按固定端考虑。当采用近似手算方法时,为计算简便,可采用下述简化。

2. 结构体系的简化——平面计算单元确定

实际的框架体系房屋是一个由纵向框架和横向框架组成的复杂三维空间结构[图4-3a)],由垂直方向的抗侧力构件和水平方向的楼板共同组成,系高次超静定问题。由于结构构件的多重性、地震作用的随机性及钢筋混凝土材料的弹塑性,故其受力状况颇为复杂,应取整个结构作为计算单元,应用三维空间框架的分析方法进行结构内力与变形的分析计算。为便于设计计算,必须引入计算假定,通过以下假定将空间框架简化为平面框架,使计算模型简化。

(1)平面结构假定:每榀框架结构仅在自身平面内提供抗侧刚度,平面外抗侧刚度忽略不计。在正交布置的情况下,抗侧力结构在平面外的刚度忽略不计,每一主轴方向的水平力由该方向的平面抗侧力结构承受,垂直于该方向的抗侧力结构不参加工作。当抗侧力构件与主轴斜交时,可将抗侧力构件的抗侧力刚度转换到主轴方向再行计算。

对于平面布置较规则,柱距及跨数相差不多的大多数较规则框架结构,纵向框架和横向框架一般都是等距离均匀布置的,它们各自的刚度都基本相同,同时作用于房屋上的荷载,如恒载、雪、风以及地震作用等,一般也是均匀分布的,故不论结构的横向或纵向在荷载作用下,每榀框架结构的变形特点及其大小与控制值非常接近,相互之间不会产生很大相互牵制的约束力,如同单独一榀框架一样工作。为了计算简便,可忽略框架之间的空间联系,假定每榀框架结构仅在自身平面内提供抗侧刚度,平面外抗侧刚度忽略不计,将三维的纵横向框架分成若干榀平面框架,取出有代表性的若干榀框架作为计算单元,按平面框架进行计算[图4-3c)、图4-3d)],并承受相应阴影部分的荷载。每榀框架只承受平面内的水平力,不承受平面外的水平力。

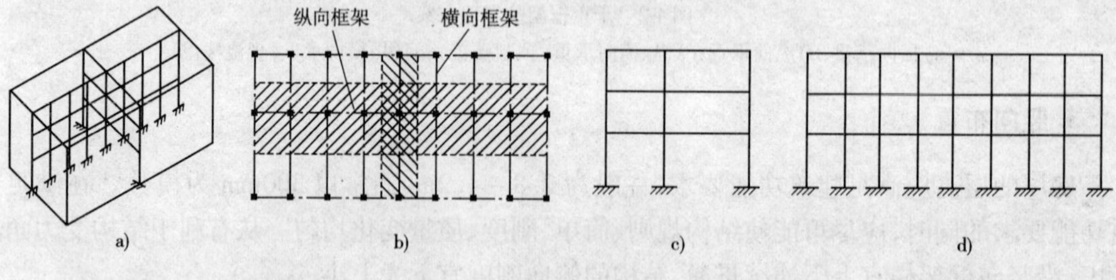

图4-3 框架计算单元的选取

(2)刚性楼面假定:各平面抗侧力构件,通过楼板的连接而形成一个空间整体结构,一般假定楼盖在自身平面内刚度无穷大,在平面外刚度可不考虑。在我国,楼盖在自身平面内的最大相对位移小于建筑物长度的1/12 000时,则可认为属刚性楼盖。大多数国家均采用了刚性楼盖的假定。根据以上假定,在水平力作用下的高层,各抗侧力构件在同一高程处的水平位移相等,整个建筑物的水平力可按水平位移协调原则,分配到各片抗侧力构件上,故此,刚度越大的抗侧力构件分配到的水平力越大。

(3)弹性假定:为便于水平和竖向等不同荷载作用下结构内力的分解和叠加,考虑到结构在正常使用荷载下变形较小的实际情况,可假定材料均处于线弹性阶段。即高层结构在竖向荷载和风荷载作用下不开裂,构件大体处于弹性状态,故可按弹性方法计算。抗震设计中,在第一水准,结构处于不坏的弹性阶段,此阶段需进行承载力及弹性变形计算。在第二水准、第三水准下,因结构不存在强度储备,故无承载力计算问题,只计算在大震下的弹塑性侧移,而在大震下的变形验算，仅属经验性验算。再者，RC 材料在大多数情况下（含较低应力状态），弹塑性性质明显，但国内设计规范仍按弹性方法进行内力计算，故从整体而言，高层结构的计算属弹性计算。

3. 结构构件简化——杆件轴线确定

在计算简图中，结构构件用其轴线表示，结构构件的连接区用刚性节点表示，构件长度以节点间距离表示，荷载的作用点也转移到轴线上，一般等截面柱子的轴线取截面形心，当上下层柱截面尺寸不同时，往往取顶层柱的形心作为柱子的轴线，跨度取柱轴线间的距离，柱高取层高，底层取基础顶面到二层预制楼板底面或现浇板顶的高度。

当各跨长度相差不超过 10% 时，可当作具有平均跨度的等跨框架，斜形或折线形横梁，当斜度不超过 1/8 时，可当作水平横梁。当框架梁为加腋变截面梁时，若 $h_{end}/h_{min} < 1.6$，可不考虑加腋的影响，按等截面计算内力（h_{end}、h_{min} 分别为加腋端最高截面及跨中等截面梁的梁高），如图 4-4。对梁柱截面的惯性矩，柱按实际截面确定，框架梁应考虑楼板作用。当采用现浇时，应按 T 形截面计算，当一边有楼板时，截面惯性矩 $J = 1.5J_0$，当两边有楼板时，截面惯性矩 $J = 2.0J_0$（J_0 为梁矩形部分惯性矩），若为预制板时，截面惯性矩 $J = J_0$。

按以上计算简图算出的内力是计算简图轴线上的内力。因计算简图的轴线不一定是各截面形心线，因此，在选择截面尺寸或计算配筋时，应将算得的内力转化为截面形心处的内力。

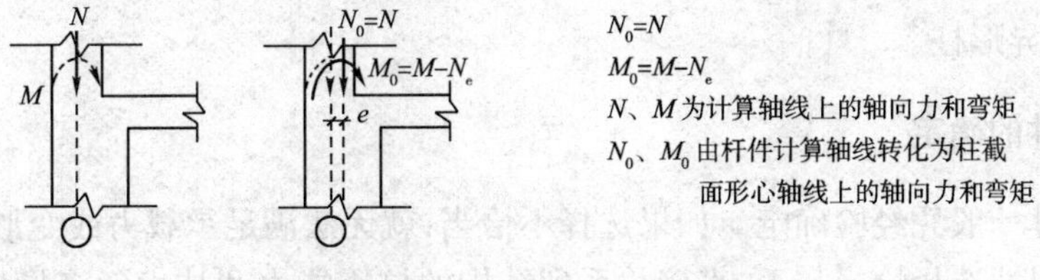

图 4-4 变截面框架柱内力转换简图

4. 结构荷载简化

计算次梁传给主梁的荷载时，允许不考虑次梁的连续性，按各跨简支计算至主梁的集中荷载。

作用在框架上的次要荷载可简化为与主要荷载相同的荷载形式，但应维持内力等效。

也可将作用于框架梁上的三角形、梯形等荷载按支座弯矩或剪力等效的原则改造为等效均布荷载。

作用在房屋墙面上的水平风荷载，有墙体传到柱和楼盖上，再有柱和楼盖将他们传递到框架节点上。因此，框架计算简图上的水平荷载，可简化为一集中力形式作用在框架一侧的截面上。

一般，当横向框架承重，且在截取横向框架进行计算时，全部竖向荷载由它承受，而纵向框架则不承受竖向荷载，反之则相反。

六、框架结构构件选型

框架是高次超静定结构，其结构设计是一个信息不完全、具有多解性的“不良结构”问题，在实际工程设计过程中应首先根据经验和有关构造要求进行结构构件基本信息的初选和预估，然后以此为基础进行验证性设计。框架结构构件选型一般包括构件形状、尺寸和材料强度等级确定等内容。

1. 构件形状确定

(1)框架梁:框架梁的截面一般为矩形;当采用现浇楼盖时,楼板的一部分可作为梁的翼缘,此时梁的截面为T形或L形;当采用预制板楼盖时,为减小楼盖结构高度和增加建筑净空,梁的截面常取为十字形[图4-5a)]或花篮形[图4-5b)];对装配整体式框架也可用图4-5c)所示的叠合梁,其中预制梁做成T形截面,在预制梁和预制板安装就位后,再现浇部分混凝土,使后浇混凝土与预制梁形成整体。

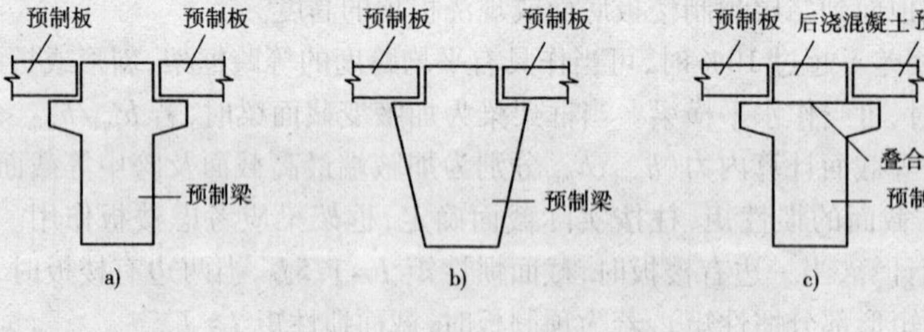

图4-5 预制梁和叠合梁的截面形式

(2)框架柱:框架柱的截面形状常为矩形或正方形,有时因建筑功能或美学上的要求,也可设计成圆形、八角形,或采用柱肢厚度与墙体厚度一致的T形、L形、十字形等,其中T形、L形、十字形也称异形柱。

2. 构件尺寸的确定

构件的尺寸一般凭经验确定。如果选择不恰当,就无法满足承载力或变形限值的要求,造成返工。截面尺寸选择恰当与否,直接关系到结构的抗震能力和技术经济指标。确定构件尺寸时,首先要满足构造要求,并参照过去的经验初步选定尺寸,然后再进行承载力的估算,并验算有关尺寸限值。

(1)框架梁:框架结构的主梁截面高度 h_b 可按(1/10~1/18)l_b 确定,l_b 为主梁计算跨度;梁净跨与截面高度之比不宜小于4。梁的截面宽度 b_b 不宜小于200mm,梁截面的高宽比不宜大于4。为了降低楼层高度,或便于通风管道通行,必要时可降低梁高或设计成宽度较大的扁梁。当梁高较小或采用扁梁时,楼板应现浇,梁中线宜与柱中线重合,偏梁应双向布置,且不宜用于一级框架结构。扁梁的截面尺寸应符合式(4-5)的要求,扁梁高度可按(1/15~1/18)l_b 确定,除验算其承载力和受剪截面外,还应满足现行有关规范对挠度和裂缝宽度的有关要求。在计算梁的挠度时,可扣除梁的合理起拱值,对现浇梁板结构,宜考虑梁受压翼缘的有利影响。

$$b_b \leqslant 2b_c$$
$$b_b \leqslant b_c + h_b$$
$$h_b \geqslant 16d \tag{4-5}$$

式中:b_c——柱截面宽度,圆形截面取柱直径的0.8倍;

b_b、h_b——分别为梁截面宽度和高度;

d——柱纵筋直径。

(2)框架柱:柱的截面尺寸可先按竖向荷载作用下的轴心受压柱估算,再乘以适当的增大系数(1.2~1.5),以考虑弯矩和水平荷载的影响。其中,考虑地震组合时取偏大值,仅考虑风荷载不考虑地震组合时取较小值，边柱宜取偏大值，不等跨内柱取较小值，等跨内柱宜取偏小值。对抗震设防的框架柱还应考虑柱的轴压比的影响（见表4-1）和柱高与柱截面高度比值的影响（为避免短柱，柱高与柱截面边长的比值不宜小于4）。矩形截面框架柱边长尚应满足以下构造要求：非抗震设计时不宜小于200mm，抗震设计时不宜小于300mm；圆柱截面直径不宜小于350mm；柱剪跨比宜大于2；柱截面高宽比不宜大于3。常用柱截面尺寸有450mm×450mm、500mm×500mm、450mm×550mm、400mm×600mm等。

柱轴压比限值　　表4-1

结构类型	抗震等级		
	一	二	三
框架结构	0.7	0.8	0.9
框架—抗震墙，板柱—抗震墙及筒体	0.75	0.85	0.95
部分框支抗震墙	0.6	0.7	—

注：1. 轴压比指柱组合的轴压力设计值与柱的全截面面积和混凝土轴心抗压强度设计值乘积之比值；可不进行地震作用计算的结构取无地震作用组合的轴力设计值。

2. 表内限值适用于剪跨比大于2、混凝土强度等级不高于C60的柱；剪跨比不大于2的柱轴压比限值应降低0.05；剪跨比小于1.5的柱，轴压比限值应专门研究并采取特殊构造措施。

3. 沿柱全高采用井字复合箍且箍筋肢距不大于200mm、间距不大于100mm、直径不小于12mm、或沿柱全高采用复合螺旋箍螺旋间距不大于100mm、箍筋肢距不大于200mm、直径不小于12mm，或沿柱全高采用连续复合矩形螺旋箍、螺旋净距不大于80mm、箍筋肢距不大于200mm、直径不小于10mm、轴压比限值均可增加0.10；上述三种箍筋的配箍特征值均应按增大的轴压比由表4-1确定。

4. 在柱的截面中部附加芯柱，其中另加的纵向钢筋的总面积不少于柱截面面积的0.8%，轴压比限值可增加0.05；此项措施与注3的措施共同采用时，轴压比限值可增加0.15，但箍筋的配箍特征值仍可按轴压比增加0.10的要求确定。

5. 柱轴压比不应大于1.05。

为了使构件的类型尽可能的少，各层梁柱截面的形状、尺寸和混凝土强度等级往往不变，而仅改变其配筋率。

3. 构件材料强度等级确定

当按一级抗震等级设计时，现浇框架的混凝土强度等级不宜低于C30，按二～四级抗震等级和非抗震设计时不应低于C20。现浇框架梁的混凝土强度等级不宜大于C40；框架柱的混凝土强度等级，抗震设防烈度为9度时不宜大于C60，抗震设防烈度为8度时不宜大于C70。

梁、柱混凝土强度等级相差不宜大于5MPa。如超过时，梁、柱节点区施工时应作专门处理，使节点区混凝土强度等级与柱相同。装配整体式框架结构的混凝土强度等级不宜低于C30，其节点区混凝土强度等级还宜比柱提高5MPa。

七、框架结构内力分析方法

框架结构的内力计算方法很多，一般可分为精确法、渐近法和近似法等三类。其中，精确法包括力法和位移法，渐近法包括力矩分配法、迭代法和无剪力分配法等，近似法包括分层法、反弯点法、D值法等。

精确法计算假定少，较为接近实际状况，但需建立大型的代数方程组，利用计算机求解。如目前常用的很多基于杆件有限元的计算机程序TAT、SATWE、TBSA等可用于框架结构内力与位移的分析计算。计算机分析计算方法具有速度快、精度高等优点。

渐近法通常是利用一般的数学运算，使解答逐步趋近于正确值。渐近法的优点是：运算简单，方法易于掌握，当计算精度达到应用要求时，即可停止计算，故渐近法兼有近似法和精确法的功能。渐近法的缺点是数值计算中，不能包含变量，故不能研究某些量改变时对结构的影响。

近似法引入较多的假定，忽略一些次要因素，对结构进行简化计算，近似法概念清楚，计算简单，易于掌握和手算，对大多数工程仍然适应，目前在实际工程中应用还很多，特别是初步设计阶段的估算或对计算机计算结果的验证等，手算近似方法常常受到工程师的欢迎。

一般常用分层法进行竖向荷载作用下内力的近似计算，用反弯点法和D值法进行水平荷载作用下内力的近似计算。

第二节　竖向荷载作用下框架内力近似计算——分层计算法

在竖向荷载作用下，多高层框架结构的内力分析可用力法、位移法、弯矩分配法或迭代法等进行计算。对规则的多层多跨框架结构，在作初步设计或需对机算结果进行校核时，可用更为简化的分层法计算。

1. 基本假定

力法和位移法的计算结果表明，规则框架在较均匀的竖向荷载作用下，框架的侧移一般很小，侧移对内力的影响亦很小，在计算中不考虑侧移的影响；另外，框架某层梁上的竖向荷载只对本楼层的梁以及与本层梁相连的框架柱的弯矩和剪力影响较大，而对其他楼层的框架梁和隔层的框架柱的弯矩和剪力影响较小。为此，对竖向荷载作用下框架结构的内力分析作如下假定：

(1)在竖向荷载作用下，可忽略框架的侧移。

(2)每层框架梁上的竖向荷载只对本层的梁以及与本层梁相连的框架柱产生弯矩和剪力，而对其他楼层框架梁和隔层框架柱内力的影响可忽略不计。

(3)分层计算时，假定上下柱的远端为固定端。实际上各层柱的远端除底层外并非是完全固定端，而是介于铰支和固定之间的弹性约束状态，为考虑这种情况的影响，除底层柱外，其余各层柱的线刚度均乘折减系数0.9，相应柱的柱端弯矩传递系数也由原来的1/2改为1/3。

2. 计算要点

(1)分层过程：根据上述假定，可把一个 m 层框架分解为 m 个单层的敞口框架(图4-6)，其中第 i 个框架仅包含第 i 层的梁以及与该梁相连接的柱。每一单层敞口框架可很容易地用力矩公配法计算其内力，而原框架的弯矩和剪力即为这 n 个敞口框架的弯矩和剪力的叠加。

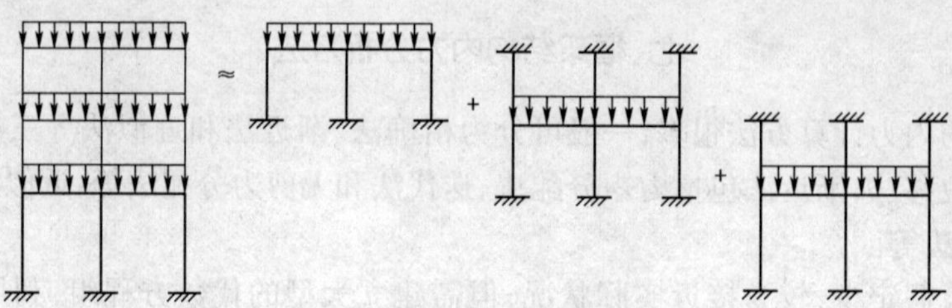

图4-6　竖向荷载作用下高层框架分层计算示意图

(2)各层敞口框架在相应荷载作用下弯矩分配计算要点：计算梁柱节点处各杆端弯矩分配系数μ_i，除底层柱外，其余各层柱的线刚度取原均线刚度的 0.9 倍；计算梁的固端弯矩M_p；根据节点不平衡力矩，求分配弯矩M'_{ij}；根据传递系数C，求传递弯矩M_{ji}，除底层柱传递系数为 1/2 外，其余各层柱端弯矩传递系数为 1/3；循环、收敛后叠加，即可求出各层框架的杆端弯矩。

(3)将各层敞口框架的弯矩叠加，即可确定整个框架在竖向荷载作用下的弯矩图。此时节点弯矩不一定平衡，如节点不平衡弯矩较小(小于 10%)，可直接按叠加结果进行下一步计算，否则，在本节点内将不平衡力矩作一次分配。

(4)弯矩确定后即可计算其他相应的内力。

3. 注意的问题

当框架梁柱的线刚度比大于 5 或框架不规则时，分层法则不适用。此外，分层法的计算工作量较大，当框架层数多时，更为明显。

【例题 4-1】 如图 4-7 所示为一个二层框架，用分层法作框架的弯矩图，括号中的数字表示每根杆件线刚度 $i = EI/l$ 的相对值。

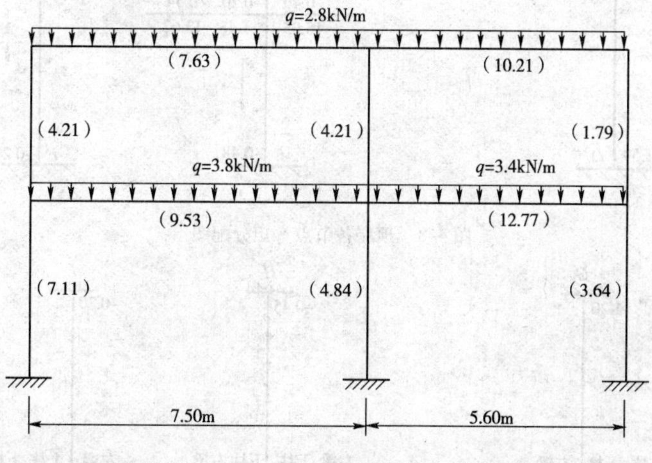

图 4-7 框架计算简图

解：(1)求各节点的分配系数

各节点的分配系数，如表 4-2。

各节点的分配系数 表 4-2

层次	节点	相对 s 线刚度				相对线刚度总和	分配系数			
		左梁	右梁	上柱	下柱		左梁	右梁	上柱	下柱
顶层	*G*		7.63		4.21×0.9=3.79	11.42		0.668		0.332
	H	7.63	10.21		4.21×0.9=3.79	21.63	0.353	0.472		0.175
	I	10.21			1.79×0.9=1.61	11.82	0.864			0.136
底层	*D*		9.53	4.21×0.9=3.79	7.11	20.43		0.466	0.186	0.348
	E	9.53	12.77	4.21×0.9=3.79	4.84	30.93	0.308	0.413	0.123	0.156
	F	12.77		1.79×0.9=1.61	3.64	18.02	0.709		0.089	0.202

(2)固端弯矩

$$M_{GH}=-M_{HG}=-\frac{1}{12}\times2.8\times7.5^2\text{kN}\cdot\text{m}=-13.13\text{kN}\cdot\text{m}$$

$$M_{HI}=-M_{IH}=-\frac{1}{12}\times2.8\times5.6^2\text{kN}\cdot\text{m}=-7.32\text{kN}\cdot\text{m}$$

$$M_{DE}=-M_{ED}=-\frac{1}{12}\times3.8\times7.5^2\text{kN}\cdot\text{m}=-17.81\text{kN}\cdot\text{m}$$

$$M_{EF}=-M_{FE}=-\frac{1}{12}\times3.4\times5.6^2\text{kN}\cdot\text{m}=-8.89\text{kN}\cdot\text{m}$$

利用分层法计算各节点弯矩,见图 4-8 及图 4-9。

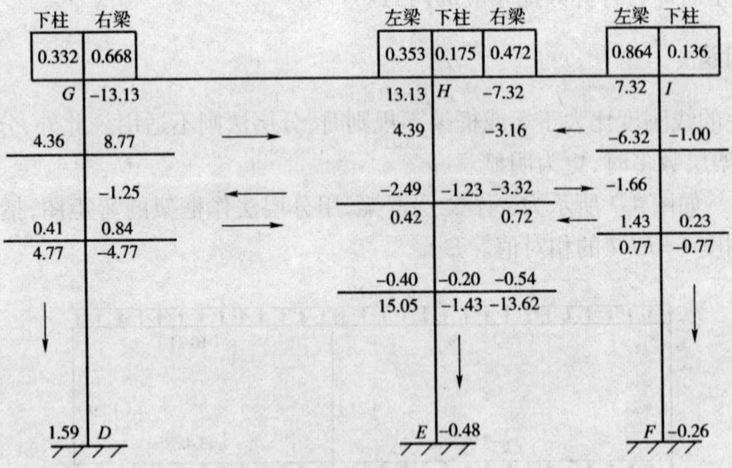

图 4-8 顶层各节点弯矩分配图

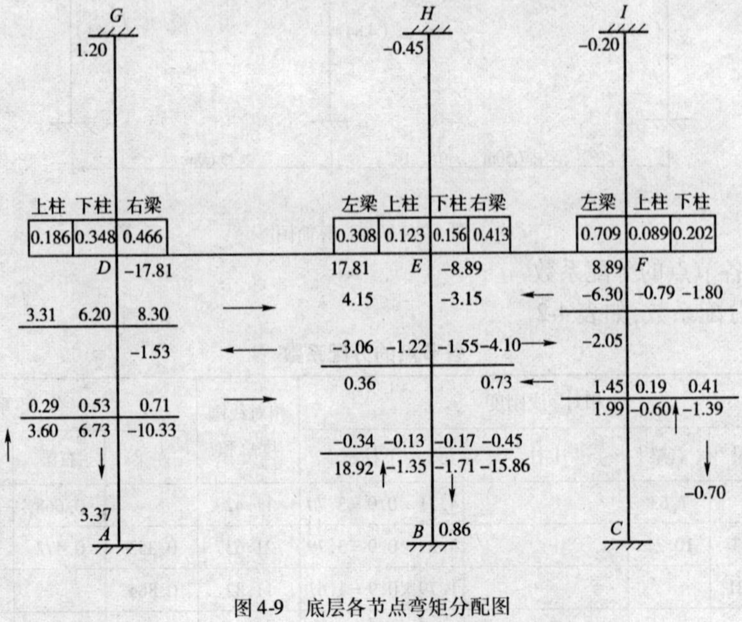

图 4-9 底层各节点弯矩分配图

(3)弯矩图

把图 4-8 和图 4-9 的计算结果叠加,得到最后弯矩图(图 4-10),由图可知节点弯矩是不平衡的,可将节点不平衡弯矩再进行一次分配。

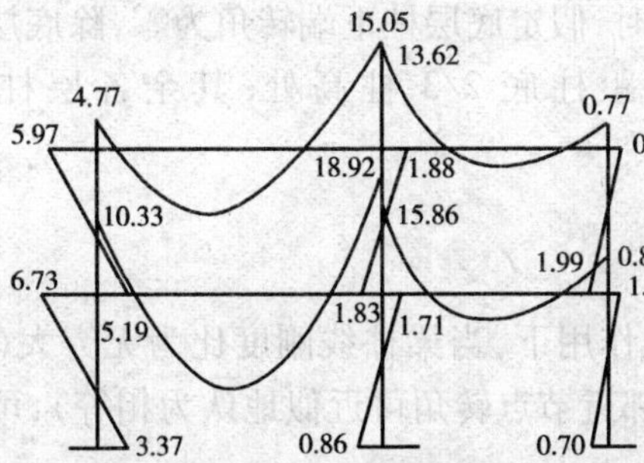

图 4-10 最后弯矩图

第三节 水平荷载作用下框架内力近似计算

一、反弯点法

水平荷载(风荷载或地震作用)一般都可简化为作用于框架节点上的水平力。规则框架在节点水平力作用下的变形图如图 4-11a)所示,框架各层的相对水平位移为 $\Delta_j(j\in[1,n])$,框架各节点发生转动的转角为 $\theta_i(i\in[1,3n])$。作为特殊情况,当框架梁的抗弯刚度无穷大时,梁不会发生弯曲,只有水平位移没有转角,根据结构力学原理可确定出框架的弯矩图如图 4-11b)所示,其特点是各杆的弯矩图均为直线,均有一个零弯矩点,弯矩为零的点为反弯点。显然,只要能确定各柱的剪力和反弯点的位置,就可求得各柱的弯矩,进而由节点平衡条件求得梁端弯矩及整个框架的其他内力。确定各柱间的剪力分配和确定反弯点的高度,也就成了反弯点法的关键。

对于梁柱线刚度之比较大的框架,可采用反弯点法近似确定其在水平荷载作用下的内力,误差较小。

1. 反弯点法的基本假定

为了方便地求得各柱的剪力和反弯点的位置,根据框架结构的受力特点,作如下假定:

(1)确定各柱的侧移刚度系数 d 进行剪力分配时,梁柱线刚度比为无穷大(或大于等于3),各柱上下两端均不发生角位移;

(2)不考虑框架梁柱的轴向变形,同一层各节点水平位移相等[图 4-11a)];

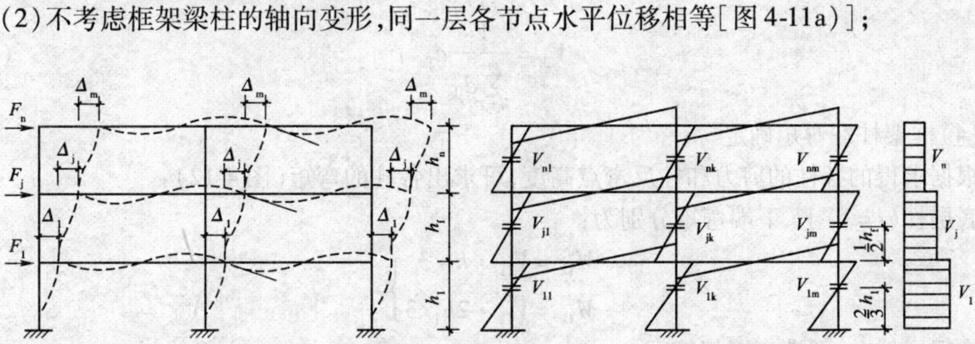

图 4-11 框架变形图和弯矩图

(3)确定各柱反弯点位置时，假定底层柱下端转角为零，除底层外各层柱受力后上下端转角相等；底层柱的反弯点在距柱底 2/3 柱高处；其余各层柱的反弯点均在 1/2 柱高处[图 4-11b)]。

2. 反弯点法的计算要点

多层多跨框架在水平荷载作用下，当梁柱线刚度比为无穷大(一般认为梁柱线刚度比大于等于 3 时节点转角很小，而邻近节点转角可近似地认为相等)，可采用反弯点法计算杆件内力。主要计算内容如下。

(1)反弯点高度确定

以框架柱的反弯点为界将框架截成若干段。反弯点高度为反弯点到柱下端的距离，根据假设可知，底层柱的反弯点在距柱底 2/3 柱高处；其余各层柱的反弯点均在 1/2 柱高处。

(2)柱侧移刚度系数确定

柱侧移刚度系数是指柱上下两端产生相对单位水平位移时，柱中所产生的剪力。考虑到梁柱线刚度比较大，各柱端转角很小，由确定各柱的侧移刚度系数时节点转角为零的假定及结构力学原理可知，两端固接节点转角为零的柱侧移刚度为 $d=12i_c/h^2$($i_c=EI/h$ 为柱的线刚度，h 为层高)；一端固接一端铰接柱的侧移刚度为 $d=3i_c/h^2$。可见，柱的侧移刚度除与它自身的材料、截面特征和长度有关外，还与其两端的支承约束情况有关。

(3)同层各柱的剪力确定

如图 4-11b)所示的框架，假设为 n 层，每层有 m 根柱子的框架。沿第 j 层各柱的反弯点处切开，由平衡条件可知，第 j 层的总剪力 V_j 等于第 j 层以上所有水平力之和。设第 j 层各柱的剪力分别为 $V_{j1}, V_{j2}, \cdots, V_{jm}$。由层间水平力平衡条件得：

$$\sum_{k=1}^{m} V_{jk} = V_j \tag{4-6}$$

因各层柱柱端水平位移相等，设第 j 层的层间水平位移为 Δ_j，根据柱侧移刚度的定义，第 j 层第 k 柱的剪力 V_{jk} 为：

$$V_{jk} = d_{jk}\Delta_j \tag{4-7}$$

由式(4-6)和式(4-7)，经整理得：

$$\Delta_j = \frac{V_j}{\sum\limits_{k=1}^{m} d_{jk}} \tag{4-8}$$

$$V_{jk} = \frac{V_j}{\sum\limits_{k=1}^{m} d_{jk}} d_{jk} \tag{4-9}$$

(4)框架柱端弯矩确定

根据求得的各柱的剪力和柱反弯点高度，可求出各柱的弯矩(图 4-12)：

底层柱($j=1$)上、下端弯矩分别为：

$$\left.\begin{aligned} M_{1k}^{u} &= V_{1k} \cdot h_1/3 \\ M_{1k}^{d} &= V_{1k} \cdot 2h_1/3 \end{aligned}\right\} \tag{4-10}$$

中间层柱上、下端弯矩相等：

$$M_{jk}^{d} = M_{jk}^{u} = V_{jk} \cdot h_j/2 \tag{4-11}$$

式中：M_{jk}^{d}, M_{jk}^{u}——分别为第 j 层第 k 柱的上、下端弯矩。

(5)框架梁端弯矩确定

求出所有柱的弯矩后,考虑各节点的力矩平衡,对每个节点,由梁端弯矩之和等于柱端弯矩之和,可求出梁端弯矩。节点左右梁端弯矩大小按其线刚度比例分配,由图4-13可得:

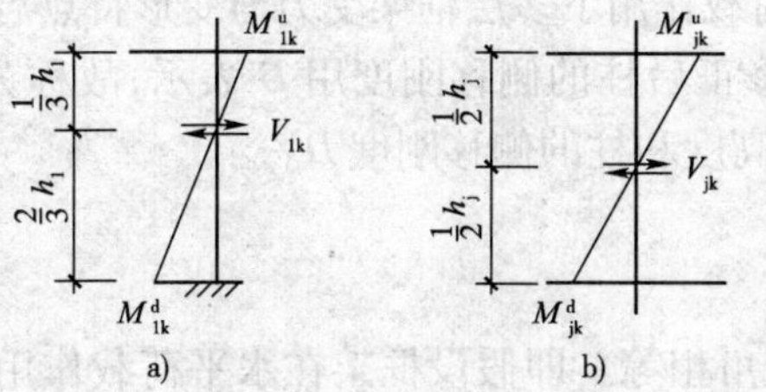

图4-12 柱端弯矩计算

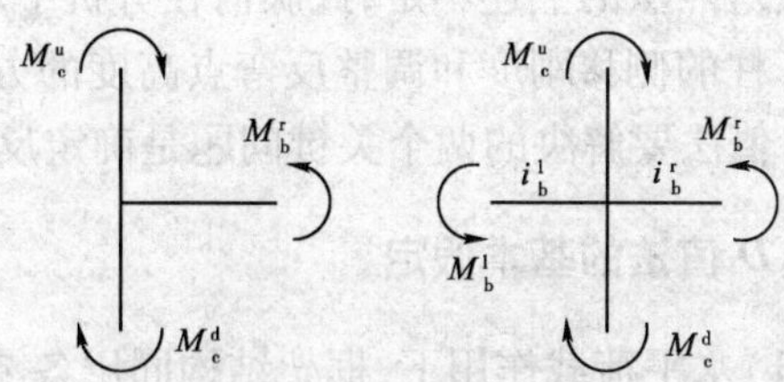

图4-13 梁端弯矩计算

$$M_b^l = (M_c^u + M_c^d)\frac{i_b^l}{i_b^l + i_b^r} \tag{4-12}$$

$$M_b^r = (M_c^u + M_c^d)\frac{i_b^r}{i_b^l + i_b^r} \tag{4-13}$$

式中:M_c^u,M_c^d——分别表示节点上、下两端柱的弯矩;

M_b^l,M_b^r——分别表示节点左、右两端梁的弯矩;

i_b^l,i_b^r——分别表示节点左、右两端梁的线刚度。

(6)框架梁端剪力确定

梁端剪力可根据梁的平衡条件求得(图4-14):

$$V_b^l = V_b^r = \frac{M_b^l + M_b^r}{l} \tag{4-14}$$

式中:V_b^l,V_b^r——分别表示梁左、右两端梁的剪力;

l——梁的跨度。

(7)柱的轴力确定

柱的轴力等于节点左右梁端剪力之和,当求得梁端剪力后,便可进一步求出柱的轴力(图4-15)。

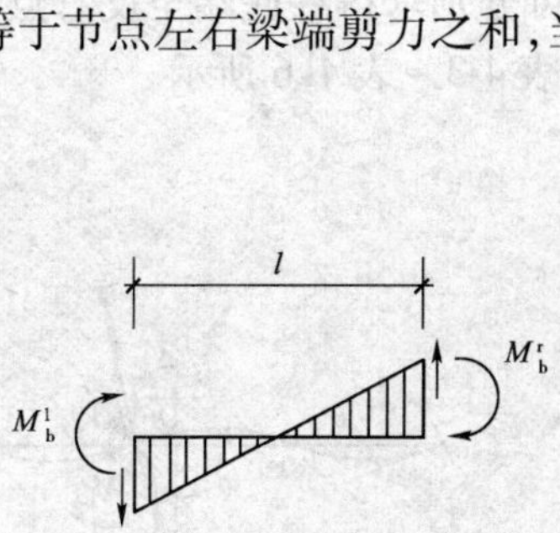

图4-14 梁端剪力计算

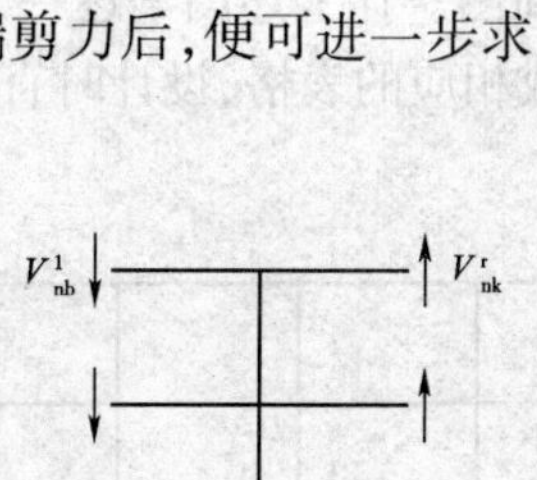

图4-15 柱轴力计算

$$N_{jk} = \sum_{j=j}^{n}(V_{jk}^l + V_{jk}^r) \tag{4-15}$$

式中:N_{jk}——第j层柱的轴力;

V_{jk}^l,V_{jk}^r——分别为第j层第k根柱两侧梁端传来的剪力。

二、D值法(修正反弯点法)

反弯点法在考虑柱的侧移刚度d时,假设节点转角为零,即梁的线刚度假设为无穷大。对于层数较多的框架,由于柱轴力及柱截面较大,梁柱相对线刚度比较接近,甚至有时柱的线刚度反而比梁大,此时如仍按上述假设将产生较大误差;同时,反弯点法计算反弯点高度时,除底层外各层柱上下端节点转角相等的假设也宜引起较大的误差,特别是在最上和最下数层。为克服反弯点法的上述不足,武藤清在分析了水平荷载作用下多层框架受力与变形特点后,提出了修正柱的侧移刚度和调整反弯点高度的方法,修正后柱的侧移刚度用 D 表示,故称为 D 值法。D 值法要解决的两个关键问题是确定反弯点高度和柱的侧移刚度 D。

1. D 值法的基本假定

(1)水平荷载作用下,框架结构同层各节点转角相等。即假设框架在水平荷载作用下,反弯点在跨中,且该点无竖向位移。

(2)框架梁柱的轴向变形均忽略不计,同一层各节点水平位移相等。

由结构力学可知,一独立柱的侧移刚度除与柱的截面和材料有关外,还与柱两端的支承约束情况有关。一般情况下,框架柱的侧移刚度与梁的线刚度有关。柱的反弯点高度也与梁柱线刚度比、上下层梁的线刚度比、上下层的层高变化等因素有关。反弯点法中的梁刚度为无穷大的假定,使反弯点法的应用受到限制。在反弯点法的基础上,考虑上述因素,对柱的抗侧刚度和反弯点高度进行修正,就得到 D 值法。

2. 修正后的柱反弯点高度

当梁柱线刚度比不是很大时,柱两端的转角相差较多,尤其在最上和最下数层,各柱的反弯点并不在柱的中央。各柱的反弯点位置取决于该柱上下端转角较大的一端,即偏向约束刚度较小的一端。影响柱两端转角大小的主要因素有:侧向集中外荷载的形式;梁柱线刚度比;结构总层数及该柱所在楼层的位置;柱上下横梁线刚度比;上下层层高的变化。以下分别讨论上述影响因素对柱反弯点高度的影响。

为分析各因素对反弯点的影响,根据 D 值法的基本假定 1,可将多层多跨框架简化成图 4-16 所示的计算简图。让上述因素逐一发生变化,可分别求得柱底端至反弯点的距离(即反弯点高度),并制成相应的表格,设计时直接查用,如表 4-3 ~ 表 4-6 所示。

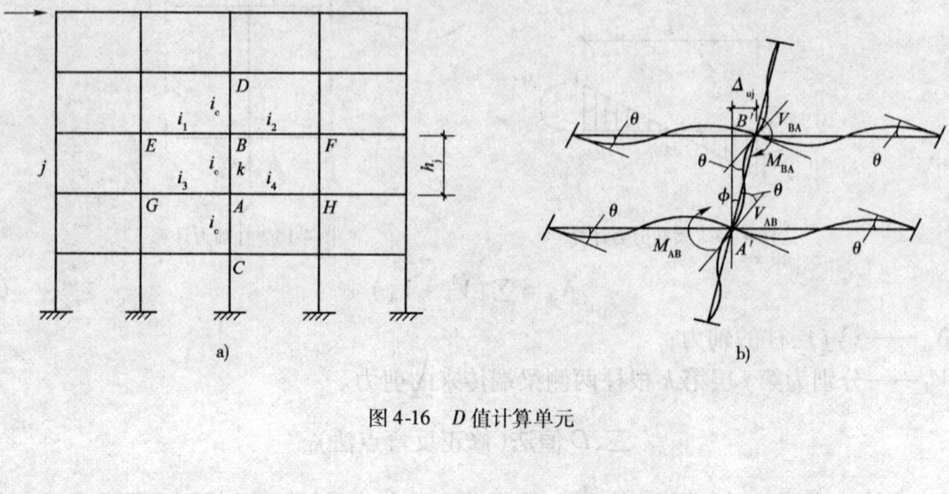

图 4-16 D 值计算单元

均布水平荷载下各层柱标准反弯点高度比 y_0 表 4-3

m	K / n	0.1	0.2	0.3	0.4	0.5	0.6	0.7	0.8	0.9	1.0	2.0	3.0	4.0	5.0
1	1	0.80	0.75	0.70	0.65	0.65	0.60	0.60	0.60	0.60	0.55	0.55	0.55	0.55	0.55
2	2	0.45	0.40	0.35	0.35	0.35	0.35	0.40	0.40	0.40	0.40	0.45	0.45	0.45	0.45
	1	0.95	0.80	0.75	0.70	0.65	0.65	0.65	0.60	0.60	0.60	0.55	0.55	0.55	0.50
3	3	0.15	0.20	0.20	0.25	0.30	0.30	0.30	0.35	0.35	0.35	0.40	0.45	0.45	0.45
	2	0.55	0.50	0.45	0.45	0.45	0.45	0.45	0.45	0.45	0.45	0.45	0.50	0.50	0.50
	1	1.00	0.85	0.80	0.75	0.70	0.70	0.65	0.65	0.65	0.60	0.55	0.55	0.55	0.55
4	4	-0.05	0.05	0.15	0.20	0.25	0.30	0.30	0.35	0.35	0.35	0.40	0.45	0.45	0.45
	3	0.25	0.30	0.30	0.35	0.35	0.40	0.40	0.40	0.40	0.45	0.45	0.50	0.50	0.50
	2	0.35	0.55	0.50	0.50	0.45	0.45	0.45	0.45	0.45	0.45	0.50	0.50	0.50	0.50
	1	1.10	0.90	0.80	0.75	0.70	0.70	0.55	0.65	0.65	0.60	0.55	0.55	0.55	0.55
5	5	-0.20	0.00	0.15	0.20	0.25	0.30	0.30	0.30	0.35	0.35	0.40	0.45	0.45	0.45
	4	0.10	0.20	0.25	0.30	0.35	0.35	0.40	0.40	0.40	0.40	0.45	0.45	0.50	0.50
	3	0.40	0.40	0.40	0.40	0.40	0.45	0.45	0.45	0.45	0.45	0.50	0.50	0.50	0.50
	2	0.65	0.55	0.50	0.50	0.50	0.50	0.50	0.50	0.50	0.50	0.50	0.50	0.50	0.50
	1	1.20	0.95	0.80	0.75	0.75	0.70	0.70	0.65	0.65	0.65	0.55	0.55	0.55	0.55
6	6	-0.30	0.00	0.10	0.20	0.25	0.25	0.30	0.30	0.35	0.35	0.40	0.45	0.45	0.45
	5	0.00	0.20	0.25	0.30	0.35	0.35	0.40	0.40	0.40	0.40	0.45	0.45	0.50	0.50
	4	0.20	0.30	0.35	0.35	0.40	0.40	0.40	0.45	0.45	0.45	0.45	0.50	0.50	0.50
	3	0.40	0.40	0.40	0.45	0.45	0.45	0.45	0.45	0.45	0.45	0.50	0.50	0.50	0.50
	2	0.70	0.30	0.55	0.50	0.50	0.50	0.50	0.50	0.50	0.50	0.50	0.50	0.50	0.50
	1	1.20	0.85	0.85	0.80	0.75	0.70	0.0.70	0.65	0.65	0.65	0.55	0.55	0.55	0.55
7	7	-0.35	-0.05	0.10	0.20	0.20	0.25	0.30	0.30	0.35	0.35	0.40	0.45	0.45	0.45
	6	-0.10	0.15	0.25	0.30	0.35	0.35	0.35	0.40	0.40	0.40	0.45	0.45	0.50	0.50
	5	0.10	0.25	0.30	0.35	0.40	0.40	0.40	0.45	0.45	0.45	0.50	0.50	0.50	0.50
	4	0.30	0.358	0.40	0.40	0.40	0.45	0.45	0.45	0.45	0.45	0.50	0.50	0.50	0.50
	3	0.50	0.45	0.45	0.45	0.45	0.45	0.45	0.45	0.45	0.45	0.50	0.50	0.50	0.50
	2	0.75	0.60	0.55	0.50	0.50	0.50	0.50	0.50	0.50	0.50	0.50	0.50	0.50	0.50
	1	1.20	0.95	0.85	0.80	0.75	0.70	0.70	0.65	0.65	0.65	0.55	0.55	0.55	0.55
8	8	-0.35	-0.15	0.10	0.10	0.25	0.25	0.30	0.30	0.35	0.35	0.40	0.45	0.45	0.45
	7	-0.10	0.15	0.25	0.30	0.35	0.35	0.40	0.40	0.40	0.40	0.45	0.50	0.50	0.50
	6	0.05	0.25	0.30	0.35	0.40	0.40	0.40	0.45	0.45	0.45	0.45	0.50	0.50	0.50
	5	0.20	0.30	0.35	0.40	0.40	0.45	0.45	0.45	0.45	0.45	0.50	0.50	0.50	0.50
	4	0.35	0.40	0.40	0.45	0.45	0.45	0.45	0.45	0.45	0.45	0.50	0.50	0.50	0.50
	3	0.50	0.45	0.45	0.45	0.45	0.45	0.45	0.45	0.50	0.50	0.50	0.50	0.50	0.50
	2	0.75	0.60	0.55	0.55	0.50	0.50	0.50	0.50	0.50	0.50	0.50	0.50	0.50	0.50
	1	1.20	1.00	0.85	0.80	0.75	0.70	0.70	0.65	0.65	0.65	0.55	0.55	0.55	0.55

续上表

m	K / n	0.1	0.2	0.3	0.4	0.5	0.6	0.7	0.8	0.9	1.0	2.0	3.0	4.0	5.0
9	9	−0.40	−0.05	0.10	0.20	0.25	0.25	0.30	0.30	0.35	0.35	0.45	0.45	0.45	0.45
	8	−0.15	0.15	0.25	0.30	0.35	0.35	0.35	0.40	0.40	0.40	0.45	0.45	0.50	0.50
	7	0.05	0.25	0.30	0.35	0.40	0.40	0.40	0.45	0.45	0.45	0.45	0.50	0.50	0.50
	6	0.15	0.30	0.35	0.40	0.40	0.45	0.45	0.45	0.45	0.45	0.50	0.50	0.50	0.50
	5	0.25	0.35	0.40	0.40	0.45	0.45	0.45	0.45	0.5	0.45	0.50	0.50	0.50	0.50
	4	0.40	0.40	0.40	0.45	0.45	0.45	0.45	0.45	0.45	0.45	0.50	0.50	0.50	0.50
	3	0.55	0.45	0.45	0.45	0.45	0.45	0.45	0.45	0.50	0.50	0.50	0.05	0.50	0.50
	2	0.80	0.65	0.55	0.55	0.50	0.50	0.50	0.50	0.50	0.50	0.50	0.50	0.50	0.50
	1	1.20	1.00	0.80	0.80	0.75	0.70	0.70	0.65	0.65	0.65	0.55	0.55	0.55	0.55
10	10	−0.40	−0.05	0.10	0.20	0.25	0.30	0.30	0.30	0.30	0.35	0.40	0.45	0.45	0.45
	9	−0.15	0.15	0.25	0.30	0.35	0.35	0.40	0.40	0.40	0.40	0.45	0.45	0.50	0.50
	8	0.00	0.25	0.30	0.35	0.40	0.40	0.40	0.45	0.45	0.45	0.45	0.50	0.50	0.50
	7	0.10	0.30	0.35	0.40	0.40	0.40	0.45	0.45	0.45	0.45	0.50	0.50	0.50	0.50
	6	0.20	0.35	0.40	0.40	0.45	0.45	0.45	0.45	0.45	0.45	0.50	0.50	0.50	0.50
	5	0.30	0.40	0.45	0.45	0.45	0.45	0.45	0.45	0.45	0.50	0.50	0.50	0.50	0.50
	4	0.40	0.40	0.45	0.45	0.45	0.45	0.45	0.45	0.45	0.50	0.50	0.50	0.50	0.50
	3	0.55	0.50	0.45	0.45	0.45	0.50	0.50	0.50	0.50	0.50	0.50	0.50	0.50	0.50
	2	0.80	0.65	0.55	0.55	0.55	0.50	0.50	0.50	0.50	0.50	0.50	0.50	0.50	0.50
	1	1.30	1.00	0.85	0.80	0.75	0.70	0.70	0.65	0.65	0.65	0.60	0.55	0.55	0.55
11	11	−0.40	0.05	0.10	0.20	0.25	0.30	0.30	0.30	0.35	0.35	0.40	0.45	0.45	0.45
	10	−0.15	0.15	0.25	0.30	0.35	0.35	0.40	0.40	0.40	0.40	0.45	0.45	0.50	0.50
	9	0.00	0.25	0.30	0.35	0.40	0.40	0.40	0.45	0.45	0.45	0.45	0.50	0.50	0.50
	8	0.10	0.30	0.35	0.40	0.40	0.45	0.45	0.45	0.45	0.45	0.50	0.50	0.50	0.50
	7	0.20	0.35	0.40	0.45	0.45	0.45	0.45	0.45	0.45	0.45	0.50	0.50	0.50	0.50
	6	0.25	0.35	0.40	0.45	0.45	0.45	0.45	0.45	0.45	0.45	0.50	0.50	0.50	0.50
	5	0.35	0.40	0.40	0.45	0.45	0.45	0.45	0.45	0.45	0.50	0.50	0.50	0.50	0.50
	4	0.40	0.45	0.45	0.45	0.45	0.45	0.45	0.50	0.50	0.50	0.50	0.50	0.50	0.50
	3	0.55	0.50	0.50	0.50	0.50	0.50	0.50	0.50	0.50	0.50	0.50	0.50	0.50	0.50
	2	0.80	0.65	0.60	0.55	0.50	0.50	0.50	0.50	0.50	0.50	0.50	0.50	0.50	0.50
	1	1.30	1.00	0.85	0.80	0.70	0.70	0.70	0.65	0.65	0.65	0.60	0.55	0.55	0.55
12	自上1	−0.40	−0.05	0.10	0.20	0.25	0.30	0.30	0.30	0.35	0.35	0.40	0.45	0.45	0.45
	2	−0.15	0.15	0.25	0.30	0.35	0.35	0.40	0.40	0.40	0.40	0.45	0.45	0.50	0.50
	3	0.00	0.25	0.30	0.35	0.40	0.40	0.40	0.45	0.45	0.45	0.50	0.50	0.50	0.50
	4	0.10	0.30	0.35	0.40	0.40	0.45	0.45	0.45	0.45	0.45	0.50	0.50	0.50	0.50
	5	0.20	0.35	0.40	0.40	0.45	0.45	0.45	0.45	0.45	0.45	0.50	0.50	0.50	0.50
	3	0.25	0.35	0.40	0.45	0.45	0.45	0.45	0.45	0.45	0.45	0.50	0.50	0.50	0.50
	7	0.30	0.40	0.40	0.45	0.45	0.45	0.45	0.45	0.50	0.50	0.50	0.50	0.50	0.50
	8	0.35	0.40	0.45	0.45	0.45	0.45	0.45	0.50	0.50	0.50	0.50	0.50	0.50	0.50
	中间	0.40	0.40	0.45	0.45	0.45	0.45	0.50	0.50	0.50	0.50	0.50	0.50	0.50	0.50
	4	0.45	0.45	0.45	0.45	0.50	0.50	0.50	0.50	0.50	0.50	0.50	0.50	0.50	0.50
	3	0.30	0.50	0.50	0.50	0.50	0.50	0.50	0.50	0.50	0.50	0.50	0.50	0.50	0.50
	2	0.80	0.65	0.60	0.55	0.55	0.55	0.50	0.50	0.50	0.50	0.50	0.50	0.50	0.50
	自下1	1.30	1.00	0.85	0.80	0.75	0.70	0.70	0.65	0.65	0.55	0.55	0.55	0.55	0.55

倒三角形荷载下各层柱标准反弯点高度比 y_0 表4-4

m	n \ K	0.1	0.2	0.3	0.4	0.5	0.6	0.7	0.8	0.9	1.0	2.0	3.0	4.0	5.0
1	1	0.80	0.75	0.70	0.65	0.65	0.60	0.60	0.60	0.60	0.55	0.55	0.55	0.55	0.55
2	2	0.50	0.45	0.40	0.40	0.40	0.40	0.40	0.40	0.40	0.45	0.45	0.45	0.45	0.50
	1	1.00	0.85	0.75	0.70	0.70	0.65	0.65	0.65	0.60	0.60	0.55	0.55	0.55	0.55
3	3	0.25	0.25	0.25	0.30	0.30	0.35	0.35	0.35	0.40	0.40	0.45	0.45	0.45	0.50
	2	0.60	0.50	0.50	0.50	0.50	0.45	0.45	0.45	0.45	0.45	0.50	0.50	0.50	0.50
	1	1.15	0.90	0.80	0.75	0.75	0.70	0.70	0.65	0.65	0.65	0.60	0.55	0.55	0.55
4	4	0.10	0.15	0.20	0.25	0.30	0.30	0.35	0.35	0.35	0.40	0.45	0.45	0.45	0.45
	3	0.35	0.35	0.35	0.40	0.40	0.40	0.40	0.45	0.45	0.45	0.45	0.50	0.50	0.50
	2	0.70	0.60	0.55	0.50	0.50	0.50	0.50	0.50	0.50	0.50	0.50	0.50	0.50	0.50
	1	1.20	0.95	0.85	0.80	0.75	0.70	0.70	0.70	0.65	0.65	0.55	0.55	0.55	0.50
5	5	0.05	0.10	0.20	0.25	0.30	0.30	0.35	0.35	0.35	0.35	0.40	0.45	0.45	0.45
	4	0.20	0.25	0.35	0.35	0.40	0.40	0.40	0.40	0.40	0.45	0.45	0.50	0.50	0.50
	3	0.45	0.40	0.45	0.45	0.45	0.45	0.45	0.45	0.45	0.45	0.50	0.50	0.50	0.50
	2	0.75	0.60	0.55	0.55	0.50	0.50	0.50	0.60	0.50	0.50	0.50	0.50	0.50	0.50
	1	1.30	1.00	0.85	0.80	0.75	0.70	0.70	0.65	0.65	0.65	0.65	0.55	0.55	0.55
6	6	−0.15	0.05	0.15	0.20	0.25	0.30	0.30	0.35	0.35	0.35	0.40	0.45	0.45	0.45
	5	0.10	0.25	0.30	0.35	0.35	0.40	0.40	0.40	0.45	0.45	0.45	0.50	0.50	0.50
	4	0.30	0.35	0.40	0.40	0.45	0.45	0.45	0.45	0.45	0.45	0.50	0.50	0.50	0.50
	3	0.50	0.45	0.45	0.45	0.45	0.45	0.45	0.45	0.45	0.50	0.50	0.50	0.50	0.50
	2	0.80	0.65	0.55	0.55	0.55	0.55	0.50	0.50	0.50	0.50	0.50	0.50	0.50	0.50
	1	1.30	1.00	0.85	0.80	0.75	0.70	0.70	0.65	0.65	0.65	0.60	0.55	0.55	0.55
7	7	−0.20	0.05	0.15	0.20	0.25	0.30	0.30	0.35	0.35	0.35	0.45	0.45	0.45	0.45
	6	0.02	0.20	0.30	0.35	0.35	0.40	0.40	0.40	0.40	0.45	0.45	0.50	0.50	0.50
	5	0.20	0.30	0.35	0.40	0.40	0.45	0.45	0.45	0.45	0.45	0.50	0.50	0.50	0.50
	4	0.35	0.40	0.40	0.45	0.45	0.45	0.45	0.45	0.45	0.45	0.50	0.50	0.50	0.50
	3	0.55	0.50	0.50	0.50	0.50	0.50	0.50	0.50	0.50	0.50	0.50	0.50	0.50	0.50
	2	0.80	0.65	0.60	0.55	0.55	0.55	0.50	0.50	0.50	0.50	0.50	0.50	0.50	0.50
	1	1.30	1.00	0.90	0.80	0.75	0.70	0.70	0.70	0.65	0.65	0.60	0.55	0.55	0.55
8	8	−0.20	0.05	0.15	0.20	0.25	0.30	0.30	0.35	0.35	0.35	0.45	0.45	0.45	0.45
	7	0.00	0.20	0.30	0.35	0.35	0.40	0.40	0.40	0.40	0.45	0.45	0.50	0.50	0.50
	6	0.15	0.30	0.35	0.40	0.40	0.45	0.45	0.45	0.45	0.45	0.50	0.50	0.50	0.50
	5	0.30	0.45	0.40	0.45	0.45	0.45	0.45	0.45	0.45	0.45	0.50	0.50	0.50	0.50
	4	0.40	0.45	0.45	0.45	0.45	0.45	0.45	0.50	0.50	0.50	0.50	0.50	0.50	0.50
	3	0.60	0.50	0.50	0.50	0.50	0.50	0.50	0.50	0.50	0.50	0.50	0.50	0.50	0.50
	2	0.85	0.65	0.60	0.55	0.55	0.55	0.50	0.50	0.50	0.50	0.50	0.50	0.50	0.50
	1	1.30	1.00	0.90	0.80	0.75	0.70	0.70	0.70	0.65	0.65	0.60	0.55	0.55	0.55

续上表

m	n \ K	0.1	0.2	0.3	0.4	0.5	0.6	0.7	0.8	0.9	1.0	2.0	3.0	4.0	5.0
9	9	−0.25	0.00	0.15	0.20	0.25	0.30	0.30	0.35	0.35	0.40	0.45	0.45	0.45	0.45
	8	0.00	0.20	0.30	0.35	0.35	0.40	0.40	0.40	0.40	0.45	0.45	0.50	0.50	0.50
	7	0.15	0.30	0.35	0.40	0.40	0.45	0.45	0.45	0.45	0.45	0.50	0.50	0.50	0.50
	6	0.25	0.35	0.40	0.40	0.45	0.45	0.45	0.45	0.45	0.50	0.50	0.50	0.50	0.50
	5	0.35	0.40	0.45	0.45	0.45	0.45	0.45	0.45	0.50	0.50	0.50	0.50	0.50	0.50
	4	0.45	0.45	0.05	0.45	0.45	0.50	0.50	0.50	0.50	0.50	0.50	0.50	0.50	0.50
	3	0.65	0.50	0.50	0.50	0.50	0.50	0.50	0.50	0.50	0.50	0.50	0.50	0.50	0.50
	2	0.80	0.65	0.65	0.55	0.55	0.55	0.55	0.50	0.50	0.50	0.50	0.50	0.50	0.50
	1	1.35	1.00	1.00	0.80	0.75	0.75	0.70	0.70	0.65	0.65	0.60	0.55	0.55	0.55
10	10	−0.25	0.00	0.15	0.20	0.25	0.30	0.30	0.35	0.35	0.40	0.45	0.45	0.45	0.45
	9	−0.05	0.20	0.30	0.35	0.35	0.40	0.40	0.40	0.40	0.45	0.45	0.50	0.50	0.50
	8	0.10	0.30	0.35	0.40	0.40	0.40	0.45	0.45	0.45	0.45	0.50	0.50	0.50	0.50
	7	0.20	0.35	0.40	0.40	0.45	0.45	0.45	0.45	0.45	0.50	0.50	0.50	0.50	0.50
	6	0.30	0.40	0.40	0.45	0.45	0.45	0.45	0.45	0.45	0.50	0.50	0.50	0.50	0.50
	5	0.40	0.45	0.45	0.45	0.45	0.45	0.45	0.50	0.50	0.50	0.50	0.50	0.50	0.50
	4	0.50	0.45	0.45	0.45	0.50	0.50	0.50	0.50	0.50	0.50	0.50	0.50	0.50	0.50
	3	0.60	0.55	0.50	0.50	0.50	0.50	0.50	0.50	0.50	0.50	0.50	0.50	0.50	0.50
	2	0.85	0.65	0.60	0.55	0.55	0.55	0.55	0.50	0.50	0.5	0.50	0.50	0.50	0.50
	1	1.35	1.00	0.90	0.80	0.75	0.75	0.70	0.70	0.65	0.65	0.60	0.55	0.55	0.55
11	11	−0.25	0.00	0.15	0.20	0.25	0.30	0.30	0.30	0.30	0.30	0.45	0.45	0.45	0.45
	10	−0.05	0.20	0.25	0.30	0.35	0.40	0.40	0.40	0.40	0.40	0.45	0.50	0.50	0.50
	9	0.10	0.30	0.35	0.40	0.40	0.40	0.45	0.45	0.45	0.45	0.50	0.50	0.50	0.50
	8	0.20	0.35	0.40	0.40	0.45	0.45	0.45	0.45	0.45	0.45	0.50	0.50	0.50	0.50
	7	0.25	0.40	0.40	0.45	0.45	0.45	0.45	0.45	0.45	0.45	0.50	0.50	0.50	0.50
	6	0.35	0.40	0.45	0.45	0.45	0.45	0.45	0.50	0.50	0.50	0.50	0.50	0.50	0.50
	5	0.40	0.44	0.45	0.45	0.45	0.50	0.50	0.50	0.50	0.50	0.50	0.50	0.50	0.50
	4	0.50	0.50	0.50	0.50	0.50	0.50	0.50	0.50	0.50	0.50	0.50	0.50	0.50	0.50
	3	0.65	0.55	0.50	0.50	0.50	0.50	0.50	0.50	0.50	0.50	0.50	0.50	0.50	0.50
	2	0.85	0.65	0.60	0.55	0.55	0.55	0.55	0.50	0.50	0.50	0.50	0.50	0.50	0.50
	1	1.35	1.50	0.90	0.80	0.75	0.75	0.70	0.70	0.65	0.65	0.60	0.55	0.55	0.55
12以上	自上1	−0.30	0.00	0.15	0.20	0.25	0.30	0.30	0.30	0.35	0.35	0.40	0.45	0.45	0.45
	2	−0.10	0.20	0.25	0.30	0.35	0.40	0.40	0.40	0.40	0.40	0.45	0.45	0.45	0.50
	3	0.05	0.25	0.35	0.40	0.40	0.40	0.45	0.45	0.45	0.45	0.45	0.50	0.50	0.50
	4	0.15	0.30	0.40	0.40	0.45	0.45	0.45	0.45	0.45	0.45	0.45	0.50	0.50	0.50
	5	0.25	0.30	0.40	0.45	0.45	0.45	0.45	0.45	0.45	0.45	0.50	0.50	0.50	0.50
	6	0.30	0.40	0.40	0.45	0.45	0.45	0.45	0.50	0.50	0.50	0.50	0.50	0.50	0.50
	7	0.35	0.40	0.40	0.45	0.45	0.45	0.50	0.50	0.50	0.50	0.50	0.50	0.50	0.50
	8	0.35	0.45	0.45	0.45	0.50	0.50	0.50	0.50	0.50	0.50	0.50	0.50	0.50	0.50
	中间	0.45	0.45	0.50	0.45	0.50	0.50	0.50	0.50	0.50	0.50	0.50	0.50	0.50	0.50
	4	0.55	0.50	0.50	0.45	0.50	0.50	0.50	0.50	0.50	0.50	0.50	0.50	0.50	0.50
	3	0.65	0.55	0.50	0.50	0.50	0.50	0.50	0.50	0.50	0.50	0.50	0.50	0.50	0.50
	2	0.70	0.70	0.60	0.55	0.55	0.55	0.55	0.50	0.70	0.70	0.70	0.70	0.70	0.70
	自下1	1.35	1.05	0.70	0.80	0.75	0.70	0.70	0.70	0.65	0.65	0.60	0.55	0.55	0.55

上下梁相对刚度变化时修正值 y_1 表 4-5

a_1 \ K	0.1	0.2	0.3	0.4	0.5	0.6	0.7	0.8	0.9	1.0	2.0	3.0	4.0	5.0
0.4	0.55	0.40	0.30	0.25	0.20	0.20	0.20	0.15	0.15	0.15	0.05	0.05	0.05	0.05
0.5	0.45	0.30	0.20	0.20	0.15	0.15	0.15	0.10	0.10	0.10	0.05	0.05	0.05	0.05
0.6	0.30	0.20	0.15	0.15	0.10	0.10	0.10	0.10	0.05	0.05	0.05	0.05	0.00	0.00
0.7	0.20	0.15	0.10	0.10	0.10	0.05	0.05	0.05	0.05	0.05	0.05	0.00	0.00	0.00
0.8	0.15	0.10	0.05	0.05	0.05	0.05	0.05	0.05	0.05	0.00	0.00	0.00	0.00	0.00
0.9	0.05	0.05	0.05	0.05	0.00	0.00	0.00	0.00	0.00	0.00	0.00	0.00	0.00	0.00

注:表中 $a_1=(i_1+i_2)/(i_3+i_4)$ 为柱上下端横梁线刚度比,当 $a_1>1$ 时按其倒数查表,但 y_1 取负值。对底层柱不考虑 a_1 值,不作此项修正。

上下层柱高度变化时的修正值 y_2 和 y_3 表 4-6

a_2	a_1 \ K	0.1	0.2	0.3	0.4	0.5	0.6	0.7	0.8	0.9	1.0	2.0	3.0	4.0	5.0
2.0		0.25	0.15	0.15	0.10	0.10	0.10	0.10	0.10	0.10	0.10	0.05	0.05	0.00	0.00
1.8		0.20	0.15	0.10	0.10	0.10	0.05	0.05	0.05	0.05	0.05	0.05	0.00	0.00	0.00
1.6	0.40	0.15	0.10	0.10	0.05	0.05	0.05	0.05	0.05	0.05	0.05	0.00	0.00	0.00	0.00
1.4	0.60	0.10	0.05	0.05	0.05	0.05	0.05	0.05	0.05	0.05	0.05	0.00	0.00	0.00	0.00
1.2	0.80	0.05	0.05	0.05	0.00	0.00	0.00	0.00	0.00	0.00	0.00	0.00	0.00	0.00	0.00
1	1.00	0.00	0.00	0.00	0.00	0.00	0.00	0.00	0.00	0.00	0.00	0.00	0.00	0.00	0.00
0.8	1.20	-0.05	-0.05	-0.05	0.00	0.00	0.00	0.00	0.00	0.00	0.00	0.00	0.00	0.00	0.00
0.6	1.40	-0.10	-0.05	-0.05	-0.05	-0.05	-0.05	-0.05	-0.05	-0.05	0.05	0.00	0.00	0.00	0.00
0.4	1.30	-0.15	-0.10	-0.10	-0.05	-0.05	-0.05	-0.05	-0.05	-0.05	-0.05	0.00	0.00	0.00	0.00
	1.80	-0.20	-0.15	-0.10	-0.10	-0.10	-0.05	-0.05	-0.05	-0.05	-0.05	-0.05	0.00	0.00	0.00
	2.00	-0.25	-0.15	-0.15	-0.10	-0.10	-0.10	-0.10	-0.05	-0.05	-0.05	-0.05	-0.15	0.00	0.00

注:y_2 按 a_2 查表求得,上层较高时为正值。但对于最上层,不考虑 y_2 修正值。

y_3 按 a_3 查表求得,下层较高时,y_3 为负值,对于最底层,不考虑 y_3 修正值。

(1)梁柱线刚度比及层数、柱所在楼层对反弯点高度的影响——标准反弯点高度比 y_0 确定

标准反弯点高度比 y_0 为标准框架(各层层高、横梁线刚度、柱的线刚度均相等的框架)柱的反弯点高度与层高的比值。经分析表明,框架中某层某柱的标准反弯点高度比 y_0 与结构总层数 m、该柱所在的楼层 j、框架梁柱线刚度比 K 及侧向集中荷载的分布形式等因素有关,按图 4-17a)可求出相应的各层柱的反弯点高度比 y_0,为使用方便,已根据 y_0 的计算结果制成表格(见表 4-3、表 4-4),供设计时直接查用。

(2)上、下横梁线刚度比对反弯点的影响——反弯点高度比修正值 y_1 确定

若上、下横梁的线刚度不同,如图 4-17b)所示,下层梁线刚度为 i_1,以上各层为 i_2,此时该层反弯点将向横梁线刚度较小的一端偏移,因此须对标准反弯点 y_0 进行修正,修正值就是反弯点高度的偏移值 y_1h,y_1 可按图 4-17b)各柱承受剪力情况分析得出,具体可根据上下横梁的线刚度比 a_1 和 K 由表 4-5 查得。对于底层柱,不考虑修正值 y_1 即取 $y_1=0$。

(3)层高变化对反弯点的影响——反弯点高度比修正值 y_2 及 y_3 确定

若某柱所在层的层高与相邻上层或下层的层高不相等,则该柱的反弯点位置就不同于标

准反弯点位置而需修正。当上、下层层高发生变化时，反弯点高度的上移增量分别为 y_2h，y_3h［图 4-17c）、图 4-17d）］，其中 y_2 和 y_3 可根据上下层高的比值 a_2、a_3 和 K 由表 4-6 查得。对于顶层柱，不考虑修正值 y_2，即取 $y_2=0$；对于底层柱，不考虑修正值 y_3，即取 $y_3=0$。

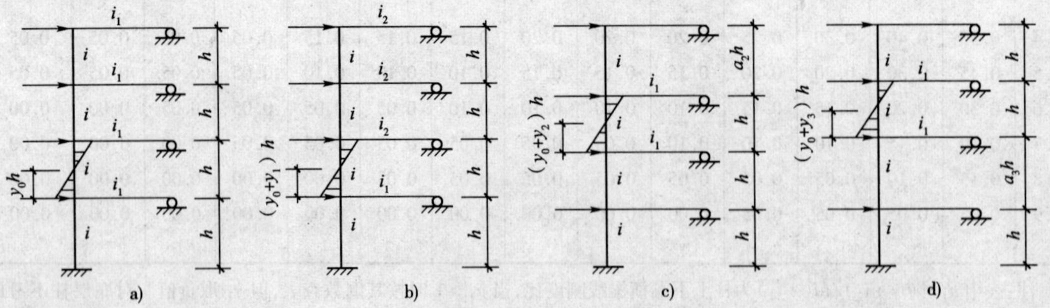

图 4-17　柱的反弯点高度

(4)修正后的柱反弯点高度

经过各项修正后，柱底至反弯点的高度 y_h 可由式(4-16)求出：

$$y_h=(y_0+y_1+y_2+y_3)h \tag{4-16}$$

3. 修正后的柱抗侧刚度 D 的确定

反弯点法假定各柱上下两端均不发生角位移，柱的侧移刚度为 $d=12i_c/h^2$（$i_c=EI/h$ 为柱的线刚度，h 为层高）；D 值法假定框架的同层节点均有相同的转角，柱的侧移刚度应有所降低，降低后的侧移刚度表示为 $D=12\alpha i_c/h^2$，α 是考虑柱上下端点弹性约束的修正系数，它反应了框架节点转动对柱侧移刚度的降低影响。下面以某中间柱为例，推导 α 的计算公式。

1)计算假定

从一多层多跨规则框架结构［图 4-16a）］中取第 j 层中的 k 柱 AB 来进行分析。为简化计算，作以下假定：

(1)柱 AB 及与其上下相邻柱的高度均为 h_j，线刚度均为 i_c，且这些柱的层间位移均为 Δu_j；

(2)柱 AB 两端节点及其上下左右相邻的各个节点的转角均为 θ；柱 AB、BC、CD 的弦转角相等均为 $\phi=\Delta u_j/h_j$；

(3)与 AB 柱相交的横梁（EB、BF、GA、AH）的线刚度分别为 i_1、i_2、i_3、i_4。

此时，框架结构受力后，柱 AB 及相邻各构件的变形如图 4-16b）所示。

2)确定柱的侧移刚度修正系数 α 及侧移刚度 D

由节点 A 和节点 B 的力矩平衡条件，分别可得：

$$4(i_3+i_4+2i_c)\theta+2(i_3+i_4+2i_c)\theta-6(i_c\phi+i_c\phi)=0 \tag{4-17}$$

$$4(i_1+i_2+2i_c)\theta+2(i_1+i_2+2i_c)\theta-6(i_c\phi+i_c\phi)=0 \tag{4-18}$$

由转角位移方程，柱 AB 所受到的剪力为：

$$V_{jk}=\frac{12i_c}{h_j}(\phi-\theta) \tag{4-19}$$

整理上述三个公式可得：

$$V_{jk}=\frac{K}{2+K}\frac{12i_c}{h_j}\phi=\frac{K}{2+K}\frac{12i_c}{h_j^2}\Delta u_j=\alpha\frac{12i_c}{h_j^2}\Delta u_j \tag{4-20}$$

式中:α——柱的侧移刚度修正系数[见公式(4-21a)];

K——梁柱线刚度比[见公式(4-21b)]。

$$\alpha = \frac{K}{2 + K} \tag{4-21a}$$

$$K = \frac{\sum_{i=1}^{4} i_i}{2i_c} \tag{4-21b}$$

由此可得第 j 层第 k 柱的抗侧刚度:

$$D_{jk} = \frac{V_{jk}}{\Delta u_j} = \alpha \frac{12i_c}{h_j^2} \tag{4-22}$$

同理可确定底层柱的侧移刚度修正系数 α。表 4-7 列出了各种情况下的 α 值及相应的 K 值计算公式。

α 计算公式表 表 4-7

楼层	边柱	中柱	K	α
一般层柱	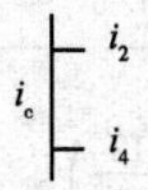	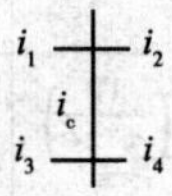	$K = \frac{i_1 + i_2 + i_3 + i_4}{2i_c}$	$\alpha = \frac{K}{2 + K}$
底层柱	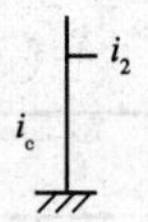	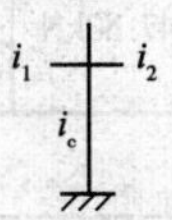	$K = \frac{i_1 + i_2}{i_c}$	$\alpha = \frac{0.5 + K}{2 + K}$

注:1. i_1、i_2、i_3、i_4 为梁的线刚度,$i_b = E_b I_b / l$,l 为梁跨度;i_c 为柱的线刚度,h 为层高。

2. 边柱情况下,式中 i_1、i_3 值取 0。

4. 确定柱反弯点处的剪力

求得柱侧移刚度 D 值后,即可得出第 j 层第 k 柱反弯点处的剪力[见公式(4-23)]。

$$V_{jk} = \frac{D_{jk}}{\sum_{h=1}^{n} D_{jk}} V_j \tag{4-23}$$

5. 确定框架的内力

根据已求得的反弯点高度和剪力,即可求出各柱端弯矩,然后,用与反弯点法相同的方法求出各梁端的弯矩及各杆件的轴力和剪力,并画出弯矩图。

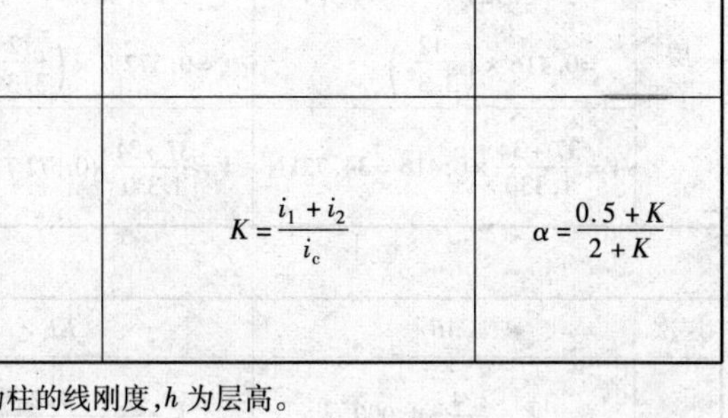

图 4-18 框架计算简图

【例题 4-2】 已知:框架计算简图如图 4-18 所示。用改进反弯点法计算内力并绘制弯矩图。

解:(1)求各柱的剪力值

层次	CD	GH	LM	
第三层	$\bar{K}=\dfrac{1.5+1.7}{2\times0.7}=2.286$	$\bar{K}=\dfrac{1.5+0.8+1.7+1.0}{2\times0.6}$ $=4.166$	$\bar{K}=\dfrac{0.8+1.0}{2\times0.9}=1.000$	
	$D=\dfrac{2.286}{2+2.286}\times0.7\times\left(\dfrac{12}{3.3^2}\right)$ $=0.3737\times\left(\dfrac{12}{3.3^2}\right)$	$D=\dfrac{4.166}{2+4.166}\times0.6\times\left(\dfrac{12}{3.3^2}\right)$ $=0.4054\times\left(\dfrac{12}{3.3^2}\right)$	$D=\dfrac{1.000}{2+1.000}\times0.9\times\left(\dfrac{12}{3.3^2}\right)$ $=0.3000\times\left(\dfrac{12}{3.3^2}\right)$	$\sum D=1.079\times\left(\dfrac{12}{3.3^2}\right)$
	$V=37\times\dfrac{0.3734}{1.079}=12.80\text{kN}$	$V=37\times\dfrac{0.4054}{1.709}=13.90\text{kN}$	$V=10.29\text{kN}$	

层次	BC	FG	JL	
第二层	$\bar{K}=\dfrac{1.7+1.4}{2\times0.7}=2.929$	$\bar{K}=\dfrac{1.7+1.0+2.4+1.2}{2\times09}$ $=3.500$	$\bar{K}=\dfrac{1.2+1.0}{2\times0.9}=1.222$	
	$D=\dfrac{2.929}{2+2.929}\times0.7\times\left(\dfrac{12}{3.3^2}\right)$ $=0.416\times\left(\dfrac{12}{3.3^2}\right)$	$D=\dfrac{3.500}{2+3.500}\times0.9\times\left(\dfrac{12}{3.3^2}\right)$ $=0.5727\times\left(\dfrac{12}{3.3^2}\right)$	$D=0.3413\times\left(\dfrac{12}{3.3^2}\right)$	$\sum D=1.330\times\left(\dfrac{12}{3.3^2}\right)$
	$V=\dfrac{37+34}{1.330}\times0.416=34.72\text{kN}$	$V=\dfrac{37+34}{1.330}\times0.5727=47.80\text{kN}$	$V=28.48\text{kN}$	

层次	AB	EF	IJ	
第一层	$\bar{K}=\dfrac{2.4}{0.6}=4.000$	$\bar{K}=\dfrac{2.4+1.2}{0.8}=4.500$	$\bar{K}=\dfrac{1.2}{0.8}=1.500$	
	$D=\dfrac{0.5+4.000}{2+4.000}\times0.6\times\left(\dfrac{12}{3.3^2}\right)$ $=0.4500\times\left(\dfrac{12}{3.3^2}\right)$	$D=\dfrac{0.5+4.500}{2+4.5000}\times0.8\times\left(\dfrac{12}{3.3^2}\right)$ $=0.6154\times\left(\dfrac{12}{3.3^2}\right)$	$D=0.457\times\left(\dfrac{12}{3.3^2}\right)$	$\sum D=1.522\times\left(\dfrac{12}{3.3^2}\right)$
	$V=\dfrac{37+34+80.7}{1.522}\times0.4500$ $=56.68\text{kN}$	$V=\dfrac{37+34+80.7}{1.522}\times0.6154$ $=77.51\text{kN}$	$V=\dfrac{37+34+80.7}{1.522}\times0.457$ $=57.56\text{kN}$	

(2)求各柱的反弯点高度 y_h

层次	CD	GH	LM
第三层	$\bar{K}=2.286$ $y_0=0.41$ $I=1.5/1.7=0.8824$ $a_3=1.0$ $y=0.41+0+0=0.41$	$\bar{K}=4.166$ $y_0=0.45$ $I=(1.5+0.8)/(1.7+1.0)=0.8519$ $a_3=1.0$ $y=0.45+0+0=0.45$	$\bar{K}=1.222$ $y_0=0.45$ $I=0.8/1.0=0.8000$ $a_3=1.0$　$y_1=0$ $y=0.35+0+0=0.35$　$y_3=0$

层次	BC	FG	JI
第二层	$\bar{K}=2.929$ $y_0=0.50$ $I=1.7/2.4=0.708\,3$ $y_1=0$ $a_2=1.0$ $y_2=0$ $a_3=3.9/3.3=1.182$ $y_3=0$ $y=0.50+0+0=0.50$	$\bar{K}=3.500$ $y_0=0.50$ $I=(1.7+1.0)/(2.4+1.0)=0.794\,1$ $a_2=1.0$ $y_1=0$ $a_3=1.182$ $y_2=0$ $y=0.50+0+0=0.50$ $y_3=0$	$\bar{K}=1.222$ $y_0=0.45$ $I=1.0/1.2=0.833\,3$ $a_3=1.0$ $y_1=0$ $a_3=1.182$ $y_2=0$ $y=0.35+0+0=0.35$ $y_3=0$

层次	AB	EF	IJ
第一层	$\bar{K}=4.000$ $y_0=0.55$ $a_2=3.3/3.9=0.846\,2$ $y_2=0$ $y=0.55+0=0.55$	$\bar{K}=4.500$ $y_0=0.55$ $a_2=0.846\,2$ $y_2=0$ $y=0.55+0=0.55$	$\bar{K}=1.500$ $y_0=0.575$ $a_2=0.8462$ $y_2=0$ $y=0.575+0=0.575$

(3)求各柱的柱端弯矩

第三层

$M_{CD}=12.80\times0.41\times3.3\text{kN}\cdot\text{m}=17.32\text{kN}\cdot\text{m}$, $M_{GH}=13.90\times0.45\times3.3\text{kN}\cdot\text{m}=20.64\text{kN}\cdot\text{m}$

$M_{DC}=12.80\times0.59\times3.3\text{kN}\cdot\text{m}=24.92\text{kN}\cdot\text{m}$, $M_{HG}=13.90\times0.55\times3.3\text{kN}\cdot\text{m}=25.23\text{kN}\cdot\text{m}$

$M_{LM}=10.29\times0.35\times3.3\text{kN}\cdot\text{m}=11.88\text{kN}\cdot\text{m}$, $M_{ML}=10.29\times0.65\times3.3\text{kN}\cdot\text{m}=20.07\text{kN}\cdot\text{m}$

第二层

$M_{BC}=34.72\times0.50\times3.3\text{kN}\cdot\text{m}=57.29\text{kN}\cdot\text{m}$, $M_{FG}=47.80\times0.50\times3.3\text{kN}\cdot\text{m}=78.87\text{kN}\cdot\text{m}$

$M_{CB}=M_{BC}=57.29\text{kN}\cdot\text{m}$, $M_{GF}=M_{FG}=78.87\text{kN}\cdot\text{m}$

$M_{JL}=28.48\times0.45\times3.3\text{kN}\cdot\text{m}=42.29\text{kN}\cdot\text{m}$

$M_{LJ}=28.48\times0.55\times3.3\text{kN}\cdot\text{m}=51.69\text{kN}\cdot\text{m}$

第一层

$M_{AB}=56.68\times0.55\times3.9\text{kN}\cdot\text{m}=121.6\text{kN}\cdot\text{m}$, $M_{EF}=77.51\times0.55\times3.9\text{kN}\cdot\text{m}=166.3\text{kN}\cdot\text{m}$

$M_{BA}=56.68\times0.45\times3.9\text{kN}\cdot\text{m}=99.47\text{kN}\cdot\text{m}$, $M_{FE}=77.51\times0.45\times3.9\text{kN}\cdot\text{m}=136.0\text{kN}\cdot\text{m}$

$M_{IJ}=57.56\times0.575\times3.9\text{kN}\cdot\text{m}=129.1\text{kN}\cdot\text{m}$

$M_{JI}=57.56\times0.425\times3.9\text{kN}\cdot\text{m}=95.41\text{kN}\cdot\text{m}$

(4)求各横梁梁端的弯矩

第三层

$M_{DH}=M_{DC}=24.92\text{kN}\cdot\text{m}$ $M_{HD}=1.5/(1.5+0.8)\times25.23\text{kN}\cdot\text{m}=16.45\text{ kN}\cdot\text{m}$

$M_{HM}=0.8/(1.5+0.8)\times25.23\text{kN}\cdot\text{m}=8.776\text{ kN}\cdot\text{m}$ $M_{MH}=M_{ML}=22.07\text{ kN}\cdot\text{m}$

第二层

$M_{CG}=M_{CD}+M_{CB}=17.32\text{ kN}\cdot\text{m}+57.29\text{ kN}\cdot\text{m}=74.61\text{ kN}\cdot\text{m}$

$M_{GC}=1.7/(1.7+1.0)\times(20.64+78.87)\text{kN}\cdot\text{m}=62.65\ \text{kN}\cdot\text{m}$

$M_{GL}=1.0/(1.7+1.0)\times(20.64+78.87)\text{kN}\cdot\text{m}=36.86\ \text{kN}\cdot\text{m}$

$M_{LG}=M_{LM}+M_{LJ}=11.88\ \text{kN}\cdot\text{m}+51.69\ \text{kN}\cdot\text{m}$

第一层

$M_{BF}=M_{BC}+M_{BA}=57.29\ \text{kN}\cdot\text{m}+99.47\ \text{kN}\cdot\text{m}=156.8\ \text{kN}\cdot\text{m}$

$M_{FB}=2.4/(2.4+1.2)\times(136.0+78.87)\text{kN}\cdot\text{m}=143.2\ \text{kN}\cdot\text{m}$

$M_{FJ}=1.2/(2.4+1.2)\times(136.0+78.87)\text{kN}\cdot\text{m}=71.62\ \text{kN}\cdot\text{m}$

$M_{JF}=M_{JL}+M_{JI}=42.29\ \text{kN}\cdot\text{m}\ +95.41\ \text{kN}\cdot\text{m}\ =137.7\ \text{kN}\cdot\text{m}$

(5)绘各横梁与柱的弯矩图(图 4-19)

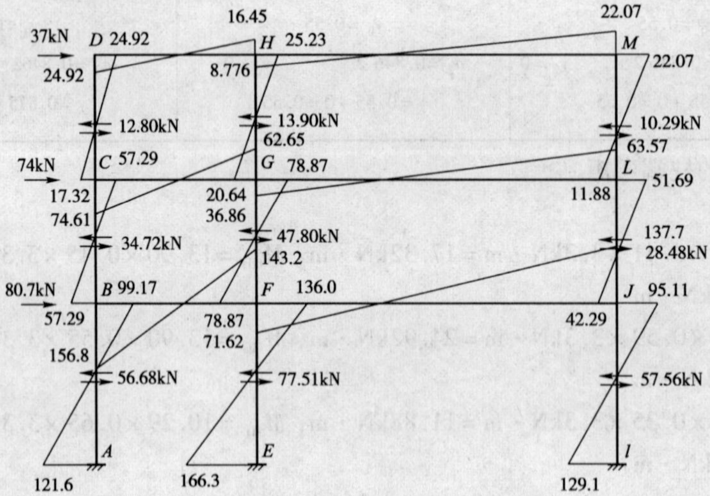

图 4-19 各横梁与柱的弯矩图

第四节 框架结构侧移近似计算及侧移限值

一、框架结构的变形分类与限值

框架的侧移主要由水平荷载引起,结构设计时框架的侧移值用两个指标控制:顶层的最大侧移 Δ 和层间的相对侧移 δ,Δ 过大将会使人感觉不舒服而影响使用,并将加剧 P—Δ 效应,δ 过大将会使填充墙开裂、装修破坏或结构构件开裂。现行《高层建筑混凝土结构技术规程》(JGJ 3—2002)给出了楼层层间最大位移与层高之比的限值要求(见表 4-8),并通过层间限值限定结构顶点的总体位移。

框架结构在水平荷载作用下的变形由两部分组成:由梁、柱的弯曲变形引起总体剪切变形和由框架柱的轴向变形所引起总体弯曲变形。总体剪切变形侧移曲线与悬臂梁的剪切变形曲线相一致[图 4-20a)],总体弯曲变形侧移曲线与悬臂梁的弯曲变形曲线相一致[图 4-20b)]。当结构的高宽比增大时,总体弯曲变形的成分将增大。当总高度 $H>50\text{m}$ 或高宽比 $H/B>4$ 时,一般就必须考虑由柱的轴向变形引起的侧移。对总高度 $H<50\text{m}$ 或高宽比 $H/B>4$ 的框架结构,其侧移曲线主要以总体剪切变形为主,故只需考虑由梁柱的弯曲变形所引起的侧移。

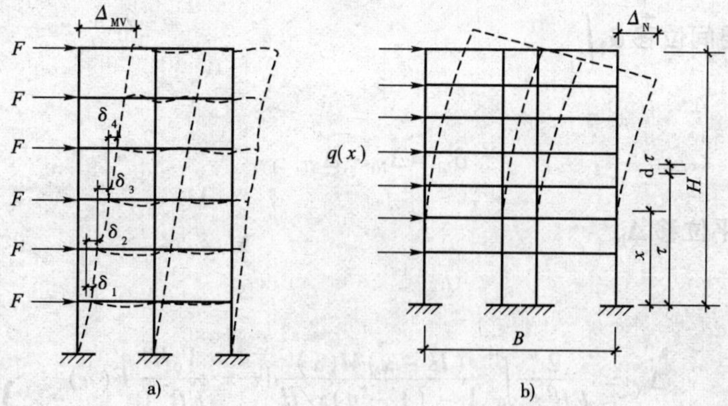

图 4-20 框架的侧移

二、框架结构的剪切变形 Δ_{MV} 的计算

(1)第 i 层的层间位移 δ_{Vi} 见式(4-24)。

$$\delta_{Vi} = \frac{V_i}{D_i} \tag{4-24}$$

式中:V_i——第 i 层的楼层剪力,等于第 i 层以上所有水平力之和;

D_i——第 i 层各柱侧移刚度之和。

(2)第 i 层的水平位移 Δ_{Vi} 见式(4-25)。

$$\Delta_{Vi} = \delta_{V1} + \delta_{V2} + \cdots + \delta_{Vi} \tag{4-25}$$

(3)顶点的水平位移 Δ_{MV} 见式(4-26)。

$$\Delta_{MV} = \delta_{V1} + \delta_{V2} + \cdots + \delta_{Vi} + \cdots + \delta_{Vm} \tag{4-26}$$

式中:m——结构层数。

三、框架结构的轴向变形引起的侧移 Δ_N 的计算

框架结构在水平荷载作用下,柱产生轴向拉伸和压缩,从而产生水平位移 Δ_N,考虑到中间柱两端梁的剪力相近,其轴力及轴向变形比边柱小得较多,对水平位移影响较小,为简化计算,略去中间柱轴向变形的影响,同时,假定柱的截面和轴向力沿柱高度连续按直线规律变化。

1. 第 i 层的侧移 Δ_{Ni}

假定截面线性变化,边柱底层和顶层的截面积分别为 A_1 和 A_m,$n = A_m/A_1$,高度 x 处的边柱截面为 $A(x) = [1-(1-n)x/H]A_1$。

单位水平集中力作用在 i 层顶点(H_i 高度)时,边柱 x 高度处的轴力为:$N_1(x) = \pm(H_i - x)/B$。

水平荷载 $q(x)$ 在边柱 x 高度处引起的轴力为:$N(x) = \pm M(x)/B$ 。

式中,
$$M(x) = \int_x^H q(\tau)(\tau - x)\mathrm{d}\tau$$

第 i 层的侧移 Δ_{Ni} 为:

$$\Delta_{Ni} = 2\int_0^{H_i} \frac{N_1 N}{EA(x)}\mathrm{d}x = \frac{2}{EB^2 A_1}\int_0^{H_i} \frac{(H_i - x)M(x)}{1-(1-n)x/H}\mathrm{d}x \tag{4-27}$$

2. 第 i 层的层间位移 δ_{Ni}

见式 4-28。

$$\delta_{Ni} = \Delta_{Ni} - \Delta_{N(i-1)} \tag{4-28}$$

3. 顶点的水平位移 Δ_N

见式 4-29。

$$\Delta_N = \frac{2}{EB^2A_1}\int_0^H \frac{(H-x)M(x)}{1-(1-n)x/H}\mathrm{d}x = \frac{V_0H^3}{EB^2A_1}F(n) \tag{4-29}$$

式中：V_0——框架底部总剪力，$F(n)$可根据不同的水平荷载分布形式经过运算确定。

对均布荷载 q，$V_0 = qh$，$F(n)$为：

$$F(n) = \frac{2-9n+18n^2-11n^3+6n^3\ln n}{6(1-n)^4} \tag{4-30}$$

对顶点集中力 F，$V_0 = qh$，$F(n)$为：

$$F(n) = \frac{1-4n+3n^2-2n^2\ln n}{(1-n)^3} \tag{4-31}$$

对倒三角形荷载，$V_0 = 0.5qh$，$F(n)$为：

$$F(n) = \frac{2}{3}\left[\frac{2\ln n}{n-1} + \frac{5(1-n+\ln n)}{(n-1)^2} + \frac{4.5-6n+1.5n^2+3\ln n}{(n-1)^3}\right] + \frac{\left(-\frac{11}{6}+3n-1.5n^2+\frac{1}{3}n^3-\ln n\right)}{(n-1)^4} + \frac{\left(-\frac{25}{12}+4n-3n^2+\frac{4}{3}n^3-\frac{n^4}{4}-\ln n\right)}{(n-1)^5} \tag{4-32}$$

式(4-30)、式(4-31)、式(4-32)可制成图 4-21 所示的曲线图，供查表使用。

从计算 Δ_N 的公式(4-29)看出，当房屋越高(H 越大)，宽度越窄(B 越小)时，则由柱轴向力引起的变形 Δ_N 就越大。根据计算，对于房屋高度 H 大于 50m 或房屋的高宽比 H/B 大于 4 的结构，其中 Δ_N 约为由框架梁柱弯曲变形而引起的侧移 Δ_{MV} 的 5% ~11%，故一般当房屋高度或高宽比 H/B 低于上述数值时，Δ_N 可忽略不计。

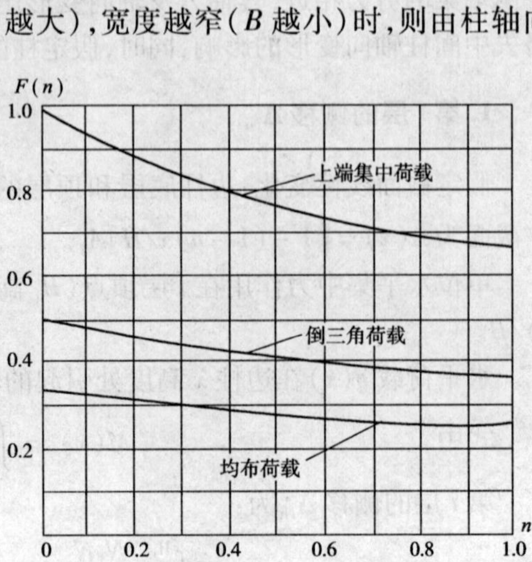

图 4-21　$F(n)$计算图表

四、框架结构的总侧移计算

1. 框架结构总层间侧移计算

第 i 层的总层间位移 $\delta_i = \delta_{Vi} + \delta_{Ni}$

2. 第 i 层的总侧移 Δ_{Ni} 计算

第 i 层的总侧移 $\Delta_{Ni} = \Delta_{Vi} + \Delta_{Ni}$

3. 框架结构顶点的总水平位移 Δ_{MV} 计算

框架结构顶点的总水平位移 $\Delta_{MV}=\Delta_{MV}+\Delta_N$

五、框架结构的层间弹性侧移限值

框架结构楼层层间最大弹性位移 Δu（取 δ_{max}）与层高之比应满足式(4-33)要求：

$$\Delta u/h \leqslant [\Delta u/h] \tag{4-33}$$

式中：Δu——按照弹性法计算的最大层间位移；

h——层高；

$[\Delta u/h]$——最大层间位移限值，按表 4-8 采用。

楼层层间最大位移与层高之比的限值 表 4-8

结构类型	$[\Delta u/h]$	结构类型	$[\Delta u/h]$
框架	1/550	筒中筒、剪力墙	1/1 000
框架—剪力墙、框架—核心筒	1/800	框支层	1/1 000

【例题 4-3】 如图 4-22 所示 3 跨 12 层框架，已知：层高 $h=4\ 000$mm，总高度 $H=4\times12=48$m，弹性模量 $E=2.0\times10^4$MPa，各层梁截面尺寸相同，柱的截面尺寸见图示。求：由杆件弯曲产生的顶点侧移 Δ_n 和最大层间侧移 δ_j，以及由柱轴向变形产生的侧移。

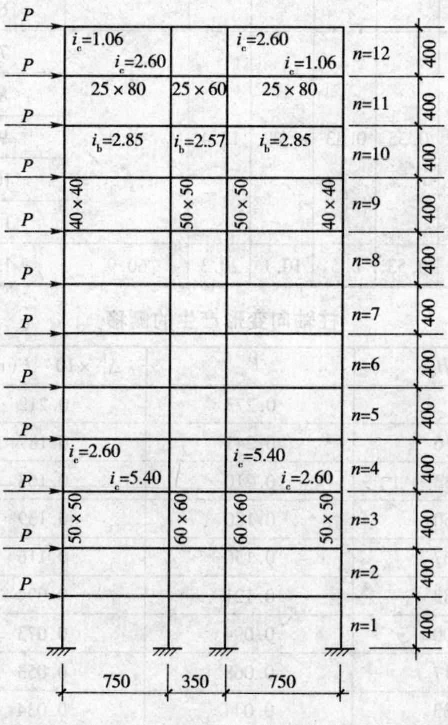

图 4-22 例题 4-3 图（尺寸单位：cm；线刚度单位：10^{10}N·mm）

解：(1)由杆件弯曲产生的顶点侧移 Δ_n 以及最大层间侧移 δ_j 的计算结果见表(4-9)。

(2)由柱轴向变形产生的侧移（表 4-10）求解如下。

$A_{顶}=400\times400=1.6\times10^5(\text{mm}^2)$

$A_{底}=500\times500=2.5\times10^5(\text{mm}^2)$

$n = 1.6/2.5 = 0.64$

$V_0 = 12P$ ；$H = 48\ 000\text{mm}$

$E = 2.0 \times 10^4 \text{N/mm}$；$B = 18\ 500\text{mm}$

由式(4-29)计算侧移变形，F_n 及 Δ_j^N，δ_j^N 列于表 4-10，查图 4-21(均布荷载)。

$$\Delta_N = \frac{1}{EB^2A_1}\int_0^H \frac{H - x}{\left[1-(1-n)\dfrac{x}{H}\right]}\int_x^H(\tau - x)\,d_\tau d_x = \frac{V_0H^3}{EA_1B^2}F(n)$$

$$= \frac{12P \times 48\ 000^3 \times 0.273}{2.0 \times 10^4 \times 18\ 500^2 \times 250\ 000} = 2.117 \times 10^{-4}P$$

顶点侧移 Δ_n 以及最大层间侧移 δ_j 表 4-9

层数	线刚度 i_c		K		α		$D(10^3\text{N/mm})$		$\Sigma D/10^4$	$V_j(\times P)$	$\delta_i^M \times 10^{-3}P$	$\Delta_i^M \times 10^{-3}P$
	边柱	中柱	边柱	中柱	边柱	中柱	边柱	中柱				
12										1	0.035	2.04
11										2	0.069	2.001
10	1.06	2.6	2.69	2.09	0.57	0.51	4.53	9.94	28.9	3	0.104	1.932
9										4	0.138	1.828
8										5	0.173	1.69
7										6	0.207	1.517
6										7	0.173	1.31
5										8	0.198	1.137
4	2.6	5.4	1.10	1.0	0.35	0.33	6.82	13.4	40.4	9	0.223	0.939
3										10	0.247	0.716
2										11	0.272	0.469
1	2.6	5.4	1.10	1.0	0.53	0.5	10.1	20.3	60.9	12	0.197	0.197

柱轴向变形产生的侧移 表 4-10

层　数	H_j/H	F_n	$\Delta_j^N \times 10^{-3}P(\text{mm})$	$\delta_j^N \times 10^{-3}P(\text{mm})$
12	1	0.273	0.212	0.025
11	0.916	0.241	0.187	0.024
10	0.833	0.210	0.163	0.024
9	0.750	0.180	0.139	0.023
8	0.667	0.150	0.116	0.023
7	0.583	0.121	0.094	0.022
6	0.500	0.094	0.073	0.020
5	0.417	0.068	0.053	0.019
4	0.333	0.044	0.034	0.015
3	0.250	0.025	0.019	0.009
2	0.167	0.013	0.01	0.006
1	0.083	0.005	0.004	0.004

总顶点位移为

$$\Delta_{12} = \Delta_{12}^M + \Delta_{12}^N = (2.04 + 0.21) \times 10^{-3} = 2.25 \times 10^{-3}P(\text{mm})$$

第五节　框架结构内力组合

不同种类的荷载及其不同的分布形式,往往会引起结构构件不同大小或方向的内力,进行框架设计时,必须求出各构件的最不利内力。为此,在设计前,应确定出控制截面配筋的截面,确定梁或柱截面的最不利内力种类,确定活荷载的最不利位置,进行内力组合,找出最不利内力。

一、控制截面选择

在进行构件截面设计时,必须先找出构件设计的控制截面及其上的最不利内力,作为构件配筋设计的依据。

1. 框架控制截面

在外荷载作用下,内力一般沿杆件长度是变化的,为施工方便,构件的配筋通常不完全和内力一样变化,而是分段配筋的。设计时可根据内力图变化的情况,选取几个截面的内力作配筋计算。控制截面即是指那些受力最不利、对配筋起控制作用的截面。不同的内力(如弯矩和剪力等)不一定在同一截面同时达到最大值,一个构件可能有几个控制截面。

2. 框架梁控制截面选择

在竖向荷载作用下框架梁端一般产生负弯矩,跨中一般产生正弯矩,在横向水平荷载作用下,梁端弯矩将变号(图4-23)。对于框架梁,它的控制截面与荷载作用形式、相对大小及其分布有关,严格确定梁的控制截面位置比较复杂,计算机程序计算时,将截面划分为若干等分(图4-24),分别对各等分点进行最大内力计算,选取各等分点中内力最大者作为控制截面。手算时跨中控制截面可采用解析法或图解法确定,有时为了进一步简化,选取梁端截面和跨中截面作为梁的控制截面。

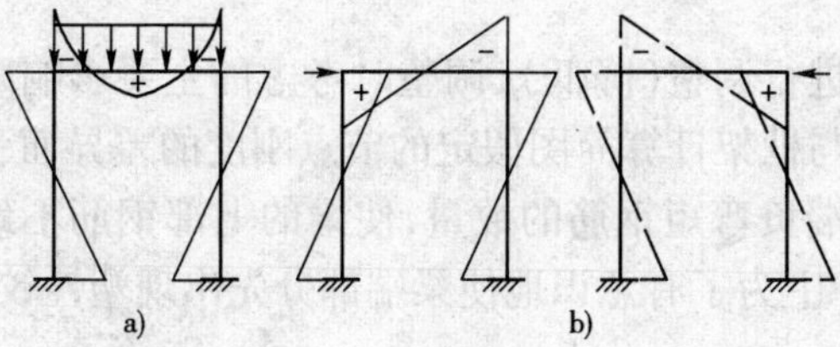

图4-23　竖向作用和水平作用下梁的弯矩图

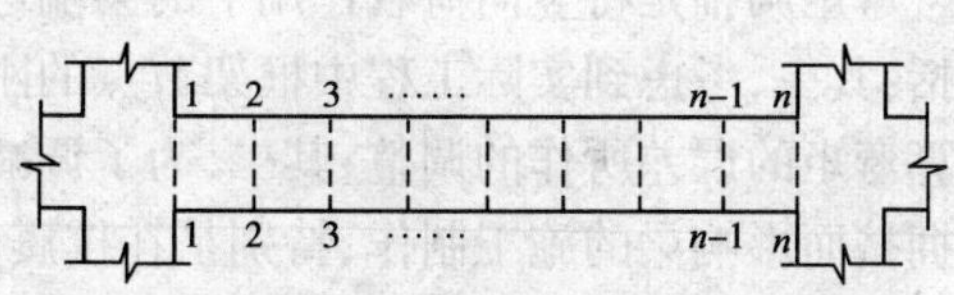

图4-24　计算机程序的梁控制截面

3. 框架柱控制截面选择

对于框架柱,轴力和剪力在同一层变化较小,而柱上、下两端的弯矩最大,故一般取框架柱的上下端截面作为控制截面。

二、控制截面最不利内力种类与内力调整

一般而言,并不是各种荷载同时作用在结构上,控制截面才产生最大内力,而往往只是某些荷载作用下控制截面产生最大内力,因此需要对控制截面进行内力最不利组合,作为截面配

筋设计的依据。高层建筑竖向活荷载产生的内力一般远小于永久荷载产生的内力,水平作用(风荷载或地震作用)产生的内力往往起控制作用,其内力组合的最不利内力种类可按以下几种情况进行确定。

1. 框架梁的最不利内力种类

(1)框架梁跨中截面:取最大正弯矩($+M_{max}$)和最大负弯矩($-M_{max}$)。

(2)框架梁支座截面:取最大负弯矩($-M_{max}$)、最大正弯矩($+M_{max}$)和最大剪力 V_{max}。

2. 框架柱的最不利内力种类

(1)框架柱两端截面的最大弯矩($+M_{max}$)及相应的轴力(N)和剪力(V)。

(2)框架柱两端截面的最大轴力(N_{max})及相应的弯矩(M)和剪力(V)。

(3)框架柱两端截面的最小弯矩($-M_{max}$)及相应的轴力(N)和剪力(V)。

(4)框架柱两端截面的最小轴力(N_{min})及相应的弯矩(M)和剪力(V)。

3. 框架梁柱内力的调整

结构受力分析所得的内力是轴线处的内力。破坏截面不会发生在轴线处的截面,而是发生在如图 4-25 所示柱边缘处的梁端和梁顶与梁底的柱端截面,内力组合时应将各种作用下梁柱轴线处弯矩和剪力值换算到梁柱边缘处,然后再进行内力组合。

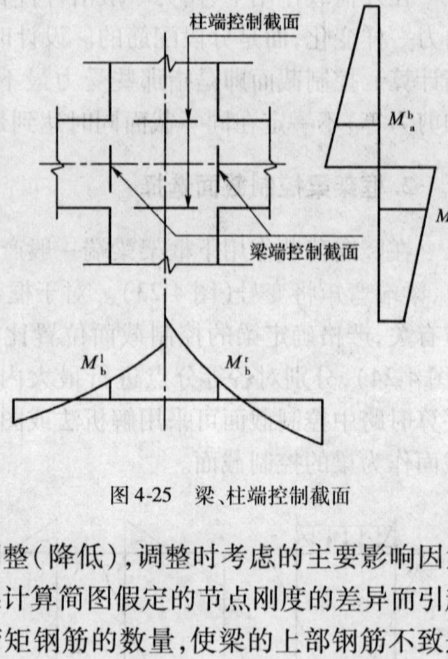

图 4-25 梁、柱端控制截面

4. 框架梁端弯矩的调幅

在竖向荷载作用下可以考虑节点刚性和梁端塑性变形内力重分布等因素影响,对梁端弯矩进行调幅,然后再与风荷载和水平地震作用产生的弯矩进行组合。

弯矩调幅是将竖向荷载作用下的梁端弯矩进行调整(降低),调整时考虑的主要影响因素包括:其一,考虑到实际工程中框架节点的刚度与框架计算简图假定的节点刚度的差异而引起计算弯矩的误差所作的调整;其二,为了调减梁端负弯矩钢筋的数量,使梁的上部钢筋不致过于拥挤而影响梁的施工制作,特别是在抗震设计中为了有意识地使梁端部分先出现塑性铰,提高框架的延性。

在框架的计算简图中,假定与刚性节点相连杆件间夹角在框架受荷变形过程中是不变的。而实际上由于节点上应力集中导致混凝土的开裂、混凝土不密实和钢筋锚固滑移导致节点的松动等原因往往造成节点刚度的降低。在框架的变形中相交杆件间产生了相对角度,这种相对角度将导致框架在竖向荷载作用下的梁端实际弯矩比按计算简图计算出的弯矩小。同时,梁上塑性铰的出现也将导致产生塑性内力重分布,梁的跨中弯矩相应增大。为此须将计算所得梁端弯矩通过调幅使之接近于框架工作中的实际弯矩。

调幅的方法是将竖向荷载作用下的支座负弯矩乘以调幅系数 β。

$$M_{调}=\beta M$$

对于整体现浇框架 $\beta=0.8\sim0.9$,装配整体式框架取 $\beta=0.7\sim0.8$。但对于二阶段受力叠合梁与柱整连的装配整体式框架，由于其支座负弯矩较小，调幅的意义不大，可不进行调幅。由于支座弯矩减小而与支座弯矩对应的跨中正弯矩要相应增大，它有可能超过跨中最大正弯矩值，这时应按平衡条件调整跨中弯矩以保证跨中截面的抗弯强度。梁跨中正弯矩值，至少应取按简支梁计算的跨中弯矩之半。

三、竖向活荷载的最不利布置

作用在框架上的竖向荷载包括永久荷载和可变荷载。对于永久荷载，如楼屋盖的自重、填充墙的质量、固定设备的重量等，应根据实际分布和全部作用的原则来计算框架内力。对可变荷载，如楼面活荷载等的不同布置将产生不同的内力，可变荷载可能单独地作用在某层的某一跨或某几跨，也可能同时作用在整个结构上，对构件的不同截面或同一截面的不同种类的最不利内力，往往具有不同的活荷载最不利位置，设计时应进行活荷载的最不利布置。活荷载的最不利位置需要根据截面的位置及最不利内力种类分别确定，常采用以下方法确定荷载的最不利位置。

1. 分跨布置组合法

分跨布置组合法是将活荷载逐层逐跨单独地作用在结构上，分别计算出结构的内力，然后，对控制截面叠加出最不利内力。对图 4-26 所示的八层八跨平面框架结构，将有 64 种楼屋面活荷载布置方案，需计算 64 次（考虑对称需计算 32 次）框架内力，然后对各控制截面进行叠加组合，从中找出最不利内力。显然，该方法的计算量大，需借助于计算机程序完成。

对于三维空间框架分析模型，也可像平面框架一样，依次将竖向活荷载逐层逐跨单独地作用在空间框架结构上，分别算出各杆件的内力，根据同号相加的原则得出杆件控制截面的活荷载最不利布置的内力。当三维杆件数量较多时，楼屋面活荷载布置方案的种类很多，计算分析比较费时。考虑到远离计算杆件的各层活荷载最不利布置对其影响较小，有的计算程序往往对其进行简化处理，如在计算某层梁柱内力时，仅考虑本层活荷载的最不利布置。

2. 最不利位置法

最不利位置法是指对某控制截面的最不利内力，可根据影响线直接确定产生此不利内力的荷载位置，然后进行内力计算。图 4-27 给出了一无侧移的多层框架某跨有荷载时各杆件的变形曲线，圆点表示受拉纤维的一侧。由图示的框架杆件变形曲线可以看出，如果某跨梁作用有活荷载，则在该跨梁的两端产生负弯矩，并在紧邻荷载跨的上、下邻层梁的两端引起负弯矩，

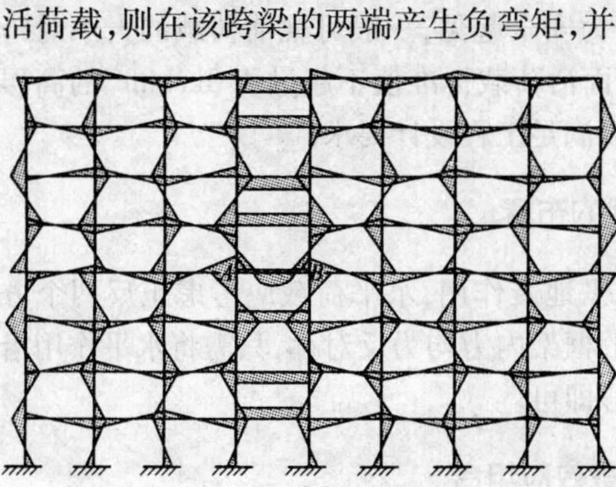

图 4-26　某跨框架梁布置荷载时的弯矩图

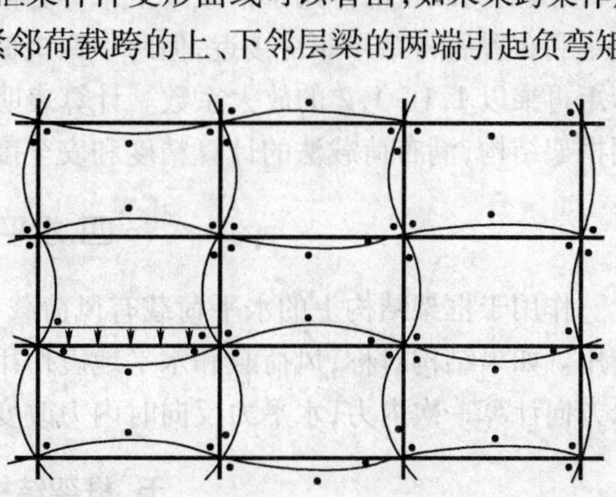

图 4-27　无侧移框架某跨有荷载时杆件变形曲线

然后逐层交替出现反号弯矩；还在横向邻跨梁近端引起负弯矩，远端引起正弯矩，然后逐层逐跨交替出现反号弯矩。按此规律，图 4-28a）和图 4-28b）分别给出了框架某跨梁 *AB* 跨中最大正弯矩和支座 *A* 的最大负弯矩的活荷载最不利布置图，图 4-28c）和图 4-28d）分别给出了框架柱 *AB* 最大弯矩的活荷载最不利布置图。

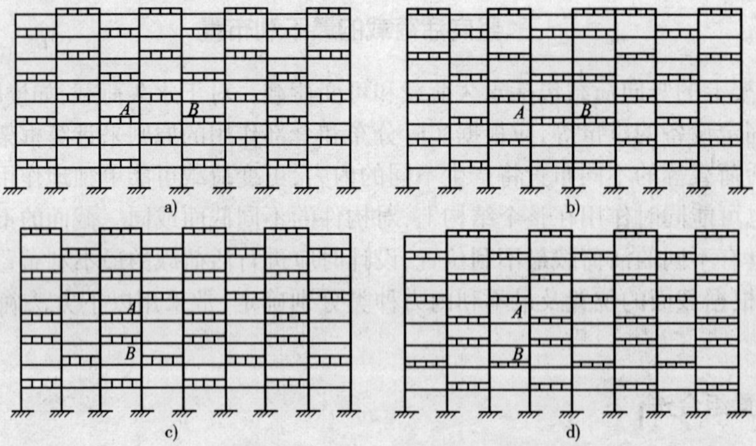

图 4-28　框架活荷载最不利布置图

a）*AB* 梁跨中最大弯矩的活载不利布置；b）*AB* 梁 *A* 端最大负弯矩的活载不利布置；c）、d）*AB* 柱最大弯矩的活荷载最不利布置

对于框架中其他杆件和其他内力，都可遵循一定的规律得到相应的最不利的活荷载布置。一般来说，对应于一个控制截面的一种内力，就有一种最不利荷载布置，相应地需要进行一次结构内力分析。如果要得到所给三跨四层框架所有控制截面各种最不利的内力，这就需要进行 20 多种最不利荷载布置下的内力计算，内力分析次数大大超过分层分跨组合法，计算工作量相当大。

3. 满布法

考虑活荷载最不利布置，进行框架结构内力计算时计算工作量很大，手算难以完成，在高层民用建筑中，楼面活荷载一般不大，与恒荷载及水平荷载产生的内力相比，楼面活荷载引起的内力所占比例较小。因此，在实际工作中可采用近似的满布荷载法，即不考虑活载的不利布置，按照活荷载全部作用于框架梁上来计算内力。这样求得的框架内力在支座处与按活荷载最不利布置所得结果非常接近，但跨中弯矩偏小，为安全起见，一般可视活荷载的大小对跨中弯矩再乘以 1.1 ~ 1.2 的放大系数。计算表明，楼面活荷载标准值不超过 $4.0\mathrm{kN/m^2}$ 的高层民用框架结构，满布荷载法的计算精度和安全度可以满足工程设计要求。

四、水平荷载的布置

作用于框架结构上的水平荷载有风荷载和水平地震作用，水平荷载应考虑正反两个方向作用。如果结构对称，风荷载和水平地震作用下的框架内力均为反对称，只需将水平作用沿一个方向计算一次内力，水平力反向时内力改变符号即可。

五、框架结构荷载效应组合

高层建筑结构承受的荷载与作用种类较多（如自重、楼面活荷载、风雪荷载和地震作用等),各种荷载可能同时出现在结构上的概率不同。按照概率统计和可靠度理论把各种荷载效应按一定规律加以组合,即为荷载效应组合。框架设计时,通过将各种荷载效应进行适当组合的方式来选定最不利内力组合,在手算时,一般通过表格形式进行内力组合。

1. 内力组合的步骤

(1)将恒载、活载、风载及地震等效荷载都分别按各自规律布置,分别计算各荷载布置引起的结构内力。

(2)取出各个构件的控制截面内力,经过内力调整后填入内力组合表中。

(3)根据建筑的实际情况由表4-11中选出本结构可能出现的若干种组合类型。将各内力分别乘以相应的荷载分项系数 γ 及组合系数 Ψ,并按不利内力的要求分类进行内力叠加。

(4)在若干种不利内力中挑选最不利内力作为设计依据进行构件设计。有时要通过试算才能找到哪种组合内力得到的配筋最大。

2. 荷载效应组合的种类

根据我国《建筑结构荷载规范》(GB 50009—2001)及《建筑抗震设计规范》(GB 50011—2001)的规定,一般用途的高层建筑荷载效应组合的表达式如下:

(1)无地震作用效应组合时,对于荷载效应组合设计值 S,应按照式(4-34)计算:

$$S=\gamma_G S_{Gk}+\psi_Q\gamma_Q S_{Qk}+\psi_W\gamma_W S_{Wk} \tag{4-34}$$

式中: S——结构构件内力组合的设计值,包括组合的弯矩、轴向力和剪力设计值;

γ_G——重力荷载分项系数,当其效应对结构不利时,对由可变荷载效应控制的组合应采用1.2,对由永久荷载效应控制的组合应取1.35,当重力荷载效应对构件承载能力有利时,不应大于1.0;

γ_Q——楼面活荷载分项系数,一般情况下取1.4;

γ_W——风荷载分项系数,应采用1.4;

S_{Gk},S_{Qk},S_{Wk}——分别为按永久荷载标准值 G_k、可变荷载标准值 Q_k 和风荷载标准值 w_k 计算的荷载效应值;

ψ_Q 和 ψ_W——分别为楼面活荷载和风荷载组合系数,永久荷载效应起控制作用时,Ψ_Q 和 Ψ_W 分别取0.7(0.9)和0,可变荷载效应起控制作用时,Ψ_Q 和 Ψ_W 分别取1.0和0.3或分别取0.7(0.9)和1.0。对书库、档案库、储藏室、通风机房和电梯机房,取括号中数值。

(2)结构构件地震作用效应和其他荷载效应的基本组合,应按式(4-35)计算:

$$S=\gamma_G S_{GE}+\gamma_{Eh}S_{Ehk}+\gamma_{Ev}S_{Evk}+\psi_W\gamma_W S_{Wk} \tag{4-35}$$

式中:γ_{Eh},γ_{Ev}——分别为水平和竖向地震作用分项系数,应按表4-11采用;

S_{GE}——按重力荷载代表值计算的荷载效应值,重力荷载代表值取永久荷载标准值与活荷载组合值之和,即 $S_{GE}=S_{Gk}+\Psi_Q S_{Qk}$,一般楼面活荷载和雪荷载取 $\Psi_Q=0.5$,藏书库、档案库活荷载取 $\Psi_Q=0.8$,当楼面活荷载按实际情况计算时取 $\Psi_Q=1.0$;有吊车时,尚应包括悬吊物重力标准值的效应;

S_{Ehk}、S_{Evk}——水平地震作用标准值和竖向地震作用标准值的效应,尚应乘以相应的增大系数或调整系数。

荷载效应组合情况及分项系数　　表 4-11

类型	序号	组合情况	竖向荷载		水平地震作用	竖向地震作用	风荷载		说明
			γ_G	γ_{Q1}	γ_{EH}	γ_{EV}	γ_W	ψ_W	
无地震作用	1	只考虑竖向荷载	1.2	1.4	—	—	—	—	
	2	竖向荷载及风荷载	1.2	1.4	—	—	1.4	1.0	
有地震作用	3	重力荷载及水平地震	1.2	—	1.3	—	—	—	
	4	重力荷载、水平地震及风荷载	1.2	—	1.3	—	1.4	0.2	60m 以上高层建筑
	5	重力荷载及竖向荷载	1.2	—	—	1.3	—	—	9 度设防高层建筑
	6	重力荷载、水平地震及竖向荷载	1.2	—	1.3	0.5	—	—	
	7	重力荷载、水平地震、竖向荷载及风荷载	1.2	—	1.3	0.5	1.40	0.2	上述情况下的 60m 以上高层建筑

第六节　钢筋混凝土框架结构的延性设计

一、延性的概念与影响因素

1. 延性的概念

所谓延性是指材料、构件或结构在应力或承载力没有明显降低时维持塑性变形的能力。具有一定塑性变形能力的结构称为延性结构。在地震区钢筋混凝土框架应设计成延性结构，当遭遇到高于本地区设防烈度的罕遇地震时，为防止发生倒塌或危及生命的严重破坏，结构应具有足够大的延性。此时结构已进入弹塑性状态，通过弹塑性变形来耗散地震能量，达到大震不倒的目的。

2. 结构延性的表征

(1)结构延性系数

结构的延性一般用公式 4-36 所示的结构顶点延性系数 μ 来表示。

$$\mu = \frac{\Delta u_p}{\Delta u_y} \tag{4-36}$$

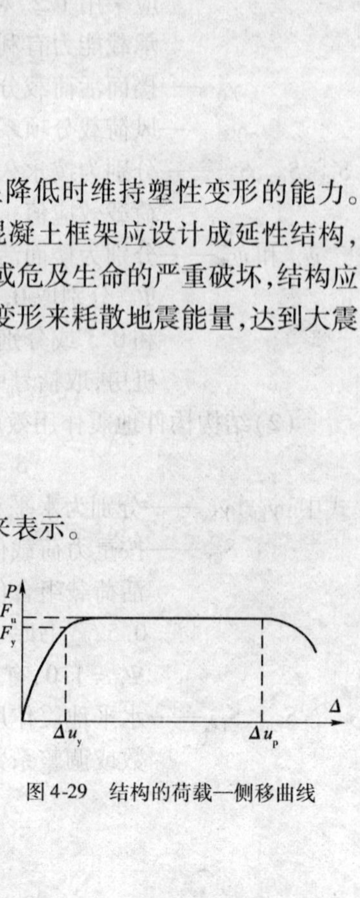

图 4-29　结构的荷载—侧移曲线

式中：μ——结构顶点延性系数；

Δu_p——结构顶点弹塑性极限侧移；

Δu_y——结构顶点屈服侧移(见图 4-29)。

一般地，顶点延性系数越大，结构吸收的变形能越大，降低地震效应的能力越强，结构的延性越好，延性框架一般要求框架延性系数为3~5。

(2)结构构件的延性系数

框架结构是由梁、柱等构件组成，框架的延性取决于框架梁、柱延性的大小。梁、柱构件的延性是以截面塑性铰的转动能力来度量的，一般由曲率延性系数μ_φ($\mu_\varphi=\varphi_u/\varphi_y$，分别为$M$—$\varphi$曲线上拐点和终点处的屈服曲率和极限曲率)来表示，$\mu_\varphi$越大，构件截面上的塑性转动能力越大，延性也越好。因此延性框架的梁、柱必须有足够大的曲率延性系数。

(3)结构构件延性的影响因素

实验与理论分析表明，影响梁、柱构件延性的因素较多，主要有截面受压区高度x、相对受压区高度ξ[$\xi=x/h_0=(A_sf_y)/(b\ h_0f_{cm})=\rho f_y/f_{cm}$]和混凝土材料的极限压应变$\varepsilon_{cu}$和柱轴压比等。一般地，减小截面受压区高度，提高混凝土材料的强度等级、增加弯曲抗压强度f_{cm}和极限压应变ε_{cu}后，可减小ξ，改善和提高弯曲延性；在受压区配置和增加受压钢筋的数量，可降低截面受压区高度，延性变好；柱截面配置螺旋箍筋或复合箍筋，并达到一定的配箍率，界面核心区混凝土被约束，处于三向受压状态，混凝土极限压应变将提高，延性增加。同时，柱轴压比越大，延性就越差，所以小偏心受压柱的延性比大偏心受压柱的延性差；受拉筋配筋率增加，将使截面受压区高度增加，延性变差。

上述结论为考虑通过构造措施来改善和提高弯曲延性提供了基本依据。

二、延性框架结构设计原则

1. 延性抗震框架结构设计的指导思想

对于非抗震的构件截面设计，一般只是根据构件控制截面的不利组合内力，按相应规范要求进行截面设计及强、刚度验算，此时任何结构构件或部位的超强设计都不会影响结构安全。对于延性抗震框架结构设计，除了要保证静载下必要的强、刚度外，还需要从整体上控制结构构件的破坏形态、形成合理的屈服机制，从而使结构在延性破坏前达到脆性破坏极限状态的事件及不希望首先破坏的构件或部位首先出现破坏这一事件的概率足够小。此时，任何构件或部位的超强设计都会造成结构的相对薄弱环节或引起薄弱构件或部位的转移。为此，现行规范规定了抗震框架设计应遵从“强剪弱弯、强柱弱梁、强节点弱构件、强压弱拉”的延性框架设计指导思想，但仅满足上述要求是不充分的，它一般只能控制结构构件的破坏形态并使结构形成合理的屈服机制，抵抗常遇地震而不遭受较大破坏，欲使结构在遭遇罕遇地震时不倒，还需通过精心的细部构造措施，使结构构件(尤其是薄弱环节或部位)具有充分的延性，以吸收耗散地震能量，改善最薄弱部位或构件的抗震性能。延性抗震框架结构设计的思想，可通过一系列内力调整系数及有关构造使结构实现一定的屈服机制并使薄弱构件具有一定的延性，可有效控制构件的破坏形态、屈服机制，改善薄弱构件或部位的延性，不仅可提高单个构件的抗震性能，同时也可提高和改善整体结构的抗震能力。

2. 强柱弱梁设计

罕遇地震作用下结构构件进入弹塑性状态，框架中塑性铰可能出现在梁上，也可能出现在柱上，但是不允许在梁的跨中出现塑性铰。梁的跨中出现塑性铰将导致局部破坏，在梁端和柱端的塑性铰都必须具有较好延性。这样才能使结构在形成机构之前，可以抵抗外荷载并具有延性。框架结构在罕遇地震作用下破坏时，可能出现弱柱型和弱梁型两种典型的破坏机制，图

4-30 给出了相应的两种框架塑性铰模式。

对弱梁型，梁相对较弱，塑性铰首先在梁的两端发生，该破坏形态耐震性较好，因梁的塑性铰转动能力较大，延性好，不易形成破坏机构，可能出现的塑性铰数量多，耗能部位分散。当某层梁两端出现塑性铰后，整个框架不会立即倒塌，随着内力重分布的进展，其他层可能随之在梁两端出现塑性铰，从而使整个框架具有较宽的有约束屈服范围。图 4-30a）给出了所有梁端都有塑性铰的理想情况。

对弱柱型，柱相对较弱，塑性铰首先在柱端发生，为达到同样框架延性系数要求，柱铰机制的变形需大于梁铰机制的变形，该破坏形态耐震性较差，因柱是主要承重构件，柱除了要承受弯矩外，通常还承受较大的轴力，在高轴压下，钢筋混凝土柱很难具有高延性性能，塑性铰出现在柱上，结构很容易形成机构，$P—\Delta$ 效应增大，很难避免在罕遇地震作用下因柱子破坏而引起整个结构的倒塌。且出现较大的塑性变形后难于修复。图 4-30b）是典型的出现薄弱层的情况，此时，塑性铰数量虽少，但该层已经形成机构。

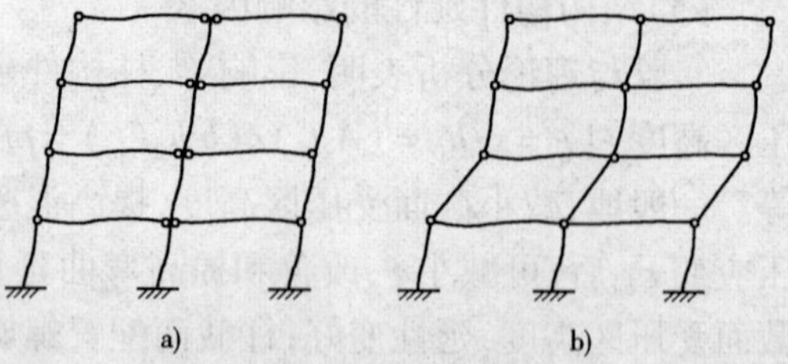

图 4-30　两种框架塑性铰模式

a）弱梁型；b）弱柱型

所谓强柱弱梁型框架设计是指要使梁中的塑性铰先出现、多出现，尽量减少或推迟柱中塑性铰的出现，特别是要避免在同一层各柱的两端都出现塑性铰，避免出现薄弱层。即延性框架的破坏机制应设计成梁铰机制，梁铰机制的要求是柱的承载能力高于梁的承载能力，以实现“强柱弱梁”要求。

3. 强剪弱弯设计

因为剪切破坏为脆性破坏，对于梁柱构件，要保证构件出现塑性铰，就要避免过早地发生剪切破坏，所以要求构件的抗剪承载力大于其抗弯承载力，为此要提高构件的抗剪承载力，即要求满足强剪弱弯的延性设计要求。

4. 强压区弱拉区设计

框架的构件主要靠混凝土受压、钢筋受拉来平衡外力，但是混凝土和钢筋的力学性能相差很大，混凝土从受压到压碎，变形量很小，属脆性破坏；钢筋受拉从屈服到拉断，变形过程很长，延性良好。设计中应使拉区钢筋的屈服先于压区混凝土的破坏，以符合“强压弱拉”的原则。为此可通过控制轴压比和限制受拉配筋率的方式实现强压弱拉的延性设计思想。

框架梁截面相对受压区高度直接影响着框架梁的延性，在延性框架设计中，通过限制受拉配筋率，可减小相对受压区高度，以保证塑性铰有更大的转动能力，以提高结构延性系数。同时，还可通过控制框架柱的轴压比来提高柱的延性，因柱为压弯构件，轴力越小，延性越好。否则，如混凝土压坏，但钢筋不屈服，则将发生脆性破坏（即延性很差），故为使柱有足够的延性须限制轴压比。

5. 强节点弱构件设计

节点核心区是保证框架承载力和结构延性的关键部位，同时框架节点受力与变形复杂，钢筋密集，混凝土浇筑质量较难保证。强节点弱构件就是要保证节点区的承载力，使节点区不在梁、柱塑性较充分发挥作用前过早发生破坏。

反复荷载作用下的试验结果表明:节点的破坏状况较为复杂,但主要是因为剪力和压力组合作用的结果。框架节点发生剪切脆性破坏,变形能力极小,节点核心区失效也意味着交会于节点的全部梁、柱失效。因此在设计延性框架时,除了保证梁、柱构件具有足够的承载力和延性以外,保证节点区的承载力,使之不过早破坏也是十分重要的。因为节点区破坏或者变形过大,梁、柱构件就不再形成抗侧力的框架结构了。

有震害调查可见,节点区的破坏大都是由于节点区无箍筋或少箍筋,在剪压作用下混凝土出现斜裂缝,然后挤压破碎,纵向钢筋压屈成灯笼状所致。保证节点区不发生剪切破坏的主要措施是通过抗剪验算,在节点区配置足够的箍筋,并保证混凝土的强度及密实性,实现强节点设计。

设计延性框架,就是根据上述原则,采取相应的抗震措施。抗震措施是指除地震作用计算和抗力计算以外的抗震设计内容,包括确定房屋的抗震等级、内力调整及抗震构造措施。

三、抗震等级分类

1. 建筑高度分类

钢筋混凝土高层建筑结构的最大适用高度和高宽比分为 A 级和 B 级,分别采取不同的抗震等级,并采取相应的计算和构造措施。B 级高度的高层建筑结构的最大适用高度和高宽比可较 A 级适当放宽,其结构抗震等级、有关计算和抗震构造措施应相应加严。

A 级、B 级高度钢筋混凝土乙类和丙类高层建筑的最大适用高度分别见表 2-5、表 2-6。甲类建筑,A 级高度 6、7、8 度时宜按本地区抗震设防烈度提高一度后按表 2-5 采用,9 度时应专门研究;B 级高度,6、7 度时宜按本地区抗震设防烈度提高一度后按表 2-6 采用,8 度时应专门研究;平面和竖向均不规则的结构或Ⅳ类场地上的结构,最大适用高度应适当减低。A 级、B 级高度钢筋混凝土高层建筑结构最大高宽比分别见表 2-10、表 2-11。

2. 抗震等级分类

抗震设计时,高层钢筋混凝土结构构件应根据设防烈度、结构类型和房屋高度采用不同的抗震等级,并应采取相应的计算和构造措施。A 级高度和 B 级高度的丙类建筑钢筋混凝土结构的抗震等级分别按表 4-12 和表 4-13 确定。

A 级高度高层建筑结构抗震等级 表 4-12

结构类型		烈度						
		6		7		8		9
框架结构	高度(m)	≤30	>30	≤30	>30	≤30	>30	≤25
	框架	四	三	三	二	二	一	一
框架—剪力墙结构	高度(m)	≤60	>60	≤60	>60	≤60	>60	≤50
	框架	四	三	三	二	二	一	一
	剪力墙	三		二		一		一
剪力墙结构	高度(m)	≤80	>80	≤80	>80	≤80	>80	≤60
	剪力墙	四	三	三	二	二	一	一

续上表

结构类型			烈度						
			6		7		8		9
框支剪力墙结构	框支层框架		二		二	一	一	/	不应采用
	剪力墙底部加强部位		三	二	二	二	一		
	剪力墙底部非加强部位		四	三	三	二	二		
筒体结构	框架—核心筒结构	框架	三		二		一		一
		核心筒	二		二		一		一
	筒中筒结构	内筒	三		二		一		一
		外筒	三		二		一		一
板柱—剪力墙结构	板柱的柱		三		二		一		不应采用
	剪力墙		二		二		二		

当本地区设防烈度为 9 度时，A 级高度的乙类建筑抗震等级应按表 4-12 中的特一级采取，甲类建筑应采用更有效的抗震措施。

高层建筑，当地下室顶层作为上部结构的嵌固端时，地下一层的抗震等级应按上部结构采用，地下一层以下的结构抗震等级可采用三级或四级。9 度抗震设计时，地下室结构的抗震等级不应低于二级。

与主楼连为整体的裙楼的抗震等级不应低于主楼的抗震等级。主楼结构在裙房顶部上、下各一层应适当加强抗震构造措施。

B 级高度高层建筑结构抗震等级 表 4-13

结构类型		烈度		
		6	7	8
框架—剪力墙	框架	二	一	一
	剪力墙	二	一	特一
剪力墙	剪力墙	二	一	一
框支剪力墙	框支层框架	一	特一	特一
	剪力墙底部加强部位	一	一	特一
	剪力墙底部非加强部位	二	一	一
框架—核心筒结构	框架	二	一	一
	核心筒	二	一	特一
筒中筒结构	内筒	二	一	特一
	外筒	二	一	特一

四、延性框架的计算要点

1. 强柱弱梁框架设计

(1)框架柱端弯矩调整

在地震作用下，强柱弱梁的原则是形成梁铰机制的关键，通过增大柱端弯矩，使塑性铰出现在梁端。要求各节点柱端的受弯承载力大于梁端的受弯承载力，因此对计算的柱端弯矩值进行调整。

一般情况下，一、二、三级框架的梁柱节点处，除框架顶层柱和柱轴压比小于 0.15 柱及框支梁与框支柱的节点外，柱端考虑地震作用组合的弯矩设计值应按式(4-37)的要求调整。四级框架柱的柱端弯矩设计值可直接取考虑地震作用组合的弯矩值。

$$\sum M_c = \eta_c \sum M_b \tag{4-37}$$

一级框架结构及 9 度时尚应按式(4-38)的要求调整。

$$\sum M_c = 1.2 \sum M_{bua} \tag{4-38}$$

式中：$\sum M_c$——节点上下柱端截面顺时针或反时针方向组合的弯矩设计值之和，上下柱端的弯矩设计值可按弹性分析的弯矩比例进行分配；

$\sum M_b$——节点左右梁端截面反时针或顺时针方向组合的弯矩设计值之和，一级框架节点左右梁端均为负弯矩时，绝对值较小的弯矩应取零；

$\sum M_{bua}$——节点左右梁端截面反时针或顺时针方向实配的正截面受弯承载力所对应的弯矩值之和，根据实际配筋面积（计入受压钢筋）和材料强度标准值并考虑承载力抗震调整系数计算确定；

η_c——柱端弯矩增大系数，一级取 1.4，二级取 1.2，三级取 1.1。

当反弯点不在柱的层高范围内时，柱端截面组合的弯矩设计值可直接乘以上述柱端弯矩增大系数。当柱轴压比很小时，其延性较好，能满足框架的延性要求。因此轴压比小于 0.15 的柱和框架顶层柱端弯矩不必调整。

(2)框架底层柱弯矩调整

对于框架底层柱下端及框支层剪力墙结构中的框架柱上下端，无强柱弱梁条件可言，但它们若过早出现塑性屈服，将影响结构变形能力。为防止框架结构底层柱底过早出现塑性铰而影响结构整体变形能力，同时当梁端塑性铰出现后，塑性内力重分布使底层柱的弯矩有所增大。对一、二、三级框架结构的底层，柱下端截面组合的弯矩设计值 M_c，应分别乘以增大系数 1.5、1.25 和 1.15。底层柱纵向钢筋宜按上、下端的不利情况配置。底层指无地下室的基础以上或地下室以上的首层。对一、二、三级框架结构的角柱承受双向偏心受压作用，考虑受力的复杂性，对内力调整后的弯矩和剪力设计值，应再乘以不小于 1.1 的增大系数。

2. 梁柱延性破坏之前不发生其他脆性破坏的设计要点

为防止框架梁、柱在弯曲破坏前发生其他脆性破坏，需要从以下几个方面加以保证。

1)框架梁柱抗剪承载力要高于它们的抗弯承载力——实现"强剪弱弯"延性设计原则

(1)框架梁的剪力调整

一、二、三级的框架梁，其梁端截面组合的剪力设计值应按式(4-39)调整，四级时可直接取考虑地震作用组合的剪力设计值。

$$V = \eta_{vb}(M_b^l + M_b^r)/l_n + V_{Gb} \tag{4-39}$$

一级框架结构及 9 度抗震设计时的结构尚应符合式(4-40)的要求。

$$V = 1.1(M_{bua}^l + M_{bua}^r)/l_n + V_{Gb} \tag{4-40}$$

式中：V——梁端截面组合的剪力设计值；

l_n——梁的净跨；

V_{Gb}——梁在重力荷载代表值（9 度时高层建筑还应包括竖向地震作用标准值）作用下，按简支梁分析的梁端截面剪力设计值；

M_b^l、M_b^r——分别为梁左右端截面逆时针或顺时针方向组合的弯矩设计值，一级框架两端弯矩均为负弯矩时，绝对值较小的弯矩应取零；

M_{bua}^l、M_{bua}^r——分别为梁左右端截面逆时针或顺时针方向实配的正截面受弯承载力所对应的弯矩值，可根据实配钢筋面积（计入受压钢筋）和材料强度标准值并考虑框架梁承载力调整系数计算确定；

η_{vb}——梁端剪力增大系数，一、二、三级分别取1.3、1.2、1.1。

(2)框架柱剪力调整

一、二、三级的框架柱和框支柱端部截面组合剪力设计值应按式(4-41)调整，四级时可直接取考虑地震作用组合的剪力计算值。

$$V=\eta_{vc}(M_c^t+M_c^b)/H_n \tag{4-41}$$

一级框架结构及9度抗震设计时的结构尚应符合式(4-42)要求。

$$V=1.2(M_{cua}^t+M_{cua}^b)/H_n \tag{4-42}$$

式中：V——柱端截面组合剪力设计值；

H_n——柱的净高；

M_c^t、M_c^b——分别为柱的上下端顺时针或逆时针方向截面组合的弯矩设计值；

M_{cua}^t、M_{cua}^b——分别为偏心受压柱的上下端顺时针或逆时针方向实配的正截面抗震受弯承载力所对应的弯矩值，根据实配钢筋面积、材料强度标准值和重力荷载代表值产生的轴压力设计值并考虑承载力调整系数等计算确定；

η_{vc}——柱剪力增大系数，一、二、三级分别取1.4、1.2、1.1。

(3)框架梁柱剪压比限值

当梁柱的截面尺寸较小而所受剪力较大时，有可能由于梁柱腹部出现过大的主压应力而使混凝土压碎破坏，此时腹筋往往不能达到屈服强度，即发生剪切的斜压破坏，为保证不致发生斜压型的脆性受剪破坏，应限制梁柱的剪压比，使梁柱受剪截面及混凝土强度等级满足式(4-43)至式(4-45)的要求。

①无地震作用组合时，框架梁柱截面应满足式(4-43)的要求。

$$V\leqslant 0.25\beta_c f_c bh_0 \tag{4-43}$$

式中：β_c——混凝土强度影响系数。混凝土强度不超过C50时，取1.0；混凝土强度为C80时，取0.8；其间可按线性内插确定。

②有地震作用组合时，跨高比大于2.5的框架梁、剪跨比大于2的柱应满足式(4-44)的要求。

$$V\leqslant\frac{1}{\gamma_{RE}}(0.2\beta_c f_c bh_0) \tag{4-44}$$

跨高比不大于2.5的梁、剪跨比不大于2的柱应满足式(4-45)要求。

$$V\leqslant\frac{1}{\gamma_{RE}}(0.15\beta_c f_c bh_0) \tag{4-45}$$

(4)框架柱剪跨比及限值

构件在弯矩和剪力共同作用下，其受剪破坏与剪跨比λ有关，剪跨比为反弯点与柱端的距离（较大值）H_1和柱截面有效高度h_0的比值，应按式(4-46)计算。当λ较小（如小于1～1.5）或构件为超配箍时，易发生斜压型脆性破坏，设计时常通过控制构件的截面尺寸和混凝土强度等级来避免该破坏形式；当 λ 较大(如大于 2～3)且低构件配箍时，易发生斜拉型脆性破坏，设计时常通过控制构件的配箍量来避免该破坏形式；当 λ 适中(如界于上述两者之间)且构件配箍适量时，易发生剪压型延性破坏，破坏前箍筋首先屈服，最后以斜截面的剪压端混凝土达到强度极限而整个截面破坏，该情况是抗剪设计的依据。

$$\lambda = M^c/(V^c h_0) = H_1/h_0 \tag{4-46}$$

式中：λ——框架柱剪跨比，反弯点位于柱高中部的框架柱，可按柱净高与 2 倍柱截面有效高度之比计算；

M^c——柱端截面未经调整的组合弯矩计算值，可取柱上下端计算结果的较大值；

V^c——柱端截面与组合弯矩计算值对应的组合剪力计算值；

h_0——梁柱截面计算方向有效高度。

为保证构件发生剪压型受剪破坏，需限制 $\lambda \leqslant 2$，为此，柱净高与截面最大边长之比不宜小于 4，梁的净跨与截面高度之比也不宜小于 4。

2)强节点弱构件设计

(1)节点核心区剪力设计值 V_j 的调整

为使节点核心区承载力高于杆件承载力，避免节点过早破坏，对节点核心区剪力设计值按如下方法进行调整计算。

① 一、二级框架梁柱节点核心区组合的剪力设计值，应按公式(4-47)和(4-48)确定。

对于中间层的中间节点和端节点：

$$V_j = \frac{\eta_{jb} \sum M_b}{h_{b0} - a'_s}\left(1 - \frac{h_{b0} - a'_s}{H_c - h_b}\right) \tag{4-47}$$

对于顶层的中间节点和端节点：

$$V_j = \frac{\eta_{jb} \sum M_b}{h_{b0} - a_s'} \tag{4-48}$$

② 9 度时和一级框架结构应符合公式(4-49)和式(4-50)要求。

对于中间层的中间节点和端节点：

$$V_j = \frac{1.15 \sum M_{bua}}{h_{b0} - a_s'}\left(1 - \frac{h_{b0} - a_s'}{H_c - h_b}\right) \tag{4-49}$$

对于顶层的中间节点和端节点：

$$V_j = \frac{1.15 \sum M_{bua}}{h_{b0} - a_s'} \tag{4-50}$$

上述式中：V_j——梁柱节点核心区组合的剪力设计值；

h_{b0}——梁截面的有效高度，节点两侧梁截面高度不等时可采用平均值；

a'_s——梁受压钢筋合力点至受压边缘的距离；

H_c——柱的计算高度，可采用节点上下柱反弯点之间的距离；

h_b——梁的截面高度，节点两侧梁截面高度不等时可采用平均值；

η_{jb}——节点剪力增大系数，一级取 1.35，二级取 1.2；

$\sum M_b$——节点左右梁端反时针或顺时针方向组合弯矩设计值之和，一级时节点左右梁端均为负弯矩，绝对值较小的弯矩应取零；

$\sum M_{bua}$——节点左右梁端反时针或顺时针方向实配的正截面抗震受弯承载力所对应的弯矩值之和，根据实配钢筋面积(计入受压筋)和材料强度标准值确定。

(2)节点核心区截面尺寸及混凝土强度等级的限制

①框架梁柱节点核心区截面有效计算宽度

节点核心区截面有效计算宽度,应按下列规定采用:

当验算方向的梁截面宽度不小于该侧柱截面宽度的1/2时,可采用该侧柱截面宽度,当小于柱截面宽度的1/2时,可采用下列二者的较小值:

$$b_j = b_b + 0.5h_c \tag{4-51}$$

$$b_j = b_c \tag{4-52}$$

式中:b_j——节点核心区的截面有效验算宽度;

b_b——梁截面宽度;

h_c——验算方向的柱截面高度;

b_c——验算方向的柱截面宽度。

当梁与柱的中线不重合且偏心距不大于柱宽的1/4时,核心区的截面有效验算宽度可采用式(4-51)、式(4-52)和式(4-53)计算结果的较小值。

$$b_j = 0.5(b_b + b_c) + 0.25h_c - e \tag{4-53}$$

式中:e——梁与柱中线偏心距。

② 为防止节点混凝土在箍筋屈服前被压碎,节点核心区截面尺寸及混凝土强度等级应满足式(4-54)的要求。

$$V_j \leqslant \frac{1}{\gamma_{RE}}(0.3\eta_j\beta_c f_c b_j h_j) \tag{4-54}$$

式中:η_j——正交梁的约束影响系数,楼板为现浇,梁柱中线重合,四侧各梁截面宽度不小于该侧柱截面宽度的1/2,且正交方向梁高度不小于框架梁高度的3/4时,可采用1.5,9度时宜采用1.25,其他情况均采用1.0;

h_j——节点核心区的截面高度,可采用验算方向的柱截面高度;

γ_{RE}——承载力抗震调整系数,可采用0.85。

试验表明,节点核心区当满足式(4-54)的要求后,核心区的混凝土内斜压应力较小,不会发生混凝土的斜压破坏,而且在使用阶段节点核心区不开裂。

(3)节点核心区截面抗震受剪承载力验算

框架节点受剪承载力由混凝土和水平箍筋两部分的受剪承载力组成。它除了与节点尺寸和混凝土强度等级等有关外,还与柱的轴压比有关。试验表明,当柱轴压比大于0.5时,轴力的增大可以提高混凝土斜压杆的受剪承载力。因此计算节点混凝土受剪承载力时应考虑轴力N的影响,应采用公式(4-55)和式(4-56)验算。

$$V_j \leqslant \frac{1}{\gamma_{RE}}\left(1.1\eta_j\beta_c f_t b_j h_j + f_{yv}A_{svj}\frac{h_{b0} - a_s'}{s} + 0.5\eta_j N\frac{b_j}{b_c}\right) \tag{4-55}$$

9度时

$$V_j \leqslant \frac{1}{\gamma_{RE}}\left(0.9\eta_j\beta_c f_t b_j h_j + f_{yv}A_{svj}\frac{h_{b0} - a_s'}{s}\right) \tag{4-56}$$

式中:N——对应于组合剪力设计值的上柱组合轴向压力较小值,其取值不应大于柱的截面面积和混凝土轴心抗压强度设计值乘积的50%,当N为拉力时,取$N=0$;

f_{yv}——箍筋的抗拉强度设计值;

f_t——混凝土轴心抗拉强度设计值;

A_{svj}——核心区有效验算宽度范围内同一截面验算方向箍筋的总截面面积；

s——箍筋间距。

3. 矩形截面框架柱的斜截面承载力计算

1）偏心受压柱、梁的截面设计

偏心受压柱、梁的截面设计应符合公式(4-57)和式(4-58)的要求。

(1)无地震组合时

$$V \leqslant \frac{1.75}{\lambda+1}f_t bh_0 + f_{yv}\frac{A_{sv}}{s}h_0 + 0.07N \tag{4-57}$$

(2)有地震组合时

$$V \leqslant \frac{1}{\gamma_{RE}}\left(\frac{1.05}{\lambda+1}f_t bh_0 + f_{yv}\frac{A_{sv}}{s}h_0 + 0.056N\right) \tag{4-58}$$

式中：λ——框架柱的剪跨比，当 $\lambda<1$ 时，取 $\lambda=1$，当 $\lambda>3$ 时，取 $\lambda=3$；

N——与考虑地震作用组合的框架柱剪力设计值 V 相应的轴向压力设计值，当 $N>0.3f_cA$时，取 $N=0.3f_cA$，此处，A 为构件的截面面积。

2）偏心受拉柱斜截面受剪承载力应按式(4-59)和式(4-60)计算

(1)无地震作用组合

$$V \leqslant \frac{1.75}{\lambda+1}f_t bh_0 + f_{yv}\frac{A_{sv}}{s}h_0 - 0.2N \tag{4-59}$$

(2)有地震作用组合

$$V \leqslant \frac{1}{\gamma_{RE}}\left(\frac{1.05}{\lambda+1}f_t bh_0 + f_{yv}\frac{A_{sv}}{s}h_0 - 0.2N\right) \tag{4-60}$$

当公式(4-59)右边的计算值或式(4-60)右端括号内的计算值小于 $f_{yv}\frac{A_{sv}}{s}h_0$ 时，应取等于 $f_{yv}\frac{A_{sv}}{s}h_0$，且 $f_{yv}\frac{A_{sv}}{s}h_0$ 值不得小于 $0.33f_t bh_0$。

3）有地震作用组合的梁斜截面受剪承载力

有地震作用组合的梁斜截面受剪承载力应符合下列要求：

(1)无地震作用组合时

集中荷载重作用下(含多种荷载，其中集中荷载对节点边缘剪力值占总值的75%以上)

$$V \leqslant \frac{1.75}{\lambda+1}f_t bh_0 + f_{yv}\frac{A_{sv}}{s}h_0 \tag{4-61}$$

其他情况下

$$V \leqslant 0.75f_t bh_0 + 1.25f_{yv}\frac{A_{sv}}{s}h_0 \tag{4-62}$$

(2)有地震作用组合时

集中荷载重作用下(含多种荷载，其中集中荷载对节点边缘剪力值占总值的75%以上)

$$V \leqslant \frac{1}{\gamma_{RE}}\left(\frac{1.05}{\lambda+1}f_t bh_0 + f_{yv}\frac{A_{sv}}{s}h_0\right) \tag{4-63}$$

其他情况下

$$V \leqslant \frac{1}{\gamma_{RE}}\left(0.42 f_t b h_0 + 1.25 f_{yv} \frac{A_{sv}}{s} h_0\right) \tag{4-64}$$

式中：λ——剪跨比，$\lambda = a/h_0$，当 $\lambda < 1.5$ 时，取 $\lambda = 1.5$；当 $\lambda > 3$ 时，取 $\lambda = 3$；此处，a 为集中荷载至支座或节点边缘的距离。

第七节　框架的构造要求

框架结构的构造要求是建筑抗震概念设计的内容。建筑抗震概念设计是指根据地震灾害和工程经验所形成的基本设计原则和设计思想，进行建筑和结构的整体布置并确定细部构造的过程。抗震构造措施是根据抗震概念设计的原则，一般不需要计算而对结构和非结构各部分必须采取的各种细部要求。

除满足方便施工和内力分析时难以考虑的作用外，还应满足延性结构的要求，使构件具有良好的延性。

一、与延性有关的构造措施

1. 构件截面尺寸

构件截面尺寸是影响截面破坏形态的重要因素。对于梁，如果截面尺寸过小，则可能发生超筋破坏或斜拉破坏；对于柱，如果截面尺寸过小，则可能发生小偏心受压破坏。

框架柱是偏心受压构件，在延性框架的设计中，应尽量将框架柱设计成大偏心受压构件，因此应限制柱的最大轴压比以保证柱必要的延性。轴压比是指柱组合的轴压力设计值与柱全截面面积和混凝土轴心抗压强度设计值乘积的比值，即 $N/(f_c bh)$。试验研究表明，柱的延性随轴压比的增大而急剧降低，尤其是在高轴压比的条件下，箍筋对柱变形能力影响很小。

2. 纵向受拉钢筋

纵向受拉钢筋配筋率 ρ 增大，截面相对受压区高度 ξ 增大，屈服曲率增大、极限曲率减小，构件延性将减小；反之，当纵向受压钢筋率 ρ' 增大时，构件延性将增大。因此，为保证构件的延性，应限制纵向受拉钢筋的最大配筋量和受压钢筋的最小配筋量。

试验研究表明，柱的屈服位移角主要受纵向受拉钢筋配筋率影响，并且大致和配筋率呈线性增长关系，因此应限制柱纵向钢筋配筋的最低值。同时，梁的受拉钢筋面积过小，可能导致少筋梁破坏。

3. 箍筋

在柱和框架节点中配置必要的箍筋，除了起抵抗剪力作用外，特别是在柱上下端和节点加密箍筋，对约束截面混凝土，使截面混凝土呈三向受压状态，防止纵向钢筋屈曲，提高柱延性，起到十分重要的作用。震害表明，节点配置箍筋不足，往往可能产生严重震害。因此对框架柱和节点的体积配箍率应有最低要求。

在梁端塑性铰区存在剪力和弯矩作用，在地震作用下，不仅有交叉斜裂缝，还有竖向裂缝，混凝土集料的咬合作用会逐渐丧失，而主要依靠箍筋和纵筋的销栓作用，因此对加密区的配筋有严格要求。在塑性铰区，由于出现交叉斜裂缝，不能采用弯起钢筋抗剪，必须配有足够数量的箍筋，其直径、间距和肢距必须满足对混凝土约束的要求。

二、有关抗震构造措施

1. 抗震构造措施的一般规定

1）材料

过低强度等级的混凝土会削弱混凝土与钢筋的黏结作用，导致钢筋在反复作用下产生滑移破坏。设防烈度为 9 度时，混凝土强度等级不宜超过 C60，设防烈度为 8 度时，混凝土强度等级不宜超过 C70。框支梁、框支柱以及一级框架结构的梁、柱节点混凝土等级不应低于 C30，其他各类的混凝土强度等级不应低于 C20。

钢筋的变形性能直接影响结构构件在地震作用下的延性，为保证结构构件在地震作用下有良好的延性，优先选用 HRB400 级、HRB335 级、HPB235 级热轧钢筋。同时为保证塑性铰出现后钢筋不致过早拉断，要求一、二级框架结构的纵向受力钢筋的抗拉强度实测值与屈服强度实测值的比值，不应小于 1.25；为保证"强柱弱梁"、"强剪弱弯"内力调整的设计要求，钢筋的屈服强度实测值与强度标准值的比值也不应大于 1.3。

2）钢筋锚固

有框支设防要求的钢筋混凝土结构构件应采取严格的锚固长度（l_{aE}）和绑扎搭接长度（l_{lE}）。

框支锚固长度按照式(4-65)确定：

$$l_{aE} = \alpha l_a \tag{4-65}$$

式中：l_a——非抗震受拉钢筋的锚固长度；

α——系数，对于一、二级取 1.15，三级取 1.05，四级取 1.0。

抗震绑扎搭接长度按照式(4-66)确定：

$$l_{lE} = \xi l_{aE} \tag{4-66}$$

式中：ξ——纵向受拉钢筋搭接长度修正系数，按照表 4-14 采用。

纵向受拉钢筋搭接长度修正系数 表 4-14

纵向钢筋搭接接头面积面分率(%)	≤25	50	100
ξ	1.2	1.4	1.8

3）箍筋形式（图 4-31）

4）其他要求

框架梁、柱的中心线宜重合。在地震作用下，梁、柱中心线的偏心距不宜大于柱宽的 1/4。

抗震设计时，砌体填充墙应采取措施减少对主体的不利影响，尽量避免由于填充墙不到顶而形成的短柱，并应保证在地震作用下其自身的稳定。砌体填充墙应符合下列要求：

（1）砂浆的强度等级不应低于 M5，墙顶应与框架梁或楼板紧密结合；

（2）砌体填充墙应沿柱高每隔 500mm 左右设 2ϕ6 的墙拉接筋，拉接长度，在 6、7 度抗震设防时不应小于墙长的 1/5，且不小于 700mm，在 8、9 度抗震设防时宜沿墙全长贯通；

（3）墙长大于 5.0m 时，墙顶与梁或楼板宜有钢筋拉接；墙长超过层高 2 倍时，宜设置钢筋混凝土构造柱；墙高超过 4.0m 时，墙体的适当高度宜设置与柱连接的沿墙全长贯通的钢筋混

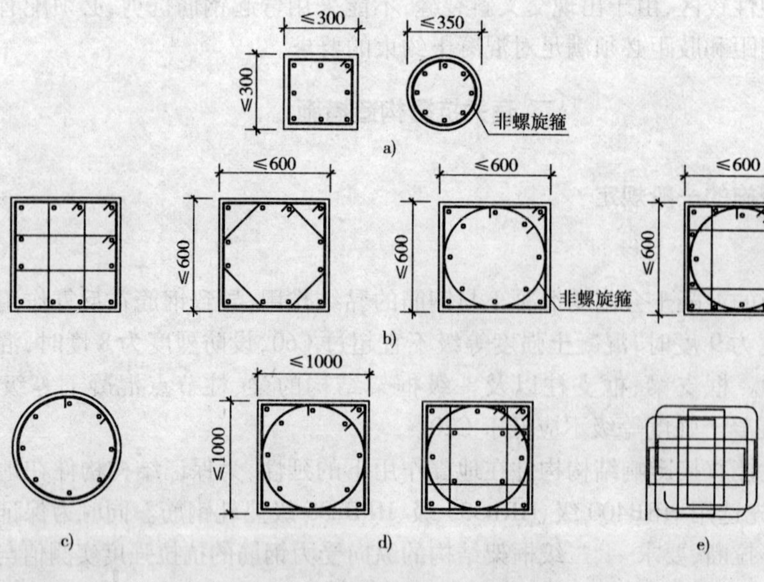

图 4-31　柱的箍筋形式（尺寸单位：mm）

a）普通箍筋；b）复合箍筋；c）螺旋箍筋；d）复合螺旋箍筋；e）连续复合螺旋箍筋（用于矩形截面）

凝土水平系梁。

2. 框架柱和节点的构造要求（表 4-15）

框架柱和节点的构造要求　　　　表 4-15

项目			抗震等级				非抗震
			一级	二级	三级	四级	
一般要求			非抗震设计时矩形柱截面最小尺寸不宜小于250mm。抗震设计时，矩形柱截面的最小尺寸不宜小于300mm，且柱长短边的边长比不宜大于3，圆柱直径不宜小于350mm。柱的剪跨比不宜小于2				
轴压比要求			见表 4-16				
纵向钢筋	纵向钢筋最大配筋率		应≤5% 一级框架且剪跨比不大于2的柱，柱每侧筋宜≤1.2%				宜≤5%
纵向钢筋	纵向钢筋最小配筋率（%）	中柱和边柱	1.0	0.8	0.7	0.6	0.6
		角柱	1.2	1.0	0.9	0.8	0.6
		框支柱	1.2	1.0			0.8
		其他要求	柱每侧筋不小于0.2%。混凝土强度等级超过C60或者建造于Ⅳ场地且较高的高层建筑，表面数值应增加0.1，当柱纵筋采用HRB400级、RRB400级钢筋时，表中数值可减小0.1				

续上表

<table>
<tr><td colspan="4" rowspan="2">项　目</td><td colspan="4">抗震等级</td><td rowspan="2">非抗震</td></tr>
<tr><td>一级</td><td>二级</td><td>三级</td><td>四级</td></tr>
<tr><td rowspan="14">箍筋</td><td rowspan="9">加密区箍筋</td><td colspan="2">一般要求</td><td colspan="4">非抗震设计时纵向受力钢筋面积配筋率超过3%或抗震设计时应做成封闭式。箍筋应用135°弯钩，平直段长度不小于10倍箍筋直径和75mm两者中的较小值</td><td rowspan="14"></td></tr>
<tr><td rowspan="3">加密区范围（取较大值，mm）</td><td>一般层</td><td colspan="4">$h_c H_n/6$，500</td></tr>
<tr><td>底层</td><td colspan="4">$h_c H_n/3$，500</td></tr>
<tr><td>其他要求</td><td colspan="4">净高与柱截面高比不大于4的柱、框支柱、一二级框架的角柱取全高；底层刚性地坪上、下500mm</td></tr>
<tr><td colspan="2">最小直径（mm）</td><td>10</td><td>8</td><td>8</td><td>6（柱根8）</td></tr>
<tr><td colspan="2">最大间距（取较小值，mm）</td><td>6d，100</td><td>8d，100</td><td>8d，150（柱根100）</td><td>8d，150（柱根100）</td></tr>
<tr><td colspan="2">最大肢距</td><td>200</td><td>20d，250</td><td>20d，250</td><td>300</td></tr>
<tr><td colspan="2" rowspan="2">最小体积配箍率</td><td>0.8%</td><td>0.6%</td><td>0.4%</td><td>0.4%</td></tr>
<tr><td colspan="4">剪跨比不大于2的柱不应小于1.2%，9度时不应小于1.5%。同时应符合式（4-67）的规定</td></tr>
<tr><td colspan="2" rowspan="2">非加密区箍筋</td><td>最小体积配箍率</td><td colspan="4">不小于加密区配箍率的50%</td></tr>
<tr><td>最大肢距（mm）</td><td colspan="2">10d</td><td colspan="2">15d</td></tr>
<tr><td colspan="2" rowspan="3">节点核心区箍筋</td><td>最小直径和最大间距</td><td colspan="3">同框架柱</td><td></td></tr>
<tr><td>最小体积配箍率</td><td>0.6%</td><td>0.5%</td><td>0.4%</td><td></td></tr>
<tr><td>配箍特征值</td><td>≥0.12</td><td>≥0.10</td><td>≥0.08</td><td></td></tr>
</table>

混凝土强度等级不超过C60，剪跨比大于2的柱最大轴压比应符合表4-16的规定。

柱轴压比限值　　表4-16

结构类型	抗震等级		
	一级	二级	三级
框架	0.70	0.80	0.90
框架—剪力墙、板柱—剪力墙、框架核心筒、筒中筒	0.75	0.85	0.95
部分框支剪力墙	0.60	0.70	—

注：1. 当混凝土强度等级为C65～C70时，轴压比限值按表中数值降低0.05，当混凝土强度等级为C75～C80时，轴压比限值按表中数值降低0.10；

2. 剪跨比为1.5～2.0的柱，轴压比限值按表中数值降低0.05，剪跨比小于1.5的柱，剪跨比限值应专门研究决定；

3. 当柱箍筋符合下列条件之一时，截面混凝土受到有效约束，轴压比限值可按表中数值提高0.10：

①柱全高配有井字复合箍筋，箍筋直径不小于12mm、间距不大于100mm、肢距不大于200mm；

②柱全高配有复合螺旋箍筋，箍筋直径不小于12mm、间距不大于100mm、肢距不大于200mm；

③柱全高配有连续复合螺旋箍筋，箍筋直径不小于10mm、间距不大于80mm、肢距不大于200mm；

4. 柱轴压比限值不应大于1.05。

柱箍筋加密区的体积配箍率应符合式（4-67）要求：

$$\rho_V \geqslant \lambda_V f_c / f_{yv} \tag{4-67}$$

式中：ρ_V——柱箍筋加密区的体积配箍率；

f_c——混凝土轴心抗压强度设计值，强度等级低于 C35 时，按 C35 计算；

λ_V——箍筋或抗拉强度设计值，超过 $360kN/mm^2$ 时取 $360kN/mm^2$；

f_{yv}——柱最小配箍特征值，按表 4-17 选用。

柱加密区最小配箍特征值 表 4-17

<table>
<tr><th rowspan="2">抗震等级</th><th rowspan="2">箍筋形式</th><th colspan="9">柱轴压比</th></tr>
<tr><th>≤0.30</th><th>0.40</th><th>0.50</th><th>0.60</th><th>0.70</th><th>0.80</th><th>0.90</th><th>1.00</th><th>1.05</th></tr>
<tr><td rowspan="2">一级</td><td>普通箍、复合箍</td><td>0.10</td><td>0.11</td><td>0.13</td><td>0.15</td><td>0.17</td><td>0.20</td><td>0.23</td><td>—</td><td>—</td></tr>
<tr><td>螺旋箍、复合或连续复合旋箍</td><td>0.08</td><td>0.09</td><td>0.11</td><td>0.13</td><td>0.15</td><td>0.18</td><td>0.21</td><td>—</td><td>—</td></tr>
<tr><td rowspan="2">二级</td><td>普通箍、复合箍</td><td>0.08</td><td>0.09</td><td>0.11</td><td>0.13</td><td>0.15</td><td>0.17</td><td>0.19</td><td>0.22</td><td>0.24</td></tr>
<tr><td>螺旋箍、复合或连续复合旋箍</td><td>0.06</td><td>0.07</td><td>0.09</td><td>0.11</td><td>0.13</td><td>0.15</td><td>0.17</td><td>0.20</td><td>0.22</td></tr>
<tr><td rowspan="2">三级</td><td>普通箍、复合箍</td><td>0.06</td><td>0.07</td><td>0.09</td><td>0.11</td><td>0.13</td><td>0.15</td><td>0.17</td><td>0.20</td><td>0.22</td></tr>
<tr><td>螺旋箍、复合或连续复合旋箍</td><td>0.05</td><td>0.06</td><td>0.07</td><td>0.09</td><td>0.11</td><td>0.13</td><td>0.15</td><td>0.18</td><td>0.20</td></tr>
</table>

注：计算符合螺旋箍筋的体积配箍率时，非螺旋箍筋的计算配筋特征值应乘以换算系数 0.8。

3. 框架梁的构造要求

框架梁的构造要求见表 4-18。

框架梁构造要求 表 4-18

<table>
<tr><th colspan="3" rowspan="2">项　目</th><th colspan="4">抗震等级</th><th rowspan="2">非抗震</th></tr>
<tr><th>一级</th><th>二级</th><th>三级</th><th>四级</th></tr>
<tr><td colspan="3">一般要求</td><td colspan="5">$h=(1/10-1/18)l$，$l/h \geq 4$，$h/b \leq 4$，$b \geq 200mm$ 一、二级抗震等级时贯穿矩形截面中柱的钢筋直径，中间层和顶层分别不宜大于该方向截面尺寸的 1/20 和1/25</td></tr>
<tr><td rowspan="5">纵向钢筋</td><td colspan="2">受压区高度（计入受压钢筋）$\xi = x/h_0 = (\rho_s - \rho_s')f_y/f_c$</td><td>≤0.25</td><td colspan="2">≤0.35</td><td colspan="2" rowspan="2"></td></tr>
<tr><td colspan="2">底面和顶面纵向钢筋的面积比</td><td>≥0.5</td><td colspan="2">≥0.3</td></tr>
<tr><td colspan="2">受拉钢筋的最小配筋率 ρ_{mix}</td><td colspan="4">2.5%</td><td></td></tr>
<tr><td rowspan="2">受拉钢筋的最小配筋率 ρ_{mix}
（取较大值）</td><td>支座</td><td>0.40,80f_t/f_y</td><td>0.30,65f_t/f_y</td><td>0.25,55f_t/f_y</td><td>0.25,55f_t/f_y</td><td>0.20,45f_t/f_y</td></tr>
<tr><td>跨中</td><td>0.40,65f_t/f_y</td><td>0.30,35f_t/f_y</td><td>0.25,55f_t/f_y</td><td>0.20,45f_t/f_y</td><td>0.20,45f_t/f_y</td></tr>
<tr><td>腰筋</td><td colspan="7">梁的腹板高度大于或等于 450mm 时，梁两侧设构造钢筋，其面积不小于腹板截面面积的 0.1%，间距不大于 200mm</td></tr>
<tr><td rowspan="7">箍筋</td><td colspan="2">一般要求</td><td colspan="5">箍筋应有 135°弯钩，平直段长度不小于 10 倍箍筋直径和 75mm 两者中的较小值</td></tr>
<tr><td colspan="2">加密区范围（取较大值，mm）</td><td>$2h$,500</td><td>$1.5h$,500</td><td>$1.5h$,500</td><td>$1.5h$,500</td><td></td></tr>
<tr><td rowspan="2">加密区箍筋最小直径
（mm）</td><td>纵筋 $\rho \leq 0.2\%$</td><td>10</td><td>8</td><td>8</td><td>8</td><td></td></tr>
<tr><td>纵筋 $\rho > 2\%$</td><td>12</td><td>10</td><td>10</td><td>10</td><td></td></tr>
<tr><td colspan="2">加密区箍筋最大间距（取较小值，mm）</td><td>$6d$,100,$h/4$</td><td>$8d$,100,$h/4$</td><td>$8d$,150,$h/4$</td><td>$8d$,150,$h/4$</td><td></td></tr>
<tr><td colspan="2">加密区箍筋最大肢距（取较大值，mm）</td><td>$20d$,200</td><td>$20d$,250</td><td>$20d$,250</td><td>300</td><td>2 倍加密区箍筋间距</td></tr>
<tr><td colspan="2">箍筋最小配箍率 $A_{sv}/(bs)$</td><td>$0.30f_t/f_{yv}$</td><td>$0.28f_t/f_{yv}$</td><td>$0.26f_t/f_{yv}$</td><td>$0.26f_t/f_{yv}$</td><td>当 $V>0.7f_tbh_0$ 时，$0.24f_t/f_{yv}$</td></tr>
</table>

4. 框架柱、梁纵向钢筋的连接锚固构造要求

受力钢筋的连接接头宜设置在构件受力较小部位；抗震设计时，宜避开梁端、柱端箍筋加密区范围。钢筋连接可采用机械连接、绑扎搭接或焊接。

受拉钢筋直径大于28mm、受压钢筋直径大于32mm时，不宜采用绑扎搭接接头；

现浇钢筋混凝土框架梁、柱纵向受力钢筋的连接方法，应符合下列规定：

框架柱：一、二级抗震等级及三级抗震等级的底层，宜采用机械连接接头，也可采用绑扎搭接或焊接接头；三级抗震等级的其他部位和四级抗震等级，可采用绑扎搭接或焊接接头；

框支梁、框支柱：宜采用机械连接接头；

框架梁：一级宜采用机械连接接头，二、三、四级可采用绑扎搭接或焊接接头。

位于同一连接区段内的受拉钢筋接头面积百分率不宜超过50%。

当接头位置无法避开梁端、柱端箍筋加密区时，宜采用机械连接接头，且钢筋接头面积百分率不应超过50%。

1）柱纵向钢筋的连接（图4-32）

2）非抗震设计时，框架梁、柱的纵向钢筋在框架节点区的锚固和搭接

非抗震设计时，框架梁、柱的纵向钢筋在框架节点区的锚固和搭接，应符合下列要求（图4-33）：

（1）顶层中节点柱纵向钢筋和边节点柱内侧纵向钢筋应伸至柱顶；当从梁底边计算的直线锚固长度不小于 l_a 时，可不必水平弯折，否则应向柱内或梁、板内水平弯折，当充分利用柱纵向钢筋的抗拉强度时，其锚固段弯折前的竖直投影长度不应小于 $0.5l_a$，弯折后的水平投影长度不宜小于12倍的柱纵向钢筋直径。

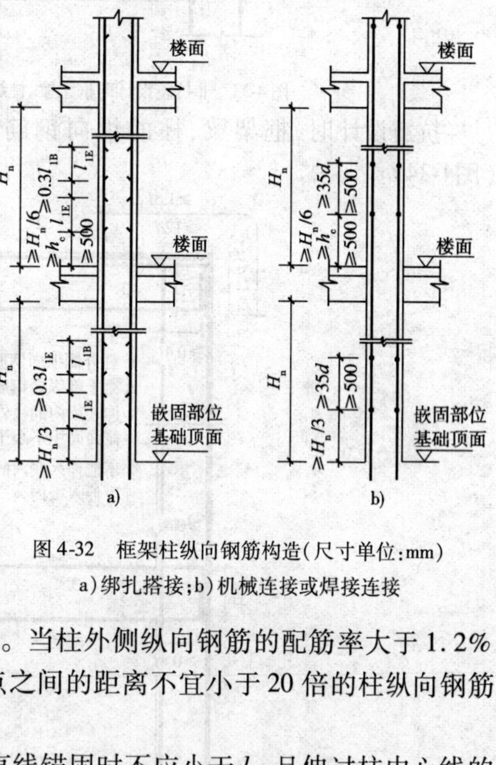

图4-32　框架柱纵向钢筋构造（尺寸单位：mm）
a）绑扎搭接；b）机械连接或焊接连接

（2）顶层端节点处，在梁宽范围以内的柱外侧纵向钢筋可与梁上部纵向钢筋搭接，搭接长度不应小于 $1.5l_a$；在梁宽范围以外的柱外侧纵向钢筋可伸入现浇板内，其伸入长度与伸入梁内的相同。当柱外侧纵向钢筋的配筋率大于1.2%时，伸入梁内的柱纵向钢筋宜分两批截断，其截断点之间的距离不宜小于20倍的柱纵向钢筋直径。

（3）梁上部纵向钢筋伸入端节点的锚固长度，直线锚固时不应小于 l_a，且伸过柱中心线的长度不宜小于5倍的梁纵向钢筋直径；当柱截面尺寸不足时，梁上部纵向钢筋应伸至节点对边并向下弯折，锚固段弯折前的水平投影长度不应小于 $0.4l_a$，弯折后的竖直投影长度应取15倍的梁纵向钢筋直径。

（4）当计算中不利用梁下部纵向钢筋的强度时，其伸入节点内的锚固长度应取不小于12倍的梁纵向钢筋直径。当计算中充分利用梁下部钢筋的抗拉强度时，梁下部纵向钢筋可采用直线方式或向上90°弯折方式锚固于节点内，直线锚固时的锚固长度不应小于 l_a；弯折锚固时，锚固段的水平投影长度不应小于 $0.4l_a$，竖直投影长度应取15倍的梁纵向钢筋直径。

3）抗震设计时，框架梁、柱的纵向钢筋在框架节点区的锚固和搭接

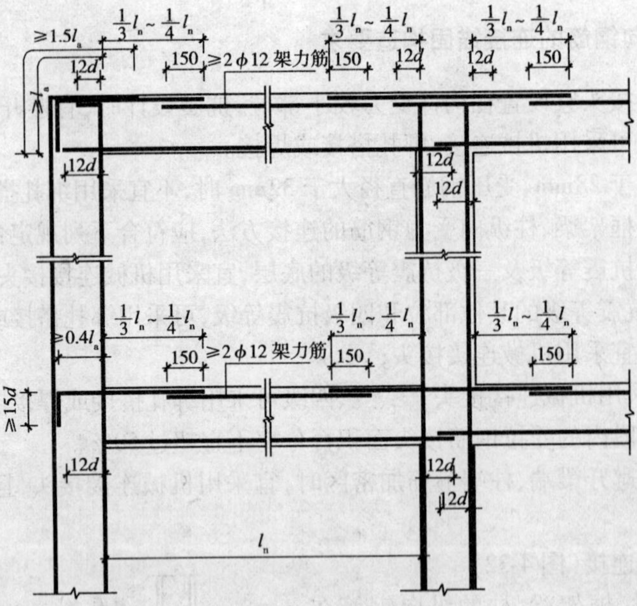

图 4-33　非抗震设计时框架梁、柱纵向杆件在节点区的锚固要求(尺寸单位:mm)

抗震设计时，框架梁、柱的纵向钢筋在框架节点区的锚固和搭接，应符合下列要求(图4-34)：

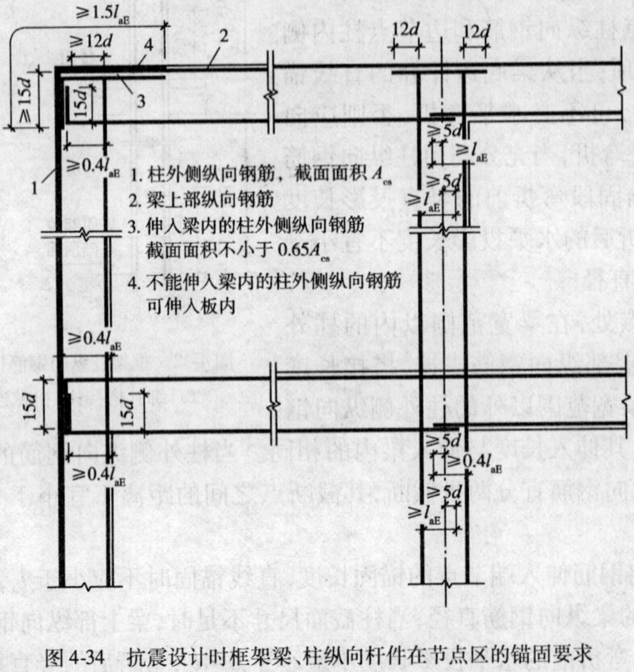

图 4-34　抗震设计时框架梁、柱纵向杆件在节点区的锚固要求

(1)顶层中节点柱纵向钢筋和边节点柱内侧纵向钢筋应伸至柱顶；当从梁底边计算的直线锚固长度不小于 l_{aE}时，可不必水平弯折，否则应向柱内或梁内、板内水平弯折，锚固段弯折前的竖直投影长度不应小于 0. 5l_{aE}，弯折后的水平投影长度不宜小于 12 倍的柱纵向钢筋直径。

(2)顶层端节点处，柱外侧纵向钢筋可与梁上部纵向钢筋搭接，搭接长度不应小于 1. 5l_{aE}，且伸入梁内的柱外侧纵向钢筋截面面积不宜小于柱外侧全部纵向钢筋截面面积的 65%；在梁宽范围以外的柱外侧纵向钢筋可伸入现浇板内，其伸入长度与伸入梁内的相同。当柱外侧纵向钢筋的配筋率大于1.2%时，伸入梁内的柱纵向钢筋宜分两批截断，其截断点之间的距离不宜小于20倍的柱纵向钢筋直径。

(3)梁上部纵向钢筋伸入端节点的锚固长度，直线锚固时不应小于l_{aE}，且伸过柱中心线的长度不应小于5倍的梁纵向钢筋直径；当柱截面尺寸不足时，梁上部纵向钢筋应伸至节点对边并向下弯折，锚固段弯折前的水平投影长度不应小于$0.4l_{aE}$，弯折后的竖直投影长度应取15倍的梁纵向钢筋直径。

(4)梁下部纵向钢筋的锚固与梁上部纵向钢筋相同，但采用90°弯折方式锚固时，竖直段应向上弯入节点内。

思考题与练习题

4-1 框架结构的设计过程、内容与基本要求包括哪几个方面？

4-2 框架结构布置包括哪些内容？

4-3 框架结构计算简图确定的原则与内容是什么？

4-4 框架结构构件如何进行选型？

4-5 框架结构内力分析方法有哪些？各方法的特征与区别是什么？

4-6 能否利用分层法计算水平荷载作用下的近似内力分析？原因是什么？

4-7 反弯点法的基本假定是什么？反弯点法的计算要点是什么？D值法(修正反弯点法)对反弯点法做了哪些修正？水平荷载作用下柱反弯点位置与哪些因素有关？框架结构在水平荷载作用下的变形由哪两部分组成？两部分变形的特征与产生原因是什么？如何进行由两部分变形引起的结构总变形与层间相对变形的计算？框架为什么具有剪切型侧向变形曲线？

4-8 框架梁柱控制截面最不利内力种类有哪些？框架梁柱内力如何调整？调整的原因是什么？

4-9 内力组合和最不利内力有什么关系？在做内力计算时，如何进行最不利荷载布置？最不利荷载布置和最不利内力有什么关系？框架的内力组合及最不利内力选择的一般性规律是什么？

4-10 什么是荷载效应组合？有地震作用组合与无地震组合的区别是什么？内力组合和位移组合的项目以及分项系数、组合系数有什么异同？为什么？

4-11 为何要对A级高度和B级高度的钢筋混凝土结构划分不同的抗震等级？抗震等级对梁、柱、节点区配筋有什么影响？对承载力计算有何影响？

4-12 框架结构和构件延性的概念、表征与影响因素是什么？

4-13 延性框架结构的特点与设计原则是什么？如何设计延性梁？如何设计延性柱？如何才能实现延性框架设计？

4-14 为什么要设计强柱弱梁框架结构？怎样才能设计强柱弱梁框架？下面几个概念是否对？为什么？

(1)柱子断面大于梁断面就是强柱弱梁。

(2)柱子线刚度大于梁线刚度就是强柱弱梁。

(3)柱承载力大于梁承载力就是强柱弱梁。

4-15 钢箍的作用是什么？为什么抗震结构中钢箍特别重要？为什么延性框架的节点区必须配置一定数量的钢箍？中柱、边柱、角柱的节点区有什么不同？计算有什么不同？

4-16 归纳一下梁、柱、节点抗震设计的构造要求有哪些异同？找出共同点，从而更好地理解延性设计的要点。

第五章 剪力墙结构

DIWUZHANG

第一节　概　述

剪力墙结构是由一系列纵向、横向承重墙体及楼盖所组成的空间结构，承受竖向荷载和水平荷载，是高层建筑中常用的结构型式之一。由于纵、横向剪力墙在其自身平面内的刚度都很大，容易满足小震作用下结构尤其是高层结构的位移限值，在水平荷载作用下，侧移较小，因此这种结构抗震及抗风性能都较强，承载力要求也比较容易满足，作为竖向悬臂构件的剪力墙，主要依靠与之相连的楼板作为侧向支撑来保证其平面外的稳定，同时受楼板经济跨度的限制，剪力墙间距一般为3～8m，故剪力墙结构主要适宜于建造层数较多且有固定小房间要求的高层住宅、公寓和旅馆等建筑。

剪力墙主要承受两类荷载：一类是楼板传来的竖向荷载，在地震区还应包括竖向地震作用的影响；另一类是水平荷载，包括水平风荷载和水平地震作用。剪力墙的内力分析包括竖向荷载作用下的内力分析和水平荷载作用下的内力分析。在竖向荷载作用下，各片剪力墙所受的内力比较简单，可按照材料力学原理进行。在水平荷载作用下剪力墙的内力和位移计算都比较复杂，本章着重讨论剪力墙在水平荷载作用下的内力及位移计算及其有关构造措施。在受力方面，因为剪力墙的刚度大，在地震作用下，其变形小，破坏程度低，可以设计成延性抗震墙，大震时通过连梁和墙肢底部的塑性铰范围内的塑性变形，耗散地震能量，在与其他结构共同工作的同时，能吸收大部分的能量，降低其他结构的抗震要求，在设防较高的地区（8度区及以上地区）优点更为突出。

一、剪力墙结构的分类与受力特点

1. 单片剪力墙分类与变形特征

按不同的分类标准可对剪力墙进行不同的分类，以下分别介绍以墙肢截面高度与厚度之比（h_w/b_w）和墙肢总高度与厚度之比（H/b_w）对剪力墙进行分类并说明其变形特征。

按墙肢截面高度与厚度之比 h_w/b_w 的大小，可将单片剪力墙分为一般剪力墙和短肢剪力墙两种。其中，一般剪力墙是指墙肢截面高度与厚度之比大于8的剪力墙，短肢剪力墙是指墙肢截面高度与厚度之比为 5 ~ 8 的剪力墙，当 h_w/b_w 小于 5 时为小墙肢（一般认为当 h_w/b_w = 3 ~ 5时为异形柱，当 $h_w/b_w \leqslant 3$ 时为柱）。水平荷载作用下，在悬臂剪力墙截面上所产生的内力是弯矩和水平剪力。墙肢在弯矩作用下产生“弯曲型”变形曲线（下层层间相对侧移较小，上层层间相对侧移较大），墙肢在剪力作用下产生“剪切型”变形曲线（下层层间相对侧移较大，上层层间相对侧移较小），上述两种剪力墙变形的叠加构成平面剪力墙的实际变形。

按墙肢总高度与厚度之比（H/b_w）的大小可将单片剪力墙分为高墙（$H/b_w > 2$）、中高墙（$1 \leqslant H/b_w \leqslant 2$）和矮墙（$H/b_w < 1$）等三种。在水平荷载作用下，随着结构高宽比的增大，由弯矩产生的弯曲型变形在整个侧移中所占的比例相应增大，一般地，高墙在水平荷载作用下的变形曲线表现为“弯曲型”，而矮墙的变形曲线表现为“剪切型”，中高墙的变形曲线表现为介于“弯曲型”和“剪切型”之间的“剪弯型”。

2. 剪力墙结构的分类与受力特点

剪力墙结构的受力特征与墙体上有无洞口以及洞口的大小、位置和数量等情况有关。开洞剪力墙洞口两侧的竖向墙体为剪力墙的墙肢，连系墙的横向部分为连梁。开洞规则（洞口成排成列布置）的剪力墙，根据开洞大小及连梁刚度的不同，可将剪力墙结构分为整体剪力墙、整体小开口剪力墙、联肢剪力墙（含双肢与多肢剪力墙）和壁式框架。

（1）整体剪力墙

整体剪力墙是指不开洞或虽有洞口但孔洞面积与墙面面积之比（也称洞口系数）不大于15%，且孔洞净距及孔洞边至墙边距离大于孔洞长边尺寸的剪力墙。该类墙的受力特点如同整截面竖向悬臂构件，在水平荷载作用下，其弯矩沿高度方向连续分布，截面正应力按直线分布[图 5-1a)]，符合平截面假定，变形属弯曲型，内力和变形可按材料力学中悬臂梁的计算方法进行，对小洞口整截面剪力墙的一些结构参数需进行修正，以考虑小洞口对整体剪力墙的削弱。

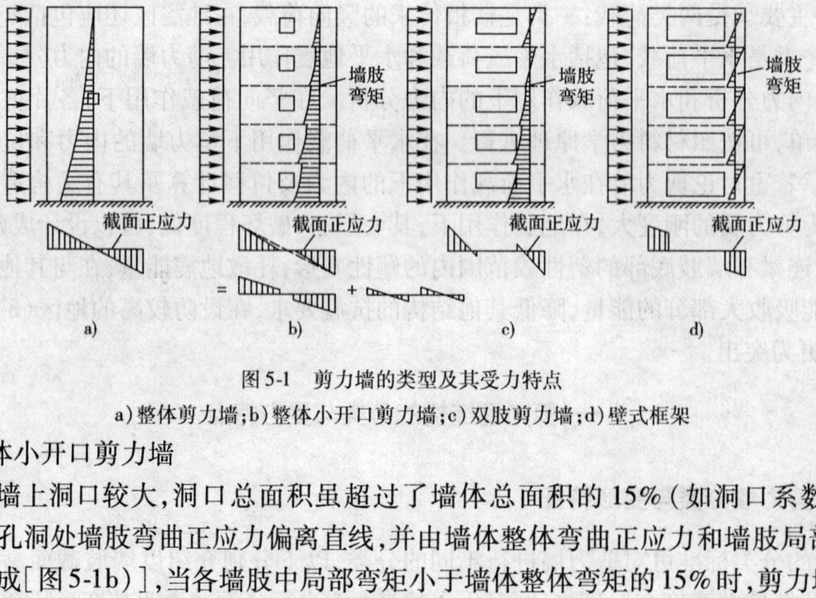

图 5-1　剪力墙的类型及其受力特点

a）整体剪力墙；b）整体小开口剪力墙；c）双肢剪力墙；d）壁式框架

（2）整体小开口剪力墙

当剪力墙上洞口较大，洞口总面积虽超过了墙体总面积的 15%（如洞口系数为 15% ~ 30%之间），孔洞处墙肢弯曲正应力偏离直线，并由墙体整体弯曲正应力和墙肢局部弯曲正应力两部分组成[图 5-1b)]，当各墙肢中局部弯矩小于墙体整体弯矩的 15%时，剪力墙在水平荷载作用下的受力特征仍接近于整截面剪力墙，墙肢弯矩沿高度虽有突变，但没有反弯点出现，截面受力后基本上保持为平面，大体符合平截面假定，正应力也大体按直线分布，变形属弯曲型,该类剪力墙为整体小开口剪力墙,可按材料力学公式计算其内力和位移,然后加以适当的修正。

(3)联肢剪力墙

当剪力墙上洞口开得更大(如洞口系数为30% ~50%之间),剪力墙截面的整体性已经较差,联肢剪力墙在水平荷载作用下的受力性能与整截面剪力墙相差甚远,此时,墙肢线刚度远大于连梁的线刚度,各墙肢单独弯曲作用较显著,墙肢弯矩沿高度方向在连梁处突变,且在部分墙肢中有反弯点出现,截面正应力不再保持为直线分布[图5-1c)],完全不符合平截面假定,该类由连梁连接起来的若干单肢剪力墙称为联肢剪力墙。有一列连梁的剪力墙为双肢剪力墙;有多列连梁的剪力墙叫多肢剪力墙。联肢剪力墙的变形由弯曲型向剪切型过渡,内力不能用满足平截面假定的方法确定整体应力和修正应力,应借助于列墙肢微分方程的方法来求解,该方法同样也适用于小开口墙的情况。

(4)壁式框架

当剪力墙上洞口开得很大(如洞口系数为50% ~80%之间),墙肢宽度很小,剪力墙连梁线刚度接近墙肢线刚度,墙肢弯矩图除在连梁处有突变外,几乎所有连梁之间墙肢都有反弯点出现[图5-1d)],整个剪力墙的受力特征接近于框架,但连梁和墙肢节点区域刚度很大,形成几乎不产生弹性变形而剪切变形不容忽视刚域,此类剪力墙称作壁式框架剪力墙或大开口墙,壁式框架的变形曲线接近于剪切。当墙肢与连梁的截面更小,以至杆件的剪切变形与杆端刚域的影响可以不考虑时,壁式框架演变为普通框架(如柱宽与梁跨之比及梁高与层高之比均小于0.2时)。

显然,剪力墙上洞口的大小不同,结构的受力状况也不同,对不同类型的剪力墙应采用相应的计算方法进行内力与变形计算。

二、剪力墙结构的破坏特征

1.单片剪力墙的破坏特征

试验表明,在水平与竖向荷载的共同作用下,底端嵌固的单片钢筋混凝土剪力墙截面承受压、弯、剪力的复合作用,其可能的破坏特征有弯曲破坏[图5-2a)]、剪切破坏[图5-2b)、图5-2c)和图5-2d)]和滑移破坏[剪切滑移或施工缝滑移,图5-2e)]。其中,剪切破坏有三种形式:即斜拉破坏、斜压破坏和剪压破坏。当剪力墙横向钢筋配筋很少、剪跨比很大时,随荷载增加,斜裂缝一旦出现就形成一条主要的斜裂缝,并且迅速延伸至受压边缘,使构件劈裂为两部分而破坏,该破坏形式为斜拉破坏;当剪力墙截面较小、横向钢筋配置过多,随荷载增加,横向钢筋达到屈服之前,剪力墙截面混凝土就被压碎破坏,该破坏形式为斜压破坏;当剪力墙截面

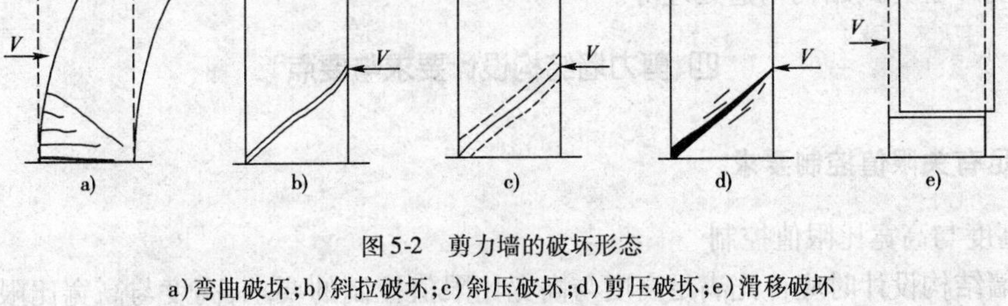

图5-2 剪力墙的破坏形态

a)弯曲破坏;b)斜拉破坏;c)斜压破坏;d)剪压破坏;e)滑移破坏

适中、横向钢筋配筋量适中，随荷载增加，横向钢筋应力逐渐增加，裂缝逐渐产生和扩展，混凝土受压区逐渐减小，在横向钢筋达到屈服后，剪力墙截面混凝土在剪应力和压应力的共同作用下，达到极限应变而破坏，该破坏形式为剪压破坏。斜拉和斜压破坏属于脆性破坏，剪压破坏是斜截面抗剪强度设计的依据。剪力墙破坏形态与其剪跨比有很大关系，对剪跨比很小的矮墙，以剪切破坏形态为主，塑性变形能力很差，在抗震结构中应避免采用矮墙；对剪跨比较大的剪力墙，以弯曲破坏形态为主。

2. 连梁的破坏特征

在水平荷载作用下，高层建筑剪力墙中连梁承受压、弯、剪力的复合作用，其可能的破坏特征有弯曲破坏（延性破坏）和剪切破坏（脆性破坏）两种，连梁在发生脆性破坏时就丧失了承载力，在沿墙全高所有连梁均发生剪切破坏时，各墙肢将丧失连梁对它的约束作用，而成为单片悬臂墙。这会使结构的侧向刚度有较大降低，变形加大，墙肢弯矩加大，$P-\Delta$ 效应加剧，并可能导致结构的倒塌。连梁在发生延性破坏时，梁端会出现垂直裂缝，受拉区会出现微裂缝，在地震作用下会出现交叉裂缝，并形成塑性铰，结构刚度降低，变形加大，从而吸收大量的地震能量，同时通过塑性铰仍能继续传递剪力，对墙肢起到一定的约束作用，使剪力墙保持足够的刚度和强度。在这一过程中，连梁起到了一种耗能的作用，对减少墙肢内力，延缓墙肢屈服有着重要的作用。但在地震反复作用下，连梁的裂缝会不断发展、加宽，直到混凝土受压破坏。

3. 剪力墙结构的震害特征

剪力墙结构的整体性好，承载力及刚度都大，容易满足小震作用下结构尤其是高层结构的位移限值，具有较好的抗震性能，地震时侧移变形小，震害较轻。但是，剪力墙结构中不论是墙肢还是连梁，其特点是长度较小、截面高度大且宽度相对较小，这类构件对剪切变形较敏感，容易出现裂缝和脆性的剪切破坏。因此需进行精心合理的设计，才能够使剪力墙具有良好的抗震性能和良好的延性能力，如可以设计成延性抗震墙，大震时通过连梁和墙肢底部的塑性铰范围内的塑性变形，耗散地震能量等。否则，如果设计或施工不当，仍难免发生严重或比较严重的震害。常见的破坏形式有底部剪力墙两端出现塑性铰（压区混凝土保护层剥落或压碎）等弯曲破坏，剪力墙出现斜裂缝等脆性剪切破坏，连梁出现交叉斜裂缝等剪切破坏等。

三、剪力墙结构设计过程

剪力墙结构设计过程一般包括：结构布置（如剪力墙的平面、竖向、连梁、楼屋盖梁板系统等的布置）、结构构件选型（如剪力墙、连梁、楼屋面板等构件的截面形状、尺寸与材料强度等级等的初步估计）、剪力墙类别判断、结构计算单元选取、计算简图确定、荷载计算、结构内力分析（如竖向荷载与水平荷载作用下的内力分析与变形计算）、荷载效应组合、构件设计（承载力设计与变形验算）、结构构造处理等。

四、剪力墙结构设计要求与要点

1. 满足有关限值控制要求

（1）高度与高宽比限值控制

剪力墙结构设计时应首先满足高度与高宽比限值控制的要求，高度与高宽比限值应根据其抗震设防烈度、高度等级(A 级或 B 级)按表 2-5 至表 2-7 和表 2-10 至表 2-12 确定。

(2)轴压比限值控制

抗震设计时,重力荷载代表值作用下,剪力墙底部加强部位墙肢的轴压比不宜超过如下限值:抗震设防烈度 9 度、一级抗震等级时为 0.4,抗震设防烈度 7 度和 8 度、一级抗震等级时为 0.5,二级时为 0.6;矩形截面独立墙肢的截面高度 h_w 与截面厚度 b_w 小于 5 大于 3 时,抗震设防烈度 9 度、一级抗震等级时为 0.3,抗震设防烈度 7 度和 8 度、一级抗震等级时为 0.4,二级时为 0.5,三级时 0.6。

2. 剪力墙材料选择

剪力墙结构混凝土强度等级不应低于 C20;带有筒体和短肢剪力墙的剪力墙结构的混凝土强度等级不应低于 C25。

3. 剪力墙的最小截面尺寸要求

为了保证墙体的稳定性及便于施工,使墙有较好的承载力和地震作用下耗散能力,《高层建筑混凝土结构技术规程》(JGJ 3—2002)对剪力墙的最小截面尺寸提出了如下的要求:

(1)按一、二级抗震等级设计的剪力墙的截面厚度,底部加强部位不应小于层高或剪力墙无长度的 1/16,且不应小于 200mm;其他部位不应小于层高或剪力墙无支长度的 1/20,且不应小于 160mm。当为无端柱或翼墙的一字形剪力墙时,其底部加强部位截面厚度尚不应小于层高的 1/12;其他部位尚不应小于层高的 1/15,且不应小于 180mm。

(2)按三、四级抗震等级设计的剪力墙的截面厚度,底部加强部位不应小于层高或剪力墙无支长度的 1/20,且不应小于 160mm;其他部位不应小于层高或剪力墙无支长度的 1/25,且不应小于 160mm。

(3)非抗震设计的剪力墙,其截面厚度不应小于层高或剪力墙无支长度的 1/25,且不应小于 160mm。

(4)当墙厚不能满足以上(1)、(2)和(3)的要求时,应按现行《高层建筑混凝土结构技术规程》(JGJ 3—2002)附录 D 计算墙体的稳定。

(5)剪力墙井筒中,分隔电梯井或管道井的墙肢截面厚度可适当减小,但不宜小于 160mm。

4. 控制剪力墙的长度

为保证剪力墙具有足够的延性,应使剪力墙呈受弯承载力决定破坏形态。为此单片剪力墙的长度不宜过大,否则将形成低宽剪力墙,由受剪承载力控制破坏形态,剪力墙呈脆性破坏,不利于抗震。同时,对于同一轴线上的连续剪力墙过长时(如内纵墙),通常可通过人为开洞方法,使之变成长度较为均匀的通过弱连梁连接的若干个墙段形成联肢剪力墙,因悬臂墙作为静定结构,一旦有一个截面破坏失效,就会导致结构失效和倒塌,而联肢剪力墙则可设计成强墙弱梁,出铰数目较多,耗能较大。每一个墙段相当于一片独立的剪力墙段,并使每个独立墙段的总高度与长度之比不宜小于 2,墙肢截面高度不宜大于 8m。

5. 控制剪力墙平面外弯矩

剪力墙作为平面受力构件,在平面外的承载力很小可以忽略不计,故应控制剪力墙平面外的弯矩。当剪力墙墙肢与其平面外方向的楼面梁连接时，应至少采取以下措施中的一个措施，减小梁端部弯矩对墙的不利影响：沿梁轴线方向设置与梁相连的剪力墙，抵抗该墙肢平面外弯矩；当不能设置与梁轴线方向相连的剪力墙时，宜在墙与梁相交处设置扶壁柱。扶壁柱宜按计算确定截面及配筋；当不能设置扶壁柱时，应在墙与梁相交处设置暗柱，并宜按计算确定配筋；必要时，剪力墙内可设置型钢。

6. 控制连梁的跨高比

为保证连梁的延性，剪力墙开洞形成连梁的跨高比宜小于5，当跨高比不小于5时，宜按框架梁进行设计。同时，不宜将楼面主梁支承在剪力墙之间的连梁上。

7. 剪力墙的剪力设计值调整

抗震设计时，除底部加强部位应对剪力设计值进行调整外，其他各层短肢剪力墙的剪力设计值，一、二级抗震等级应分别乘以增大系数1.4和1.2。短肢剪力墙截面的全部纵向钢筋的配筋率，底部加强部位不宜小于1.2%，其他部位不宜小于1.0%。

五、剪力墙的结构布置

剪力墙作为主要的抗侧力构件，合理的布置是构建良好抗震性能的基础，剪力墙布置除应遵循"对称、均匀、周边、连续"的原则外，还须注意满足以下要求。

1. 平面布置

1）剪力墙宜双向布置

剪力墙结构中全部竖向荷载和水平力都由钢筋混凝土墙承受，剪力墙宜沿主轴方向或其他方向双向布置；抗震设计的剪力墙结构，应避免仅单向有墙的结构布置形式。一般情况下，采用矩形、L形、T形平面时，剪力墙沿两个正交的主轴方向布置；三角形及Y形平面可沿三个方向布置；正多边形、圆形和弧形平面，则可沿径向及环向布置。剪力墙墙肢截面宜简单、规则。一般来说，采用大开间剪力墙（间距为6.0~7.2m）比小开间剪力墙（间距为3~3.3m）的效果更好。

2）高层建筑结构不应采用全部为短肢剪力墙的剪力墙结构（短肢剪力墙是指墙肢截面高度与厚度之比为5~8的剪力墙，一般剪力墙是指墙肢截面高度与厚度之比大于8的剪力墙）。

短肢剪力墙较多时，应布置筒体（或一般剪力墙），形成短肢剪力墙与筒体（或一般剪力墙）共同抵抗水平力的剪力墙结构，并应符合下列规定。

（1）其最大适用高度应比表2-5和表2-6中剪力墙结构的规定值适当降低，且7度和8度抗震设计时分别不应大于100m和60m；

（2）抗震设计时，筒体和一般剪力墙承受的第一振型底部地震倾覆力矩不宜小于结构总底部地震倾覆力矩的50%；

（3）抗震设计时，短肢剪力墙的抗震等级应比表4-11和表4-12规定的剪力墙的抗震等级提高一级采用；

（4）抗震设计时，各层短肢剪力墙在重力荷载代表值作用下产生的轴力设计值的轴压比，抗震等级为一、二、三时分别不宜大于0.5、0.6和0.7；对于无翼缘或端柱的一字形短肢剪力墙，其轴压比限值相应降低0.1；

（5）短肢剪力墙截面厚度不应小于200mm；

(6) 7 度和 8 度抗震设计时,短肢剪力墙宜设置翼缘。一字形短肢剪力墙平面外不宜布置与之单侧相交的楼面梁。

3)剪力墙结构的侧向刚度应适宜,单片剪力墙的长度不宜过大或过小。

剪力墙结构应有适宜的侧向刚度和充分的延性,侧向刚度不宜过小或过大。当剪力墙结构侧向刚度过小(剪力墙数过少或墙肢过短)时,结构侧移过大,不能满足位移限值的要求,且地震时震害严重,当墙肢截面高度与厚度的比值 $h_w/b_w=5\sim8$ 时,按短肢剪力墙设计,当 $h_w/b_w=3\sim5$ 时按异形柱设计,当 $h_w/b_w\leqslant3$ 时应按柱设计,高层建筑不应采取全部为短肢剪力墙的剪力墙结构,异形柱的高度限值也应受到严格控制。当单片剪力墙的长度过大或连梁跨高比小、刚度大、墙的整体性好、剪力墙结构侧向刚度过大时,结构自振周期将过短,地震作用较大,墙的剪切变形较大,易造成墙肢、连梁超筋或剪压比超限,而由受剪承载力控制破坏状态,延性变形与耗能能力减弱,不利于抗震,且经济性变差。

在剪力墙数量一定情况下,可采取如下措施减小剪力墙结构侧向刚度:适当减小剪力墙厚度;降低连梁高度,或采用双连梁;增大门窗洞口宽度;墙肢长度超过 8m 时,应设施工洞口,将其划分为小墙肢。墙肢由施工洞口分开后,如果建筑上不需要,可以用砌块或砖墙砌筑填充。

判断剪力墙结构刚度合适性,应以在结构满足侧移限值要求的前提下,自振周期和剪力系数 λ 控制在合理范围之内为标准,适宜结构的自振周期为(0.04～0.06)n,n 为层数。表 5-1 给出了结构首层适宜的地震剪力系数(λ),λ 等于楼层水平地震剪力与该层以上所有层重力荷载代表值之比。剪力系数过大,应适当减小结构刚度;剪力系数过小,应适当加大结构刚度。

首层适宜的地震剪力系数值 表 5-1

场地类别	地震剪力系数值 λ
Ⅱ	$(0.20\sim0.40)\alpha_{max}$
Ⅲ	$(0.25\sim0.50)\alpha_{max}$

注:α_{max} 为地震影响系数最大值。

4)不宜将楼面主梁支承在剪力墙之间的连梁上。楼面梁与剪力墙连接时,梁内纵筋应伸入墙内,并可靠锚固。

2. 竖向布置

1)剪力墙宜自下到上连续布置,避免结构刚度突变,对抗震非常不利。为此,普通剪力墙结构的剪力墙应沿竖向贯通建筑物全高,不宜突然取消或中断。底层取消部分剪力墙成为底层大空间剪力墙结构时,应设置转换楼层,并按专门规定进行结构设计,顶层取消部分剪力墙而设置大房间时,其余的剪力墙应在构造上予以加强;同时,剪力墙的厚度应自下而上分段变化,每次厚度减小宜为 50～100mm,使剪力墙刚度均匀连续改变,厚度改变和混凝土强度等级的改变错开楼层,为减少上下剪力墙结构的偏心,一般情况下厚度宜两侧同时内收,外墙可以只在内侧单面内收,以保持外墙面平整,电梯井因安装要求,可以只在外侧单面内收。

2)剪力墙的门窗洞口宜上下对齐、成列布置,形成明显墙肢和连梁,不宜采用错洞墙。洞口设置应避免墙肢长度突变,即抗震墙和部分框支抗震墙结构墙肢的截面长度沿高度不宜有突变,以避免墙肢刚度相差悬殊。抗震设计时,一、二、三级抗震等级剪力墙的底部加强部位不宜采用错洞墙;一、二、三级抗震等级的剪力墙均不宜采用叠合错洞墙。为防止在反复地震作用下过早破坏,墙肢截面长度与厚度之比不宜小于 3。

3)抗震设计时,一般剪力墙结构底部加强部位的高度可取墙肢总高度的 1/8 和底部两层二者的较大值,当剪力墙高度超过 150m 时,其底部加强部位的高度可取墙肢总高度的 1/10;

部分框支剪力墙结构底部加强部位的高度可取框支层加上框支层以上两层的高度及墙肢总高度的 1/8 二者的较大值。

六、内力分析及位移近似计算的基本假定

双向布置的剪力墙结构是由一系列纵、横向剪力墙所组成的空间结构体系，承受竖向和侧向水平荷载。竖向荷载作用下，结构的分析采用平面结构模型。水平荷载作用下，因为各剪力墙的类型不同，为简化计算，采用平面协同结构计算模型。其基本假定如下：

（1）将高层建筑结构沿两个正交主轴划分为若干平面抗侧力结构，每个方向上的风荷载和水平地震作用由该方向上的平面抗侧力结构承受，垂直于风荷载和水平地震作用方向的抗侧结构不参加工作。实际上，在侧向水平荷载作用下，纵墙与横墙是共同工作的（见图 5-3）。一部分纵墙可以作为横墙的有效翼缘，一部分横墙可以作为纵墙的有效翼缘。对现浇剪力墙有效翼缘的宽度 b_i，按照表 5-2 所列各项中最小值取用。装配整体式剪力墙有效翼缘的宽度可将表 5-2 中数值适当折减后取用。

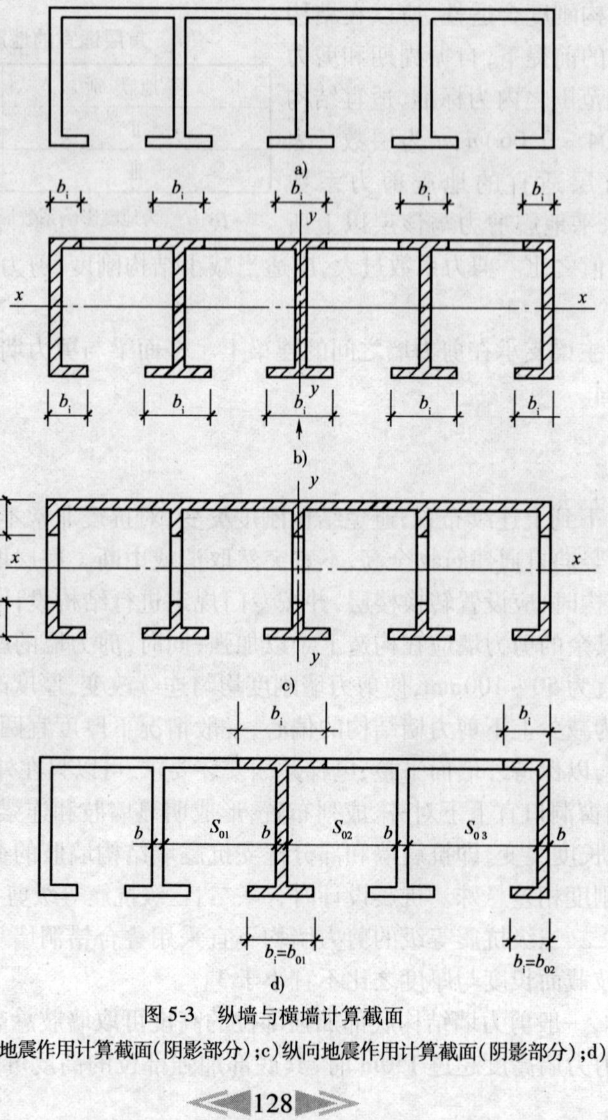

图 5-3 纵墙与横墙计算截面

a）剪力墙平面示意图；b）横向地震作用计算截面（阴影部分）；c）纵向地震作用计算截面（阴影部分）；d）有效翼缘宽度计算

剪力墙有效翼缘宽度 b_i 表 5-2

项次	所考虑的内容	T 形和工字形截面的翼缘宽度	L 形截面的有效翼缘宽度
1	按照剪力墙间距 s_0 考虑	$b+0.5s_{01}+0.5s_{02}$	$b+0.5s_{03}$
2	按照翼缘厚度 h_f 考虑	$b+12h_f$	$b+6h_f$
3	按照门窗洞净距 b_0 考虑	b_{01}	b_{02}
4	按照剪力墙高度 H 考虑	$b+0.1H$	$b+0.05H$

(2)刚性楼板假定。不考虑扭转影响,各片剪力墙在楼板高度处侧移相等。

(3)各层总剪力在各片剪力墙间的分配。

各层总剪力按各片剪力墙等效抗弯刚度分配,当有 m 片剪力墙时(图 5-4),第 j 层 i 片剪力墙分配到的剪力为:

$$V_{ij}=\frac{E_iJ_{eqi}}{\sum_{i=1}^{m}E_iJ_{eqi}}V_{pj} \tag{5-1}$$

式中:V_{pj}——水平作用下 j 层处产生的总剪力;

E_iJ_{eqi}——第 i 片剪力墙的等效抗弯刚度。

剪力墙的等效抗弯刚度就是根据假定(2),将考虑剪力墙的弯曲、剪切和轴向变形之后的顶点位移[图 5-5a)],折算成一个仅考虑弯曲变形[图 5-5b)]的等效抗弯刚度的竖向悬臂杆计算。

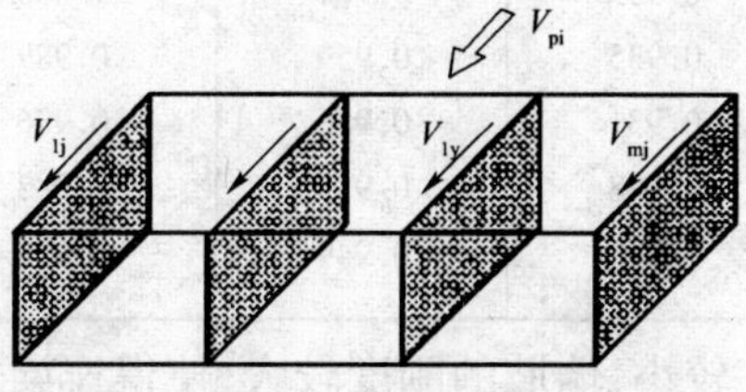

图 5-4 j 层剪力分配示意图

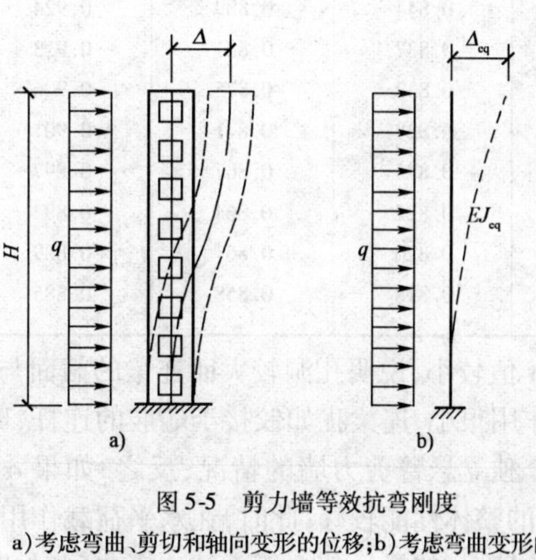

图 5-5 剪力墙等效抗弯刚度

a)考虑弯曲、剪切和轴向变形的位移;b)考虑弯曲变形的位移

均布荷载作用下的剪力墙,考虑弯曲、剪切和轴向变形的顶点位移为[图 5-5a)]:

$$\Delta=\int\frac{\overline{N}_kN_p}{EA}\mathrm{d}s+\int k\frac{\overline{V}_kV_p}{GA}\mathrm{d}s+\int\frac{\overline{M}_kM_p}{EJ}\mathrm{d}s \tag{5-2a}$$

只考虑弯曲变形时的顶点位移为:

$$\Delta_{eq}=\int\frac{\overline{M}_kM_p}{EJ_{eq}}\mathrm{d}s=\frac{qH^4}{8EJ_{eq}} \tag{5-2b}$$

令 $\Delta=\Delta_{eq}$,即

$$\Delta_{eq} = \int \frac{\overline{M}_k M_p}{EJ_{eq}} ds = \frac{qH^4}{8EJ_{eq}} = \Delta \tag{5-3}$$

则：$EJ_{eq} = \dfrac{qH^4}{8\Delta}$

七、剪力墙分类的实用判别方法

当剪力墙上孔洞的数量、大小和排列形式发生变化时，其受力特点和计算方法也就不同。根据开洞情况可将剪力墙分为不同的类别，每类剪力墙的受力性能和分析方法均不同。在对剪力墙进行内力与位移的计算前，首先要判别剪力墙的类型（整截面墙、整体小开口墙、联肢墙、壁式框架），然后再选用相应的计算公式。实验研究和理论分析表明，剪力墙的类型与剪力墙的整体性系数 α[见公式(5-4)]和墙肢惯性矩比值 I_n/I 相关。其中，$I_n = I-(I_1+I_2)$，I、I_1 和 I_2 分别为剪力墙整个截面的惯性矩、墙肢1和墙肢2的惯性矩。表5-3给出了 I_n/I 的限值系数 ξ。

系数 ξ 的数值（倒三角形荷载）　　表5-3

层数 n / α	8	10	12	16	20	≥30
10	0.887	0.938	0.974	1.000	1.000	1.000
12	0.867	0.915	0.950	0.994	1.000	1.000
14	0.833	0.901	0.933	0.976	1.000	1.000
16	0.844	0.889	0.924	0.963	0.989	1.000
18	0.837	0.881	0.913	0.953	0.978	1.000
20	0.832	0.875	0.906	0.945	0.970	1.000
22	0.828	0.871	0.901	0.939	0.964	1.000
24	0.825	0.867	0.897	0.935	0.959	0.989
26	0.822	0.864	0.893	0.931	0.956	0.986
28	0.820	0.861	0.889	0.928	0.953	0.982
≥30	0.818	0.858	0.885	0.925	0.949	0.979

如果 α 值较小，说明孔洞较大而连梁的截面与刚度较小，墙肢的刚度较大，使得连梁对墙肢的约束作用很小，连梁犹如铰接于墙肢的连杆，剪力墙的整体性能较差，在水平荷载作用下接近于多个独立悬臂剪力墙的情况；反之，如果 α 值较大时，表明连梁对墙肢的约束作用较大，剪力墙的整体性能较好，此时，在水平荷载作用下剪力墙犹如一片悬臂的整截面墙或整体小开口墙的情况；如果 α 值介于上述二者之间时，其受力状态也介于上述二种情况之间，在水平荷载作用下接近于连肢剪力墙的工作情况。显然，α 值的大小反映了连梁对墙肢约束作用的大小，故称 α 为剪力墙的整体性系数。应该注意的是，某些情况下还不足以完成判别剪力墙类型，如当连梁的刚度比墙肢的刚度大很多（如 $\alpha \geq 10$）时，表示剪力墙的整体性好，但随着所开洞口大小的变化，它可能是开洞口很小的整截面墙，也可能是开洞口很大（横梁刚度很大）的壁式框架，而两者的受力性能相差悬殊。为区分二者的不同类型，引入了能表征墙体开洞情况的参数即墙肢惯性矩比值 I_n/I。在工程应用上，当 $\alpha \geq 10$，且 $I_n/I \leq \xi$ 时，按整体小开口墙或整截面墙计算；当只满足 $\alpha \geq 10$ 时，按壁式框架计算；当只满足 $I_n/I \leq \xi$ 时（$1 \leq \alpha < 10$），可按连肢墙进行计算；当 $0 < \alpha \leq 1$ 时，连梁的作用就可以忽略不计，各墙肢按独立单肢剪力墙进

行计算。综上所述,表 5-4 给出了由 α 和系数 ξ 所确定的剪力墙类型判别准则。

剪力墙类型判别准则　　表 5-4

α	I_n/I	剪力墙类别
≥10	≤ξ	整体小开口墙或整截面墙
$1<\alpha<10$	≤ξ	联肢墙
≥10	>ξ	壁式框架

$$\alpha=\begin{cases} H\sqrt{\dfrac{12I_b a^2}{h(I_1+I_2)l^3}\cdot\dfrac{I}{I_n}} & (\text{双肢墙}) \\ H\sqrt{\dfrac{12}{\tau h\sum\limits_{j=1}^{m+1}I_j}\sum\limits_{j=1}^{m}\dfrac{a_j^2 I_{bj}}{l_j^3}} & (\text{多肢墙}) \\ I_n=I-\sum\limits_{j=1}^{m+1}I_j \qquad I_{bj}=\dfrac{I_{bj0}}{1+\dfrac{28\mu I_{bj0}}{A_{bj}l_j^2}} \end{cases} \tag{5-4}$$

式中:I,I_1,I_2,I_j——剪力墙对组合截面形心的惯性矩、墙肢 1、墙肢 2、墙肢 j 的惯性矩;

h,H——层高与剪力墙总高度;

l,l_j——双肢墙连梁或多肢墙第 j 列连梁的计算跨度;

τ——轴向变形影响系数,当为 3 ~4 肢墙时,取 0.8;当为 5 ~7 肢墙时,取 0.85;当为 8 肢以上墙时,取 0.95;

I_b,I_{bj}——双肢墙连梁或多肢墙第 j 列连梁的折算惯性矩;

I_{bj0}——j 列连梁的截面惯性矩;

μ——连梁的剪应力不均匀系数,对于矩形截面,$\mu=1.2$;

A_{bj}——j 列连梁的截面积;

a_j,a——双肢墙洞口或多肢墙第 j 列洞口两侧墙肢轴线距离;

m——洞口列数。

第二节　整体与整体小开口剪力墙内力和位移计算

一、整截面剪力墙的内力和位移计算

1. 整体剪力墙的判别条件

整截面剪力墙是指不开洞或虽有洞口但孔洞面积与墙面面积之比(也称洞口系数)不大于 15%,且孔洞净距及孔洞边至墙边距离大于孔洞长边尺寸的剪力墙。

2. 整体剪力墙的内力计算

根据整截面剪力墙的受力特点,在水平荷载作用下,可忽略洞口的影响,整体剪力墙的内力(M,V)可按上端自由、下端固定的整体悬臂墙,用材料力学公式进行计算。

3. 整体剪力墙的位移计算

计算位移时,需考虑剪切变形和洞口对其刚度的影响。

1)考虑洞口影响时截面面积和截面惯性矩的计算

(1)折算截面面积

$$A_q = (1 - 1.25\sqrt{A_d/A_0})A$$

式中：A_q——考虑洞口影响的剪力墙水平截面折算面积；

A——剪力墙截面毛面积；

A_0、A_d——分别为剪力墙立面总面积、立面洞口总面积。

(2)折算惯性矩

$$J_q = \sum_{i=1}^{n}(J_{wi}h_i)/\sum_{i=1}^{n}h_i \tag{5-5}$$

式中：J_q——考虑洞口影响的剪力墙折算截面惯性矩，取剪力墙沿竖向有洞口和无洞口各段的截面惯性矩的加权平均值(图 5-6)；

J_{wi}——剪力墙沿竖向有洞口和无洞口各段的截面惯性矩；

h_i——剪力墙沿竖向有洞口和无洞口各段的相应高度，各段高度之和为 H；

n——剪力墙分段总数。

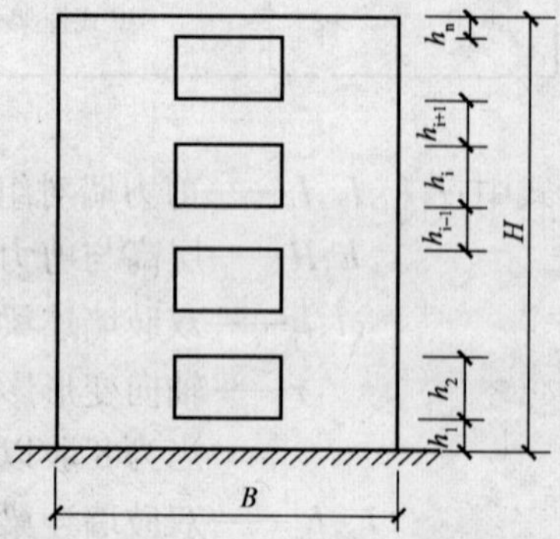

图 5-6 开洞剪力墙

2)位移计算

位移计算时，除弯曲变形外，宜考虑剪切变形影响。整截面应力墙在三种常用水平荷载(均布荷载、倒三角荷载、顶部集中荷载)作用下，顶点位移计算公式如下：

$$\left.\begin{aligned}&\text{均布荷载}:\Delta = \frac{V_0H^3}{8EJ_q}\left(1 + \frac{4\mu EJ_q}{H^2GA_q}\right)\\&\text{倒三角荷载}:\Delta = \frac{11V_0H^3}{60EJ_q}\left(1 + \frac{3.64\mu EJ_q}{H^2GA_q}\right)\\&\text{顶点集中力}:\Delta = \frac{V_0H^3}{3EJ_q}\left(1 + \frac{3\mu EJ_q}{H^2GA_q}\right)\end{aligned}\right\} \tag{5-6a}$$

上式括号内后一项反映了剪切变形影响，为计算方便，用等效刚度的形式给出顶点位移公式。

$$\left.\begin{aligned}&\text{均布荷载}:\Delta = V_0H^3/(8EJ_{eq})\\&\text{倒三角荷载}:\Delta = 11V_0H^3/(60EJ_{eq})\\&\text{顶点集中力}:\Delta = V_0H^3/(3EJ_{eq})\end{aligned}\right\} \tag{5-6b}$$

式中：V_0——剪力墙底部截面剪力；

E——混凝土的弹性模量；

H——剪力墙高度；

EJ_q——整体剪力墙的抗弯刚度；

EJ_{eq}——整体剪力墙的等效抗弯刚度，三种荷载作用下可近似采用统一公式计算：

$$EJ_{eq} = EJ_q\Big/\left(1 + \frac{9\mu J_q}{A_qH^2}\right) \tag{5-6c}$$

μ——剪应力不均匀系数，矩形截面 $\mu = 1.2$，工字形截面 $\mu =$ 截面全面积/腹板面积；T 形截面 μ 见表 5-5。

在根据式(5-1)计算每片墙的剪力时，整体墙的等效抗弯刚度可直接按式(5-6c)采用。

T 形截面剪应力不均匀系数μ　　表 5-5

H/t \ B/t	2	4	6	8	10	12
2	1.383	1.496	1.521	1.511	1.483	1.445
4	1.441	1.876	2.287	2.682	3.061	3.424
6	1.362	1.097	2.033	2.367	2.698	3.026
8	1.313	1.572	1.838	2.106	2.374	2.641
10	1.283	1.489	1.707	1.927	2.148	2.370
12	1.264	1.432	1.614	1.800	1.988	2.178
15	1.245	1.374	1.519	1.669	1.820	1.973
20	1.228	1.317	1.422	1.534	1.648	1.763
30	1.214	1.264	1.328	1.399	1.473	1.549
40	1.208	1.240	1.284	1.334	1.387	1.442

二、整体小开口剪力墙的内力和位移计算

1. 整体小开口剪力墙的判别条件

剪力墙上洞口较大，洞口总面积虽超过了墙体总面积的 15%（如洞口系数为 15% ~30% 之间），但总的说来洞口仍是较小的剪力墙，且满足 $\alpha \geqslant 10$ 和 $I_n/I \leqslant \xi$ 的要求。

2. 整体小开口剪力墙的内力计算

根据其受力特点，整体小开口剪力墙内力和位移，可按材料力学公式计算，然后作一些修正。其内力计算要点如下。

(1) 总弯矩 M_{Fz} 和总剪力 V_{Fz}

首先计算剪力墙在水平外荷作用下，截面处的总弯矩 M_{FZ} 和总剪力 V_{FZ}（图 5-7）。

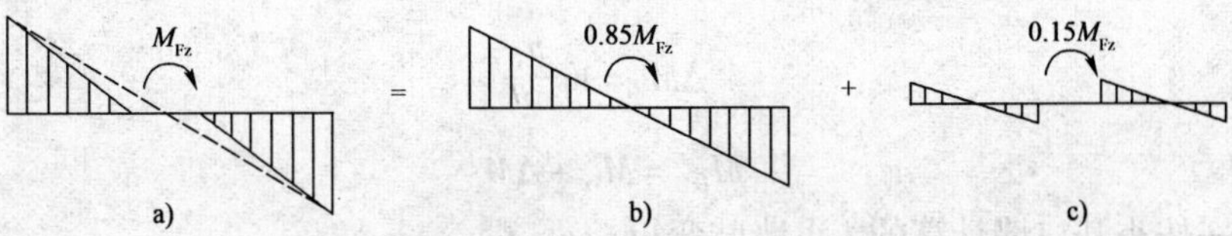

图 5-7　剪力墙弯矩计算

a) 弯矩图；b) 整体剪力图；c) 局部剪力

(2) 第 i 墙肢计算截面 z 处的总弯矩 M'_{iz}

第 i 墙肢的整体弯矩 M'_{iz}：

$$M'_{iz} = 0.85 M_{Fz} \frac{J_i}{J} \tag{5-7}$$

第 i 墙肢的局部弯矩 M''_{iz}：

$$M''_{iZ} = 0.15 M_{Fz} \frac{J_i}{\sum J_i} \tag{5-8}$$

第 i 墙肢的总弯矩 M_{iz}：

$$M_{iz}=0.85M_{Fz}\frac{J_i}{J}+0.15M_{Fz}\frac{J_i}{\sum J_i} \tag{5-9}$$

(3)第 i 墙肢计算截面处的轴力

局部弯矩不产生轴力,各墙肢的轴力由整体弯矩引起。

$$N_{iz}=0.85M_{Fz}\frac{A_i y_i}{J} \tag{5-10}$$

式中:y_i——墙肢 i 的截面形心至剪力墙组合截面形心之间的距离。

(4)第 i 墙肢计算截面处的剪力

为确定各墙肢的剪力,需将总剪力分配到各墙肢。对底层墙肢的剪力按照墙肢截面面积分配:

$$V_{iz}=V_{Fz}\frac{A_i}{\sum A_i} \tag{5-11}$$

对其他层,墙肢剪力由墙肢截面上的剪应力合力求得,但计算比较复杂,一般采用如下近似方法计算:

$$V_{iz}=0.5V_{Fz}\left[\frac{A_i}{\sum A_i}+\frac{J_i}{\sum J_i}\right] \tag{5-12}$$

上述式中:M_{Fz},V_{Fz}——分别为外荷载在计算截面 z 处产生的弯矩和剪力;

J_i——第 i 墙肢的截面惯性矩;

J——整个剪力墙截面对组合截面形心的惯性矩;

A_i——第 i 墙肢截面面积;

y_i——第 i 墙肢截面重心至组合截面重心的距离。

(5)小墙肢端部的附加局部弯矩

在小开口剪力墙中,多数墙肢是基本均匀的,但有时个别墙肢相差较大,会出现个别细小墙肢(常不满足 $I_n/I\leqslant\xi$ 的要求),作为近似,可仍按照上述小开口剪力墙计算内力,但对小墙肢端部的弯矩宜考虑局部弯曲的影响[式(5-13a)],对小墙肢端部附加的局部弯矩 ΔM_i 见式(5-13a)。修正后的小墙肢端部弯矩见式(5-13b)。

$$\Delta M_i=V_i\frac{h_i}{2} \tag{5-13a}$$

$$M_{iz}'=M_{iz}+\Delta M_i \tag{5-13b}$$

式中:M_{iz}——按小开口墙计算的 i 小墙肢弯矩;

V_i——小墙肢 i 的墙肢剪力,按照小开口剪力墙计算;

h_i——小墙肢洞口高度。

3. 整体小开口剪力墙的位移计算

整体小开口剪力墙位移计算,可按整截面剪力墙位移计算公式(5-6)计算,但因洞口稍大,从而使整个墙体的等效抗弯刚度有所减弱,在利用整体剪力墙位移计算公式时,公式中小开口剪力墙的等效刚度应按式(5-14)计算。

$$EJ_{eq}=0.8EJ/\left(1+\frac{9\mu J}{AH^2}\right) \tag{5-14}$$

式中:J_{eq}——组合截面惯性矩;

A——墙肢截面面积之和。

第三节　双肢与多肢剪力墙内力和位移计算

一、双肢剪力墙的内力和位移计算

1. 联肢剪力墙的判别条件

剪力墙上洞口开得更大(如洞口系数为30%～50%之间),且满足$1<\alpha<10$和$I_n/I\leq\xi$的要求。只有两个墙肢的联肢剪力墙为双肢剪力墙,有两个以上墙肢的联肢剪力墙为多肢剪力墙。

2. 双肢剪力墙的内力计算方法与基本假定

联肢剪力墙与整截面剪力墙的受力特点相差很大,一般可采用连续化方法,用解微分方程的方法计算其内力和位移。双肢剪力墙是柱梁线刚度比较大的一种框架,用一般的解法比较麻烦。需要作进一步假设,然后用力法求解。把简化后的计算方法称作连续连杆法。

(1)将每一层的连梁假想为均布在该楼层内的连续杆;

(2)忽略连梁的轴向变形,即墙肢的水平位移相等;

(3)同一高程处,两墙肢的转角和曲率相等,既各墙肢的变形曲线相同;

(4)各连梁的反弯点位于该梁的跨度中央;

(5)层高和惯性矩及面积等参数沿高度为常数。

3. 连梁的计算跨度

图5-8a)给出了双肢剪力墙结构的几何参数。墙肢可以为矩形截面或T形截面,但都以截面的形心线作为墙肢的轴线,连梁一般取矩形截面。图5-8a)中$2l_n$为连梁计算跨度。

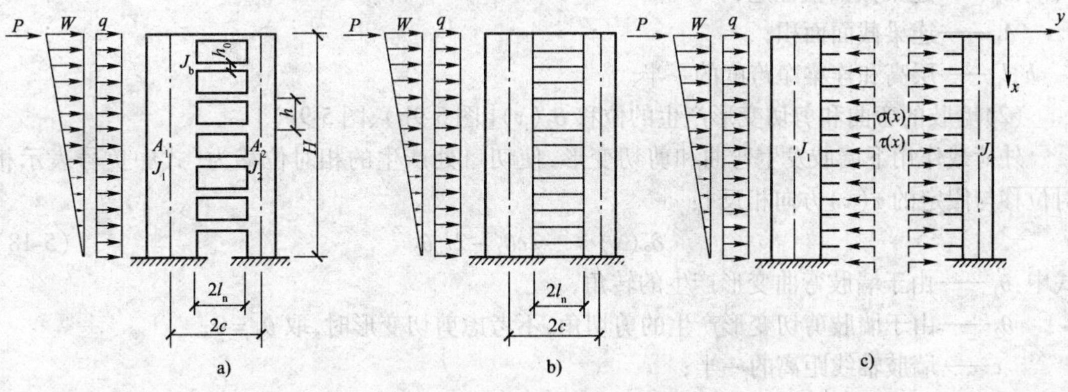

图5-8　双肢剪力墙内力计算简图

$$l_n=l_0+\frac{h_b}{2}\tag{5-15}$$

式中:l_0——0.5净跨;

h_b——连梁截面高度。

4. 计算简图

在上述基本假定基础上，可得如图5-8b）所示的双肢剪力墙计算简图。

5. 建立微分方程

对图5-8b）所示的超静定结构，将连梁沿跨中切开即可得到力法的基本体系5-8c）。因梁的跨中为反弯点，切开后连梁的多余未知力有剪力 $\tau(x)$ 和轴力 $\sigma(x)$，基本体系在外荷载和多余未知力作用下，沿 $\tau(x)$ 方向的位移等于零。

基本体系在外荷载和多余未知力作用下，沿 $\sigma(x)$ 方向的位移由墙肢的弯剪变形、轴向变形以及连梁本身的弯剪变形产生。

（1）连梁的弯曲和剪切变形产生的位移 $\delta_1(x)$［图5-9a）］

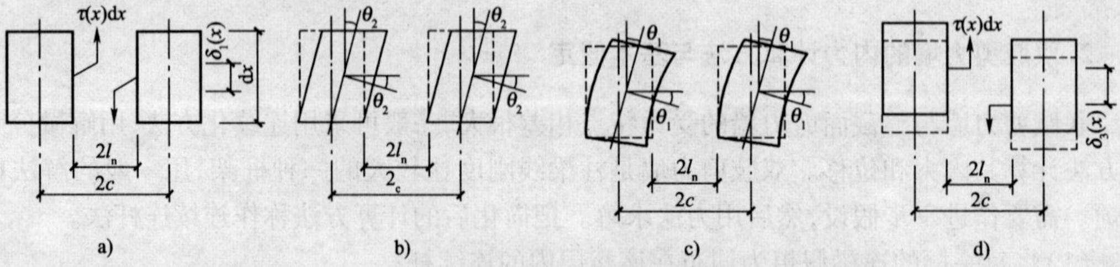

图5-9　连梁跨中切断点处的相对位移

连梁切口处由于 $\tau(x)h$ 的作用产生的弯曲和剪切变形为：

$$\delta_1(x)=\frac{2\tau(x)hl_n^3}{3EJ_b}+\frac{2\mu\tau(x)hl_n}{A_bG}=\frac{2\tau(x)hl_n^3}{3EJ_b}\left(1+\frac{3\mu EJ_b}{A_bGl_n^2}\right)=\frac{2\tau(x)hl_n^3}{3E\bar{J}_b} \tag{5-16}$$

式中：$\bar{J}_b$——连梁考虑剪切变形的等效惯性矩，取 $G=0.4E$，则

$$\bar{J}_b=\frac{J_b}{1+\dfrac{7.5\mu J_b}{A_bl_n^2}} \tag{5-17}$$

其中：J_b——连梁截面惯性矩；

A_b——连梁截面面积；

h,l_n——层高和连梁净跨度的一半。

（2）墙肢的弯曲和剪切变形产生的位移 $\delta_2(x)$［图5-9b）、图5-9c）］

外荷载作用下墙肢发生弯曲和剪切变形，使切口处产生的相对位移为［式中负号表示相对位移与假定的 $\tau(x)$ 方向相反］：

$$\delta_2(x)=-2c\theta_1-2l_n\theta_2 \tag{5-18}$$

式中：θ_1——由于墙肢弯曲变形产生的转角；

θ_2——由于墙肢剪切变形产生的剪切角，不考虑剪切变形时，取 $\theta_2=0$；

c——墙肢轴线距离的一半；

l_n——墙肢净距的一半（连梁净跨的一半）。

（3）墙肢轴向变形产生的相对位移 $\delta_3(x)$［图5-9d）］

基本体系在外荷载、切口处剪力 $\tau(x)$ 作用下产生轴向变形，由此产生的墙肢轴向位移为：

$$\delta_3(x)=\frac{1}{E}\left(\frac{1}{A_1}+\frac{1}{A_2}\right)\int_x^H\int_0^x\tau(x)\,dx\,dx \tag{5-19}$$

（4）微分方程的建立

根据变形协调条件，切口处竖向位移的代数和为零。于是有如下相容方程：

$$\delta_1(x)+\delta_2(x)+\delta_3(x)=0 \tag{5-20}$$

$m(x)=2c\tau(x)$为连梁约束弯矩。将式(5-16)、式(5-18)、式(5-19)代入式(5-20)，并引入$\tau(x)=m(x)/(2c)$，微分两次，得到连梁约束弯矩的微分方程：

$$m''(x)-\frac{\alpha^2}{H^2}m(x)=\begin{cases}-\dfrac{\alpha_1^2 V_0}{H^2}\dfrac{x}{H} & \text{（均布荷载）}\\ -\dfrac{\alpha_1^2 V_0}{H^2}\left[1+2\gamma^2-\left(1-\dfrac{x}{H}\right)^2\right] & \text{（倒三角形荷载）}\\ -\dfrac{\alpha_1^2 V_0}{H^2} & \text{（顶部集中荷载）}\end{cases} \tag{5-21}$$

式中：$m(x)$——连梁对墙肢的约束弯矩；

$\alpha_1{}^2$——未考虑墙肢轴向变形的整体系数，按公式(5-22)确定；

$$\alpha_1^2=\frac{6H^2}{h\sum J_i}D \tag{5-22}$$

D——连梁的刚度系数，按公式(5-23)确定；

$$D=\bar{J}_b c^2/l_n^3 \tag{5-23}$$

α——考虑墙肢轴向变形的整体系数，反映了连梁的刚度与墙肢刚度的比值，对双肢剪力墙，按公式(5-24)确定；

$$\alpha^2=\alpha_1^2+\frac{3H^2D}{hcS} \tag{5-24}$$

S——双肢组合截面惯性矩，按公式(5-25)确定；

$$S=\frac{2cA_1A_2}{A_1+A_2} \tag{5-25}$$

γ——剪切参数，$\gamma^2=\dfrac{\mu E(J_1+J_2)}{H^2G(A_1+A_2)}\cdot\dfrac{l_n}{c}$；对于$H/B\geqslant4$的情况，可不考虑剪切变形的影响，取$\gamma^2=0$；

J_b——连梁的截面惯性矩；

H——剪力墙总高度；

B——剪力墙的宽度；

V_0——剪力墙底部总剪力。

(5)微分方程的解

式(5-21)是二阶常系数非齐次线性微分方程，为方便求解，令$x/H=\xi$，$m(x)=\phi(x)V_0\alpha_1{}^2/\alpha^2$，并代入式(5-21)可得关于$\phi(\xi)$的微分方程：

$$\phi''(\xi)-\alpha^2\phi(\xi)=\begin{cases}-\alpha^2\xi & \text{均布荷载}\\ -\alpha^2[1+2\gamma^2+(1-\xi)^2] & \text{倒三角形荷载}\\ -\alpha^2 & \text{顶部集中荷载}\end{cases} \tag{5-26}$$

解微分方程得：

$$\phi(\xi)=(1-\beta)\phi_1(\alpha,\xi)+\beta\phi_2(\xi) \tag{5-27}$$

式中：β——系数，$\beta=\alpha^2\gamma^2$；

$\phi_1(\alpha,\xi)$——关于α,ξ的函数，其值由表5-6、表5-7、表5-8查得；

$\phi_2(\xi)$——关于ξ的函数，其值由表5-9查得。

倒三角形荷载下的 ϕ_1 值 表 5-6

ξ \ α	1.0	1.5	2.0	2.5	3.0	3.5	4.0	4.5	5.0	5.5	6.0	6.5	7.0	7.5	8.0	8.5	9.0	9.5	10.0	10.5
0.00	0.171	0.270	0.331	0.358	0.363	0.356	0.342	0.325	0.307	0.289	0.273	0.257	0.243	0.230	0.218	0.207	0.197	0.188	0.179	0.172
0.05	0.171	0.271	0.332	0.360	0.367	0.361	0.348	0.332	0.316	0.299	0.283	0.269	0.256	0.243	0.233	0.233	0.214	0.205	0.198	0.191
0.10	0.171	0.273	0.336	0.367	0.377	0.374	0.365	0.352	0.338	0.324	0.311	0.299	0.288	0.278	0.270	0.262	0.255	0.248	0.243	0.238
0.15	0.172	0.275	0.341	0.377	0.391	0.393	0.388	0.380	0.370	0.360	0.350	0.341	0.333	0.326	0.320	0.314	0.309	0.305	0.301	0.298
0.20	0.172	0.277	0.347	0.388	0.408	0.415	0.416	0.412	0.407	0.402	0.396	0.390	0.385	0.381	0.377	0.373	0.371	0.368	0.366	0.364
0.25	0.171	0.278	0.353	0.399	0.425	0.439	0.446	0.448	0.448	0.447	0.445	0.443	0.440	0.439	0.437	0.436	0.434	0.433	0.433	0.432
0.30	0.170	0.279	0.358	0.410	0.443	0.463	0.476	0.484	0.489	0.492	0.494	0.496	0.496	0.497	0.497	0.497	0.498	0.498	0.498	0.499
0.35	0.168	0.279	0.362	0.419	0.459	0.486	0.506	0.519	0.530	0.537	0.543	0.547	0.550	0.553	0.555	0.557	0.559	0.560	0.561	0.562
0.40	0.165	0.276	0.363	0.426	0.472	0.506	0.532	0.552	0.567	0.579	0.588	0.596	0.601	0.606	0.610	0.614	0.616	0.619	0.621	0.622
0.45	0.161	0.272	0.362	0.430	0.482	0.522	0.554	0.579	0.599	0.616	0.629	0.639	0.648	0.655	0.661	0.665	0.669	0.672	0.675	0.677
0.50	0.156	0.266	0.357	0.429	0.487	0.533	0.570	0.601	0.626	0.647	0.663	0.677	0.688	0.697	0.705	0.711	0.716	0.721	0.724	0.727
0.55	0.149	0.256	0.348	0.432	0.485	0.537	0.579	0.615	0.645	0.670	0.690	0.707	0.721	0.733	0.742	0.750	0.757	0.762	0.767	0.771
0.60	0.140	0.244	0.335	0.412	0.477	0.533	0.580	0.620	0.654	0.683	0.707	0.728	0.745	0.759	0.771	0.718	0.789	0.790	0.802	0.807
0.65	0.130	0.228	0.317	0.394	0.461	0.519	0.570	0.614	0.652	0.685	0.712	0.736	0.756	0.774	0.788	0.801	0.811	0.820	0.828	0.834
0.70	0.118	0.209	0.293	0.368	0.435	0.495	0.548	0.594	0.636	0.671	0.703	0.730	0.753	0.774	0.791	0.807	0.820	0.831	0.841	0.849
0.75	0.103	0.185	0.263	0.334	0.399	0.458	0.511	0.559	0.602	0.640	0.674	0.704	0.731	0.755	0.775	0.794	0.810	0.824	0.837	0.848
0.80	0.087	0.158	0.226	0.290	0.350	0.406	0.457	0.504	0.547	0.587	0.622	0.654	0.683	0.709	0.733	0.754	0.774	0.791	0.807	0.821
0.85	0.069	0.126	0.182	0.236	0.288	0.377	0.383	0.426	0.467	0.504	0.539	0.571	0.601	0.629	0.654	0.678	0.700	0.720	0.738	0.756
0.90	0.048	0.089	0.130	0.171	0.210	0.248	0.285	0.321	0.354	0.386	0.417	0.446	0.473	0.499	0.523	0.546	0.568	0.588	0.609	0.628
0.95	0.025	0.047	0.069	0.092	0.115	0.137	0.159	0.181	0.202	0.222	0.242	0.262	0.280	0.299	0.316	0.334	0.315	0.367	0.383	0.398
1.00	0.000	0.000	0.000	0.000	0.000	0.000	0.000	0.000	0.000	0.000	0.000	0.000	0.000	0.000	0.000	0.000	0.000	0.000	0.000	0.000

续上表

ξ \ α	11.0	11.5	12.0	12.5	13.0	13.5	14.0	14.5	15.0	15.5	16.0	16.5	17.0	17.5	18.0	18.5	19.0	19.5	20.0	20.5
0.00	0.165	0.158	0.152	0.147	0.142	0.137	0.132	0.128	0.124	0.120	0.117	0.113	0.113	0.110	0.107	0.102	0.099	0.097	0.095	0.092
0.05	0.185	0.180	0.174	0.170	0.165	0.161	0.158	0.154	0.151	0.148	0.145	0.143	0.140	0.138	0.136	0.134	0.132	0.130	0.129	0.127
0.10	0.233	0.229	0.226	0.222	0.219	0.217	0.214	0.212	0.210	0.208	0.207	0.205	0.204	0.203	0.201	0.200	0.199	0.199	0.198	0.197
0.15	0.295	0.293	0.290	0.288	0.287	0.285	0.284	0.283	0.282	0.281	0.280	0.280	0.279	0.278	0.278	0.278	0.277	0.277	0.277	0.276
0.20	0.363	0.361	0.360	0.360	0.358	0.358	0.0358	0.357	0.357	0.357	0.357	0.356	0.356	0.356	0.356	0.356	0.356	0.356	0.356	0.356
0.25	0.432	0.431	0.431	0.431	0.431	0.432	0.431	0.431	0.431	0.431	0.431	0.431	0.432	0.432	0.432	0.432	0.432	0.432	0.432	0.433
0.30	0.499	0.498	0.500	0.500	0.500	0.501	0.501	0.502	0.502	0.502	0.503	0.503	0.503	0.503	0.504	0.504	0.504	0.504	0.505	0.505
0.35	0.563	0.564	0.565	0.566	0.566	0.567	0.568	0.568	0.569	0.568	0.568	0.570	0.570	0.571	0.571	0.571	0.571	0.572	0.572	0.572
0.40	0.624	0.625	0.626	0.627	0.628	0.628	0.629	0.630	0.631	0.631	0.632	0.632	0.633	0.633	0.633	0.634	0.634	0.634	0.634	0.635
0.45	0.679	0.681	0.682	0.684	0.685	0.686	0.686	0.687	0.688	0.688	0.688	0.688	0.690	0.690	0.691	0.691	0.691	0.692	0.692	0.692
0.50	0.730	0.732	0.733	0.735	0.736	0.737	0.738	0.738	0.740	0.741	0.741	0.742	0.742	0.743	0.743	0.743	0.744	0.744	0.744	0745
0.55	0.774	0.777	0.778	0.781	0.782	0.784	0.785	0.786	0.787	0.788	0.788	0.789	0.790	0.790	0.790	0.791	0.791	0.792	0.792	0.792
0.60	0.811	0.815	0.818	0.820	0.822	0.824	0.826	0.827	0.828	0.829	0.830	0.831	0.831	0.832	0.833	0.833	0.833	0.834	0.834	0.834
0.65	0840	0.44	0.848	0.852	0.855	0.857	0.859	0.861	0.863	0.864	0.865	0867	0.867	0.868	0.869	0.870	0.870	0.871	0.871	0.871
0.70	0.857	0.863	0.868	0.873	0.878	0.881	0.884	0.887	0.890	0.892	0.893	0.895	0.896	0.898	0.899	0.900	0.901	0.901	0.902	0.903
0.75	0.858	0.866	0.874	0.811	0.887	0.892	0. 897	0.901	0.903	0.908	0.911	0.914	0.916	0.918	0.920	0.921	0.923	0.924	0.925	0.926
0.80	0.834	0.846	0.856	0.866	0.874	0.882	0.889	0.896	0.901	0.907	0.911	0.916	0.919	0.923	0.926	0.929	0.932	0.934	0.936	0.938
0.85	0.772	0.786	0.800	0.813	0.825	0.836	0.846	0.855	0.864	0.872	0.879	0.886	0.893	0.899	0.904	0.909	0.914	0.918	0.922	0.926
0.90	0.646	0.663	0.679	0.694	0.708	0.722	0.735	0.748	0.760	0.771	0.781	0.792	0.801	0.810	0.819	0.827	0.835	0.843	0.850	0.857
0.95	0.413	0.428	0.442	0.456	0.469	0.483	0.495	0.508	0.520	0.532	0.543	0.555	0.566	0.576	0.587	0.597	0.607	0.617	0.626	0.635
1.00	0.000	0.000	0.000	0.000	0.000	0.000	0.000	0.000	0.000	0.000	0.000	0.000	0.000	0.000	0.000	0.000	0.000	0.000	0.000	0.000

表 5-7

均布荷载下的 ϕ_1 值

ξ \ α	1.0	1.5	2.0	2.5	3.0	3.5	4.0	4.5	5.0	5.5	6.0	6.5	7.0	7.5	8.0	8.5	9.0	9.5	10.0	10.5
0.00	0.113	0.178	0.216	0.231	0.232	0.224	0.213	0.199	0.186	0.173	0.161	0.150	0.141	0.132	0.124	0.117	0.110	0.105	0.099	0.095
0.05	0.113	0.178	0.217	0.233	0.234	0.228	0.217	0.204	0.191	0.179	0.168	0.157	0.148	0.140	0.133	0.126	0.120	0.115	0.110	0.106
0.10	0.113	0.179	0.219	0.237	0.241	0.236	0.227	0.217	0.206	0.195	0.185	0.176	0.168	0.161	0.155	0.149	0.144	0.140	0.136	0.1333
0.15	0.114	0.181	0.223	0.244	0.251	0.249	0.243	0.235	0.226	0.218	0.210	0.203	0.196	0.191	0.186	0.181	0.178	0.174	0.171	0.168
0.20	0.114	0.183	0.228	0.252	0.363	0.265	0.263	0.258	0.252	0.246	0.241	0.235	0.231	0.227	0.223	0.220	0.217	0.215	0.213	0.211
0.25	0.114	0.185	0.233	0.261	0.276	0.283	0.285	0.284	0.281	0.278	0.257	0.272	0.269	0.266	0.264	0.262	0.260	0.258	0.257	0.256
0.30	0.115	0.186	0.237	0.270	0.290	0.302	0.308	0.311	0.312	0.312	0.312	0.310	0.309	0.308	0.307	0.306	0.305	0.304	0.303	0.303
0.35	0.113	0.187	0.242	0.279	0.304	0.321	0.332	0.339	0.344	0.347	0.349	0.350	0.351	0.351	0.351	0.351	0.351	0.351	0.351	0.351
0.40	0.111	0.186	0.245	00287	0.317	0.399	0.355	0.306	0.376	0.382	0.387	0.390	0.393	0.395	0.396	0.397	0.398	0.398	0.399	0.399
0.45	0.109	0.185	0.246	0.293	0.328	0.355	0.376	0.393	0.406	0.416	0.424	0.430	0.434	0.438	0.441	0.443	0.444	0.445	0.446	0.447
0.50	0.106	0.182	0.246	0.296	0.328	0.369	0.395	0.416	0.433	0.447	0.458	0.467	0.474	0.475	0.483	0.487	0.490	0.492	0.493	0.495
0.55	0.103	0.178	0.242	0.296	0.336	0.378	0.409	0.435	0.456	0.474	0.488	0.500	0.510	0.517	0.524	0.529	0.533	0.536	0.539	0.541
0.60	0.097	0.171	0.236	0.296	0.341	0.382	0.418	0.448	0.474	0.495	0.513	0.528	0.541	0.551	0.560	0.567	0.573	0.577	0.581	0.585
0.65	0.091	0.162	0.226	0.284	0.335	0.38	0.419	0.453	0.483	0.508	0.530	0.549	0.565	0.578	0.589	0.599	0607	0.614	0.619	0.624
0.70	0.083	0.150	0.212	0.27	0.335	0.369	0.411	0.449	0.482	0.511	0.537	0.599	0.578	0.595	0.609	0.622	0.632	0.642	0.650	0.657
0.75	0.074	0.135	0.194	0.249	0.322	0.348	0.392	0.431	0.467	0.499	0.528	0.554	0.576	0.597	0.614	0.63	0.644	0.657	0.667	0.677
0.80	0.063	0.116	0.169	0.220	0.300	0.315	0.358	0.398	0.435	0.469	0.500	0.528	0.553	0.577	0.598	0.617	0.634	0.65	0.664	0.677
0.85	0.050	0.094	0.138	0.182	0.269	0.266	0.306	0.344	0.379	0.413	0.444	0.473	0.500	0.525	0.548	0.570	0.59	0.609	0.626	0.643
0.90	0.036	0.067	0.100	0.134	0.225	0.200	0.233	0.264	0.294	0.323	0.351	0.378	0.403	0.427	0.450	0.472	0.493	0.513	0.532	0.550
0.95	0.019	0.036	0.054	0.074	0.093	0.113	0.133	0.152	0.171	0.190	0.209	0.227	0.245	0.262	0.279	0.296	0.312	0.328	0.343	0.358
1.00	0.000	0.000	0.000	0.000	0.000	0.000	0.000	0.000	0.000	0.000	0.000	0.000	0.000	0.000	0.000	0.000	0.000	0.000	0.000	0.000

续上表

ξ \ α	11.0	11.5	12.0	12.5	13.0	13.5	14.0	14.5	15.0	15.5	16.0	16.5	17.0	17.5	18.0	18.5	19.0	19.5	20.0	20.5
0.00	0.090	0.086	0.083	0.079	0.076	0.074	0.071	0.068	0.066	0.064	0.062	0.060	0.058	0.059	0.055	0.054	0.052	0.051	0.050	0.048
0.05	0.102	0.098	0.095	0.092	0.090	0.087	0.085	0.083	0.081	0.079	0.077	0.076	0.075	0.073	0.072	0.071	0.070	0.069	0.068	0.067
0.10	0.130	0.127	0.124	0.122	0.120	0.119	0.117	0.116	0.114	0.113	0.112	0.111	0.110	0.109	0.109	0.108	0.108	0.107	0.106	0.106
0.15	0.167	0.165	0.163	0.162	0.160	0.159	0.158	0.157	0.156	0.156	0.155	0.154	0.154	0.153	0.153	0.153	0.152	0.152	0.152	0.152
0.20	0.209	0.208	0.207	0.206	0.205	0.204	0.204	0.203	0.203	0.201	0.201	0.201	0.201	0.201	0.201	0.201	0.201	0.200	0.200	0.200
0.25	0.255	0.254	0.253	0.253	0.252	0.252	0.251	0.251	0.251	0.251	0.250	0.250	0.250	0.250	0.250	0.250	0.250	0.250	0.250	0.250
0.30	0.302	0.302	0.301	0.301	0.301	0.301	0.300	0.300	0.300	0.300	0.300	0.300	0.300	0.300	0.300	0.300	0.300	0.300	0.299	0.298
0.35	0.351	0.350	0.350	0.350	0.350	0.350	0.350	0.350	0.350	0.350	0.350	0.350	0.350	0.349	0.349	0.349	0.349	0.349	0.349	0.349
0.40	0.399	0.399	0.399	0.399	0.399	0.399	0.399	0.399	0.399	0.399	0.399	0.399	0.399	0.399	0.399	0.399	0.399	0.399	0.399	0.399
0.45	0.448	0.448	0.448	0.448	0.448	0.449	0.449	0.449	0.449	0.449	0.449	0.449	0.449	0.449	0.449	0.449	0.449	0.449	0.449	0.449
0.50	0.496	0.496	0.497	0.498	0.498	0.498	0.499	0.449	0.449	0.449	0.449	0.449	0.449	0.449	0.449	0.449	0.449	0.449	0.449	0.449
0.55	0.543	0.544	0.545	0.546	0.547	0.547	0.548	0.548	0.548	0.548	0.549	0.549	0.549	0.549	0.549	0.549	0.549	0.549	0.549	0.549
0.60	0.587	0.589	0.591	0.593	0.594	0.595	0.596	0.596	0.597	0.597	0.598	0.598	0.598	0.599	0.599	0.599	0.599	0.599	0.599	0.599
0.65	0.628	0.632	0.634	0.637	0.639	0.641	0.642	0.643	0.644	0.645	0.646	0.646	0.647	0.647	0.648	0.648	0.648	0.648	0.694	0.694
0.70	0.663	0.668	0.672	0.676	0.679	0.682	0.684	0.687	0.688	0.690	0.691	0.692	0.693	0.694	0.695	0.696	0.696	0.697	0.697	0.697
0.75	0.686	0.693	0.709	0.706	0.711	0.715	0.719	0.723	0.726	0.729	0.731	0.733	0.735	0.737	0.738	0.740	0.741	0.742	0.743	0.744
0.80	0.689	0.699	0.709	0.717	0.725	0.732	0.739	0.744	0.75	0.754	0.759	0.763	0.766	0.768	0.722	0.775	0.777	0.779	0.781	0.783
0.85	0.657	0.671	0.684	0.696	0.707	0.718	0.727	0.736	0.744	0.752	0.759	0.765	0.771	0.777	0.782	0.787	0.792	0.796	0.800	0.803
0.90	0.567	0.583	0.598	0.613	0.627	0.640	0.653	0.665	0.676	0.687	0.698	0.707	0.717	0.726	0.734	0.742	0.750	0.757	0.764	0.771
0.95	0.373	0.387	0.401	0.414	0.428	0.440	0.453	0.465	0.477	0.489	0.500	0.511	0.522	0.533	0.543	0.553	0.563	0.572	0.582	0.591
1.00	0.000	0.000	0.000	0.000	0.000	0.000	0.000	0.000	0.000	0.000	0.000	0.000	0.000	0.000	0.000	0.000	0.000	0.000	0.000	0.000

表 5-8

顶部集中力作用下的 ϕ_1 值

ξ \ α	1.0	1.5	2.0	2.5	3.0	3.5	4.0	4.5	5.0	5.5	6.0	6.5	7.0	7.5	8.0	8.5	9.0	9.5	10.0	10.5
0.00	0.351	0.574	0.734	0.836	0.900	0.939	0.963	0.977	0.986	0.991	0.995	0.996	0.998	0.998	0.999	0.999	0.999	0.999	0.999	0.999
0.05	0.351	0.573	0.732	0.835	0.899	0.938	0.962	0.977	0.986	0.991	0.944	0.996	0.998	0.998	0.999	0.999	0.999	0.999	0.999	0.999
0.10	0.348	0.570	0.728	0.831	0.896	0.935	0.960	0.975	0.984	0.990	0.944	0.996	0.997	0.998	0.999	0.999	0.999	0.999	0.999	0.999
0.15	0.344	0.564	0.722	0.825	0.890	0.931	0.956	0.972	0.982	0.988	0.992	0.995	0.997	0.998	0.998	0.999	0.999	0.999	0.999	0.999
0.20	0.338	0.555	0.712	0.816	0.882	0.924	0.951	0.968	0.979	0.986	0.991	0.994	0.996	0.997	0.998	0.998	0.999	0.999	0.999	0.999
0.25	0.331	0.544	0.700	0.804	0.871	0.915	0.943	0.962	0.974	0.982	0.988	0.992	0.9894	0.996	0.997	0.998	0.998	0.999	0.999	0.999
0.30	0.322	0.531	0.684	0.788	0.857	0.903	0.933	0.954	0.968	0.977	0.984	0.989	0.992	0.994	0.996	0.997	0.998	0.998	0.999	0.999
0.35	0.311	0.515	0.666	0.770	0.840	0.888	0.921	0.944	0.960	0.971	0.979	0.985	0.989	0.992	0.994	0.996	0.997	0.997	0.998	0.998
0.40	0.299	0.496	0.644	0.748	0.820	0.870	0.905	0.931	0.949	0.962	0.972	0.979	0.984	0.988	0.991	0.993	0.995	0.996	0.997	0.998
0.45	0.285	0.474	0.619	0.722	0.795	0.848	0.886	0.914	0.935	0.951	0.962	0.971	0.978	0.983	0987	0.990	0.992	0.994	0.995	0.996
0.50	0.269	0.449	0.589	0.692	0.766	0.821	0.862	0.893	0.917	0.935	0.950	0.961	0.969	0.976	0.981	0.985	0.988	0.991	0.993	0.994
0.55	0.251	0.421	0.556	0.656	0.731	0.788	0.832	0.867	0.893	0.915	0.932	0.946	0.957	0.965	0.927	0.978	0.982	0.986	0.988	0.991
0.60	0.231	0.390	0.518	0.616	0.691	0.760	0.796	0.834	0.864	0.889	0.909	0.925	0.939	0.950	0.959	0.966	0.972	0.977	0.981	0.985
0.65	0.210	0.356	0.476	0.569	0.643	0.703	0.752	0.792	0.26	0.854	0.877	0.897	0.913	0.927	0.939	0.948	0.957	0.964	0.969	0.974
0.70	0.186	0.318	0.428	0.516	0.588	0.647	0.697	0.740	0.776	0.807	0.834	0.857	0.877	0.894	0.909	0.921	0.932	0.942	0.950	0.957
0.75	0.161	0.276	0.374	0.455	0.523	0.581	0.631	0.675	0.713	0.747	0.776	0.803	0.826	0.846	0.864	0.880	0.894	0.907	0.917	0.927
0.80	0.133	0.230	0.314	0.386	0.448	0.502	0.556	0.593	0.632	0.667	0.698	0.727	0.753	0.776	0.798	0.817	0.834	0.850	0.864	0.877
0.85	0.103	0.179	0.248	0.307	0.360	0.407	0.450	0.490	0.527	0.561	0.593	0.622	0.650	0.675	0.698	0.720	0.740	0.759	0.776	0.793
0.90	0.071	0.125	0.174	0.217	0.257	0.294	0.329	0.362	0.393	0.423	0.491	0.478	0.503	0.527	0.550	0.572	0.593	0.613	0.632	0.650
0.95	0.036	0.065	0.091	0.115	0.138	0.160	0.181	0.201	0.221	0.240	0.259	0.277	0.295	0.312	0.329	0.346	0.362	0.378	0.393	0.408
1.00	0.000	0.000	0.000	0.000	0.000	0.000	0.000	0.000	0.000	0.000	0.000	0.000	0.000	0.000	0.000	0.000	0.000	0.000	0.000	0.000

续上表

ξ \ α	11.0	11.5	12.0	12.5	13.0	13.5	14.0	14.5	15.0	15.5	16.0	16.5	17.0	17.5	18.0	18.5	19.0	19.5	20.0	20.5
0.00	0.999	0.999	0.999	0.999	0.999	0.999	1.000	1.000	1.000	1.000	1.000	1.000	1.000	1.000	1.000	1.000	1.000	1.000	1.000	1.000
0.05	0.999	0.999	0.999	0.999	0.999	0.999	0.999	0.999	1.000	1.000	1.000	1.000	1.000	1.000	1.000	1.000	1.000	1.000	1.000	1.000
0.10	0.999	0.999	0.999	0.999	0.999	0.999	0.999	0.999	0.999	1.000	1.000	1.000	1.000	1.000	1.000	1.000	1.000	1.000	1.000	1.000
0.15	0.999	0.999	0.999	0.999	0.999	0.999	0.999	0.999	0.999	0.999	1.000	1.000	1.000	1.000	1.000	1.000	1.000	1.000	1.000	1.000
0.20	0.999	0.999	0.999	0.999	0.999	0.999	0.999	0.999	0.999	0.999	0.999	0.999	0.999	1.000	1.000	1.000	1.000	1.000	1.000	1.000
0.25	0.999	0.999	0.999	0.999	0.999	0.999	0.999	0.999	0.999	0.999	0.999	0.999	0.999	0.999	0.999	1.000	1.000	1.000	1.000	1.000
0.30	0.999	0.999	0.999	0.999	0.999	0.999	0.999	0.999	0.999	0.999	0.999	0.999	0.999	0.999	0.999	0.999	0.999	0.999	1.000	1.000
0.35	0.999	0.999	0.999	0.999	0.999	0.999	0.999	0.999	0.999	0.999	0.999	0.999	0.999	0.999	0.999	0.999	0.999	0.999	0.999	0.999
0.40	0.998	0.998	0.999	0.999	0.999	0.999	0.999	0.999	0.999	0.999	0.999	0.999	0.999	0.999	0.999	0.999	0.999	0.999	0.999	0.999
0.45	0.997	0.998	0.998	0.998	0.999	0.999	0.999	0.999	0.999	0.999	0.999	0.999	0.999	0.999	0.999	0.999	0.999	0.999	0.999	0.999
0.50	0.995	0.996	0.997	0.998	0.998	0.998	0.999	0.999	0.999	0.999	0.999	0.999	0.999	0.999	0.999	0.999	0.999	0.999	0.999	0.999
0.55	0.992	0.994	0.995	0.996	0.997	0.997	0.998	0.998	0.998	0.999	0.999	0.999	0.999	0.999	0.999	0.999	0.999	0.999	0.999	0.999
0.60	0.987	0.989	0.991	0.993	0.994	0.995	0.996	0.997	0.998	0.998	0.998	0.999	0.999	0.999	0.999	0.999	0.999	0.999	0.999	0.999
0.65	0.978	0.982	0.985	0.987	0.989	0.991	0.992	0.993	0.994	0.995	0.996	0.996	0.997	0.997	0.998	0.998	0.998	0.998	0.999	0.999
0.70	0.963	0.969	0.972	0.976	0.979	0.982	0.985	0.987	0.988	0.990	0.991	0.992	0.993	0.994	0.995	0.996	0.996	0.997	0.997	0.997
0.75	0.936	0.943	0.950	0.956	0.961	0.965	0.969	0.973	0.976	0.979	0.981	0.983	0.985	0.987	0.988	0.990	0.991	0.992	0.993	0.994
0.80	0.889	0.899	0.909	0.917	0.925	0.932	0.939	0.945	0.950	0.954	0.959	0.963	0.966	0.968	0.972	0.975	0.977	0.979	0.981	0.983
0.85	0.808	0.821	0.834	0.846	0.857	0.868	0.877	0.886	0.984	0.902	0.909	0.915	0.921	0.927	0.932	0.937	0.942	0.946	0.950	0.953
0.90	0.667	0.683	0.698	0.713	0.727	0.740	0.753	0.765	0.776	0.787	0.798	0.808	0.817	0.826	0.834	0.842	0.850	0.857	0.864	0.875
0.95	0.423	0.437	0.451	0.464	0.478	0.490	0.503	0.515	0.527	0.538	0.550	0.561	0.572	0.583	0.593	0.603	0.613	0.622	0.632	0.641
1.00	0.000	0.000	0.000	0.000	0.000	0.000	0.000	0.000	0.000	0.000	0.000	0.000	0.000	0.000	0.000	0.000	0.000	0.000	0.000	0.000

ϕ_2 值 表 5-9

ξ	倒三角荷载	均布荷载	顶部集中力	ξ	倒三角荷载	均布荷载	顶部集中力
0.000	0.000	0.000	1.000	0.550	0.797	0.550	1.000
0.050	0.097	0.050		0.600	0.839	0.600	
0.100	0.189	0.100		0.650	0.877	0.650	
0.150	0.277	0.150		0.700	0.909	0.700	
0.200	0.359	0.200		0.750	0.937	0.750	
0.250	0.437	0.250		0.800	0.958	0.800	
0.300	0.508	0.300		0.850	0.977	0.850	
0.350	0.577	0.350		0.900	0.987	0.900	
0.400	0.639	0.400		0.950	0.997	0.950	
0.450	0.697	0.450		1.000	1.000	1.000	
0.500	0.749	0.500					

6. 双肢剪力墙内力计算

1)连梁的内力计算

由式(5-27)可求得任意高度 ξ 处的 $\phi(\xi)$,由 $\phi(\xi)$ 可求得连梁的内力为:

$$m(\xi)=\phi(\xi)V_0\frac{\alpha_1^2}{\alpha^2} \tag{5-28}$$

第 j 层连梁的剪力:

$$V_{bj}=m_j(\xi)\frac{h}{2c} \tag{5-29}$$

第 j 层连梁的端部弯矩:

$$M_{bj}=V_{bj}l_n \tag{5-30}$$

2)第 j 层墙肢的内力计算

(1)第 j 层墙肢的轴力

$$N=N_{1j}=N_{2j}=\sum_{k=j}^{n}V_{bk} \tag{5-31}$$

(2)第 j 层墙肢的总弯矩和总剪力计算

第 j 层墙肢的总弯矩和总剪力可按照外荷载 $f(\xi)$ 与约束弯矩 $m(\xi)$ 共同作用下悬臂梁计算求得。

第 j 层墙肢的总弯矩: $$M_j=M_{Fj}-\sum_{k=j}^{n}m(\xi)_k \tag{5-32}$$

第 j 层墙肢的总剪力: $$V_j=V_{Fj}-\sum_{k=j}^{n}f(\xi)_k \tag{5-33}$$

式中:M_{Fj},V_{Fj}——分别为水平荷载在 j 层截面处产生的弯矩和剪力。

(3)第 j 层各墙肢的弯矩计算

由基本假设可知,各墙肢的弯矩按刚度分配,由平衡条件可确定第 j 层各墙肢的弯矩为:

第 j 层各墙肢的弯矩:
$$\left.\begin{aligned}M_{1j}&=\frac{J_1}{J_1+J_2}M_j\\ M_{2j}&=\frac{J_2}{J_1+J_2}M_j\end{aligned}\right\} \tag{5-34}$$

(4)第 j 层各墙肢的剪力计算

各墙肢的剪力按刚度分配,第 j 层各墙肢的剪力为:

$$\left.\begin{aligned} V_{1j} &= \frac{\bar{J}_1}{\bar{J}_1+\bar{J}_2}V_j \\ V_{2j} &= \frac{\bar{J}_2}{\bar{J}_1+\bar{J}_2}V_j \end{aligned}\right\} \tag{5-35a}$$

式中:$\bar{J}_i$——考虑墙肢剪切变形后的墙肢折算惯性矩,按式(5-35b)计算:

$$\bar{J}_i = \frac{J_i}{1+\dfrac{12\mu EJ_i}{GA_i h^2}},(i=1,2) \tag{5-35b}$$

7. 双肢剪力墙的位移与等效抗弯刚度

双肢剪力墙的侧向位移由墙肢的弯曲变形和剪切变形引起的侧移两部分组成,在求得剪力墙的内力后,由式(5-36)计算双肢剪力墙的位移:

$$\begin{aligned} \Delta_{双肢墙} &= \Delta_m(\xi)+\Delta_v(\xi) \\ &= \frac{1}{E(J_1+J_2)}\int_1^{\xi}\int_1^{\xi}M_F(\xi)\mathrm{d}\xi\mathrm{d}\xi - \frac{1}{E(J_1+J_2)}\int_1^{\xi}\int_1^{\xi}\int_1^{\xi}m(\xi)\mathrm{d}\xi\mathrm{d}\xi\mathrm{d}\xi - \frac{\mu}{G(A_1+A_2)}\int_1^{\xi}V_F\mathrm{d}\xi \end{aligned} \tag{5-36}$$

经计算整理可得顶点位移为:

$$\Delta_{双肢墙} = \begin{cases} \dfrac{V_0H^3}{8E(J_1+J_2)J_{eq}}(1+4\gamma^2-T+\psi_\alpha T) & (均布荷载) \\ \dfrac{11V_0H^3}{60E(J_1+J_2)}(1+3.64\gamma^2-T+\psi_\alpha T) & (倒三角分布荷载) \\ \dfrac{V_0H^3}{3E(J_1+J_2)}(1+3\gamma^2-T+\psi_\alpha T) & (顶部集中荷载) \end{cases} \tag{5-37a}$$

经计算整理得到双肢剪力墙的等效抗弯刚度为:

$$EJ_{eq} = \begin{cases} \dfrac{E(J_1+J_2)}{1+4\gamma^2-T+\psi_\alpha T} & (均布荷载) \\ \dfrac{E(J_1+J_2)}{1+3.64\gamma^2-T+\psi_\alpha T} & (倒三角荷载) \\ \dfrac{E(J_1+J_2)}{1+3\gamma^2-T+\psi_\alpha T} & (顶部集中力) \end{cases} \tag{5-37b}$$

式中,$T=\dfrac{\alpha_1^2}{\alpha^2}$;$\gamma^2=\dfrac{\mu E(J_1+J_2)}{H^2G(A_1+A_2)}$; ψ_α 为与 α 有关的函数,由表5-10查得。

8. 双肢剪力墙侧移及内力分布特点

图5-10给出了按连续化方法计算得到的水平位移 y、连梁剪力 V_b、墙肢轴力 N、墙肢弯矩 M 沿高度的分布曲线,它们具有以下分布特点:侧移曲线呈弯曲型,α 愈大,整体刚度愈大,侧移愈小;剪力最大的连梁不在底层,其位置及大小随 α 值的改变而改变,当 α 值增大时,连梁剪力加大,剪力最大的连梁向下移;墙肢轴力即为该截面以上连梁剪力之和,向下逐渐加大;墙

肢弯矩与 α 有关，α 愈大连梁愈强，连梁内力愈大，墙肢弯矩愈小。

ψ_{α} 值 表 表 5-10

α	倒三角荷载	均布荷载	α	倒三角荷载	均布荷载
1.000	0.720	0.722	11.000	0.026	0.027
1.500	0.537	0.540	11.500	0.023	0.025
2.000	0.399	0.403	12.000	0.022	0.023
2.500	0.302	0.306	12.500	0.020	0.021
3.000	0.234	0.238	13.000	0.019	0.020
3.500	0.186	0.190	13.500	0.017	0.018
4.000	0.151	0.155	14.000	0.016	0.017
4.500	0.125	0.128	14.500	0.015	0.016
5.000	0.105	0.108	15.000	0.014	0.015
5.500	0.089	0.192	15.500	0.013	0.014
6.000	0.077	0.080	16.000	0.012	0.013
6.500	0.067	0.070	16.500	0.012	0.013
7.000	0.058	0.061	17.000	0.011	0.012
7.500	0.052	0.054	17.500	0.010	0.011
8.000	0.046	0.048	18.000	0.010	0.011
8.500	0.041	0.043	18.500	0.009	0.010
9.000	0.037	0.039	19.000	0.009	0.009
9.500	0.034	0.035	19.500	0.008	0.009
10.000	0.031	0.032	20.000	0.008	0.009
10.500	0.028	0.030	20.500	0.008	0.008

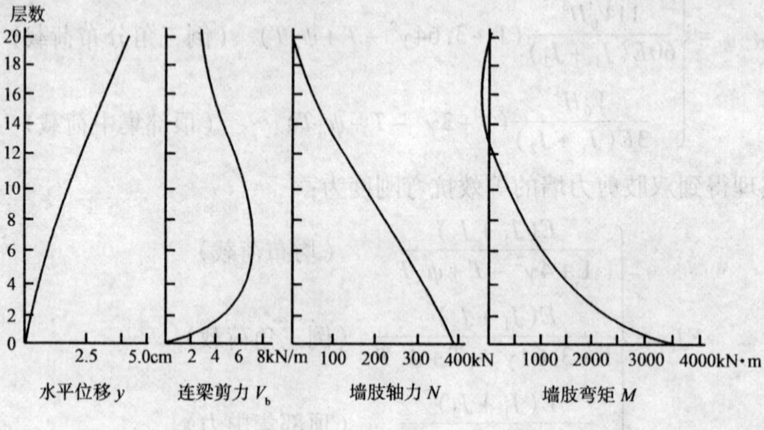

图 5-10 双肢剪力墙侧移及内力分布

9. 例题

求如图 5-11 所示 11 层剪力墙的内力和位移。

解：1）已知条件

剪力墙总高度 $H = 33.0\text{m}$；宽度 $B = 11.3\text{m}$；层高 $h = 3.0\text{m}$；连梁净跨度 $2l_n = 2.0\text{m}$；连梁截面高度 $h_b = 600\text{mm}$，两墙肢轴线之间的距离 $2c = 6.65\text{m}$，剪力墙厚度为 200mm。剪力墙承受风荷载 $f = 10\text{kN/m}$，混凝土强度等级为 C30，$E = 3.0 \times 10^7/\text{m}^2$，$G = 4.0E$。

2）几何参数（见表 5-11）

(1)墙肢

墙肢的几何参数 表 5-11

几 何 参 数	1 肢 墙	2 肢 墙	∑双肢墙之和
墙肢截面面积 $A(m^2)$	0.660	1.200	1.860
墙肢截面惯性矩 $J(m^4)$	0.599	3.600	4.199
$J/\sum J$	0.143	0.857	
考虑连梁剪切变形后的折算惯性矩 $\bar{J}(m^4)$	0.129	0.277	0.406
$\bar{J}/\sum\bar{J}$	0.317	0.683	

面积：$A_1=3.3\times0.2=0.660m^2, A_2=6.0\times0.2=1.200m^2$

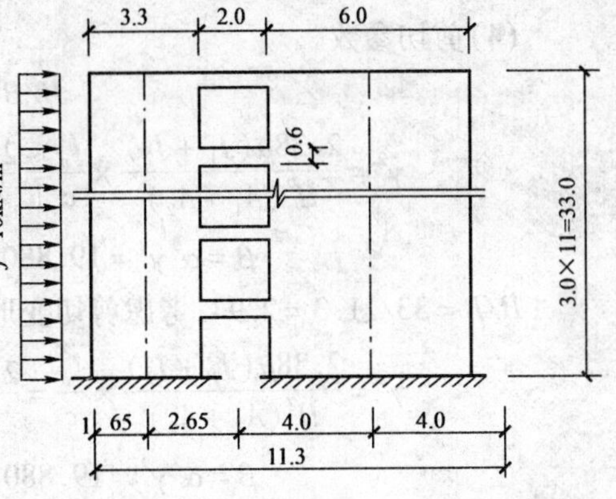

图 5-11 剪力墙立面图(尺寸单位:m)

墙肢截面惯性矩：

$$\bar{J}_b=J-(J_1+J_2)$$
$$=29.608-(0.599+3.600)=25.409m^4$$

$$J=29.608m^4, A_b=\frac{J_b}{1+\frac{7.5\mu J_b}{A_b}}, D=\frac{\bar{J}_b c^2}{l_n^3}l_n/c$$

$$J_1=0.2\times3.3^3/12=0.599m^4$$

$$J_2=0.2\times6.0^3/12=3.600m^4$$

考虑剪切变形后的墙肢折算惯性矩：

$$\bar{J}_1=\frac{J_1}{1+\frac{12\mu EJ_1}{GA_1h^2}}=\frac{0.599}{1+\frac{12\times1.2\times0.599E}{0.4\times0.660\times3.0^2E}}=0.129m^4$$

$$\bar{J}_2=\frac{J_2}{1+\frac{12\mu EJ_2}{GA_2h^2}}=\frac{3.60}{1+\frac{12\times1.2\times3.60E}{0.4\times3.60\times3.0^2E}}=0.277m^4$$

剪力墙对截面形心的惯性矩 $J=29.608m^4$

$$J_A=J-(J_1+J_2)=29.608-(0.599+3.600)=25.409m^4$$

(2)连梁(表 5-12)

连 梁 几 何 参 数 表 5-12

几何参数计算公式		计 算 数 值
截面面积(m^2)	A_b	0.120
截面惯性矩(m^4)	J_b	3.6×10^3
连梁考虑剪切变形的等效惯性矩(m^4)	$\bar{J}_b=\frac{J_b}{1+\frac{7.5\mu J_b}{l_n^2A_b}}$	2.835×103
墙肢轴线距离的一半的平方(m^2)	c^2	11.056
连梁的刚度系数	$D=\frac{\bar{J}_bc^2}{l_n^3}$	3.134×103
洞口宽度与两墙肢轴线距离之比	l_n/c	0.301

3)基本参数

(1)组合截面形心轴的面积距

$$S=\frac{2cA_1A_2}{A_1+A_2}=\frac{2\times3.325\times0.660\times1.200}{0.660+1.200}=2.83$$

(2)整体系数

$$\alpha_1^2=\frac{6H^2}{h(J_1+J_2)}D=\frac{6\times33^2\times3.134\times10^{-2}}{3.0\times4.199}=16.256$$

(3)考虑轴向变形的整体系数

$$\alpha^2=\alpha_1^2+\frac{3H^2D}{hcS}=16.256+\frac{3\times33^2\times3.134\times10^{-2}}{3.0\times3.325\times2.832}=19.880$$

(4)剪切参数

$$H/B=33/11.3=2.94$$

$$\gamma^2=\frac{2.38\mu(J_1+J_2)}{H^2(A_1+A_2)}\times\frac{l_n}{c}=\frac{2.38\times1.2\times4.199}{33^2\times1.860}\times\frac{1.0}{3.325}=1.781\times10^{-3}$$

$$\beta=\alpha^2\gamma^2=19.880\times1.781\times10^{-3}=3.541\times10^{-2}$$

$H/B=33/11.3=2.94$,考虑剪切变形的影响,剪切参数变形的影响,剪切参数计算如下:

$$\gamma^2=\frac{2.38\mu(J_1+J_2)}{H^2(A_1+A_2)}\times\frac{l_n}{c}=\frac{2.38\times1.2\times4.199}{33^2\times1.860}\times\frac{1.0}{3.325}=1.781\times10^{-3}$$

$$\beta=\alpha^2\gamma^2=19.880\times1.781\times10^{-3}=3.541\times10^{-2}$$

4)剪力墙类型的判断

$n=11$;$\alpha=4.45<10$,$\xi=0.938$,$J_A/J=25.409/29.608=0.858$,由表5-4判断该剪力墙为双肢剪力墙。

5)内力计算

根据式(5-27)有:

$$\phi(\xi)=(1-\beta)\phi_1(\alpha,\xi)+\beta\phi_2(\xi)=0.965\phi_1(\alpha,\xi)+3.54\times10^{-2}\phi_2(\xi)$$

由表5-7和表5-9查得$\phi_1(\alpha,\xi)$和$\phi_2(\xi)$,代入上式,求得任意高度ξ的$\phi(\xi)$,由$\phi(\xi)$可求得连梁的约束弯矩:

$$m(\xi)=\phi(\xi)V_0\frac{\alpha_1^2}{\alpha^2}=\phi(\xi)\times fH\times T=10\times33\times0.818\phi(\xi)=269.94\phi(\xi)$$

第j层连梁的剪力:

$$V_{bj}=m_j(\xi)\frac{h}{2c}$$

第j层连梁的端部弯矩:

$$M_{bj}=V_{bj}l_n$$

第j层墙肢的轴力:

$$N=N_{1j}=N_{2j}=\sum_{k=j}^{n}V_{bk}$$

第j层墙肢的总弯矩: $M_j=M_{Fj}-\sum_{k=j}^{n}m(\xi)_k$

第j层墙肢的总剪力: $V_j=V_{Fj}-\sum_{k=j}^{n}f(\xi)_k$

第 j 层各墙肢的弯矩：
$$M_{1j} = \frac{J_1}{J_1 + J_2} M_j$$
$$M_{2j} = \frac{J_2}{J_1 + J_2} M_j$$
第 j 层各墙肢的剪力：
$$V_{1j} = \frac{\bar{J}_1}{\bar{J}_1 + \bar{J}_2} V_j$$
$$V_{2j} = \frac{\bar{J}_2}{\bar{J}_1 + \bar{J}_2} V_j$$
连梁和墙肢的内力计算结果见表 5-13 和表 5-14。

连梁内力计算表 表 5-13

层	ξ	$\phi_1(\alpha,\xi)$	$\phi_2(\xi)$	$\phi(\xi)$	$m(\xi)$	$\sum_{k=j}^{n} f(\xi)_k$	$V_{bj} = m_j(\xi)h/2c$	$M_{bj} = V_{bj} l_n$
11	0	0.200	0.000	0.193	52.098	0	23.503	23.503
10	0.091	0.206	0.091	0.202	54.528	30	24.599	24.599
9	0.182	0.250	0.182	0.248	66.945	60	30.20	30.201
8	0.273	0.296	0.273	0.295	79.632	90	35.924	35.924
7	0.364	0.346	0.364	0.347	93.669	120	42.257	42.257
6	0.455	0.394	0.455	0.396	106.896	150	48.224	48.224
5	0.545	0.433	0.545	0.437	117.964	180	53.217	53.217
4	0.636	0.449	0.636	0.456	123.093	210	55.531	55.531
3	0.727	0.436	0.727	0.446	120.393	240	54.313	54.313
2	0.818	0.375	0.818	0.391	105.547	270	47.615	47.615
1	0.909	0.241	0.909	0.265	71.534	300	32.271	32.271
0	1.000	0.000	1.000	0.035	9.448	330	—	—

墙肢内力计算表 表 5-14

层	$N_{1j} = N_{2j} = \sum_{k=j}^{n} V_{bk}$	$M_j = M_{Fj} - \sum_{k=j}^{n} m(\xi)_k$	$V_j = \sum_{k=j}^{n} f(\xi)_k$	M_{1j}	M_{2j}	V_{1j}	V_{2j}
11	23.503	−52.098	0.0	−7.450	−44.648	0.000	0.000
10	48.102	−61.536	30.0	−8.799	−52.736	9.510	20.490
9	78.303	6.789	60.0	0.971	5.818	19.020	40.980
8	94.510	152.607	90.0	21.823	130.785	28.530	61.470
7	113.573	374.569	120.0	53.633	321.005	38.040	81.960
6	135.328	673.483	150.0	96.308	577.175	47.550	102.450
5	159.336	1045.569	180.0	149.516	896.053	57.060	122.940
4	184.388	1507.656	210.0	215.595	1292.061	66.570	143.430
3	208.890	2062.622	240.0	294.955	1767.667	76.080	163.920
2	230.371	2722.615	270.0	389.334	2333.281	85.590	184.410
1	244.929	3506.801	300.0	501.473	3005.328	95.100	204.900
0	222.929	4443.253	330.0	635.385	3807.868	104.610	225.390

6）位移的计算

（1）剪力墙等效抗弯刚度

$\alpha = 4.459, \psi_a = 0.130$

$$EJ_{eq}=\frac{E(J_1+J_2)}{1+4\gamma^2-T+\psi_a T}=\frac{3.0\times10^7\times4.199}{1+4\times1.781\times10^{-3}-0.818+0.130\times0.818}=4.207\times10^8$$

(2)顶点位移

$$\Delta=\frac{V_0H^3}{8EJ_{eq}}=\frac{10\times33\times33^2}{8\times4.270\times10^8}\times10^3=3.472\text{mm}$$

二、多肢剪力墙的内力和位移计算要点

具有多列整齐洞口的多肢剪力墙,其基本假定和基本体系与双肢剪力墙类似,可用双肢剪力墙内力计算所采用的连续连杆法进行多肢剪力墙的内力计算。以下仅给出多肢剪力墙的内力和位移的计算要点。

1. 几何参数计算

首先计算出各墙肢截面面积 A_i 和惯性矩 J_i 及连梁截面面积 A_{bi} 和惯性矩 J_{bi},然后计算下列各参数。

(1)连梁考虑剪切变形的折算惯性矩

$$J_{bi}^0=\frac{J_{bi}}{(1+3\mu EI_{bi}/GA_{bi}a_{bi}^2)} \tag{5-38}$$

(2)连梁的刚度参数

$$D_i=J_{bi}^0c_i^2/a_{bi}^3 \tag{5-39}$$

式中:a_{bi}——第 i 列连梁计算跨度之半,设连梁净跨为 $2a_{i0}$,则取 $a_{bi}=a_{i0}+h_{bi}/4$;

c_i——第 i 列洞口两侧墙肢轴线距离一半。

2. 基本参数计算

(1)考虑墙肢轴向变形影响的整体系数

$$\alpha_1^2=\frac{6H^2}{Th\sum_{i=1}^{k+1}J_i}\sum_{i=1}^{k}D_i \tag{5-40}$$

式中:h——层高(各层不等时可取沿高度的加权平均值);

α_1——考虑了墙肢轴向变形影响的整体系数;

H——剪力墙总高度;

T——轴向变形影响系数,双肢墙 $T=J_A/J$,$J_A=A_1y_1{}^2+A_2y_2^2$,对多肢墙,当墙肢数为 3~4 时,$T=0.80$,当墙肢数为 5~7 时,$T=0.85$,当墙肢数为 8 肢以上时,$T=0.90$。

(2)剪切影响系数

$$\gamma^2=\frac{E\sum_{i=1}^{k+1}J_i}{H^2G\sum_{i=1}^{k+1}\frac{A_i}{\mu_i}} \tag{5-41}$$

式中:μ_i——第 i 墙肢剪应力不均匀系数,根据各个墙肢截面形状确定,对于墙肢少、层数多且 $H/B\geqslant4$ 时,可不考虑剪切变形影响,取 $\gamma^2=0$。

(3)墙肢等效刚度

$$EJ_{eq}=\frac{E\sum_{i=1}^{k+1}J_i}{1+4\gamma^2-T+\psi_\alpha T}\quad（均布荷载）\tag{5-42a}$$

$$EJ_{eq}=\frac{E\sum_{i=1}^{k+1}J_i}{1+3.6\gamma^2-T+\psi_\alpha T}\quad（倒三角荷载）\tag{5-42b}$$

$$EJ_{eq}=\frac{E\sum_{i=1}^{k+1}J_i}{1+3\gamma^2-T+\psi_\alpha T}\quad（顶部集中力）\tag{5-42c}$$

式中：ψ_α——系数，根据荷载形式和 α 查表 5-10 确定。

(4)连梁约束弯矩函数 $m(\xi)$

通常根据所选取连梁中心位置处的坐标 $\xi_1,\xi_2,\cdots\cdots,\xi_n$ 及荷载形式，通过查表 5-9 确定相应的 $\phi(\xi)$，然后按公式(5-28)确定 $m(\xi)$。也可由 $\phi(\xi)$ 直接计算连梁内力。

3. 连梁内力计算

(1)各列连梁约束弯矩分配系数 η_i

对双肢墙连梁约束弯矩分配系数 $\eta=1$，对多肢墙连梁约束弯矩分配系数 η_i 按式(5-43)确定。

$$\eta_i=\frac{D_i\varphi_i}{\sum_{i=1}^{k}D_i\varphi_i}\tag{5-43}$$

$$\varphi_i=\frac{1}{1+\alpha/4}\left[1+1.5\alpha\frac{r_i}{B}\left(1-\frac{r_i}{B}\right)\right]\tag{5-44}$$

式中：φ_i——多肢墙连梁约束弯矩分布系数；

r_i——第 i 列连梁中点距墙边的距离(见图 5-12)。

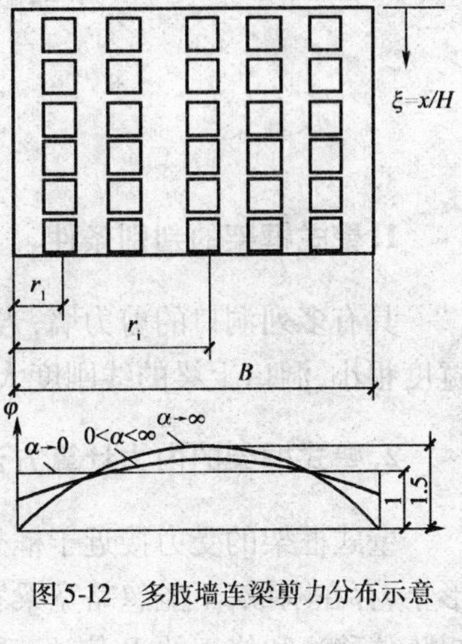

图 5-12　多肢墙连梁剪力分布示意

(2)连梁的剪力和弯矩

j 层连梁总约束弯矩为：

$$m_j=ThV_0\varphi(\xi_j)\tag{5-45}$$

j 层第 i 个连梁剪力为：

$$V_{bij}=(0.5\eta_i/c_i)m_j\tag{5-46}$$

j 层第 i 个连梁端弯矩为：

$$M_{bij}=V_{bij}\cdot a_{i0}\tag{5-47}$$

4. 墙肢内力计算

(1)墙肢的轴力

j 层第 1 个墙肢的轴力为：

$$N_{1j}=\sum_{j=j}^{n}V_{b1j}\tag{5-48}$$

j 层第 i 个墙肢的轴力为：

$$N_{ij}=\sum_{j=j}^{n}(V_{bij}-V_{b,i-1,j})\tag{5-49}$$

j 层第 $k+1$ 个墙肢的轴力为：

$$N_{k+1,j} = \sum_{j=j}^{n} V_{bkj} \tag{5-50}$$

(2)墙肢的弯矩和剪力

j 层第 i 个墙肢的弯矩按墙肢的刚度比例分配,剪力按折算刚度 J_i^0 比例分配。

j 层第 i 个墙肢的弯矩为:

$$M_{ij} = \frac{J_i}{\sum_{i=1}^{k+1} J_i}\left(M_{pj} - \sum_{j=j}^{n} m_j\right) \tag{5-51}$$

j 层第 i 个墙肢的剪力为:

$$V_{ij} = \frac{J_i^0}{\sum_{i=1}^{k+1} J_i^0} V_{pj} \tag{5-52}$$

$$J_i^0 = \frac{J_i}{1 + \dfrac{12\mu E J_i}{G A_i h^2}} \tag{5-53}$$

5. 顶点位移计算

$$\Delta = \begin{cases} \dfrac{V_0 H^3}{8EJ_{eq}} & (均布荷载) \\ \dfrac{11 V_0 H^3}{60EJ_{eq}} & (倒三角分布荷载) \\ \dfrac{V_0 H^3}{3EJ_{eq}} & (顶部集中荷载) \end{cases} \tag{5-54}$$

第四节　壁式框架内力和位移计算

一、壁式框架的计算简图

1. 壁式框架的判别条件

具有多列洞口的剪力墙,当剪力墙洞口尺寸较大(如洞口系数为30% ~50%之间),墙肢宽度很小,洞口上梁的线刚度大于或接近墙肢的线刚度,且满足 $\alpha \geqslant 10$ 和 $I_n/I > \xi$ 的要求。

2. 壁式框架的内力计算方法

壁式框架的受力接近于框架,但与普通框架不完全相同,其差别是梁柱相交部分面积大变形小,存在刚域,不能忽略宽梁宽柱的剪切变形影响。壁式框架的内力计算可采用杆件有限元矩阵位移法和修正的 D 值法,采用矩阵位移法计算时,应采用带刚域杆件的单元刚度,并考虑剪切与轴向变形的影响;采用 D 值法时,沿用 D 值法不考虑柱轴向变形的基本假定,但需考虑刚域及杆件剪切变形对 D 值和反弯点高度的影响。本节仅介绍在水平荷载作用下壁式框架内力计算的 D 值法。

3. 壁式框架的内力计算简图

(1)计算简图

壁式框架的轴线取壁梁和壁柱截面的形心线,一般情况下,楼层的层高(相邻楼面板间的距离)h 与壁梁间距(轴线间的距离)h_w 不一定完全一样,为了简化起见,视两者相等,即取楼面为壁梁轴线,即 $h_w = h$。梁柱相交处的结合区,视作不产生弯曲变形和剪切变形的刚域,壁式框架的梁、柱简化为带刚域的变截面杆件。由此可确定图 5-13 所示的壁式框架计算简图。

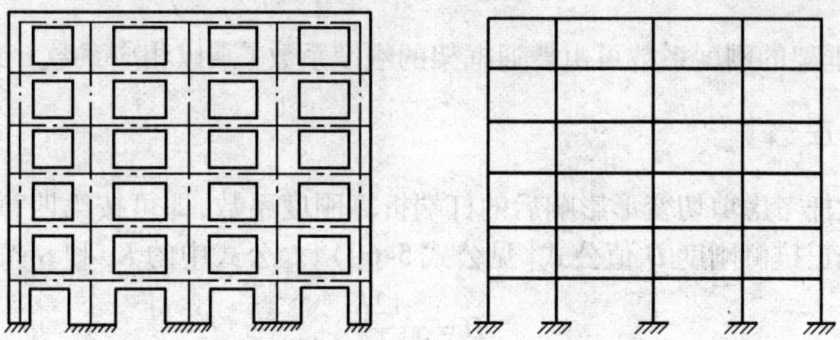

图 5-13 壁式框架计算简图

(2)刚域长度确定

图 5-14 给出了壁式框架的刚域示意图,刚域的长度通过试验与比较计算确定,公式(5-55)至公式(5-58)给出了壁式框架梁和柱刚域长度的计算公式。

梁刚域长度为:
$$l_{b1} = b_1 - 0.25h_b \tag{5-55}$$
$$l_{b2} = b_2 - 0.25h_b \tag{5-56}$$

柱刚域长度为:
$$l_{c1} = c_1 - 0.25h_c \tag{5-57}$$
$$l_{c2} = c_2 - 0.25h_c \tag{5-58}$$

当按上式计算的刚域长度为负值时,应取为零。

二、带刚域杆考虑剪切变形后线刚度系数 K 值和 D 值的修正

由于刚域的存在及构件截面较宽不宜忽略剪切变形影响的原因,在采用 D 值法进行壁式框架内力计算时,应对带刚域杆考虑剪切变形后线刚度系数 K 值、D 值和壁柱反弯点高度比进行必要修正。以下首先介绍 K 值和 D 值的修正。

1. K 值的修正

图 5-15 给出了带刚域杆件,两端刚域长度分别为 al、bl,中段的杆件弯曲刚度为 EI,梁和柱的截面高度为 h_b 和 h_c,中段长度为 $l_0 = l - (a + b)l$。

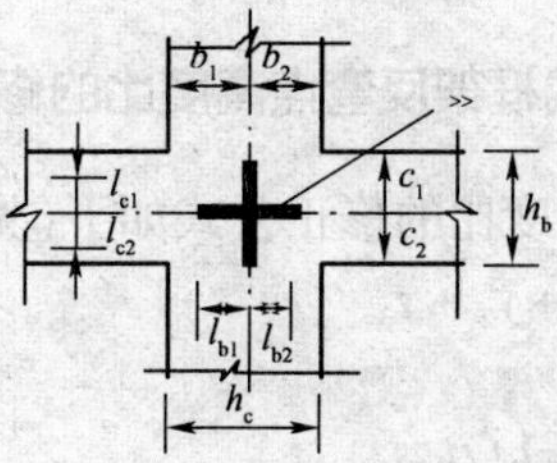

图 5-14 壁式框架的刚域

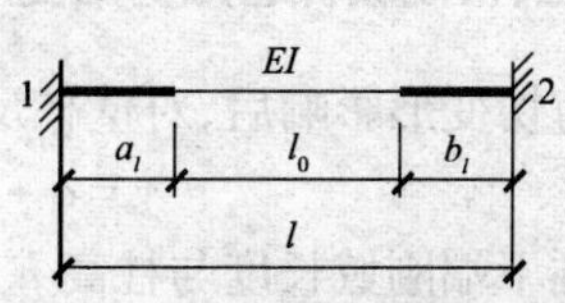

图 5-15 带刚域杆件简图

(1)当不考虑两端刚域及剪切变形影响时，杆件的线刚度为 $i = EI/l$；

(2)当考虑两端刚域及剪切变形影响时，根据结构力学中的方法，可推导出图 5-13 所示带刚域杆件考虑剪切变形后的线刚度，由此即可确定出带刚域杆件的折算线刚度系数[见公式(5-59)]。

$$\left.\begin{aligned} &\text{杆件左端}: K_{12} = ci \\ &\text{杆件右端}: K_{21} = c'i \\ &\text{两端总和}: K_c = \frac{c + c'}{2} i \end{aligned}\right\} \tag{5-59}$$

显然，壁式框架的刚度系数可由普通框架的刚度系数 i 乘以相应系数 c 或 c'确定。

2. *D* 值的修正

有了带刚域杆考虑剪切变形影响后的杆端折算刚度系数，即可按第四章同样的方法求出壁式框架柱的修正抗侧刚度 D 值公式[见公式 5-60)]。公式中的 K_c 和 α 按表 5-15 采用。

$$D = \alpha \frac{12K_c}{h^2} \tag{5-60}$$

α 计 算 公 式 表 表 5-15

楼层	边　柱	中　柱	K	α
一般层柱	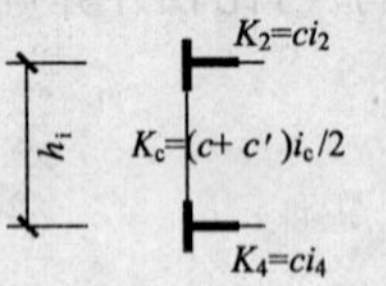	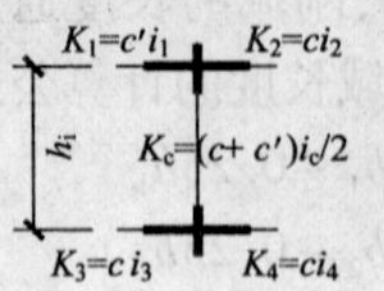	边柱 $K = \frac{K_2 + K_4}{2K_c}$ 中柱 $K = \frac{K_1 + K_2 + K_3 + K_4}{2K_c}$	$\alpha = \frac{K}{2 + K}$
底层柱		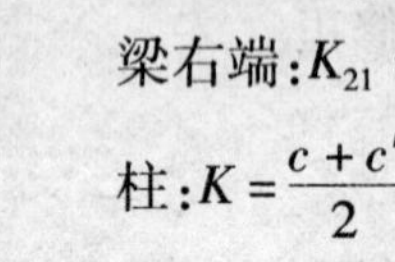	边柱 $K = \frac{K_2}{K_c}$ 中柱 $K = \frac{K_1 + K_2}{K_c}$	$\alpha = \frac{0.5 + K}{2 + K}$

注：i_1、i_2、i_3、i_4 为普通框架梁的线刚度($i_b = E_b I_b / l$，l 为梁跨度)；i_c 为普通框架柱的线刚度($i_c = E_c I_c / h$，h 为层高)。

$$\left.\begin{aligned} &\text{梁左端}: K_{12} = ci \\ &\text{梁右端}: K_{21} = c'i \\ &\text{柱}: K = \frac{c + c'}{2} i \end{aligned}\right\} \tag{5-61}$$

即只需按上式将等截面杆的刚度 i 乘以相应的系数 c 或 c'就可以得到壁式框架的折算刚度系数。

三、带刚域杆考虑剪切变形后壁式框架反弯点高度比的修正

考虑刚域和剪切变形影响后，对壁柱反弯点高度比的修正公式如下(见图 5-16)。

$$y = a + sy_0 + y_1 + y_2 + y_3 \tag{5-62}$$

式中：a——柱下端刚域长度与柱高 h 之比；

s——无刚域部分柱长度与柱高之比，$s = h'/h$；

y_0——标准反弯点高度比，由上下壁梁的平均相对刚度与壁柱相对刚度的比值 K'

(见公式 5-63)查表 4-3 和表 4-4 确定;

$$K' = s^2 \frac{K_1 + K_2 + K_3 + K_4}{2i_c} \tag{5-63}$$

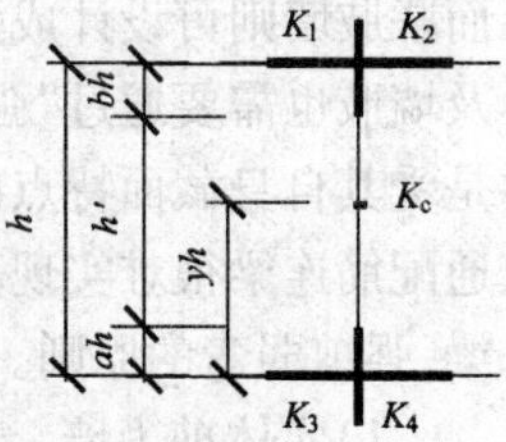

图 5-16　壁柱反弯点位置示意图

y_1——上下层梁线刚度变化的修正值,由 K' 和上下壁梁刚度比值 a_1 查表 4-5 确定,其中,$a_1 = (K_1 + K_2)/(K_3 + K_4)$ 或 $a_1 = (K_3 + K_4)/(K_1 + K_2)$(刚度较小者为分子);

y_2——上层层高变化的修正值,由 K' 和上层层高对该层层高的比值 $a_2 = h_{上}/h$ 查表 4-6 确定;

y_3——下层层高变化的修正值,由 K' 和下层层高对该层层高的比值 $a_3 = h_{下}/h$ 查表 4-6 确定。

确定了壁式框架的 D 值及反弯点高度比的修正值后,其他的计算与第四章普通框架的计算完全一样,不再赘述。

第五节　剪力墙的截面设计与构造要求

一、延性剪力墙的设计原则

在地震区的剪力墙结构中,剪力墙在轴力、弯矩和剪力的复合状态下工作,剪力墙结构除需满足有关强度和刚度要求外,还应具备必要的延性,满足非弹性变形反复循环下的延性、能量耗散和控制结构达到大震不倒的目的。与框架柱的延性设计类似,地震区的剪力墙需要进行内力调整并满足相应的构造要求。在地震作用下,剪力墙墙肢变形小,破坏程度低,可以设计成延性抗震墙,以防止剪力墙体发生脆性剪切破坏,故应将剪力墙设计成延性抗震墙,大震时通过连梁和墙肢底部的塑性铰范围内的塑性变形,耗散地震能量。

1. 影响剪力墙延性的主要因素

影响剪力墙延性的主要因素有以下几方面:

(1)混凝土强度等级:剪力墙的延性随混凝土强度等级的提高而提高;

(2)截面形式:有翼缘的剪力墙较无翼缘的剪力墙延性提高;

(3)轴向力:随轴向力的增加,剪力墙延性明显降低。但对实体剪力墙而言,墙体承受的轴向力一般相对较小(抗压承载力的 20% 以下),对延性影响不大;

(4)竖向配筋率及配筋形式:墙截面的极限转角随配筋率的提高而减小,配筋率相同的情况下,将钢筋集中布置在墙的两端部比钢筋均匀布置的延性要高 ;

(5)开洞影响:剪力墙开洞后,塑性铰区域由墙身转移到洞口连梁。

2. 延性剪力墙的设计原则

抗震墙由墙肢和连梁两部分组成。悬臂墙的能量耗散,主要是通过墙底出铰来实现,联肢墙需经过合理地设置开洞位置,使它的能量耗散机理与具有强柱弱梁的梁铰机构相似,形成强墙弱梁,即连梁梁端出铰和墙底出铰,而墙体的其他地方,均不出现塑性铰。否则,倘若连梁强于墙肢,则会出现与柱铰机构一样的层变形机构。对于较长的悬臂墙,通常通过人为开洞使之变成联肢墙,因为悬臂墙作为静定结构,一旦有一个截面破坏失效,就会导致结构失效和倒塌,而联肢墙则可设计成强墙弱梁，出铰数目较多，耗能较大。同框架设计的强剪弱弯一样，连梁及墙肢也需要通过“强剪弱弯”来提高其抗剪承载能力，推迟剪切破坏，从而改善其延性。但是受其自身截面特点的影响，构件仍不能保证不发生剪切破坏，特别是连梁，一般情况下的普通配筋连梁很难实现高延性，设计时必须专门采取措施改变其性能。故设计时应遵循强墙弱梁、强剪弱弯的原则。即连梁的屈服先于墙肢，连梁和墙肢均应为弯曲屈服。

1）实体剪力墙

（1）塑性铰区域

由弹塑性动力法求得的实体剪力墙弯矩包络图基本上呈线性变化，与等效静力法求得的曲线弯矩图有所不同（图5-17）。如果完全按弯矩变化配筋，塑性铰就有可能沿墙任意高度发生，这就需要在整个墙高采取较严格的措施，这样既不合理也不经济。为了提高剪力墙的延性，应设法使塑性铰发生在剪力墙底部，并加强底部范围的抗剪能力。

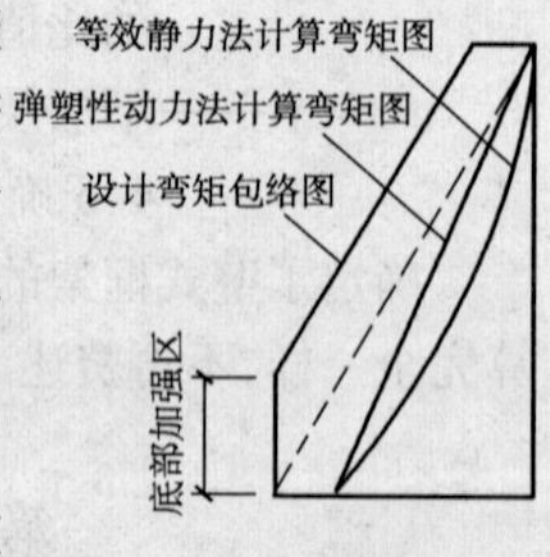

图5-17 剪力墙的弯矩包络图

剪力墙的底部加强部位取剪力墙墙肢总高度的1/8和底部二层的较大值。当剪力墙的高度超过150m时，底部加强部位取剪力墙墙肢总高度的1/10。

一级剪力墙的底部加强部位及以上一层，应按墙肢底部截面组合弯矩计算值采用；其他部分，按墙肢截面的组合弯矩计算值采用；其他部分，墙肢截面的组合弯矩计算应乘以增大系数1.2。在双肢剪力墙中，墙肢不宜出现小偏心受拉；当任一墙肢为大偏心受拉时，其截面开裂，刚度急剧降低，内力向受压墙肢转移，因此另一受压墙肢的剪力设计值、弯矩设计值应乘以系数1.25。

（2）强剪弱弯原则

对于底部加强区，为防止剪切先于弯曲破坏，对底部加强区的剪力应进行调整。一、二、三级剪力墙加强部位，其截面组合的剪力设计值应按式（5-64）调整：

$$V=\eta_{vw}V_w, x\leqslant\xi_b h_{0w}, \sigma_s=f_y, V=\eta_{vw}V_w \tag{5-64}$$

9度时尚应符合：

$$V=1.1\frac{M_{wua}}{M_w}V_w \tag{5-65}$$

式中：V——考虑地震作用组合的剪力墙墙肢底部加强部位截面组合的剪力设计值；

V_w——考虑地震作用组合的剪力墙墙肢底部加强部位截面组合的剪力计算值；

M_{wua}——剪力墙墙肢底部截面实配的抗震受弯承载力，根据实际配置纵向钢筋面积、材料强度标准值和轴力设计值等计算；有翼墙时应计入墙内两侧各一倍翼墙厚度范围内的纵向钢筋；

M_w——考虑地震作用组合的剪力墙墙肢底部截面组合的弯矩设计值；

η_{vw}——剪力墙剪力增大系数，一、二、三级分别为1.9、1.4、1.2。

2）开洞剪力墙

开洞剪力墙的抗震设计，重点是“大震不倒”，考虑结构的抗震耗能。为此要处理好设计中的三个基本原则：预计的弹性区要强，塑性区要弱；墙肢要强，连梁要弱；抗剪要强，抗弯要弱。其中，连梁设计是延性剪力墙设计的关键，而墙肢的安全是结构裂而不倒的重要保证。强剪弱弯原则，既应体现在整体的开洞剪力墙的设计中，又要体现在连梁、墙肢各局部构件的设计上。

在地震作用下，应使连梁的屈服先于墙肢，使墙肢的安全储备大于连梁。因此，常采用一些措施，适当折减连梁的刚度，考虑内力重分布，使连梁产生塑性铰，耗散地震能量。

二、剪力墙的截面设计

剪力墙截面设计包括墙肢设计和连梁设计，其中墙肢设计又包括正截面承载力设计和斜截面承载力设计。

1. 墙肢正截面承载力设计

当纵横向剪力墙均现浇时，可考虑它们共同工作，即纵墙的一部分可以作为横墙的有效翼缘，横墙的一部分也可以作为纵墙的有效翼缘。剪力墙翼缘的计算宽度取剪力墙的间距、门窗洞间墙的宽度、剪力墙厚度加两侧6倍翼缘的厚度、剪力墙墙肢总高度的1/10四者中的最小值。因此，剪力墙墙肢截面可以是矩形、T形、L形或工字形。

1）偏心受压状态

偏心受压状态和偏心受压类似，剪力墙的偏心受压破坏也分为大偏心受压破坏和小偏心受压破坏，以工字形截面为例，其截面的外力和应力分布如图5-18所示。当偏心距较大时，构件处于大偏心受压破坏状态，远离中和轴的受拉钢筋和受压钢筋应力均可达到屈服强度f_c。根据试验分析，在受拉区$(h_0-1.5x)$范围内的竖向分布钢筋可以达到屈服强度，承受部分拉力。由于竖向分布钢筋一般直径较小，且当构件破坏时可能压屈失稳，为安全起见，不考虑受压分布钢筋的作用。

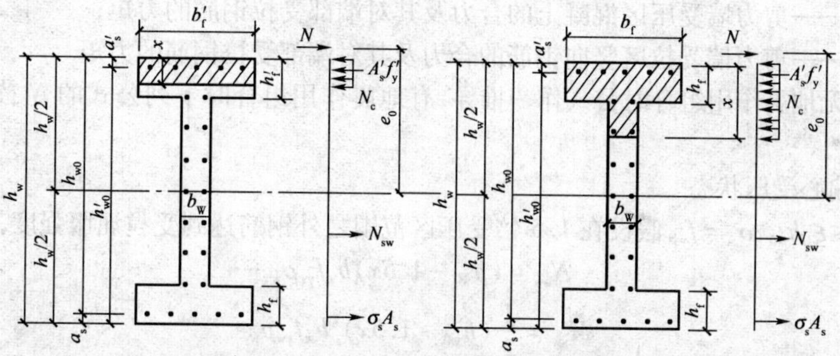

图5-18　剪力墙应力图

当无地震作用组合时，根据截面轴向力和对受拉钢筋作用点的力矩平衡条件$\Sigma M=0$和$\Sigma N=0$，得：

$$N \leqslant N_c + A'_s f_y{}' - A_s\sigma_s - N_{sw} \tag{5-66}$$

$$N\left(e_0+\frac{h_w}{2}-a_s\right) \leqslant M_c + A'_s f'_y(h_{w0}-a'_s) - M_{sw} \tag{5-67}$$

有地震作用组合时，应按照式(5-68)和式(5-69)计算：

$$N \leqslant (N_c + A'_s f_y - A_s\sigma_s - N_{sw})/\gamma_{RE} \tag{5-68}$$

$$N\left(e_0+\frac{h_w}{2}-a_s\right) \leqslant [M_c + A'_s f'_y(h_{w0}-a'_s) - M_{sw}]/\gamma_{RE} \tag{5-69}$$

大小偏心受压破坏取决于受压区混凝土的折算高度x，当$x \leqslant \xi_b h_0$时，截面处于大偏心受压状态;当 $x > \xi_b h_0$ 时截面处于小偏心受压状态。ξ_b 为界限受压区高度。

当 $x \leqslant h'_f$ 时,如图 5-18a)所示,有:

$$N_c = \alpha_1 f_c b'_f x \tag{5-70}$$

$$M_c = \alpha_1 f_c b'_f x(h_{w0} - 0.5x) \tag{5-71}$$

当 $x > h'_f$ 时,如图 5-18b)所示,有:

$$N_c = \alpha_1 f_c b_w x + \alpha_1 f_c (b'_f - b_w) h'_f \tag{5-72}$$

$$M_c = \alpha_1 f_c b_w x(h_{w0} - 0.5x) + \alpha_1 f_c (b'_f - b_w) h'_f (h_{w0} - 0.5h'_f) \tag{5-73}$$

上述式中:f_c——混凝土轴心抗压强度设计值;

α_1——受压区混凝土矩形应力图的应力值与混凝土轴心抗压强度设计值的比值,当混凝土强度等级不超过 C50 时,取 1.0,当混凝土强度等级为 C80 时,取0.94,其间可按线性内插法求得;

f_y'——剪力墙端部受压钢筋屈服强度设计值;

b_f'——T 形或 I 形截面受压区翼缘宽度;

h_f'——T 形或 I 形截面受压区翼缘高度;

A_s, A_s'——剪力墙端部受拉钢筋和受压钢筋面积;

e_0——偏心距,$e_0 = M/N$;

h_w, h_{w0}, b_w——剪力墙截面高度、有效高度和厚度,$h_{w0} = h_w - a'_s$;

x——混凝土受压区折算高度;

σ_s——受拉钢筋应力值;

N_c, M_c——剪力墙受压区混凝土的合力及其对端部受拉钢筋的力矩;

N_{sw}, M_{sw}——剪力墙受拉区竖向钢筋的合力及其对端部受拉钢筋的力矩。

以下就无地震作用组合时公式作一推导,有地震作用组合时下列公式的 N 替换成 N/γ_{RE} 即可。

(1)大偏心受压状态

此时 $x \leqslant \xi_b h_{w0}$,$\sigma_s = f_y$,假设在 1.5 倍受压区范围之外钢筋达到受拉屈服强度,则

$$N_{sw} = (h_{w0} - 1.5x) b_w f_{yw} \rho_w \tag{5-74}$$

$$M_{sw} = \frac{1}{2}(h_{w0} - 1.5x)^2 b_w f_{yw} \rho_w \tag{5-75}$$

当 $x \leqslant h'_f$,根据式(5-66)、式(5-70)可得:

$$x = \frac{N + A_{sw} f_{yw}}{\alpha_1 f_c b'_f + 1.5 A_{sw} f_{yw} / h_{w0}} \tag{5-76}$$

然后代入式(5-67),求得 A_s 和 A'_s

$$A_s = A_s' = \frac{N(e_0 + 0.5h_w - a_s) + M_{sw} - \alpha_1 f_c b_f' x(h_{w0} - 0.5x)}{(h_{w0} - a_s') f_y} \tag{5-77}$$

当 $x > h'_f$ 时,根据式(5-66)和式(5-72)可得:

$$x = \frac{N + A_{sw} f_{yw} - \alpha_1 f_c h'_f (b'_f - b_w)}{\alpha_1 f_c b_w + 1.5 A_{sw} f_{yw} / h_{w0}} \tag{5-78}$$

然后代入式(5-67),求得

$$A_s = A_s' = \frac{N(e_0 + 0.5h_w - a_s) + M_{sw} - \alpha_1 f_c b_f' x(h_{w0} - 0.5x) - \alpha_1 f_c (b_f' - b_w)(h_{w0} - 0.5h_f')}{(h_{w0} - a'_s) f_y} \tag{5-79}$$

式中：f_y——剪力墙端部受拉钢筋强度设计值；

f_{yw}——剪力墙竖向分布钢筋受拉强度设计值；

ρ_w——剪力墙竖向分布钢筋的配筋率；

N_{sw}，M_{sw}——剪力墙受拉区竖向钢筋的合力及其对端部受拉钢筋的力矩；

(2)小偏心受压状态

小偏心受压状态 σ_s 达不到 f_y，与小偏心受压柱的计算类似，σ_s 可按式(5-80)计算：

$$\sigma_s = f_y \times \frac{\xi - \beta_1}{\xi_b - 0.8} \quad \xi_b = \frac{\beta_1}{1 + \dfrac{f_y}{E_s \varepsilon_{cu}}} \tag{5-80}$$

式中：$\xi = x/h_{w0}$。

β_1——随混凝土强度提高而逐渐降低的系数，当混凝土强度等级不超过 C50 时，取 0.8，当混凝土强度等级为 C80 时，取 0.74，其间可按线性内插法取值；

ε_{cu}——混凝土极限压应变，应按现行国家标准《混凝土结构设计规范》(GB 500010)的有关规定采用。

小偏心受压状态 $N_{sw}=0$，$M_{sw}=0$，一般情况下，受压区分布为图 5-18b)所示状态，根据式(5-66)和式(5-72)，可得：

$$N = \alpha_1 f_c b_w x + \alpha_1 f_c h_f'(b_f' - b_w) + A_s f_y \left(1 - \frac{\xi - \beta_1}{\xi_b - 0.8}\right) \tag{5-81}$$

并注意到 $M_{sw}=0$，式(5-69)可改写为：

$$N\left(e_0 + \frac{h_w}{2} - a_s\right) = \alpha_1 f_c b_w x(h_{w0} - 0.5x) + \alpha_1 f_c (b_f' - b_w)(h_{w0} - 0.5h_f') + A_s' f_y'(h_0 - a_s') \tag{5-82}$$

将式(5-81)和式(5-82)联立求解，可求得 x 和 $A_s = A'_s$

截面计算时通常可假定一种状态，比如假定为大偏心受压状态，按式(5-76)或式(5-78)求 x，如果 $x \leqslant \xi_b h_0$ 时，则按式(5-76)或式(5-78)求得配筋；否则，按小偏心受压来计算截面配筋。

2)偏心受拉状态

无地震作用时，应满足：

$$\frac{N}{N_{0u}} + \frac{M}{M_{wu}} = N\left(\frac{1}{N_{0u}} + \frac{e_0}{M_{wu}}\right) \leqslant 1 \tag{5-83}$$

$$N \leqslant \frac{1}{\left(\dfrac{1}{N_{0u}} + \dfrac{e_0}{M_{wu}}\right)} \tag{5-84}$$

有地震作用时，应满足：

$$N \leqslant \frac{1}{\gamma_{RE}} \times \frac{1}{\left(\dfrac{1}{N_{0u}} + \dfrac{e_0}{M_{wu}}\right)} \tag{5-85}$$

式中：N_{0u}——剪力墙轴心受拉承载力设计值；

M_{wu}——剪力墙通过轴向拉力作用点的弯矩平面计算的正截面受弯承载力设计值；

e_0——偏心距。

N_{0u}，M_{wu} 可按照下列公式计算：

$$N_{0u} = 2f_y A_s + f_{yv} A_{sw} \tag{5-86}$$

$$M_{wu} = A_s f_y (h_{w0} - a_s') + A_{sw} f_{yw} (h_{w0} - a_s')/2 \tag{5-87}$$

式中：A_{sw}——剪力墙腹板竖向分布钢筋的全部截面面积。

2. 墙肢斜截面承载力计算

1）偏心受压时斜截面的抗剪承载力

钢筋混凝土剪力墙偏心受压时的剪切破坏有斜拉破坏、斜压破坏和剪压破坏三种形式，前两种破坏属于脆性破坏，剪压破坏是斜截面抗剪强度设计的依据。为防止剪力墙斜拉破坏，应限制剪力墙的最小配筋率，为防止剪力墙斜压破坏，剪力墙肢尺寸不宜过小，应限制剪力墙的最小截面尺寸，即限制剪压比，其剪压比应符合下列公式要求：

（1）无地震作用组合

$$V \leqslant 0.25 f_c \beta_c b_w h_{w0} \tag{5-88}$$

（2）有地震作用组合，当剪跨比 $\lambda > 2.5$ 时

$$V \leqslant 0.20 f_c \beta_c b_w h_{w0} / \gamma_{RE} \tag{5-89}$$

（3）有地震作用组合，当剪跨比 $\lambda \leqslant 2.5$ 时

$$V \leqslant 0.15 f_c \beta_c b_w h_{w0} / \gamma_{RE} \tag{5-90}$$

式中：b_w，h_{w0}——墙截面的厚度和有效高度；

λ——计算截面处的剪跨比，即 $\lambda = M_c/(V_c h_{w0})$，其中 M_c 和 V_c 为同一组合未调整的弯矩和剪力值。

轴向压力对剪力墙的抗剪承载力起有利作用，偏心受压剪力墙斜截面承载力按下列公式计算。

无地震作用组合时

$$V \leqslant \frac{1}{\lambda - 0.5}\left(0.5 f_t b_w h_{w0} + 0.13 N \frac{A_w}{A}\right) + f_{yh} \frac{A_{sh}}{s_v} h_{w0} \tag{5-91}$$

有地震作用组合时

$$V \leqslant \frac{1}{\gamma_{RE}}\left[\frac{1}{\lambda - 0.5}\left(0.4 f_t b_w h_{w0} + 0.1 N \frac{A_w}{A}\right) + 0.8 f_{yh} \frac{A_{sh}}{s_v} h_{w0}\right] \tag{5-92}$$

式中：N——与剪力设计值 V 相应的轴力设计值，当 $N > 0.2 f_c b_w h_{w0}$ 时取 $0.2 f_c b_w h_{w0}$；

A——剪力墙的截面面积；

A_w——T 形、I 形截面剪力墙腹板的截面面积。对矩形截面取 $A_w = A$；

A_{sh}——同一水平截面内的水平分布钢筋的全部截面面积；

s_v——水平钢筋的竖向间距；

h_{w0}——剪力墙截面的有效高度；

λ——设计截面的剪跨比。

2）偏心受拉时斜截面的抗剪承载力

偏心受拉的混凝土剪力墙，斜截面抗剪承载力按下列公式计算：

（1）无地震作用组合时

$$V \leqslant \frac{1}{\lambda - 0.5}\left(0.5 f_t b_w h_{w0} - 0.13 N \frac{A_w}{A}\right) + f_{yh} \frac{A_{sh}}{s_v} h_{w0} \tag{5-93}$$

当上式右边的计算值小于 $f_{yh} \frac{A_{sh}}{s_v} h_{w0}$ 时，取等于 $f_{yh} \frac{A_{sh}}{s_v} h_{w0}$。

（2）有地震作用组合时

$$V \leqslant \frac{1}{\gamma_{RE}}\left[\frac{1}{\lambda-0.5}\left(0.4f_t b_w h_{w0}-0.1N\frac{A_w}{A}\right)+0.8f_{yh}\frac{A_{sh}}{s_v}h_{w0}\right] \tag{5-94}$$

当上式右边的计算值小于 $0.8f_{yh}A_{sh}h_{w0}/s_v$ 时，取等于 $0.8f_{yh}A_{sh}h_{w0}/s_v$。

3. 连梁承载力计算

在水平荷载作用下，墙肢发生弯曲变形，使连梁端部产生转角，从而使连梁产生内力，同时连梁端部的内力又反过来减小与之相连的墙肢的内力和变形，对墙肢起到一定的约束作用，改善了墙肢的受力状态，连梁对于剪力墙结构尤为重要。剪力墙结构中，连梁一般具有跨度小、截面大、与连梁相连的墙体刚度很大等特点。连梁除了承受竖向荷载外，还要承受弯矩、剪力和轴力的共同作用，一般情况下弯矩、剪力较大，轴力较小，计算中可忽略轴力。如连梁发生脆性破坏，连梁将丧失其承载能力，当沿剪力墙全高所有的连梁均发生剪切破坏，连梁就会丧失对墙肢的约束作用，从而使墙肢成为单片的悬臂墙，由此将导致剪力墙结构的侧向刚度大大降低，变形加大，墙肢弯矩加大，并且进一步加剧 $P-\Delta$ 效应，并最终可能导致结构的倒塌，故应进行精心设计。洞口连梁正截面承载力的计算与普通受弯梁计算方法相同。

1）连梁内力调整

一、二、三级剪力墙中跨高比大于 2.5 的连梁，其梁端剪力的调整应满足式(4-39)的要求，9 度时尚应满足式(4-40)的要求。

2）连梁最小截面限值

为防止连梁发生脆性的斜压破坏，其截面尺寸应满足下列公式的要求：

(1)无地震作用组合时

$$V \leqslant 0.25f_c\beta_c bh_0 \tag{5-95}$$

(2)有地震作用组合，当剪跨比 $\lambda>2.5$ 时

$$V \leqslant \frac{1}{\gamma_{RE}}(0.20f_c\beta_c bh_0) \tag{5-96}$$

(3)有地震作用组合，当剪跨比 $\lambda \leqslant 2.5$ 时

$$V \leqslant \frac{1}{\gamma_{RE}}(0.15f_c\beta_c bh_0) \tag{5-97}$$

式中：b，h_0——连梁面的宽度和有效高度。

3）连梁斜截面承载力设计

大多数连梁的跨高比较小，剪切变形较大，容易出现剪切斜裂缝，特别是在反复荷载作用下。

连梁的剪力应符合下列公式要求：

(1)无地震作用组合时

$$V \leqslant 0.7f_t bh_0+f_{yv}\frac{A_{sh}}{s_v}h_0 \tag{5-98}$$

(2)有地震作用组合，当跨高比大于 2.5 时

$$V \leqslant \frac{1}{\gamma_{RE}}\left(0.42f_t bh_0+f_{yv}\frac{A_{sv}}{s}h_0\right) \tag{5-99}$$

当跨高比不大于 2.5 时

$$V \leqslant \frac{1}{\gamma_{RE}}\left(0.38f_t bh_0+0.9f_{yv}\frac{A_{sv}}{s}h_0\right) \tag{5-100}$$

4. 一级剪力墙水平施工缝的受剪抗滑移能力验算

剪力墙水平施工缝是薄弱部位，由于施工时混凝土可能结合不良，一级剪力墙水平施工缝应进行抗滑移能力验算。验算时考虑轴向力的影响，穿越施工缝的钢筋由于受力状态复杂，强度乘以折减系数，受剪承载力按式(5-101)验算：

$$V_w \leqslant \frac{1}{\gamma_{RE}}(0.6f_yA_s + 0.8N) \tag{5-101}$$

式中：V_w——水平施工缝处考虑地震作用组合的剪力设计值；

N——考虑地震作用组合的水平施工缝处的轴向压力设计值(压力为+，拉力为-)；

A_s——剪力墙水平施工缝处全部竖向钢筋截面面积，包括竖向分布筋、附加竖向插筋以及构件(不包括两侧翼墙)边缘纵向钢筋的总截面面积；

f_y——竖向钢筋抗拉强度设计值。

三、剪力墙结构的构造要求

1. 剪力墙截面和配筋的一般要求

(1)当剪力墙的墙肢长度大于墙厚的4倍时，宜按剪力墙进行设计。当剪力墙的墙肢长度不大于墙厚的3倍时，应按柱的要求进行设计，且箍筋应全高加密。剪力墙的混凝土强度等级不应低于C20，带有筒体和短肢剪力墙的剪力墙结构的混凝土强度等级不应低于C25。为保证剪力墙墙体的稳定和浇筑混凝土质量，钢筋混凝土剪力墙的厚度不应小于表5-16的数值。

剪力墙的最小厚度(mm) 表5-16

抗震等级	部位		最小厚度(取较大值)
一、二级	一般情况	底部加强部位	200，$H/16$
		其他部位	160，$H/20$
	无端柱或翼墙的一字形剪力墙	底部加强部位	200，$H/12$
		其他部位	180，$H/15$
三、四级	底部加强部位		160，$H/20$
	其他部位		160，$H/25$
非抗震			160，$H/25$

(2)为提高剪力墙的侧向稳定，防止温度收缩裂缝，剪力墙竖向和横向分布钢筋不应采用单排配筋。当剪力墙截面厚度 b_w 不大于400mm时，可采用双排配筋；当 b_w 大于400mm，但不大于700mm时，宜采用三排配筋；当 b_w 大于700mm时，宜采用四排配筋。各排分布钢筋间拉筋的间距不应大于600mm，直径不应小于6.0mm；在底部加强部位，约束边缘构件以外的拉筋间距应适当加密。

(3)为了控制剪力墙因温度应力、收缩应力或剪力引起的裂缝宽度，保证必要的承载力，剪力墙横向和竖向分布钢筋，应符合下列要求：

一、二、三级剪力墙的竖向和横向分布钢筋最小配筋率均不应小于0.25%；四级剪力墙不应小于0.20%；钢筋最大间距不应大于300mm，最小直径不应小于8.0mm；剪力墙竖向、横向分布钢筋的钢筋直径不宜大于墙厚的1/10。

(4)剪力墙竖向及水平分布钢筋的搭接连接，一、二级抗震等级剪力墙加强部位，接头位置应错开，每次连接的钢筋数量不宜超过总数量的50%，错开净距不宜小于500mm；其他情况剪力墙的钢筋可在同一部位搭接连接。非抗震设计时，分布钢筋的搭接长度不应小于$1.2l_a$，抗震设计不小于$1.2l_{aE}$（图5-19）。

（5）为保证剪力墙底部塑性铰区的延性性能，一级和二级剪力墙，底部加强部位在重力荷载代表值作用下墙肢的轴压比$N/(f_cA)$不宜超过表5-17中数值。

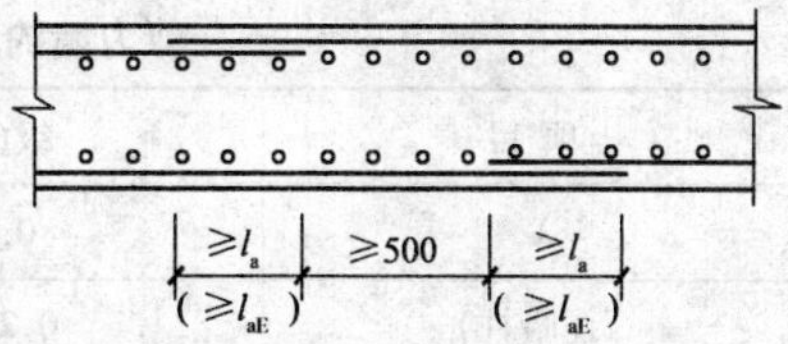

图5-19　剪力墙分布钢筋的连接（尺寸单位：mm）

注：括号内的标注用于抗震设计

剪力墙轴压比限值　　表5-17

抗震等级	一级		二级
设防烈度	9度	7、8度	
轴压比限值	0.4	0.5	0.6

2. 剪力墙约束边缘构件和构造边缘构件

（1）钢筋混凝土剪力墙宜设置边缘构件，比如设置端柱、暗柱、翼墙等。结构试验表明，矩形截面剪力墙的延性比工字形或槽形截面剪力墙差；计算分析表明增加墙肢截面两端的翼缘能显著提高剪力墙的极限承载力和延性；因此在矩形墙两端设约束边缘构件不但能较显著地提高墙体的延性，还能防止剪力墙发生水平剪切滑动提高抗剪能力，一般设有约束边缘构件的剪力墙比矩形截面剪力墙的极限承载力可提高40%，极限层间位移可提高一倍，对地震能量的消耗能力可提高20%，极限承载力和延性均有大幅提高或改善。在地震作用下剪力墙的塑性变形能力除了与配筋有关外，主要和截面形状、受压区高度大小、墙两端约束情况、约束范围的配箍特征值有关。当剪力墙截面受压区高度很小或轴压比很小时，即使不设置约束边缘构件，剪力墙也具有良好的延性性能。而当剪力墙轴压比或截面相对受压区高度超过一定限值时，为改善其延性，就需要设置约束边缘构件并配置一定数量的纵向钢筋和箍筋。

（2）剪力墙的边缘构件分两类，即约束边缘构件和构造边缘构件。一、二级剪力墙底部加强部位及相邻上一层的墙肢端部应设置约束边缘构件，其他部分和三、四级剪力墙及非抗震设计的剪力墙墙肢端部可只设置构造边缘构件。

（3）剪力墙的约束边缘构件包括暗柱、端柱和翼墙。约束边缘构件的长度和配箍特征值均应符合下列要求：约束边缘构件沿墙肢的长度l_c不应小于表5-18中数值、$1.5b_w$和450mm三者的最大值，当有端柱、翼墙或转角墙时，尚不应小于翼墙厚度或端柱沿墙肢方向截面高度加300mm。约束构件箍筋或拉筋沿竖向间距，一级不应大于100mm，二级不应大于150mm。约束边缘构件图5-20阴影部分的体积配箍率应符合式（5-102）要求：

$$\rho_v \geqslant \lambda_v f_c / f_{yv} \tag{5-102}$$

式中：ρ_v——图5-20阴影部分箍筋的体积配箍率；

f_{yv}——箍筋的抗拉强度设计值；超过$360kN/mm^2$时取$360kN/mm^2$；

f_c——混凝土纵向抗压强度设计值，低于C35时，按C35计算；

λ_v——约束边缘构件配箍特征值，按照表5-18选用。对于图5-20中$0.5\lambda_v$的区域可计入拉筋。

剪力墙约束边缘构件的范围 l_c 及配箍特征值 λ_v 表 5-18

项 目	一级(9 度)	一级(7、8 度)	二级
λ_v	0.20	0.20	0.20
l_c(暗柱)	$0.25h_w$	$0.20h_w$	$0.20h_w$
l_c(端柱或翼墙)	$0.20h_w$	$0.15h_w$	$0.15h_w$

注:1. 翼墙长度小于其厚度 3 倍时,视为无翼墙;端柱截面边长小于墙厚 2 倍时,视为无端柱;

2. h_w 为剪力墙墙肢长度。

(4)约束边缘构件纵向钢筋的配筋范围不应小于图 5-20 阴影的面积。其纵向钢筋最小截面面积,一级抗震设计时不应小于阴影部分面积的 1.2%,且不应小于 6ϕ16;二级抗震设计时不应小于阴影部分面积的 1.0%,且不应小于 6ϕ14。

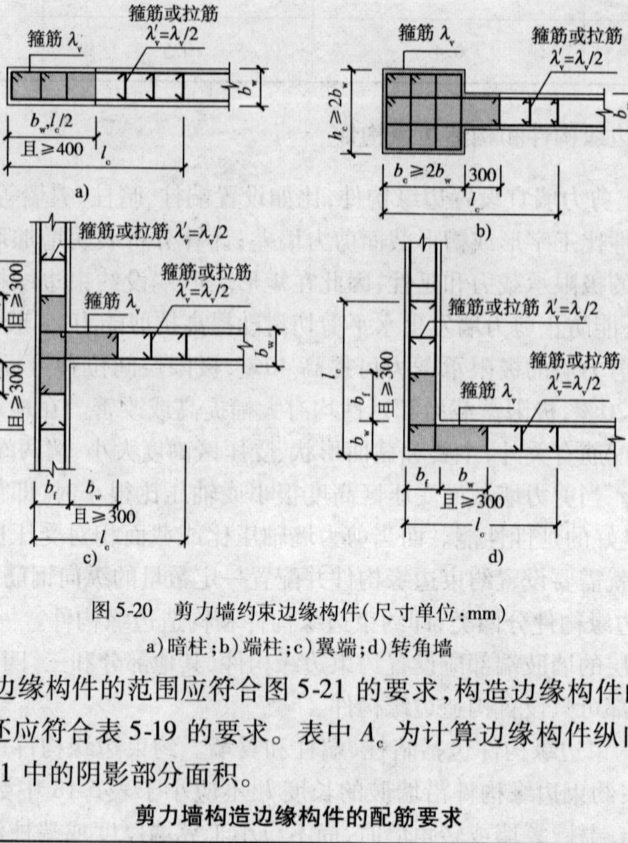

图 5-20 剪力墙约束边缘构件(尺寸单位:mm)

a)暗柱;b)端柱;c)翼端;d)转角墙

(5)剪力墙构造边缘构件的范围应符合图 5-21 的要求,构造边缘构件的配筋除应满足正截面承载力计算外,还应符合表 5-19 的要求。表中 A_c 为计算边缘构件纵向构造钢筋的暗柱或端柱面积,即图 5-21 中的阴影部分面积。

剪力墙构造边缘构件的配筋要求 表 5-19

抗震等级	底部加强部位			其他部位		
	纵向钢筋最小量(取较大值)	箍筋		纵向钢筋最小量(取较大值)	箍筋或拉筋	
		最小直径(mm)	沿竖向最大间距(mm)		最小直径(mm)	沿竖向最大间距(mm)
一	—	—	—	$0.008A_c$,6ϕ14	8	150
二	—	—	—	$0.006A_c$,6ϕ12	8	200
三	$0.005A_c$,6ϕ12	6	150	$0.004A_c$,6ϕ12	6	200
四	$0.005A_c$,6ϕ12	6	200	$0.004A_c$,6ϕ12	6	250

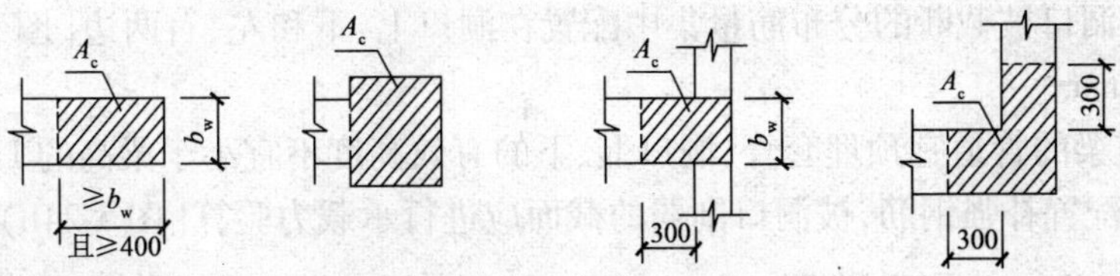

a)　　　b)　　　c)　　　d)

图 5-21　剪力墙构造边缘构件(尺寸单位:mm)

a)暗柱;b)端柱;c)翼端;d)转角墙

3. 连梁的构造要求

1)连梁配筋应满足以下要求

(1)一、二级抗震等级各类结构中的剪力墙连梁,当跨高比 $l_0/h \leqslant 2.0$,连梁截面宽度不小于 200mm 时,除配置普通箍筋外,宜另设斜向交叉构造钢筋,以提高其抗震性能和抗剪性能(图 5-22)。

(2)连梁顶面、底面纵向受力钢筋伸入墙内的锚固长度,抗震设计时不应小于 l_{aE},非抗震设计时不应小于 l_a,且不应小于 600mm(图 5-23)。

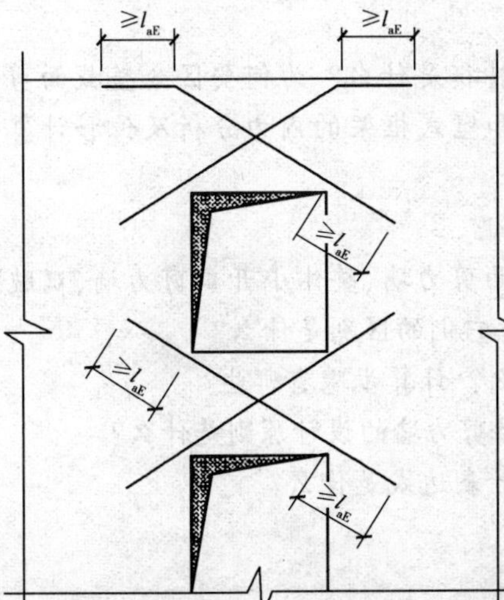

图 5-22　连梁斜向交叉钢筋构造

注:非抗震设计时图中 l_{aE} 应取 l_a

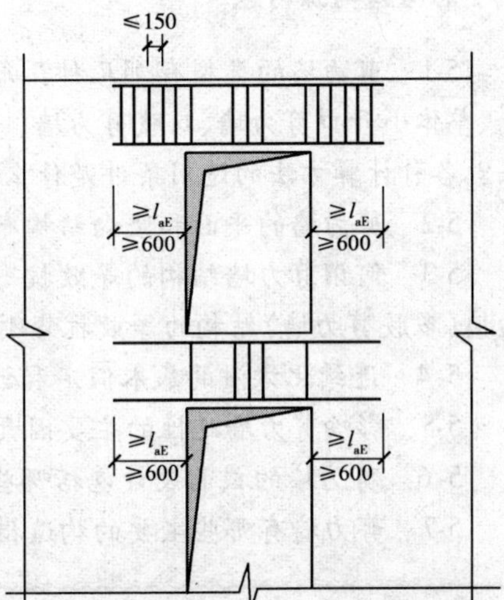

图 5-23　连梁配筋构造图(尺寸单位:mm)

注:非抗震设计时图中 l_{aE} 应取 l_a

(3)抗震设计时,沿连梁全长箍筋的构造应按框架梁梁端加密区箍筋的构造要求采用;非抗震设计时,沿连梁全长的箍筋直径不应小于 6mm,间距不应大于 150mm;

(4)顶层连梁纵向钢筋伸入墙体的长度范围内应设置间距不大于 150mm 的构造箍筋,箍筋直径与该连梁的箍筋直径相同。

(5)墙体水平分布钢筋应作为连梁的腰筋在连梁范围内拉通连续配置;当连梁截面高度大于 700mm 时,其两侧面沿梁高范围设置的腰筋直径不应小于 10mm,间距不应大于 200mm;对跨高比不大于 2.5 的连梁,梁两侧腰筋的面积配筋率不应小于 0.3%。

2)剪力墙墙面开洞和连梁开洞时,应符合下列要求

(1)当剪力墙墙面开有非连续小洞口,洞口其各边长度小于 800mm,且在整体计算中不考

虑其影响，应将洞口被截断的分布筋量集中配置在洞口上、下和左、右两边[图5-24a)]且钢筋直径不小于12mm。

(2)穿过连梁的管道宜预埋套管，洞口上、下的有效高度不宜小于梁高的1/3，且不宜小于200mm，洞口宜配置补强钢筋，被洞口削弱的截面应进行承载力验算[图5-24b)]。

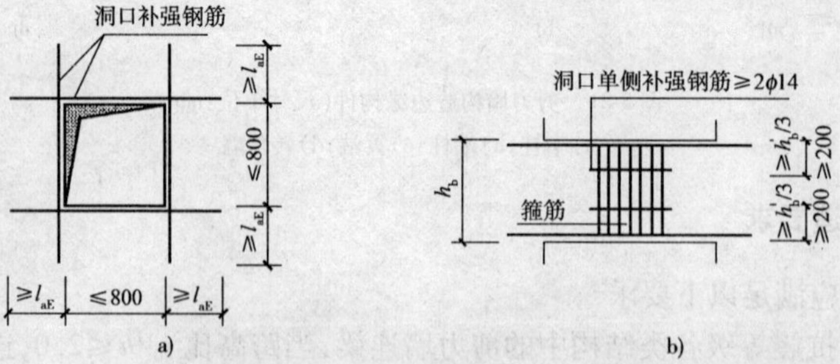

图5-24 洞口补强钢筋示意图(尺寸单位：mm)

a)剪力墙洞口补强；b)连梁洞口补强

注：非抗震设计时图中 l_{aE} 应取 l_a

思考题与练习题

5-1 剪力墙的类型有哪几种？每种剪力墙的特征是什么？为何要区分整截面剪力墙、整体小开口剪力墙、双肢剪力墙(多肢剪力墙)和壁式框架的内力分析及位移计算方法？各种计算方法的适用条件是什么？

5-2 剪力墙的平面和竖向结构布置有什么要求？

5-3 何谓剪力墙结构的等效抗弯刚度？整截面剪力墙、整体小开口剪力墙、双肢剪力墙(多肢剪力墙)结构的等效抗弯刚度如何计算？它们的区别是什么？

5-4 连续化方法的基本假定和计算简图是什么？计算步骤有哪些？

5-5 影响剪力墙延性的主要因素有哪些？延性剪力墙的设计原则是什么？

5-6 剪力墙的截面设计包括哪些内容？其设计表达式是什么？

5-7 剪力墙有哪些主要的构造措施要求？

第六章 框架—剪力墙结构

DILIUZHANG

第一节 概 述

高层建筑中的纯框架结构和剪力墙结构，其受力和变形特征不同。框架结构的构件稀疏且截面尺寸小，因而侧向刚度不大，在侧向荷载作用下，一般呈剪切型变形，刚度或强度方面均不能适应高度较大的高层建筑。但正因为竖向构件少而小，对房屋的平面布置有利。若设计处理得当，框架结构具有较好的延性，有利于抗震。

剪力墙结构由于墙的截面高度大，单片墙的刚度大，抗弯能力高，在侧向力作用下，一般呈弯曲型变形，顶部附近楼层的层间位移较大，因其刚度和强度均较大，故可用于高度较大的高层建筑，缺点是墙（特别是墙较多时）将空间分隔，不利于平面布置，墙的抗剪强度弱于抗弯强度，易出现由于剪切造成的脆性破坏。

框架—剪力墙结构体系是由框架和剪力墙所组成的一种组合体系，通过刚性楼盖将其连接成一个整体，在水平力作用下各平面抗侧力结构变形协调、共同工作，以达到框架和剪力墙之间受力特点相辅相成的目的，从而加大结构体系的抗侧能力。我们把这种结构体系称之为框架—剪力墙结构，或简称框剪结构体系。

框架—剪力墙结构适用于需要灵活大空间的多层和高层建筑，如办公楼、商业大厦、饭店、旅馆、教学楼、试验楼、电讯大楼、图书馆、多层工业厂房及仓库、车库等建筑。

框架—剪力墙结构的施工方式有现浇及装配整体式两种，在地震区，一般宜采用现浇式，以加强整体性及提高抗震能力。

一、框架—剪力墙结构的特点

框架—剪力墙结构体系同时具有框架和剪力墙，在结构布置合理的情况下，可以同时发挥两者的优点和互相制约另一者的缺点：使结构具有较大的整体抗侧刚度、侧向变形介于剪切变形和弯曲变形之间而使层间相对位移变化较缓和、平面布置较易获得较大空间、两种结构形成抗震的两道防线等，因而成为高层建筑较常用的一种结构型式。框架—剪力墙结构体系不足之处就是水平方向刚度不均匀。

二、框架—剪力墙结构的形式

框架—剪力墙结构由框架和剪力墙两种结构组成,形式多样而且是可变的,主要根据建筑平面布局和结构受力需要去灵活处理。在布置方面一般可采用下列几种形式:框架和剪力墙(包括单片墙、联肢墙、剪力墙筒体)分开布置,各自形成比较独立的抗侧力片;在框架的若干跨内嵌入剪力墙(框架相应跨的柱和梁成为该片墙的边框,称为带边框剪力墙);框架和剪力墙混合组成抗侧力片等,当然亦可以是以上几种形式的混合,也不排除根据实际情况采用其他形式。要指出的是,无论哪种形式,它都是以其整体来承担荷载和作用,各部分承担的力应通过整体分析方法(包括简化方法)确定,反过来说,应通过各部分含量的搭配和布置的调整来取得更合理的设计,它们的高宽比及高度限值见第二章。

三、框架—剪力墙结构的布置

1. 双向抗侧力体系

框架—剪力墙结构中,剪力墙是主要的抗侧力构件。采用这种结构时应在两个主轴方向都布置剪力墙,形成双向抗侧力体系。这是因为如果仅在一个主轴方向布置剪力墙的话,将会造成两个主轴方向的抗侧刚度悬殊,无剪力墙的一个方向刚度不足且带有纯框架的性质,与有剪力墙的另一方向不协调,也容易造成结构整体扭转,另外,由于风荷载及地震作用方向的随机性,如果仅在一个主轴方向布置剪力墙的话,不利于抗风和抗震。

2. 刚性连接及构件对中布置

框架—剪力墙结构中,主体结构构件间的连接(节点)应采用刚接,目的是保证整体结构的几何不变和刚度的发挥;同时,较多的赘余约束对结构在大震下的稳定性是十分有利的。当然,个别节点由于特殊需要(如为了调整个别梁的内力分布,为了避免由于沉降不均而产生过大内力等),也可以采用梁端与柱或剪力墙铰接的形式,但要注意保证结构的几何不变性,同时结构整体分析简图要与之相符。

框架梁与柱的连接,两者的中线宜尽量重合以使内力传递和分布合理且保证节点核心区的完整性。实际工程中,所有梁、柱轴线完全对中、重合的场合并不多,此时应在计算中考虑其不利影响,采取必要的构造处理。

3. 剪力墙的数量与布置

1)数量

框架—剪力墙结构中,由于剪力墙的刚度较大,其数量和布置不同时对结构整体刚度和刚心位置影响很大,故处理好剪力墙的数量和布置是框架—剪力墙结构设计中的重要问题,剪力墙的数量关系到框架—剪力墙结构的安全、经济。剪力墙数量如果偏少,结构刚度不足、不安全;如剪力墙数量偏多,则刚度过大、不经济,并且会引起较大的地震作用效应,且基础设计较困难等。剪力墙的数量应该适度,在满足侧移的前提下,剪力墙数量宜少一些。在结构设计中,剪力墙的合理数量可参考表6-1。

每一方向剪力墙的刚度之和 $\sum EI_w$ 应满足的数值(kN·m²)　　表 6-1

设计烈度＼场地类别	Ⅰ	Ⅱ	Ⅲ
7	55 *WH*	83 *WH*	193*WH*
8	110 *WH*	165 *WH*	385 *WH*
9	220 *WH*	330 *WH*	770 *WH*

注:*H* 为结构地面以上的高度(m);*W* 为结构地面以上的总重量(kN)。

2)布置

剪力墙在纵、横两个轴线方向均需布置,两个方向剪力墙的数量应大体相当。剪力墙的布置原则是“均匀、分散、对称、周边附近”。均匀、分散是要求剪力墙的片数多,但每片的刚度不要太大,不能只设置一两片刚度很大,连续很长的剪力墙,由于片数过少,每片墙负担较重,地震时一旦个别剪力墙破坏后,剩下的几片墙则难以抵抗全部地震力,剪力墙被地震力各个击破,局部破坏导致整体破坏。对称、周边附近是对结构抗扭的要求,剪力墙对称布置,可以基本保证水平力合力通过刚度中心,避免和减少受扭,此外,剪力墙沿建筑物平面的周边附近布置,可以加大抗扭内力臂,提高结构的抗扭能力。还可以减少位于周边而受室外温度变化的不利影响。

一般情况下,剪力墙宜布置在以下部位:

(1)竖向荷载较大处:因剪力墙承受较大的竖向荷载,可以避免设置截面尺寸过大的柱子,此外,因剪力墙是第一道防线,承受很大的弯矩和剪力,需要很大的竖向荷载来起平衡作用,提高了其抗剪能力,同时,基础设计时也较方便。

(2)平面形状变化处:平面变化较大部位,容易在楼面上产生较大的应力集中,是震害易发生的部位,故设置剪力墙进行加强。

(3)楼梯间、电梯间:楼梯间、电梯间因楼板开大洞,刚度削弱严重,故设剪力墙加强,设置部位在楼(电)梯间两侧,与楼、电梯间共同来加强,是一种有效措施。切忌只在洞口一侧设置剪力墙,以避免已被洞口削弱的楼板承受过大的水平地震剪力。在保证剪力墙间距的前提下,横向剪力墙宜尽可能布置在端部,纵向剪力墙宜布置在中部附近。纵横剪力墙应成组布置,使其互为翼缘,以提高强度和刚度。

(4)平面形状凹凸较大时,宜在凸出部分的端部附近布置剪力墙,以弥补平面的薄弱部位。

(5)纵横剪力墙宜组成 L 形、T 形等非一字形,是为了发挥剪力墙自身的刚度。

(6)单片剪力墙底部承担的水平剪力不宜超过结构底部总水平剪力的 40%,以免该片剪力墙对刚度中心位置影响过大,且一旦破坏对整体结构不利和其基础承担过大水平力等。

(7)剪力墙宜贯通建筑物的全高,宜避免刚度突变;剪力墙开洞时,洞口宜上下对齐。

(8)楼、电梯间等竖井的设置,宜尽量与其附近的框架或剪力墙的布置相结合,使之形成连续、完整的抗侧力结构。

当建筑物平面为长矩形或平面有一部分为长条形(平面长宽比较大)时,在该部位布置的剪力墙除应有足够的总体刚度外,各片剪力墙之间的距离不宜过大(宜满足表 6-2 的要求),因为间距过大时,两墙之间的楼盖会不能满足平面内刚性的要求,造成处于该区间的框架不能与邻近的剪力墙协同工作而增加负担。当两墙之间的楼盖开大洞时,该段楼盖的平面刚度更差,墙的间距应再缩小。

剪力墙间距(m)　　表 6-2

楼盖形式	非抗震设计（取较小值）	抗震设防烈度		
		6 度、7 度(取较小值)	8 度(取较小值)	9 度(取较小值)
现浇	5.0B,60	4.0 B,50	3.0 B,40	2.0 B,30
装配整体	3.5 B,50	3.0 B,40	2.5 B,30	—

注:1. 表中 B 为楼面宽度,单位为 m;

2. 装配整体式楼盖应设置钢筋混凝土现浇层;

3. 现浇层厚度大于 60mm 的叠合楼板可作为现浇板考虑。

第二节　框架—剪力墙结构的内力计算

一、计算方法及简图

1. 概述

在竖向荷载作用下,框架—剪力墙结构中的框架和剪力墙部分,分别承受各自传递范围内的楼面荷载,其内力计算比较简单。在水平荷载作用下,刚性楼盖迫使变形特性各不相同的框架部分和剪力墙部分协同工作,变形协调,计算方法大体分为两类,一类为利用计算机的矩阵位移法,具体有多种软件可供选择;另一类则为简化方法,例如微分方程法等,这里主要介绍工程中常用的一种借助于图表曲线的简化计算方法。

大多数比较规则的结构应用简化方法计算时,计算精度可较好地满足要求。在简化计算方法中,如果水平力有偏心,可先作平移下协同工作计算,然后再计算扭转效应。

2. 基本假定

简化计算中,通常把框架—剪力墙这一三维空间超静定结构,简化为平面结构,并在协同工作计算时作了一些假定:

(1)楼板在其平面内刚度无穷大,平面外刚度略而不计,框架部分和剪力墙部分之间无相对位移。

(2)当结构体型规则,水平力的合力通过结构抗侧刚度中心时,不计扭转影响。

(3)不考虑剪力墙和框架柱的轴向变形及基础转动的影响。

3. 两种计算简图

在以上基本假定的基础上,计算区段内结构在水平荷载作用下,处于同一楼面高程处各片剪力墙及框架的水平位移相同。因此,可以将所有的剪力墙综合在一起形成总剪力墙,所有的框架综合在一起形成总框架。确定框架—剪力墙结构的计算简图,主要是确定如何合并总剪力墙、总框架,以及确定总剪力墙与总框架之间的连接和相互作用方式。

剪力墙和框架之间的连接有两种,从而形成了两种计算简图:铰接体系和刚接体系。

1)框架—剪力墙铰接体系(通过楼板连接)

如图 6-1a)所示框架—剪力墙结构,剪力墙的墙肢之间没有连梁或连梁很小($\alpha \leqslant 1$),框架和墙肢之间也没有连系梁相连，总剪力墙和总框架之间是靠楼板协同工作的。刚性楼板保证了水平力作用下，同一楼层高程处剪力墙与框架的水平位移是相同的。另外，根据上述基本假定(1)可知，楼板对各平面抗侧力结构不产生约束弯矩。这种连接方式或计算简图称为框架—剪力墙铰接体系。图 6-1a)所示框架—剪力墙结构即为铰接体系，其计算简图如图 6-1b)所示。图中总剪力墙包含 2 片剪力墙，总框架包含了 5 片框架，链杆代表刚性楼板的作用，将剪力墙与框架连在一起，同一楼层高程处，有相同的水平位移。

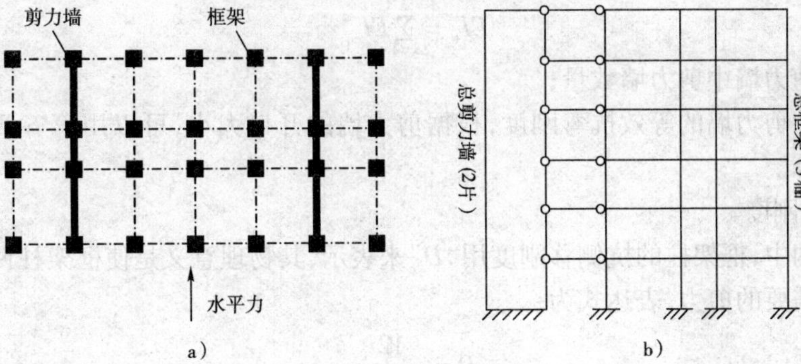

图 6-1 框架—剪力墙铰接体系

a)结构平面图；b)计算简图

2)框架—剪力墙刚接体系(通过楼板和连梁连接)

如图 6-2a)所示结构平面是另一种情况。剪力墙的墙肢之间有连梁($\alpha \geqslant 1$)或框架和墙肢之间也有连系梁相连，这些连系梁对墙肢和框架有较明显的约束作用，这种连接方式或计算图称为框架—剪力墙刚接体系。图 6-2a)所示框架—剪力墙结构即为刚接体系，其计算简图如图 6-2b)所示。图中有 2 片双肢剪力墙和 5 榀框架，双肢剪力墙的连梁对墙肢会产生约束弯矩。画计算简图时，为了简单统一，常将图 6-2b)画为图 6-2c)所示的形式，将连梁与楼板的作用综合为总连杆。图 6-2c)中剪力墙与总连杆之间是刚性连接，表示剪力墙平面内的连梁对

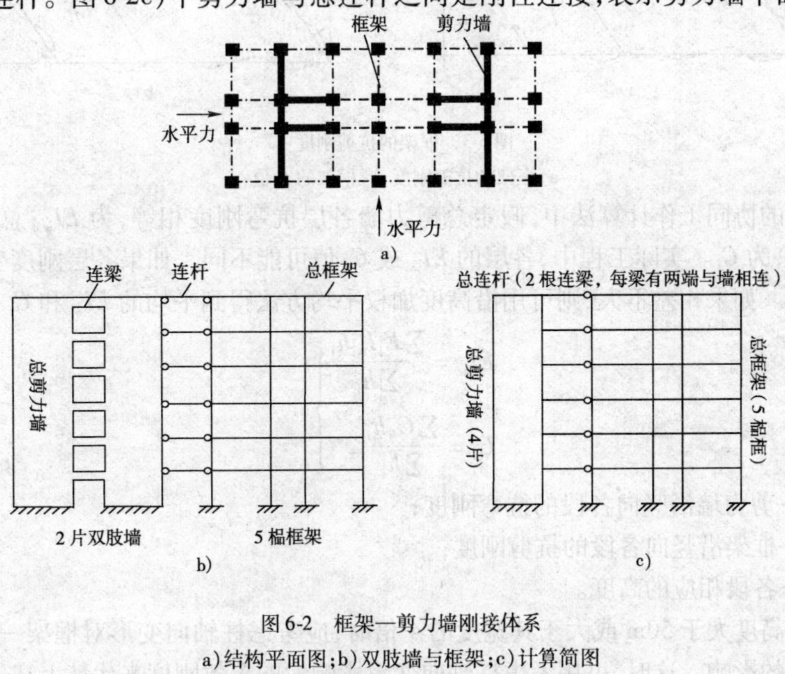

图 6-2 框架—剪力墙刚接体系

a)结构平面图；b)双肢墙与框架；c)计算简图

剪力墙有转动约束作用；框架与总连杆之间是铰性连接，表示楼板连杆之间的作用。被连接的总剪力墙包含 4 片墙，总框架包含 5 榀框架；总连杆中包含 2 根连梁，每根连梁有两端与墙相连，即 2 根连梁的 4 个刚接端对墙肢有约束弯矩作用。

3）总剪力墙、总框架刚度计算

（1）总剪力墙刚度

总剪力墙刚度等于单片剪力墙的等效抗弯刚度之和，即：

$$EI_w = \sum_{i=1}^{n} EI_{eq} \tag{6-1}$$

式中：n——总剪力墙中剪力墙数量；

EI_{eq}——单片剪力墙的等效抗弯刚度，根据剪力墙的开口大小，可以用第五章介绍的方法计算。

（2）总框架刚度

在框架结构中，框架柱的抗侧移刚度用"D"来表示，其物理意义是使框架柱两端产生单位相对位移时所需要的剪力，表达式为：

$$D = \alpha \frac{12 i_c}{h^2}$$

式中各系数的物理意义见第四章。

总框架是所有梁、柱单元的总和，总框架的抗剪刚度是所有框架柱抗剪刚度的总和。框架的抗剪刚度（剪切刚度，有时简称为框架的刚度）定义是：产生单位层间变形所需的剪力 C_f，如图 6-3 所示。C_f 可以由框架柱的 D 值求出来。由图 6-3 可以看出，总框架的抗剪刚度为：

$$C_f = h \sum D_j \tag{6-2}$$

式中：$\sum D_j$——同一层内所有框架柱的抗侧移刚度 D 值之和。

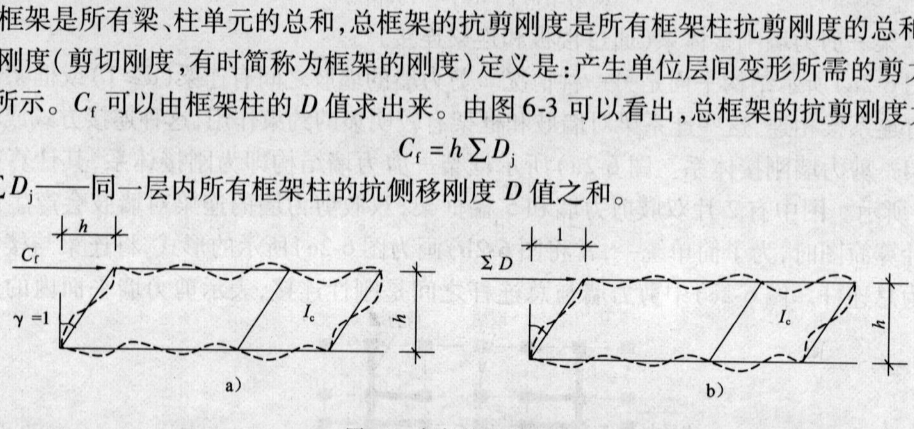

图 6-3　框架的抗剪刚度

a）框架的抗剪刚度；b）框架的 D 值

在连续化的协同工作计算法中，假定总剪力墙各层抗弯刚度相等，为 EI_w；总框架各层抗剪刚度也相等，为 C_f。实际工程中，各层的 EI_w 或 C_f 值可能不同。如果各层刚度变化太大，则本方法不适用。如果相差不大，则可用沿高度加权平均方法得到平均的 EI_w 和 C_f 值：

$$\left.\begin{aligned} EI_w &= \frac{\sum E_i I_{wi} h_i}{\sum h_i} \\ C_f &= \frac{\sum C_{fi} h_i}{\sum h_i} \end{aligned}\right\} \tag{6-3}$$

式中：$E_i I_{wi}$——剪力墙沿竖向各段的抗弯刚度；

C_{fi}——框架沿竖向各段的抗剪刚度；

h_i——各段相应的高度。

当框架的高度大于 50m 或大于其宽度的 4 倍时，应考虑柱轴向变形对框架—剪力墙体系的内力和位移的影响。这时，可用考虑柱轴向变形影响后的等效刚度来代替上述的框架刚度。

令 Δ_m 表示仅考虑梁、柱弯曲变形时框架的顶点位移，它是与框架的抗剪刚度 C_f 成反比例的，即

$$\Delta_m \propto \frac{1}{C_f} \tag{6-4}$$

类似地，框架考虑了轴向变形影响后的等效刚度 C_{f0} 是与框架的顶点位移 $\Delta_m + \Delta_n$（其中 Δ_n 为仅考虑柱轴向变形时框架的顶点位移）成反比例的，即

$$C_{f0} \propto \frac{1}{\Delta_m + \Delta_n}$$

由以上两式，可得

$$C_{f0} = \frac{\Delta_m}{\Delta_m + \Delta_n} C_f \tag{6-5}$$

Δ_m 和 Δ_n 可用简化方法计算。计算时可以任意给定荷载，但必须使用相同的荷载计算 Δ_m 和 Δ_n。

二、框架—剪力墙铰接体系在水平荷载作用下的计算

1. 建立微分方程

与联肢剪力墙的简化分析方法类似，框架—剪力墙结构协同工作简化计算方法也是采用连续化的思想，以连续分布的连杆代替总连系梁分散到全高，然后将连杆切开，分成剪力墙和框架两个基本体系。如图 6-4 所示，给出了框架—剪力墙铰接体系计算简图，将连杆切断，在各楼层处框架和剪力墙间存在相互作用的集中力 P_{fi}，为计算方便，将集中力 P_{fi} 简化成连续的分布力 $P_f(x)$。与此相应，原来只是在每一楼层高程处剪力墙与框架变形相同的变形连续条件也简化为沿整个建筑高度范围内剪力墙与框架变形都相同的变形连续条件。当楼层数目较多时，这一由集中变为连续的简化不会带来很大误差。

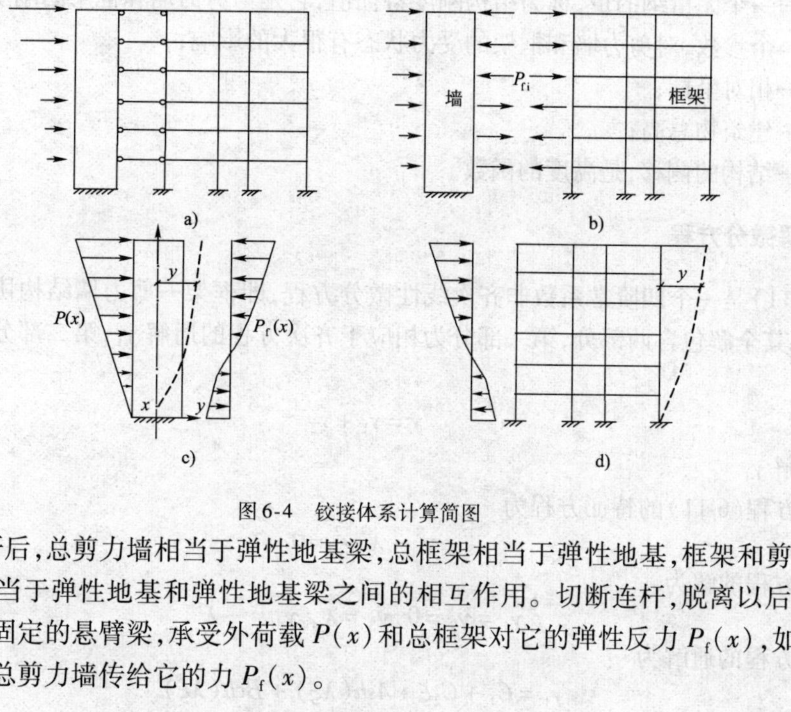

图 6-4　铰接体系计算简图

将连杆切开后，总剪力墙相当于弹性地基梁，总框架相当于弹性地基，框架和剪力墙之间的相互作用，相当于弹性地基和弹性地基梁之间的相互作用。切断连杆，脱离以后的总剪力墙，可视为底部固定的悬臂梁，承受外荷载 $P(x)$ 和总框架对它的弹性反力 $P_f(x)$，如图 6-5 所示，总框架承受总剪力墙传给它的力 $P_f(x)$。

根据总框架的抗剪刚度 C_f 的定义，当总框架变形为 $\theta(\theta = d_y/d_x)$ 时，所受的剪力

$$V_f = C_f\theta = C_f(d_y/d_x) \qquad (6\text{-}6)$$

微分一次：

$$\frac{dV_f}{dx} = C_f\frac{d^2y}{dx^2} = -P_f(x) \qquad (6\text{-}7)$$

根据力学知识：

$$\left.\begin{aligned} M_w &= EI_w\frac{d^2y}{dx^2} \\ V_w &= -EI_w\frac{d^3y}{dx^3} \\ P_w(x) &= P(x) - P_f(x) = EI_w\frac{d^4y}{dx^4} \end{aligned}\right\} (6\text{-}8)$$

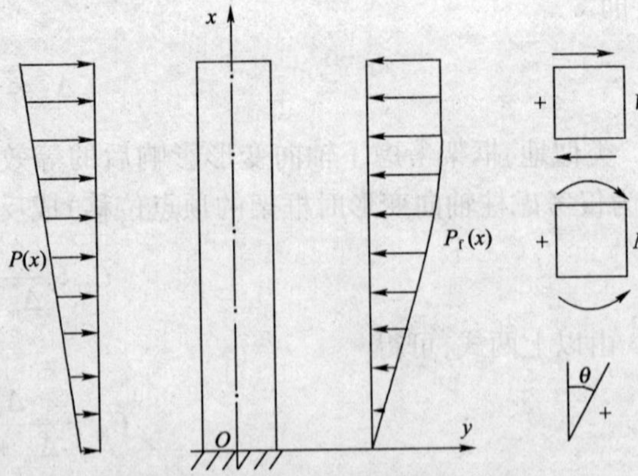

图 6-5　总剪力墙脱离体及符号规则

将式(6-7)代入式(6-8)，经整理，可建立侧移 $y(x)$ 的微分方程：

$$\frac{d^4y}{dx^4} - \frac{C_f}{EI_w}\frac{d^2y}{dx^2} = \frac{P(x)}{EI_w} \qquad (6\text{-}9)$$

为了以后应用的方便，引入符号

$$\left.\begin{aligned} \lambda &= H\sqrt{\frac{C_f}{EI_w}} \\ \xi &= \frac{x}{H} \end{aligned}\right\} \qquad (6\text{-}10)$$

引入上述符号后，式(6-9)变为

$$\frac{d^4y}{d\xi^4} - \lambda^2\frac{d^2y}{d\xi^2} = \frac{P(\xi)H^4}{EI_w} \qquad (6\text{-}11)$$

式中：λ——一个无量纲的量，称为结构刚度特征值，它是与剪力墙和框架的刚度比有关的一个参数，对剪力墙和框架的受力状态有很大的影响；

ξ——相对坐标；

H——建筑物总高；

y——结构的侧移，是高度的函数。

2. 求解微分方程

式(6-11)是一个四阶常系数非齐次线性微分方程，即框架—剪力墙结构协同工作的基本微分方程，其全解包含两部分，第一部分为相应于齐次方程的通解 y_1，第二部分是该方程的特解 y_2，即：

$$y = y_1 + y_2$$

1）通解 y_1

微分方程(6-11)的特征方程为

$$\gamma^4 - \lambda^2\gamma^2 = 0$$

特征方程的解为

$$\gamma_1 = \gamma_2 = 0, \gamma_3 = \lambda,\ \gamma_4 = -\lambda$$

齐次方程的通解为

$$y_1 = C_1 + C_2\xi + Ash(\lambda\xi) + Bch(\lambda\xi) \qquad (6\text{-}12)$$

式中：C_1、C_2、A、B——任意常数。

2）特解 y_2

微分方程(6-11)的特解 y_2 由外荷载的形式确定。

(1)均布荷载

设均布荷载为 q，则有 $P(x) = q$，据前式 $\gamma_1 = \gamma_2 = 0$，故可设 $y_2 = a\xi^2$

从而可有 $\mathrm{d}^2 y_2/\mathrm{d}\xi^2 = 2a$，$\mathrm{d}^4 y_2/\mathrm{d}\xi^4 = 0$

式(6-12)代入式(6-11)，则有

$$a = \frac{qH^4}{2\lambda^2 EI_{\mathrm{w}}} = -\frac{qH^2}{2C_{\mathrm{f}}}$$

$$y_2 = -\frac{qH^2}{2C_{\mathrm{f}}}\xi^2$$

(2)倒三角形分布荷载

设倒三角形分布荷载的最大值为 q，则任意高度 ξ 处的值为 $P(\xi) = q\xi$。由式 $\gamma_1 = \gamma_2 = 0$，故可设特解为

$$y_2 = a\xi^3$$

上式代入式(6-11)，则有

$$-6a\lambda^2\xi = \frac{H^4}{EI_{\mathrm{w}}}P(\xi) = \frac{H^4}{EI_{\mathrm{w}}}q\xi$$

因此有：
$$a = -\frac{H^4}{6\lambda^2 EI_{\mathrm{w}}}q = -\frac{qH^2}{6C_{\mathrm{f}}}$$

所以得特解：
$$y_2 = -\frac{qH^2}{6C_{\mathrm{f}}}\xi^3$$

(3)顶部集中荷载

设顶部作用有集中荷载 P，则 $P(\xi) = 0$，故特解 $y_2 = 0$。

综合以上计算结果，可得微分方程的解为：

$$y = C_1 + C_2\xi + Ash(\lambda\xi) + Bch(\lambda\xi) - \begin{cases} \dfrac{qH^2}{2C_{\mathrm{f}}}\xi^2 (\text{均布荷载}) \\ \dfrac{qH^2}{6C_{\mathrm{f}}}\xi^3 (\text{倒三角形荷载}) \\ 0 (\text{顶部集中荷载}) \end{cases} \tag{6-13}$$

3）确定四个任意常数

对于剪力墙脱离体，确定四个任意常数的边界条件为：

(1)当 $x = 0$（即 $\xi = 0$）时，剪力墙底部位移为零，即

$$y = 0$$

(2)当 $x = 0$（即 $\xi = 0$）时，剪力墙底部转角为零，即

$$\theta = \mathrm{d}y/\mathrm{d}\xi = 0$$

(3)当 $x = H$（即 $\xi = 1$）时，剪力墙顶部弯矩为零，即

$$\mathrm{d}^2 y/\mathrm{d}\xi^2 = 0$$

(4)当 $x = H$（即 $\xi = 1$）时，剪力墙顶部剪力

$$V = V_{\mathrm{w}} + V_{\mathrm{f}} = \begin{cases} 0 (\text{均布荷载}) \\ 0 (\text{倒三角形荷载}) \\ P (\text{顶部集中荷载}) \end{cases}$$

在给定的荷载下，根据上述 2）中介绍的方法可求出微分方程（6-11）的任意特解；再利用 3）中的四个边界条件，可确定四个任意常数 C_1、C_2、A、B，从而求出位移 y。

位移函数 y 求出后，剪力墙任意截面的转角 θ，弯矩 M_w 及剪力 V_w 可由下列微分关系式求得

$$\left.\begin{aligned}\theta &= \frac{dy}{dx} = \frac{1}{H}\frac{dy}{d\xi}\\ M_w &= EI_w\frac{d\theta}{dx} = EI_w\frac{d^2y}{dx^2} = \frac{EI_w}{H^2}\frac{d^2y}{d\xi^2}\\ V_w &= -\frac{dM_w}{dx} = -EI_w\frac{d^3y}{dx^3} = -\frac{EI_w}{H^3}\frac{d^3y}{d\xi^3}\end{aligned}\right\}\tag{6-14}$$

正负号仍采用梁中通用的规定，图 6-5 中所示均为正号方向。

框架的剪力可由式（6-15）求出：

$$V_f = C_f\frac{dy}{dx} = \frac{C_f}{H}\frac{dy}{d\xi}\tag{6-15}$$

也可以由总剪力减去剪力墙的剪力得到：

$$V_f = V_p - V_w$$

3. 三种水平荷载作用下的解与图表

以均布水平荷载为例，说明三种荷载作用下解的推导方法。

设均布水平荷载 q 作用时，则微分方程（6-11）的解为式（6-13）第一式，对此式逐次求导，则有：

$$\left.\begin{aligned}\frac{dy}{d\xi} &= C_2 + A\lambda ch(\lambda\xi) + B\lambda sh(\lambda\xi) - \frac{qH^2}{C_f}\xi\\ \frac{d^2y}{d\xi^2} &= A\lambda^2 sh(\lambda\xi) + B\lambda^2 ch(\lambda\xi) - \frac{qH^2}{C_f}\\ \frac{d^3y}{d\xi^3} &= A\lambda^3 ch(\lambda\xi) + B\lambda^3 sh(\lambda\xi)\end{aligned}\right\}\tag{6-16}$$

将边界条件（1）代入式（6-13）的第一式，则有：

$$C_1 + B = 0\tag{6-17a}$$

将边界条件（2）代入式（6-16）的第一式，则有：

$$C_2 + A\lambda = 0\tag{6-17b}$$

将边界条件（3）代入式（6-16）的第二式，则有：

$$A\lambda^2 sh\lambda + B\lambda^2 ch\lambda - qH^2/C_f = 0\tag{6-17c}$$

根据边界条件（4），有 $V_w + V_f = 0$，

将式（6-14）的第三式和式（6-15）代入上式，则有：

$$\frac{EI_w}{H^3}\frac{d^3y}{d\xi^3} = \frac{C_f}{H}\frac{dy}{d\xi}$$

$$\lambda^2\frac{dy}{d\xi} = \frac{d^3y}{d\xi^3}$$

再将式（6-16）的第一式和式（6-16）的第三式代入上式，经整理得：

$$C_2 = \frac{qH^2}{C_f}\tag{6-17d}$$

联立方程式(6-17a)~(6-17d)求解,则可确定四个常数:

$$C_1=-\frac{qH^2}{C_f\lambda^2}\left(\frac{\lambda sh\lambda+1}{ch\lambda}\right)$$

$$C_2=\frac{qH^2}{C_f}$$

$$A=-\frac{qH^2}{C_f\lambda}$$

$$B=\frac{qH^2}{C_f\lambda^2}\left(\frac{\lambda sh\lambda+1}{ch\lambda}\right)$$

依此类推,可以确定倒三角形荷载和顶部集中荷载作用下的四个常数,即可以推导出它们的解。

将三种荷载作用下的四个常数分别代入式(6-13)中,可得三种荷载作用下的微分方程的解:

$$y=\begin{cases}\dfrac{qH^4}{EI_w\lambda^2}\left\{\dfrac{1+\lambda sh\lambda}{ch\lambda}[ch(\lambda\xi)-1]-\lambda sh(\lambda\xi)+\lambda^2\xi\left(1-\dfrac{\xi}{2}\right)\right\}\text{(均布荷载)}\\ \dfrac{qH^4}{EI_w\lambda^2}\left[\dfrac{ch(\lambda\xi)-1}{ch\lambda}\left(\dfrac{sh\lambda}{2\lambda}-\dfrac{sh\lambda}{\lambda^3}+\dfrac{1}{\lambda^2}\right)+\left(\xi-\dfrac{sh(\lambda\xi)}{\lambda}\right)\left(\dfrac{1}{2}-\dfrac{1}{\lambda^2}\right)-\dfrac{\xi^2}{6}\right]\text{(倒三角形荷载)}\\ \dfrac{PH^3}{EI_w\lambda^3}\left\{\dfrac{sh\lambda}{ch\lambda}[ch(\lambda\xi)-1]-sh(\lambda\xi)+\lambda\xi\right\}\text{(顶部集中荷载)}\end{cases}\tag{6-18}$$

上式即为三种荷载作用下的位移计算公式。

根据总剪力墙位移、弯矩和剪力之间的关系,就可以确定三种荷载作用下的弯矩 M_w、剪力 V_w 和 V_f。

$$M_w=PH\begin{cases}\dfrac{qH^2}{\lambda^2}\left[\dfrac{\lambda sh\lambda+1}{ch\lambda}ch(\lambda\xi)-\lambda sh(\lambda\xi)-1\right]\text{(均布荷载)}\\ \dfrac{qH^2}{\lambda^2}\left[\left(1+\dfrac{1}{2}\lambda sh\lambda-\dfrac{sh\lambda}{\lambda}\right)\dfrac{ch(\lambda\xi)}{ch\lambda}-\left(\dfrac{\lambda}{2}-\dfrac{1}{\lambda}\right)sh(\lambda\xi)-\xi\right]\text{(倒三角形荷载)}\\ PH\left[\dfrac{sh\lambda}{\lambda ch\lambda}ch(\lambda\xi)-\dfrac{1}{\lambda}sh(\lambda\xi)\right]\text{(顶部集中荷载)}\end{cases}\tag{6-19}$$

$$V_w=\begin{cases}\dfrac{qH}{\lambda}\left[\lambda ch(\lambda\xi)-\dfrac{1+\lambda sh\lambda}{ch\lambda}sh(\lambda\xi)\right]\text{(均布荷载)}\\ \dfrac{qH}{\lambda^2}\left[\left(1+\dfrac{\lambda sh\lambda}{2}-\dfrac{sh\lambda}{\lambda}\right)\dfrac{\lambda sh(\lambda\xi)}{ch\lambda}-\left(\dfrac{\lambda}{2}-\dfrac{1}{\lambda}\right)\lambda ch(\lambda\xi)-1\right]\text{(倒三角形荷载)}\\ P\left[ch(\lambda\xi)-\dfrac{sh\lambda}{ch\lambda}sh(\lambda\xi)\right]\text{(顶部集中荷载)}\end{cases}\tag{6-20}$$

上述解的推导过程比较繁琐,公式也比较复杂,在工程设计中,为方便计算,常利用图表法。从式(6-18)、式(6-19)、式(6-20)可以看出,剪力墙的位移 y、弯矩 M_w 和剪力 V_w 均是 λ、ξ 的函数,因此就可以将三种荷载作用下的位移方程(6-18)、弯矩方程(6-19)、剪力方程(6-20)分别做出三种荷载作用下的位移系数图表如图 6-6 所示、弯矩系数图表如图 6-7 所示和剪力系数图表如图 6-8 所示,计算时可直接查用。

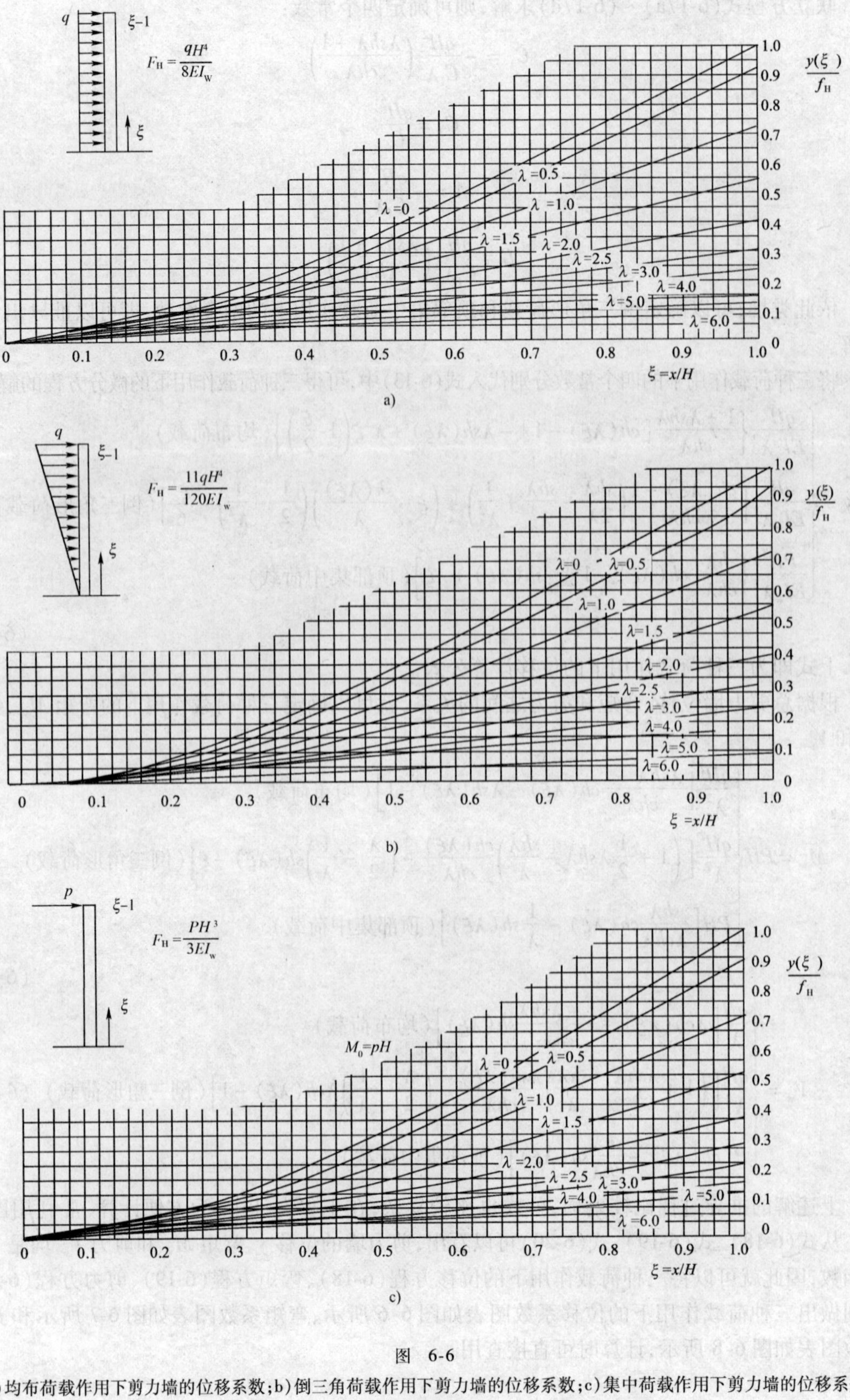

图 6-6

a)均布荷载作用下剪力墙的位移系数；b)倒三角荷载作用下剪力墙的位移系数；c)集中荷载作用下剪力墙的位移系数

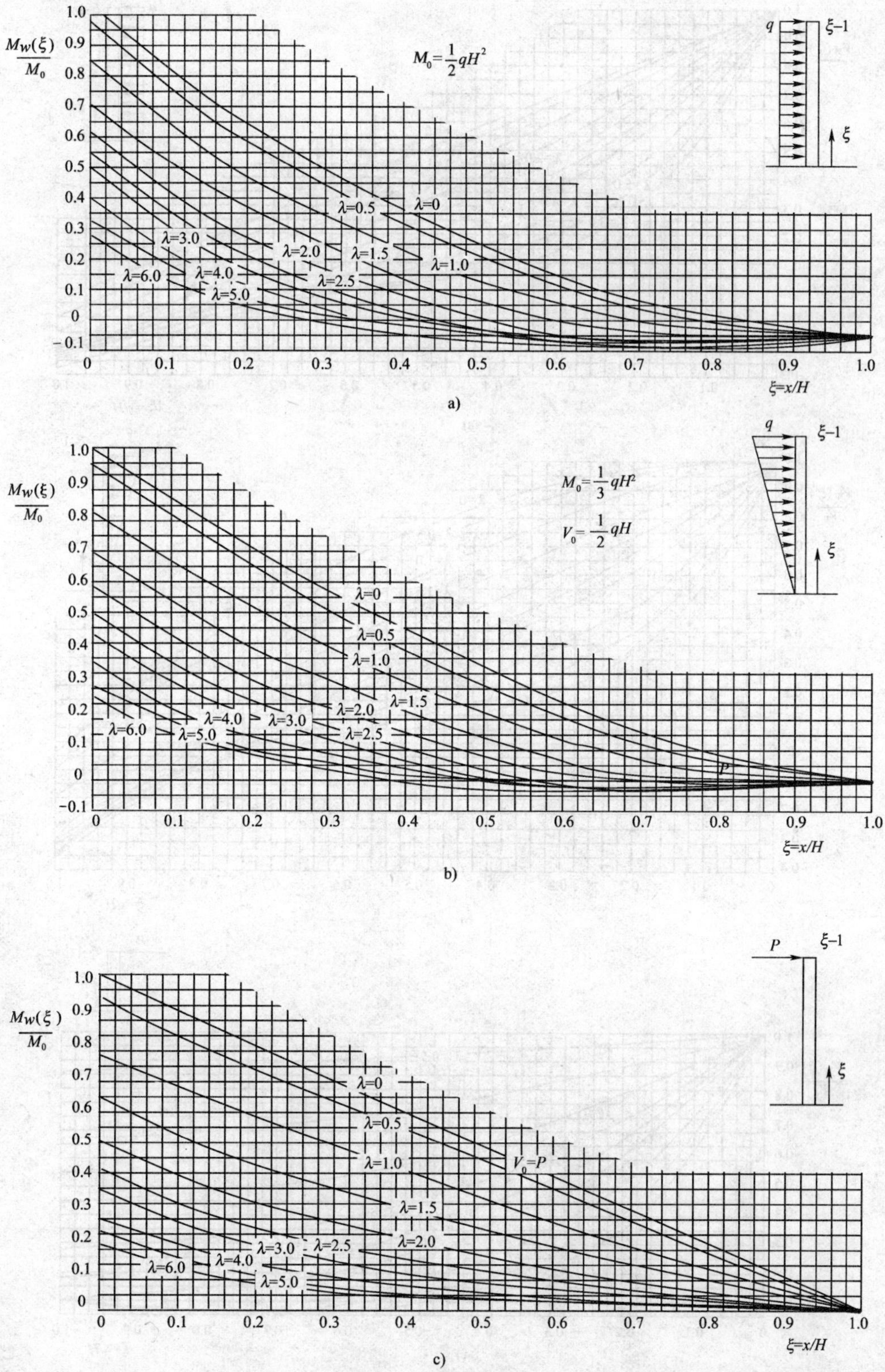

图 6-7

a)均布荷载作用下剪力墙的弯矩系数;b)倒三角荷载作用下剪力墙的弯矩系数;c)集中荷载作用下剪力墙的弯矩系数

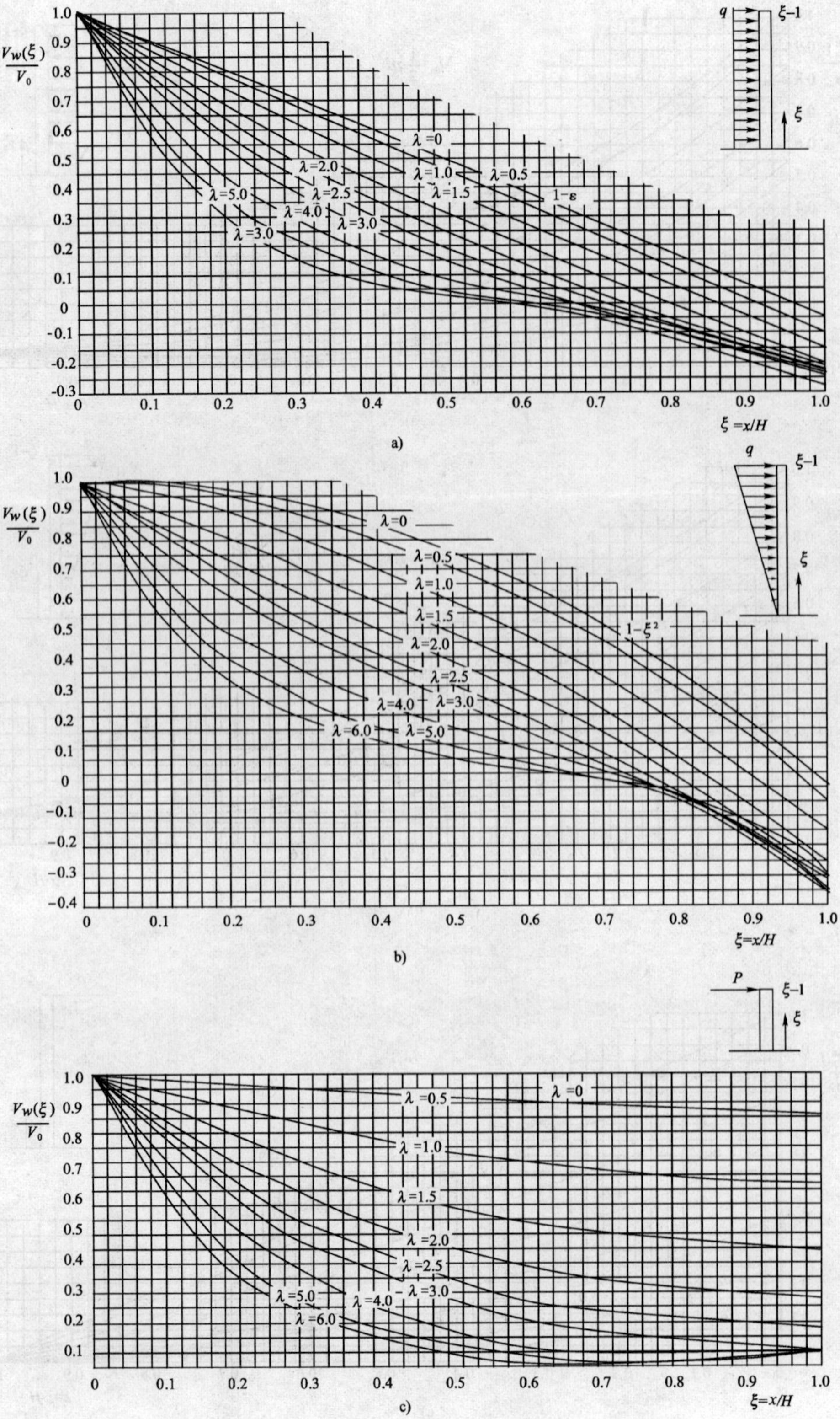

图 6-8

a)均布荷载作用下剪力墙的剪力系数；b)倒三角荷载作用下剪力墙的剪力系数；c)集中荷载作用下剪力墙的剪力系数

图表是根据给定不同的结构刚度特征值 λ 绘制的。图表中没有直接给出位移 y、弯矩 M_w 和剪力 V_w 的值，而是给出了位移系数 $y(\xi)/y_H$、弯矩系数 $M_w(\xi)/M_0$ 和剪力系数 $V_w(\xi)/V_0$，这里 y_H 是剪力墙单独承受水平荷载时在顶点产生的侧移，M_0、V_0 为水平荷载在剪力墙底部产生的总弯矩和总剪力。

4. 内力计算步骤

(1)先求出刚度特征值 λ 及所求截面相对坐标 ξ。

(2)根据荷载类型求出 M_0、V_0 及 y_H。

(3)然后根据图表查出各系数。

(4)最后根据下列式子求总剪力墙和总框架在该截面处的位移及内力：

$$\left.\begin{aligned}
M_w(\xi) &= \left[\frac{M_w(\xi)}{M_0}\right]M_0\\
V_w(\xi) &= \left[\frac{V_w(\xi)}{V_0}\right]V_0\\
y(\xi) &= \left[\frac{y(\xi)}{y_H}\right]y_H\\
V_f(\xi) &= V_p(\xi) - V_w(\xi)
\end{aligned}\right\}$$

$V_p(\xi)$可由外荷载直接求出。

三、框架—剪力墙刚接体系在水平荷载作用下的计算

在框架—剪力墙结构铰接体系中，连杆对墙肢没有约束作用，当剪力墙和框架之间的连梁线刚度较大时，需考虑连梁端对剪力墙转动约束的影响，此时，框架—剪力墙结构的计算简图如图 6-9 所示的刚接体系。

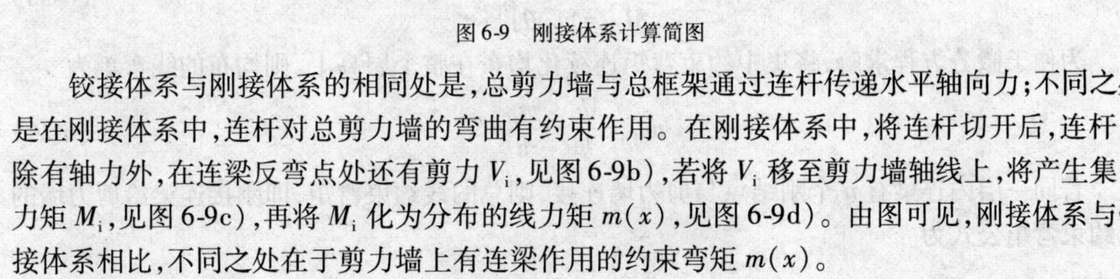

图 6-9　刚接体系计算简图

铰接体系与刚接体系的相同处是，总剪力墙与总框架通过连杆传递水平轴向力；不同之处是在刚接体系中，连杆对总剪力墙的弯曲有约束作用。在刚接体系中，将连杆切开后，连杆中除有轴力外，在连梁反弯点处还有剪力 V_i，见图 6-9b)，若将 V_i 移至剪力墙轴线上，将产生集中力矩 M_i，见图 6-9c)，再将 M_i 化为分布的线力矩 $m(x)$，见图 6-9d)。由图可见，刚接体系与铰接体系相比，不同之处在于剪力墙上有连梁作用的约束弯矩 $m(x)$。

1. 梁端约束弯矩系数

框架—剪力墙刚接体系的连梁有两种情况，如图 6-10 所示：一种是在墙肢与框架之间；另一种是在墙肢与墙肢之间。这两种情况都可以简化为带刚域的梁，如图 6-11 所示。

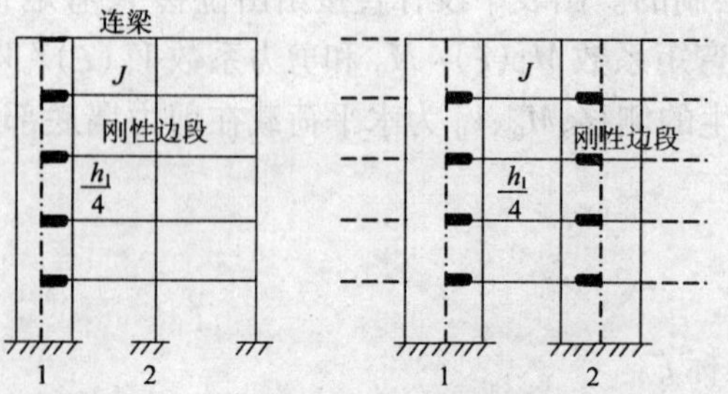

图 6-10　两种连梁

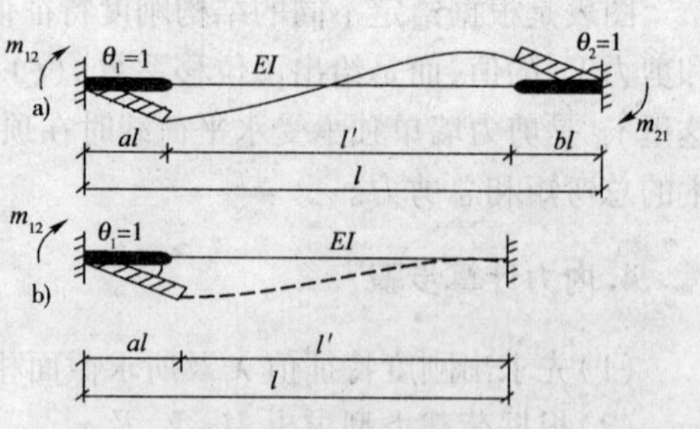

图 6-11　带刚域连梁

利用壁式框架部分的知识，可有：

对于两端有刚域段的梁端约束弯矩系数如式(6-21)：

$$\left.\begin{aligned} m_{12} &= \frac{6EI(1+a-b)}{l(1-a-b)^3(1+\beta)} \\ m_{21} &= \frac{6EI(1+b-a)}{l(1-a-b)^3(1+\beta)} \\ \beta &= \frac{12\mu EI}{GAl'} \end{aligned}\right\} \tag{6-21}$$

式中：$m(m_{12}、m_{21})$——约束弯矩系数，表示当梁端有单位转角时，梁端产生的约束弯矩；

β——考虑剪切变形时的影响系数，如果不考虑剪切变形的影响，可令 $\beta=0$。

其他字母意义见图 6-11。

令式(6-21)中 $b=0$，就得到一端有刚域段的梁端的约束弯矩系数如式(6-22)

$$\left.\begin{aligned} m_{12} &= \frac{6EI(1+a)}{l(1-a)^3(1+\beta)} \\ m_{21} &= \frac{6EI}{l(1-a)^2(1+\beta)} \end{aligned}\right\} \tag{6-22}$$

这里应指出，在实际工程中，按上述公式计算的结果，连梁的弯矩往往较大，梁配筋很多。为了减少配筋，允许考虑连梁的塑性变形，进行塑性调幅。塑性调幅的方法是降低连梁的刚度，在式(6-21)和式(6-22)中用 $\beta_h EI$ 代替 EI，β_h 值一般不小于 0.55。

根据梁端约束弯矩系数 m_{12} 和 m_{21}，就可以求出梁端有转角 θ 时的集中约束弯矩 M_{12}、M_{21}：

$$\left.\begin{aligned} M_{12} &= m_{12}\theta \\ M_{21} &= m_{21}\theta \end{aligned}\right\} \tag{6-23}$$

为便于微分方程求解，将集中约束弯矩连续化均布在整个层高上，则均布的线弯矩为

$$\overline{m}_{ij} = \frac{M_{ij}}{h} = \frac{m_{ij}}{h}\theta \tag{6-24}$$

若同一层内连梁有 n 个刚结点与剪力墙连接，则总的线约束弯矩，即刚接连梁给剪力墙的线约束弯矩公式为

$$m = \sum_{i=1}^{n} \frac{m_{ij}}{h}\theta \tag{6-25}$$

2. 微分方程的建立及其求解

如图 6-9d)所示的刚接体系计算简图中，刚接连梁的约束弯矩使剪力墙任意高度 x 处截

面产生的弯矩为

$$M_m = -\int_x^H m\mathrm{d}x$$

相应的剪力及荷载分别为

$$\left.\begin{aligned} V_m &= -\frac{\mathrm{d}M_m}{\mathrm{d}x} = -m = -\sum\frac{m_{ij}}{h}\frac{\mathrm{d}y}{\mathrm{d}x} \\ p_m &= -\frac{\mathrm{d}V_m}{\mathrm{d}x} = \frac{\mathrm{d}m}{\mathrm{d}x} = \sum\frac{m_{ij}}{h}\frac{\mathrm{d}^2y}{\mathrm{d}x^2} \end{aligned}\right\} \tag{6-26}$$

上式中的剪力及荷载分别称为“等代剪力”和“等代荷载”,即刚接连梁的约束弯矩所承担的剪力和荷载。

有了约束弯矩,根据力学知识,剪力墙的变形、内力和荷载间的关系就可以表示为

$$\left.\begin{aligned} EI_w\frac{\mathrm{d}^2y}{\mathrm{d}x^2} &= M_w \\ EI_w\frac{\mathrm{d}^3y}{\mathrm{d}x^3} &= \frac{\mathrm{d}M_w}{\mathrm{d}x} = -V_w - V_m = -V_w + m \\ EI_w\frac{\mathrm{d}^4y}{\mathrm{d}x^4} &= -\frac{\mathrm{d}V_w}{\mathrm{d}x} + \frac{\mathrm{d}m}{\mathrm{d}x} = p_w + p_m = p(x) - p_f + \sum\frac{m_{ij}}{h}\frac{\mathrm{d}^2y}{\mathrm{d}x^2} \end{aligned}\right\} \tag{6-27}$$

对比有约束弯矩与无约束弯矩的剪力墙内力、变形公式,可以发现,有约束弯矩的剪力墙公式中多了“等代剪力”和“等代荷载”两项。

刚接体系中总框架的受力与铰接体系中总框架的受力相同,所以 P_f 的计算与前同。

整理式(6-27)的第三式得:

$$\frac{\mathrm{d}^4y}{\mathrm{d}x^4} - \frac{C_f + \sum\frac{m_{ij}}{h}}{E_wI_w}\frac{\mathrm{d}^2y}{\mathrm{d}x^2} = \frac{p(x)}{E_wI_w} \tag{6-28}$$

即为求解位移 y 的微分方程。

与铰接体系类似,引入刚度特征值 λ 和相对坐标 ξ 两个符号:

$$\left.\begin{aligned} \lambda &= H\sqrt{\frac{C_f + \sum\frac{m_{ij}}{h}}{E_wI_w}} = H\sqrt{\frac{C_m}{E_wI_w}} \\ \xi &= \frac{x}{H} \end{aligned}\right\} \tag{6-29}$$

其中

$$C_m = C_f + \sum\frac{m_{ij}}{h}$$

所以,微分方程可变为

$$\frac{\mathrm{d}^4y}{\mathrm{d}\xi^4} - \lambda^2\frac{\mathrm{d}^2y}{\mathrm{d}\xi^2} = \frac{p(\xi)H^4}{E_wI_w}$$

比较上式与铰接体系的微分方程式(6-11),可见两式完全一样,因而铰接体系中所有微分方程的解对刚接体系都适用,所有曲线也可以应用。但应注意以下两点不同之处:

(1)刚度特征值 λ 计算公式不同。

(2)剪力墙、框架的剪力计算不同。由曲线图表查出的剪力系数计算出的 V_w 是铰接体系

总剪力墙的剪力,而不是刚接体系总剪力墙的剪力。

在刚接体系中,先把由 y 微分三次得到的剪力记为 $\overline{V}_w$,由于连梁约束弯矩的影响,则根据式(6-27)的第二式有

$$V_w = \overline{V}_w + m \tag{6-30}$$

又因为任意高度处总剪力墙剪力与总框架剪力之和应与外荷载所产生的总剪力相等,即

$$V_p = V_w + V_f = \overline{V}_w + \overline{V}_f$$

则

$$\overline{V}_f = V_p - \overline{V}_w \tag{6-31}$$

我们称 $\overline{V}_w = V_w - m$ 和 $\overline{V}_f = V_f + m$ 为剪力墙和框架的广义剪力。m 为连梁的约束弯矩。

3. 内力计算步骤

(1)先求出刚度特征值 λ 及所求截面相对坐标 ξ。

(2)根据图表查出各系数,算出剪力墙的广义剪力 $\overline{V}_w$。

(3)用总剪力 V_q 减去剪力墙的广义剪力 $\overline{V}_w$,得框架的广义剪力 $\overline{V}_f$,即式(6-31)。

(4)将 $\overline{V}_f$ 按框架抗剪刚度和连梁约束刚度按比例分配,求出框架的总剪力 V_f 和梁端的总约束弯矩 m。

$$\left.\begin{aligned} V_f &= \frac{C_f}{C_m}\overline{V}_f \\ m &= \frac{\sum \frac{m_{ij}}{h}}{C_m}\overline{V}_f \end{aligned}\right\} \tag{6-32}$$

(5)按式(6-33)计算剪力墙的剪力

$$V_w = \overline{V}_w + m \tag{6-33}$$

四、各片剪力墙、框架梁柱和连梁的内力计算

1. 各片剪力墙内力计算

当求得总剪力墙的内力后,总剪力墙的内力 M_w、V_w 按各片剪力墙的等效抗弯刚度分配给每一片剪力墙,即得到每一片剪力墙的内力:

$$\left.\begin{aligned} M_{wij} &= \frac{EI_{wj}}{\sum\limits_{k=i}^{n} EI_{wk}} M_{wi} \\ V_{wij} &= \frac{EI_{wj}}{\sum\limits_{k=i}^{n} EI_{wk}} V_{wi} \end{aligned}\right\} \tag{6-34}$$

在计算各剪力墙所分配的内力时,可取各层楼板高程处的 M、V 作为设计内力。

2. 框架梁、柱内力计算

求得总框架的内力后,总框架的总剪力 V_f 按各榀框架的抗侧刚度分配给每一榀框架,进而按框架各柱的 D 值分配给各柱。对于框架柱,应取各柱反弯点位置的坐标计算 V_f,但因计算繁琐,故可近似取各层柱的中点作为反弯点位置,用各楼层上、下两层楼板高程处的柱剪力

的平均值，作为该层柱子中点处的剪力。即

$$V_{cij}=\frac{D_j}{\sum_{j=1}^{k}D_{ij}}\frac{V_{pi}+V_{pi-1}}{2} \tag{6-35}$$

柱子剪力求出后，即可求出柱端弯矩，根据节点平衡，求出梁端弯矩，进而求出梁端剪力，最后求出柱轴力。

3. 刚接体系连梁内力计算

按式(6-32)计算出连梁总线约束弯矩 m 后，利用每根连梁的约束弯矩系数 m_{ij} 值，按比例将 m 分配给每根梁，即得到每根梁的线约束弯矩 $\overline{m}_{ij}=\frac{m_{ij}}{\sum m_{ij}}m$。则每根梁端的集中弯矩为

$$M_{ij}=\overline{m}_{ij}h=\frac{m_{ij}}{\sum m_{ij}}mh \tag{6-36}$$

式(6-36)所得弯矩为剪力墙轴线处的弯矩。工程设计中，要用控制截面处的内力作为设计内力，即要求出梁端墙边的内力。

利用如图 6-12 所示三角形比例关系即可求出梁端墙边的弯矩和剪力：

$$\left.\begin{aligned}M_{1'2'}&=\frac{x-cl}{x}M_{12}\\M_{2'1'}&=\frac{l-x-dl}{l-x}M_{21}\end{aligned}\right\} \tag{6-37}$$

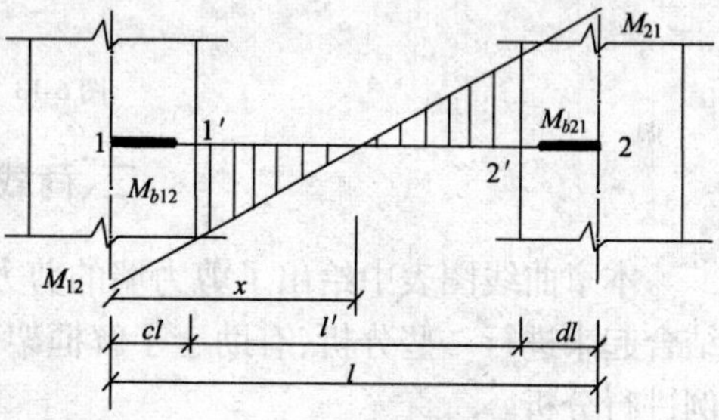

图 6-12　连梁与剪力墙边界处弯矩的计算

式中：x——连梁反弯点到左侧墙肢轴线的距离，则：

$$x=\frac{m_{12}}{m_{12}+m_{21}}l$$

连梁剪力设计值可以用连梁在墙边处的弯矩表示为：

$$V_b=\frac{M_{1'2'}+M_{2'1'}}{l'} \tag{6-38}$$

也可以用连梁在剪力墙轴线处的弯矩来表示：

$$V_b=\frac{M_{12}+M_{21}}{l}$$

第三节　框架—剪力墙协同工作性能

一、侧向位移特征

框架—剪力墙体系的侧向位移形状，与结构刚度特征值 λ 有很大关系。由式(6-10)和式(6-29)知道，λ 与框架抗剪刚度与剪力墙的刚度的比值有关。当 λ 很小(如 $\lambda\leqslant1$)，即框架的刚度与剪力墙的刚度比很小时，侧移曲线像独立的悬臂梁一样，曲线凸形朝向原始位置，曲线的形状为弯曲变形的形状，如图 6-13 所示实线。当 λ 较大(如 $\lambda\geqslant6$)，即框架的刚度与剪力墙的刚度比较大时，侧移曲线凹开朝向原始位置，曲线的形状为剪切变形的形状，如图 6-13 所示

虚线。当 $\lambda=1\sim6$ 时,侧向位移曲线介于弯剪型变形,此时上下层间变形较为均匀。随着 λ 的增大,剪力墙与框架的刚度比相对薄弱,框架承担的荷载相对增加了,体系的变形曲线就接近纯框架的变形曲线了。图 6-13 是按顶端的侧移量相等时画出的侧移曲线。

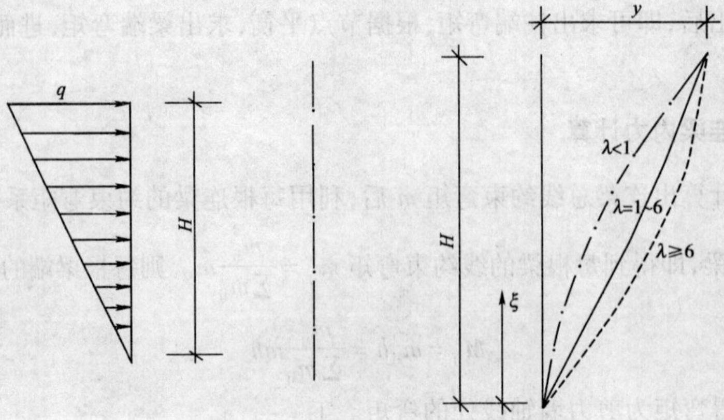

图 6-13　侧向位移与 λ 的关系

二、荷载与剪力的分布特征

本章曲线图表中给出了剪力墙的剪力分布特征,但没有给出荷载的分布特征,现将此两者结合起来进行一些分析,有助于了解框架—剪力墙共同工作的一些特征。下面以均布荷载为例进行分析。

首先,框架—剪力墙体系的剪力分配是与结构刚度特征值 λ 有很大关系的。如图 6-14 所示为均布荷载作用时剪力墙的剪力分布示意图。当 λ 很小时,剪力墙几乎承担总剪力的全部。当 λ 较大时,剪力墙承担的剪力就减小了。当 λ 很大时(即剪力墙很弱),则框架几乎承担全部剪力。

其次,由图 6-14 和图 6-15 分析框架、剪力墙承担剪力和荷载的特点,可指出以下几点:

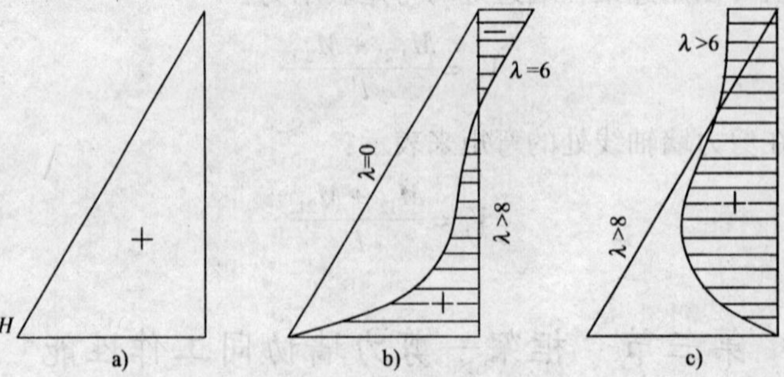

图 6-14　框剪结构剪力分布图

a) V 图;b) V_m 图;c) V_1 图

(1)框架承担的荷载(即框架给剪力墙的弹性反力)在上部为正,在下部出现负值。这是因为框架和剪力墙单独承受荷载时,其变形曲线是不同的。框架和剪力墙共同工作时,相互间必然产生上述的荷载形式,使两个不同的变形形式统一起来(如图 6-16 所示)。

(2)框架和剪力墙顶部剪力不为零(如图 6-14 所示)。这是因为相互间在顶部有集中力作用(如图 6-15 所示)。这一点在设计时应该注意,以保证顶层墙与框架的整体性。

(3)框架的剪力最大值在结构的中部($\xi=0.6\sim0.3$),且最大值位置随结构刚度特征值 λ 的增大而向下移动。所以,对框架起控制作用的是中部的剪力值。

框架底部剪力为零,全部剪力均由剪力墙承担(如图 6-14 所示),这是由于计算方法近似性造成的,并不符合实际。

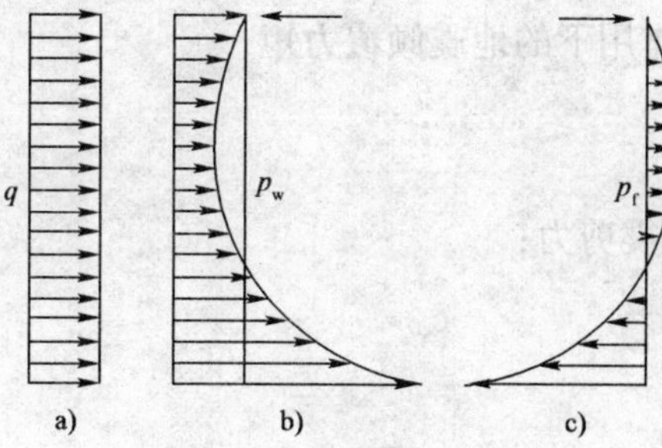

图 6-15　框剪结构荷载分配图
a)p 图;b)p_w 图;c)p_f 图

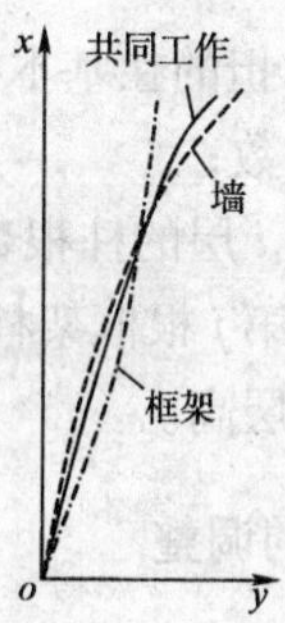

图 6-16　墙、框共同变形

三、计算方法应用条件

本章介绍的计算方法是连续化的协同工作方法。基本微分方程及其解是在各层剪力墙抗弯刚度相等,各层框架抗剪刚度相等,各层连梁刚度也相等的条件下导出的。如果各层刚度变化太大,则本方法不适用。如果各层刚度相差不大,则可用沿高度加权平均的方法,得到平均刚度,按平均刚度用本方法计算。

另外,本方法在推导时没有考虑剪力墙与连梁的剪切变形的影响,也没有考虑剪力墙轴向变形的影响。当用式(6-5)的等效刚度时,近似地考虑了框架柱轴向变形的影响。一般说来,当剪力墙的截面高与墙高的比值不大于 1/4 时,当连梁的高跨比不大于 1/4 时,剪切变形的影响是不大的;当框架的高宽比小于 4 时,柱子轴向变形的影响也是不大的。满足这些要求的框架—剪力墙结构,用本章介绍的计算方法和计算图表可以得到满意的计算结果。

第四节　框架—剪力墙结构截面设计及构造

一、截面设计

框架—剪力墙内力确定后,框架部分设计按纯框架结构设计,剪力墙部分设计按纯剪力墙结构设计,同时满足以下规定:

1. 框架部分抗震等级、适用高度和高宽比的调整

抗震设计时,地震造成的对房屋的倾覆力矩由框架和剪力墙两部分共同承担。若由框架承担的部分大于总倾覆力矩(基本振型作用下)的 50% 以上时,说明框架部分已居于较主要地位,应加强其抗震能力的储备,具体要求是:按纯框架结构的要求来确定其抗震等级;轴压比也按纯框架结构的规定来限制。至于适用高度和高宽比则可取框架结构和剪力墙结构两者之间的值,视框架部分承担总倾覆力矩的百分比而定,当框架部分承担的百分比接近于 0 时,取接近剪力墙结构的适用高度和高宽比,当框架部分承担的百分比接近于 100% 时,取接近框架结

构的适用高度和高宽比。

对于竖向布置比较规则的框架—剪力墙结构，框架部分承担的地震倾覆力矩可按式(6-39)计算：

$$M_c = \sum_{i=1}^{n}\sum_{j=1}^{m} V_{ij} h_i \tag{6-39}$$

式中：M_c——框架承担的在基本振型地震作用下的地震倾覆力矩；

n——房屋层数；

m——框架第 i 层的柱根数；

V_{ij}——第 i 层第 j 根框架柱的计算地震剪力；

h_i——第 i 层层高。

2. 框架总剪力的调整

(1)抗震设计的框架—剪力墙结构中，框架部分承担的地震剪力满足式(6-40)要求的楼层，其框架总剪力不必调整；不满足式(6-40)要求的楼层，其框架总剪力应按 $0.2V_0$ 和 $1.5V_{fmax}$ 二者的较小值采用。

$$V_f \geqslant 0.2V_0 \tag{6-40}$$

式中：V_0——对框架柱数量从下至上基本不变的规则建筑，应取对应于地震作用标准值的结构底部总剪力，对框架柱数量从下至上分段有规律变化的结构，应取每段最下一层结构对应于地震作用标准值的总剪力；

V_f——对应于地震作用标准值且未经调整的各层(或某一段内各层)框架承担的地震总剪力；

V_{fmax}——对框架柱数量从下至上基本不变的规则建筑，应取对应于地震作用标准值且未经调整的各层框架承担的地震总剪力中的最大值，对框架柱数量从下至上分段有规律变化的结构，应取每段中对应于地震作用标准值且未经调整的各层框架承担的地震总剪力中的最大值。

框架—剪力墙结构中，柱与剪力墙相比，其抗剪刚度是很小的，故在地震作用下，楼层地震总剪力主要由剪力墙来承担，框架柱只承担很小一部分，就是说框架由于地震作用所造成的内力是很小的，而框架作为抗震的第二道防线，过于单薄是不利的。为了保证框架部分有一定的能力储备，规定框架部分所承担的地震剪力不应小于一定的值，并将该值规定为：取基底总剪力的20%($0.2V_0$)和各层框架承担的地震总剪力中的最大值的1.5倍($1.5V_{fmax}$)两者中的较小值。但是，若某楼层段突然减少了框架柱，按原方法来调整柱剪力时，将使这些楼层的单根柱承担过大的剪力而难以处理，故增加容许分段进行调整的做法，即当某楼层段柱根数减少时，则以该段为调整单元，取该段最底一层的地震剪力为其该段的底部总剪力；该段内各层框架承担的地震总剪力中的最大值为该段的 V_{fmax}。

(2)各层框架所承担的地震总剪力调整后，应按调整前、后总剪力的比值调整每根框架柱以及与之相连框架梁的剪力及端部弯矩标准值，框架柱的轴力标准值可不予调整。

(3)按振型分解反应谱法计算地震作用时，为便于操作，框架柱地震剪力的调整可在振型组合之后进行。

框架剪力的调整应在楼层剪力满足现行《高层建筑混凝土结构技术规程》(JGJ 3—2002)规定的楼层最小剪力系数(剪重比)的前提下进行。

二、框架—剪力墙结构中剪力墙的配筋构造要求

在框架—剪力墙结构中,剪力墙是抗侧力的主要构件,承担较大的水平剪力,因此《高层建筑混凝土结构技术规程》(JGJ 3—2002)规定:剪力墙竖向和水平分布钢筋的配筋率,抗震设计时均应不小于0.25%,非抗震设计时均应不小于0.20%,并应至少双排布置(具体应根据墙厚确定,可参照剪力墙结构的相关规定);各排分布钢筋之间应设置拉筋,拉筋直径不应小于6mm,间距不应大于600mm。

这些规定是剪力墙设计的最基本构造要求,使剪力墙具有了最低限度的强度和延性保证。实际工程中,应根据实际情况确定不低于该项要求、适当的构造设计。

三、带边框剪力墙的构造要求

1)带边框剪力墙的截面厚度应符合下列规定:

(1)抗震设计时,一、二级剪力墙的底部加强部位均不应小于200mm,且不应小于层高的1/16;

(2)除第(1)项以外的其他情况下不应小于160mm,且不应小于层高的1/20。

2)剪力墙的水平钢筋应全部锚入边框柱内,锚固长度不应小于 l_a(非抗震设计)或 l_{aE}(抗震设计)。

3)带边框剪力墙的混凝土强度等级宜与边框柱相同。

4)与剪力墙重合的框架梁可保留,亦可做成宽度与墙厚相同的暗梁,暗梁截面高度可取墙厚的2倍或与该片框架梁截面等高,暗梁的配筋可按构造配置且应符合一般框架梁相应抗震等级的最小配筋要求。

5)剪力墙截面宜按工字形设计,其端部纵向受力钢筋应配置在边框柱截面内。

6)边框柱截面宜与该榀框架其他柱的截面相同,边框柱应符合框架柱构造配筋规定;剪力墙底部加强部位边框柱的箍筋宜沿全高加密;当带边框剪力墙上的洞口紧邻边框柱时,边框柱的箍筋宜沿全高加密。

带边框剪力墙的设计应使之能整体工作。首先,墙板自身应有足够厚度以保证其稳定性,条件许可时尽量满足《高层建筑混凝土结构技术规程》(JGJ 3—2002)条文中的厚度要求,若确实做不到则应按《高层建筑混凝土结构技术规程》附录D所列公式进行稳定性复核,其中墙肢计算长度系数 β 可按D.0.3条的第4款确定。其次,墙截面的设计应将之作为工字形截面来考虑,因此墙的端部纵向钢筋应配置在边框柱截面内,而边框柱又是框架的组成部分,故其构造应符合框架柱的构造要求。

第五节　板柱—剪力墙结构

一、概　述

工程中所用的无梁楼盖,由于只有柱和板而没有梁,故称板柱结构。板柱结构在侧向力作用下的受力特性与框架类似,只不过以柱上板带代替了框架梁,是框架结构的一种特殊形式。板柱框架的侧向刚度比梁柱框架差,受力也有其特殊性和缺点,单独用于高层建筑是不适宜也难以胜任的,因此必须同时设置剪力墙(或剪力墙组成的筒体)以承担侧向力,形成板柱剪力墙结构。板柱—剪力墙结构的受力状态类似于框架—剪力墙结构。

二、板柱—剪力墙结构的布置和计算要求

板柱—剪力墙结构两个主轴方向均应布置剪力墙，而板柱—剪力墙结构中的板柱框架比梁柱框架更弱，因而这个要求显得更为重要。

地震作用下，房屋的周边(特别是角点)是受力的主要部位，故要求应设置框架梁形成梁柱框架。为了保证关键部位的可靠性，要求房屋的顶层、地下一层的顶板、楼盖大开洞的周边等部位要设置框架梁或边梁。

无梁板可根据承载力和变形的需要，采用无柱帽板或有柱帽板。为了保证无梁板具有必需的强度和刚度，《高层建筑混凝土结构技术规程》(JGJ 3—2002)规定了对无柱帽板和有柱帽板的最低构造要求：当采用托板式柱帽时，托板的长度和厚度应按计算确定，且从柱截面形心算起的每方向长度不宜小于板跨度的1/6，其厚度不宜小于1/4无梁板的厚度；抗震设计时，托板每方向长度尚不宜小于同方向柱截面宽度与4倍板厚度之和，托板处总厚度尚不宜小于16倍柱纵筋直径。当不满足承载力要求且不允许设置柱帽时可采用剪力架，此时板的厚度，非抗震设计时不应小于150mm，抗震设计时不应小于200mm。

当楼板跨度较大时，根据实际情况(强度、刚度、抗裂度要求，以及当地的技术条件)，选用预应力混凝土楼盖结构或其他楼盖结构。

为保证楼板整体刚性和抗裂性能，双向无梁板厚度不应过小，其厚度与长跨之比，不宜小于《高层建筑混凝土结构技术规程》(JGJ 3—2002)中有关的规定。

由于板柱框架用柱上板带作为框架梁，其抗侧力的能力甚差，因此规程要求板柱—剪力墙结构中的剪力墙应能承担全部地震剪力以保证结构的安全。考虑多道设防原则，各层的板柱框架部分也应能承担不小于各层相应方向地震剪力的20%。

三、板柱—剪力墙结构中剪力墙的配筋构造要求

板柱—剪力墙结构中剪力墙的配筋构造要求参照第四节中有关框架—剪力墙结构中剪力墙的配筋构造要求执行。

四、板柱—剪力墙结构中板的构造要求

1. 防止无梁板脱落的措施

在地震作用下，无梁板与柱的连接是最薄弱的部位。在地震的反复作用下易出现梁柱交接处的裂缝，严重时发展成为通缝，板失去了支承而脱落。为防止板的完全脱落而下坠，沿两个主轴方向布置通过柱截面的板底连续钢筋不应过小(连续钢筋的总抗拉力等于该层楼板造成的对该柱的轴压力)，以便把趋于下坠的楼板吊住而不至于倒塌。具体可按式(6-41)计算：

$$A_s \geqslant N_G/f_y \tag{6-41}$$

式中：A_s——通过柱截面的板底连续钢筋的总截面面积；

N_G——在该层楼面重力荷载代表值作用下的柱轴向压力设计值；

f_y——通过柱截面的板底连续钢筋的抗拉强度设计值。

2. 关于预应力无梁板

当柱网较大时，有时会采用预应力无梁楼板，对于这种情况，要求只能采用部分预应力而不

能采用全预应力，而且板内钢筋应以非预应力筋为主要受力钢筋，预应力筋主要用作提高板的刚度（减小挠曲变形）和抗裂能力，因为预应力筋在地震的反复作用下的可靠性不如非预应力筋。

3. 板柱—剪力墙结构中构成板柱框架的柱上板带

当无柱帽时，由于柱的宽度有限，板带的受力主要集中在柱的连线附近。抗震设计时，无柱帽的板应在板内沿纵横柱轴线设置暗梁，将柱上板带上下纵向钢筋各50%集中布置在暗梁内，并按梁的构造要求设置箍筋。

4. 有托板式柱帽时

应加强托板与平板的连接使之成为整体。非抗震设计时，应在托板内设置构造钢筋（锚入平板内）；抗震设计时，托板在柱边处的弯矩可能发生变化，托板底部的钢筋要按计算确定。由于托板与平板成了整体，故计算柱上板带的支座面积时可把托板的厚度考虑在内。

5. 无梁板上允许开局部洞口

当洞口尺寸满足如图6-17所示的规定时，对板的受力影响不大，均可不作由于开洞的强度复核。但当洞口较大时，则应对被洞口削弱的板带进行刚度和强度的验算。所有洞口均应沿其周边设置补强钢筋。

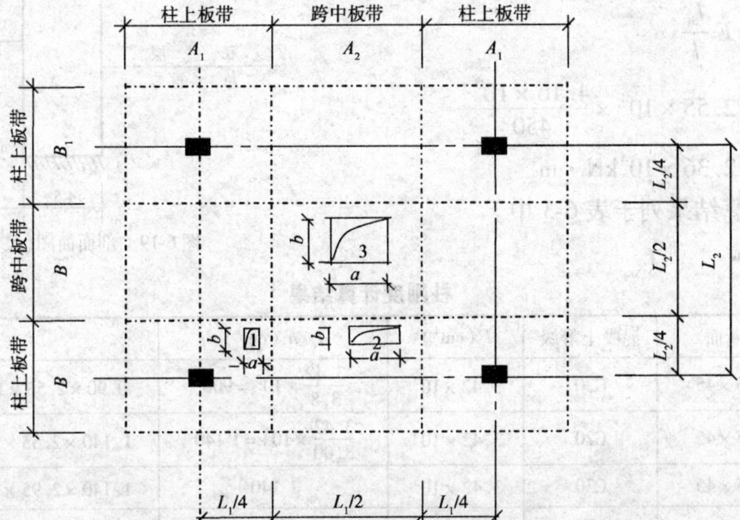

图6-17 无梁楼板开洞要求

洞1：$b \leq b_c/4$ 且 $b \leq t/2$；其中，b 为洞口长边尺寸，b_c 为相应洞口长边方向的柱宽，t 为板厚；
洞2：$a \leq A_2/4$ 且 $b \leq B_1/4$；洞3：$a \leq A_2/4$ 且 $b \leq B_2/4$

6. 无梁板的冲切计算

洞口补强措施应符合现行国家标准《混凝土结构设计规范》（GB 50010）的有关规定。

第六节 框架—剪力墙结构计算实例

某12层住宅楼，建筑尺寸及结构布置如图6-18和图6-19所示。设计烈度为8度，场地类别为Ⅰ类，特征周期分区为二区。计算横向地震作用时框架—剪力墙协同工作的内力和位移。

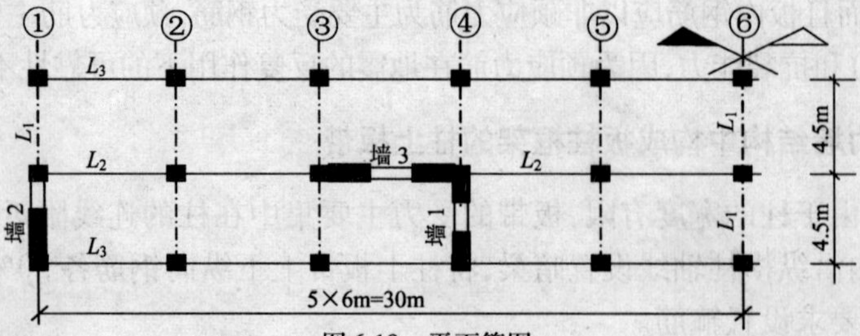

图 6-18　平面简图

一、结构刚度的计算

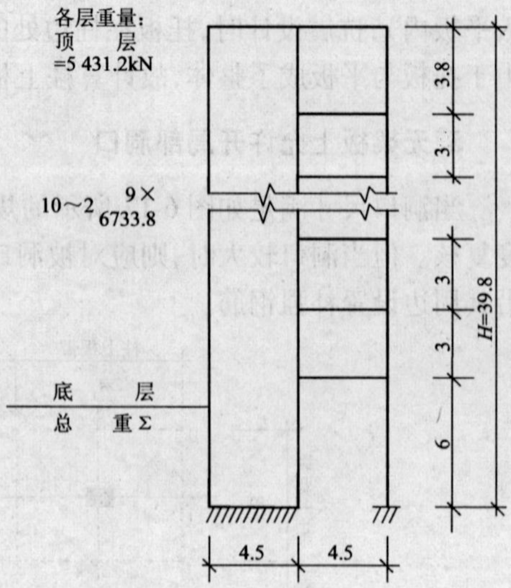

图 6-19　剖面简图(尺寸单位:m)

1. 梁柱刚度计算

(1)梁:L_1 25cm×55cm，混凝土 C20 级

$$I_b = \frac{1}{12} \times 25 \times 55^3 \times 1.2$$

$$= 4.16 \times 10^5 \text{cm}^4$$

(1.2 为考虑 T 形截面乘的系数)

$$i_b = E\frac{I_b}{l}$$

$$= 2.55 \times 10^4 \times \frac{4.16 \times 10^5}{450}$$

$$= 2.36 \times 10^4 \text{kN} \cdot \text{m}$$

(2)柱:计算结果列于表 6-3 中。

柱刚度计算结果　　表 6-3

层数	断面	混凝土等级	I_c(cm^4)	I_c/h(cm^3)	$i_c = EI_c/h$
12 层	45×45	C20	3.42×10^5	$\frac{3.42}{3.8} \times 10^3 = 900$	$0.90 \times 2.55 \times 10^4 = 2.30 \times 10^4$
8~11 层	45×45	C20	3.42×10^5	$\frac{3.42}{3.00} \times 10^3 = 1\,140$	$1.140 \times 2.55 \times 10^4 = 2.91 \times 10^4$
4~7 层	45×45	C30	3.42×10^5	1 140	$1.140 \times 2.95 \times 10^4 = 3.36 \times 10^4$
2~3 层	45×45	C40	3.42×10^5	1 140	$0.90 \times 3.25 \times 10^4 = 3.70 \times 10^4$
1 层	50×50	C40	5.21×10^5	$\frac{5.21}{6.00} \times 10^3 = 867$	$0.867 \times 3.25 \times 10^4 = 2.82 \times 10^4$

2. 框架刚度计算

用 D 值法计算。中柱 7 根,边柱 18 根。

标准层:
$$K = \frac{\sum i_b}{2i_0}, \alpha = \frac{K}{2+K}$$

底层:
$$K = \frac{\sum i_b}{i_0}, \alpha = \frac{0.5+K}{2+K}$$

框架刚度:
$$C_f = Dh = \sum \alpha i_c \frac{12}{h}$$

计算结果列于表 6-4 中。

框架刚度计算结果 表6-4

层数	中柱			边柱			总刚度
	K	α	C(kN)	K	α	C(kN)	C_f
12层	$\frac{4\times2.36\times10^4}{2\times2.30\times10^4}=2.05$	$\frac{2.05}{2+2.05}=0.506$	$7\times0.506\times2.30\times10^4\times\frac{12}{3.8}=2.57\times10^5$	$\frac{2\times2.36}{2\times2.30}=1.025$	$\frac{1.025}{3.025}=0.339$	$18\times0.339\times2.30\times10^4\times\frac{12}{3.8}=4.43\times10^5$	7.0×10^5
8~11层	1.622	0.448	3.69×10^5	0.811	0.289	6.06×10^5	9.71×10^5
4~7层	1.404	0.413	3.88×10^5	0.702	0.260	6.29×10^5	10.17×10^5
2~3层	1.276	0.390	4.04×10^5	0.638	0.242	6.45×10^5	10.49×10^5
1层	$\frac{2\times2.36}{2.82}=1.672$	$\frac{0.5+1.672}{3.672}=0.591$	2.33×10^5	0.836	$\frac{0.5+0.836}{2.836}=0.471$	4.78×10^5	7.11×10^5

平均总刚度

$$C_f=\left(\frac{7.0\times3.8+9.71\times12+10.17\times12+10.49\times6+7.11\times6}{39.8}\right)\times10^5=93.16\times10^4\text{kN}$$

3. 剪力墙刚度计算

剪力墙厚度一律为120mm，混凝土强度等级与柱相同。

(1)墙1：有效翼缘宽度取2.0m，如图6-20所示：

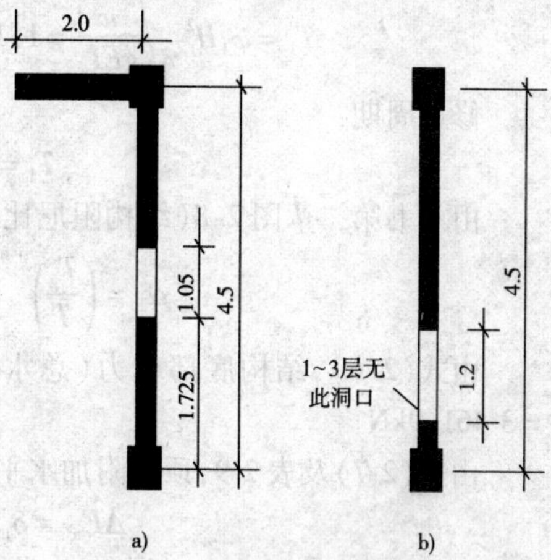

图6-20 剪力墙截面(尺寸单位：m)

首层 $I_w=3.92\text{ m}^4$

$EI_w=3.92\times3.25\times10^7$

$=12.7\times10^7\text{kN}\cdot\text{m}^2$

2~3层 $I_w=3.435\text{m}^4$

$EI_w=11.1\times10^7\text{kN}\cdot\text{m}^2$

4~7层 $I_w=3.435\text{m}^4$

$EI_w=10.1\times10^7\text{kN}\cdot\text{m}^2$

8~12层 $I_w=3.435\text{m}^4$

$EI_w=8.7\times10^7\text{kN}\cdot\text{m}^2$

平均 $EI_w=\left(\frac{12.7\times6+11.1\times6+10.1\times12+8.7\times15.8}{39.8}\right)\times10^7=10.08\times10^7\text{ kN}\cdot\text{m}^2$

(2)墙2如图6-20所示：

首层 $I_w=3.18\text{m}^4$，$EI_w=3.18\times3.25\times10^7=10.3\times10^7\text{ kN}\cdot\text{m}^2$

2~3层 $I_w=2.71\text{m}^4$，$EI_w=8.80\times10^7\text{ kN}\cdot\text{m}^2$

4~7层 $I_w=2.36\text{ m}^4$，$EI_w=6.96\times10^7\text{ kN}\cdot\text{m}^2$

8~12层 $I_w=2.36\text{ m}^4$，$EI_w=6.02\times10^7\text{ kN}\cdot\text{m}^2$

平均： $EI_w=7.37\times10^7\text{ kN}\cdot\text{m}^2$

$\sum EI_w=34.90\times10^7\text{ kN}\cdot\text{m}^2$

二、地震作用计算

1. 铰接体系(不考虑梁的约束弯矩)

计算地震作用，先要确定自振周期。有剪力墙的高层框架结构，自振周期可参考下式确定：

$$T_j = \varphi_j H^2 \sqrt{\frac{w}{gEI_w}}$$

式中：w——沿建筑高度单位长度的平均重量，kN/m；

g——重力加速度，9.81m/s²；

φ_j——根据刚度特征值 λ 由第二章图 2-12 查出。

在本例中，有

$$\lambda = H\sqrt{\frac{C_f}{EI_w}} = 39.8\sqrt{\frac{93.16\times10^4}{34.90\times10^7}} = 2.056$$

查得 $\varphi_j = 1.12$ 。

$$w = \frac{81\ 456.4}{39.8} = 2\ 040\ \text{kN/m}$$

$$T_1 = \varphi_1 H^2\sqrt{\frac{w}{gEI_w}} = 1.12\times39.8^2\sqrt{\frac{2\ 040}{9.81\times34.90\times10^7}} = 1.37\text{s}$$

修正周期：

$$T_1 = 0.8\times1.37 = 1.1\ \text{s}$$

由本书第二章图 2-8（结构阻尼比为 0.05），特征周期 $T_g = 0.3$（见表 2-8），知：

$$\alpha_1 = \left(\frac{T_g}{T}\right)^{0.9}\alpha_{max} = \left(\frac{0.3}{1.1}\right)^{0.9}\times0.16 = 0.05$$

由式(2-6)，结构底部剪力（总水平地震作用）为 $F_{EK} = \alpha_1 G_{eq} = 0.05\times0.85\times81\ 456.4 = 3\ 461.9\text{kN}$

由式(2-7)及表 2-9，顶点附加水平作用如图 6-21 所示：

$$\begin{aligned}\Delta F_n &= \delta_n F_{EK} = (0.08T_1 + 0.01)F_{EK}\\ &= 0.098\times3\ 461.9 = 339.2\text{kN}\end{aligned}$$

沿高度分布的地震作用：

$$F_i = (1-\delta_n)F_{EK}\frac{G_iH_i}{\sum G_jH_j} = 3\ 122.7\frac{G_iH_i}{\sum G_jH_j}$$

2. 刚结体系（考虑梁的约束弯矩，如图 6-22 所示）

$$\lambda = H\sqrt{\frac{C_f + \sum\frac{m_{ij}}{h}}{EI_w}}$$

由式(6-21)，忽略剪切变形影响，则有

$$m_{12} = \frac{6EI_b(1+a)}{l(1-a)^3}$$

$$al = \frac{1}{2}\times4.95 - \frac{1}{4}\times0.55 = 2.34\text{m}$$

$$l = 4.5 + 2.25 = 6.75\text{m}$$

$$a = \frac{2.34}{6.75} = 0.347$$

$$m_{12} = \frac{6 \times 2.55 \times 10^4 \times 0.416 \times 10^{-2}}{6.75} \times \frac{(1+0.347)}{(1-0.347)^3} = 45.60 \times 10^4 \text{kN} \cdot \text{m}$$

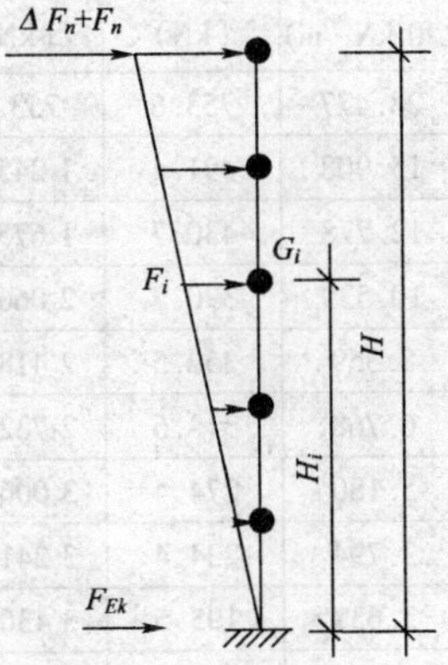

图 6-21　地震作用

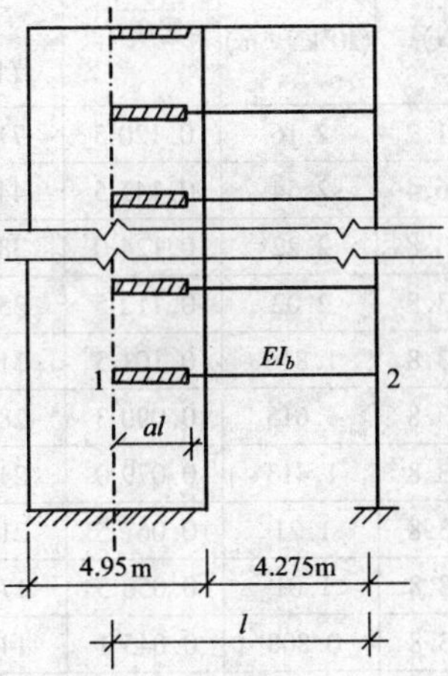

图 6-22　刚结体系

平均约束弯矩：$\frac{\sum m_{ij}}{\sum h_i} = \frac{12 \times 45.60 \times 10^4}{39.8} = 13.75 \times 10^4 \text{kN} \cdot \text{m} / \text{m}$

$\sum \frac{m_{ij}}{h} = 4 \times 13.75 \times 10^4 = 55.0 \times 10^4$（式中乘 4 是因有 4 处梁与剪力墙连接）

$$\lambda = 39.8 \sqrt{\frac{(93.16+55.0) \times 10^4}{34.90 \times 10^7}} = 2.59$$

查得 $\varphi_1 = 1.0$

$$T_1 = 1.0 \times 39.8^2 \sqrt{\frac{2\,040}{9.81 \times 34.90 \times 10^7}} = 1.22\text{s}$$

修正周期：

$$T_1 = 0.8 \times 1.22 = 0.98\text{s}$$

$$\alpha_1 = \left(\frac{0.3}{0.98}\right)^{0.9} \times 0.16 = 0.055$$

总地震作用：

$$F_{EK} = 0.055 \times 0.85 \times 81\,456.4 = 3\,808.1\text{kN}$$

$$\Delta F_n = (0.08T_1 + 0.01)F_{EK} = 0.088 \times 3\,808.1 = 335.1\text{kN}$$

$$F_i = \frac{(3\,808.1 - 335.1)G_i H_i}{\sum G_j H_j} = 3\,473 \frac{G_i H_i}{\sum G_j H_j}$$

F_i、V_i、$F_i H_i$ 值列表计算见表 6-5。

将楼层处集中力按基底等弯矩折算成倒三角形荷载，计算列于表 6-6。

三、框架—剪力墙协同工作计算

1. 由 λ 值及荷载类型查图表计算总内力

当不考虑梁的约束弯矩影响时，计算内力、位移所用的 λ 值与计算地震力时相同，取$\lambda = 2.06$。

F_i、V_i 及 F_iH_i 值计算表（顶点地震作用为 $F_i+\Delta F_n$） 表 6-5

层数	H_i (m)	G_i (kN)	G_iH_i (10^5kN·m)	$\frac{G_iH_i}{\sum G_jH_j}$	不考虑梁约束 F_i (kN)	不考虑梁约束 V_i (kN)	不考虑梁约束 F_iH_i (10^3kN·m)	考虑梁约束 F_i (kN)	考虑梁约束 Q_i (kN)	考虑梁约束 F_iH_i (10^3kN·m)
12	39.8	5 431.2	2.16	0.120 5	715.5	715.5	28.477	753.6	753.6	29.993
11	36	7 076.4	2.54	0.141 5	441.9	1 157.4	15.908	491.4	1 245.0	17.690
10	33	6 733.8	2.22	0.124 0	387.2	1 544.6	12.778	430.7	1 675.7	14.213
9	30	6 733.8	2.02	0.112 5	351.3	1 895.9	10.539	390.7	2 066.4	11.721
8	27	6 733.8	1.816	0.101 5	317.0	2 212.9	8.559	352.5	2 418.9	9.517
7	24	6 733.8	1.615	0.090 3	282.0	2 494.9	6.768	313.6	2 732.5	7.520
6	21	6 733.8	1.413	0.079 0	246.7	2 741.6	5.180	274.4	3 006.9	5.762
5	18	6 733.8	1.21	0.067 5	210.8	2 952.4	3.794	234.4	3 241.3	4.219
4	15	6 733.8	1.01	0.056 3	175.8	3 128.2	2.637	195.5	3 436.8	2.933
3	12	6 733.8	0.808	0.045 1	140.8	3 269.0	1.689	156.6	3 593.4	1.879
2	9	6 733.8	0.605	0.033 8	105.5	3 374.5	0.950	117.4	3 710.8	1.057
1	6	8 344.6	0.500	0.028 0	87.4	3 161.0	0.524	97.3	3 808.1	0.584
		81 456.4	17.92		3 461.9		97.803	3 808.1		107.094

将楼层处集中力按基底等弯矩折算的倒三角形荷载 表 6-6

荷载形式	不考虑梁约束	考虑梁约束
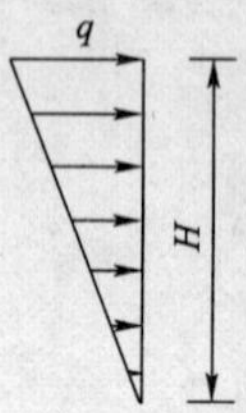	$M_0=97.803\times10^3=\frac{1}{3}qH^2$ $q=\frac{3M_0}{H^2}=\frac{3\times97.803\times10^3}{39.8^2}$ $=185.2\text{kN/m}$ $V_c=\frac{qH}{2}=\frac{1}{2}\times185.2\times39.8$ $=3\,685.5\text{kN}$	$M_0=107.094\times10^3=\frac{1}{3}qH^2$ $q=\frac{3M_0}{H^2}=\frac{3\times107.094\times10^3}{39.8^2}$ $=202.8\text{kN/m}$ $V_c=\frac{qH}{2}=\frac{1}{2}\times202.8\times39.8$ $=4\,033.7\text{kN}$

当考虑梁的约束弯矩影响时，内力计算中考虑连梁塑性变形的影响，将连梁刚度系数乘以0.55，重新计算 λ 值。

$$\sum\frac{m_{ij}}{h}=55.0\times10^4\times0.55=30.25\times10^4\text{kN}\cdot\text{m/m}$$

$$\lambda=39.8\sqrt{\frac{(93.16+30.25)\times10^4}{34.90\times10^7}}=2.37$$

由式(6-32)，总框架分担的剪力为

$$V_f=\frac{C_1}{C_m}\overline{V}_f=\frac{93.16}{93.16+30.25}\overline{V}_f=0.755\overline{V}_f$$

总连梁的总线约束弯矩为

$$m=\frac{\sum\frac{m_{ij}}{h}}{C_m}\overline{V}_f=\frac{30.25}{93.16+30.25}\overline{V}_f=0.245\overline{V}_f$$

由式(6-33)，剪力墙的总剪力为

$$V_w=\overline{V}_w+m$$

上述计算均列表进行，见表 6-7。

倒三角形荷载作用内力计算表[查图 6-7b)和图 6-8b)或用式(6-19)和式(6-20)计算]　　表 6-7

层数	高程 x(m)	$\xi=\frac{x}{H}$	不考虑梁约束 $\lambda=2.06, M_0=97.8\times10^3$kN·m, $V_0=3\ 685.5$kN						考虑梁约束 $\lambda=2.37, M_0=107.1\times10^3$kN·m, $V_0=4\ 035.7$kN								
			$\frac{M_w}{M_0}$	M_w (10^3kN·m)	$\frac{V_w}{V_0}$	V_w (10^3kN)	$\frac{V_f}{V_0}$	V_f (10^3kN)	$\frac{M_w}{M_0}$	M_w (10^3kN·m)	$\frac{\bar{V}_w}{V_0}$	$\bar{V}_w$ (10^3kN)	$\frac{\bar{V}_f}{V_0}$	$\bar{V}_f$ (10^3kN)	V_f (10^3kN)	m (10^3kN)	V_w (10^3kN)
12	39.8	1.0	0	0	−0.34	1.25	0.34	1.25	0	0	−0.345	−1.39	0.345	1.39	1.05	0.34	−1.05
11	36	0.905	−0.035	−3.42	−0.17	− 0.63	0.35	1.29	−0.035	−3.75	−0.175	−0.71	0.356	1.44	1.09	0.35	−0.36
10	33	0.829	−0.045	−4.40	−0.04	−0.15	0.352	1.30	−0.045	−4.82	−0.06	−0.24	0.372	1.50	1.13	0.37	0.13
9	30	0.754	−0.04	−3.91	0.07	0.26	0.36	1.33	−0.05	−5.36	0.04	−0.16	0.39	1.57	1.19	0.38	0.22
8	27	0.679	−0.03	−2.93	0.17	0.63	0.37	1.36	−0.04	−4.28	0.14	0.56	0.395	1.59	1.20	0.39	0.95
7	24	0.603	−0.01	0.978	0.26	0.96	0.38	1.40	−0.02	−2.14	0.23	0.93	0.41	1.65	1.25	0.40	1.33
6	21	0.528	0.03	2.93	0.34	1.33	0.38	1.40	0.02	2.14	0.30	1.21	0.42	1.69	1.28	0.41	1.62
5	18	0.452	0.07	6.85	0.43	1.58	0.37	1.36	0.06	6.43	0.38	1.53	0.42	1.69	1.28	0.41	1.94
4	15	0.377	0.13	12.71	0.52	1.92	0.34	1.25	0.10	10.71	0.47	1.90	0.39	1.57	1.18	0.39	2.29
3	12	0.302	0.19	18.58	0.61	2.25	0.30	1.11	0.16	17.14	0.55	2.22	0.36	1.45	1.09	0.36	2.58
2	9	0.226	0.26	25.43	0.69	2.54	0.26	0.96	0.23	24.63	0.65	2.62	0.30	1.21	0.91	0.30	2.92
1	6	0.151	0.34	33.25	0.78	2.87	0.20	0.74	0.30	32.13	0.76	3.07	0.22	0.89	0.67	0.22	3.29
	0	0	0.55	53.79	1.0	3.68	0	0	0.51	54.62	1.0	4.04	0	0	0	0	4.04

各层剪力墙底截面内力 M_w、V_w 即为表中计算结果。

各层总框架柱剪力可由上、下楼层处 V_f 值取平均计算：

$$V_{fj}=\frac{V_{fj1}+V_{fj}}{2}$$

各层连梁总约束弯矩由下式计算：

$$M_{bj}=m(\xi)\frac{h_j+h_{j-1}}{2}$$

计算结果均列于总内力表 6-8 内。

总　内　力　　表 6-8

楼层	不考虑梁约束			考虑梁约束			
	总剪力墙		总框架 V_f	总剪力墙		总框架 V_f	总连梁 M_b
	M_w(10^3kN·m)	V_w(10^3kN)	(10^3kN)	M_w(10^3kN·m)	V_w(10^3kN)	(10^3kN)	(10^3kN·m)
12	0	−1.25	1.27	0	1.05	1.07	0.65
11	−3.42	−0.63	1.295	−3.75	0.36	1.11	1.19
10	−4.40	−0.15	1.315	−4.82	0.13	1.16	1.11
9	3.91	0.26	1.415	5.36	0.22	1.195	1.11
8	2.93	0.63	1.38	−4.28	0.95	1.225	1.17
7	0.978	0.96	1.40	−2.14	1.33	1.265	1.20
6	2.93	1.33	1.38	2.14	1.62	1.28	1.23
5	6.85	1.58	1.305	6.43	1.94	1.23	1.23
4	12.71	1.92	1.18	10.71	2.29	1.135	1.17
3	18.58	2.25	1.04	17.14	2.58	1.0	1.08
2	25.43	2.54	0.85	24.63	2.92	0.79	0.9
1	33.25	2.87	0.37	32.13	3.29	0.335	0.99
	53.79	3.68		54.62	4.04		

2. 位移计算［查图表 6-6b），或用公式(6-18)第二式计算］

位移计算结果列于表 6-9 内。

表 6-9

位移	不考虑梁约束 $\lambda=2.06$	考虑梁约束 $\lambda=2.37$
顶点位移	$f_H=\frac{11}{120}\frac{qH^4}{EI_w}=\frac{11\times185.2\times39.8^4}{120\times34.9\times10^7}=0.122\text{m}$ 当 $x=H$ 时，$\frac{y_H}{f_H}=0.39$ $y_H=4.76\text{cm}$，$\frac{y_H}{H}=\frac{1}{836}<\left[\frac{1}{700}\right]$	$f_H=\frac{11}{120}\frac{qH^4}{EI_w}=\frac{11\times202.8\times39.8^4}{120\times34.9\times10^7}=0.136\text{m}$ 当 $x=H$ 时，$\frac{y_H}{f_H}=0.34$ $y_H=4.62\text{cm}$，$\frac{y_H}{H}=\frac{1}{861}<\left[\frac{1}{700}\right]$
层间位移	7 层 $\frac{x}{H}=0.603$，$\frac{y_x}{f_H}=0.2$ 8 层 $\frac{x}{H}=0.679$，$\frac{y_x}{f_H}=0.24$ $\delta_{max}=(0.24-0.2)\times12.2=0.49\text{cm}$ $\frac{\delta}{h}=\frac{0.49}{300}=\frac{1}{612}>\left[\frac{1}{800}\right]$	7 层 $\frac{x}{H}=0.603$，$\frac{y_x}{f_H}=0.18$ 8 层 $\frac{x}{H}=0.679$，$\frac{y_x}{f_H}=0.22$ $\delta_{max}=(0.22-0.18)\times13.6=0.544\text{cm}$ $\frac{\delta}{h}=\frac{0.544}{300}=\frac{1}{551}>\left[\frac{1}{800}\right]$

以上层间位移均不满足表2-14侧向位移的限制条件。

四、对例题的几点思考

(1)考虑梁的约束作用时,结构刚度特征值增大,自振周期减少,地震作用增大,因而总基底剪力增大;剪力墙承担的剪力加大,但除底层外,截面弯矩反而有所减小;框架承担的剪力减少,建筑物顶点位移减小,但层间位移加大。

(2)本例题中连梁断面较小,因而考虑与不考虑梁约束计算得到的内力及位移相差不大,在连梁刚度很小时,近似计算中可忽略其刚度而按铰接体系计算。

(3)在求得总剪力墙、总框架、总连梁内力以后,需根据各构件刚度进行第二步分配并进行构件内力计算。

思考题与练习题

6-1 什么是钢—混凝土组合结构体系?它具有什么特点?

6-2 高层建筑结构中常见的钢—混凝土组合结构体系有哪些?

6-3 钢—混凝土组合结构构件的设计与普通钢筋混凝土结构构件的设计有哪些不同?

6-4 简述型钢混凝土框架梁设计的基本假定。

6-5 简述钢管混凝土柱承受轴压力的优越性,并与钢筋混凝土柱和纯钢管柱进行比较。

第七章 筒体结构设计

DIQIZHANG

第一节 概　　述

随着建筑层数、高度的增加和抗震设防要求的提高，以平面工作状态的框架、剪力墙以及框架—剪力墙等组成高层建筑结构体系往往不能满足要求。这时，可以由剪力墙构成空间薄壁实腹筒体，成为竖向悬臂箱形梁结构；或者加密框架柱，以增强梁的刚度，也可以形成空间整体受力的空腹框筒。简言之，筒体结构是由实腹或空腹剪力墙封闭起来的一个或几个筒体作为承受水平和竖向荷载的高层或超高层建筑结构。按筒体布置形式和数目的不同，可将筒体结构划分为单筒、筒中筒和组合筒，如图 7-1 所示。

筒体结构具有造型美观、受力合理、使用灵活，以及整体性强等优点，适用于高层和超高层建筑。目前全世界最高的 100 幢高层建筑约三分之二采用筒体结构，国内百米以上的高层建筑有一半以上采用筒体结构。筒体结构的平面外形宜选用圆形、正多边形、椭圆形或矩形，内筒宜居中，以增强筒体结构在侧向力作用下的结构性能。因为研究表明筒体结构性能具有形状效应，如对于正多边形来讲，边数越多，剪力滞后现象越不明显，结构的空间作用越大；反之，边数越少，结构的空间作用越差。

- 筒体结构
  - 单筒结构
    - 核心筒结构（实腹筒）
    - 框筒结构（空腹筒）
  - 筒中筒结构
  - 组合筒结构
    - 框架—核心筒结构
    - 成束筒结构

图 7-1　筒体结构的分类

随着计算机技术的迅速发展，筒体结构的设计与计算已经实现了程序化。因而本章重点介绍筒体结构的布置、侧向荷载作用下的受力特点、筒体结构的计算方法、截面设计及构造要求等内容。

第二节　筒体结构的布置

一、单筒结构

单筒结构是筒体结构的基本单元型式，根据筒体结构型式是实腹筒还是空腹筒，单筒结构分为核心筒结构和框筒结构。根据建筑功能的需要可以组合成更复杂的筒体结构。

1. 核心筒结构

核心筒是一个典型的竖向悬臂结构,可以同时承受竖向荷载和侧向力的作用。当单个核心筒独立工作时,建筑物四周结构多为悬挑式结构,如图 7-2 所示,上部荷载全部由核心筒承担,并将荷载传至基础。

核心筒结构在竖向荷载和侧向力作用下,可按偏心受压构件进行筒身截面配筋设计。但在地震区,实腹核心筒结构的受力性能并不理想。实腹筒体结构易于出现脆性破坏形态,作为悬臂结构的实腹核心筒为静定结构,在地震作用下没有多余的约束。当核心筒底部在水平力作用下形成塑性铰时,整个结构易成为可变体系而失稳倒塌。另外,塔式建筑外形和质量分布及刚性的结构特点,使核心筒结构具有较大的地震反应。结构布置时宜按照"强肢弱梁"的设计原则,在筒壁四周适当地布置一些结构洞,或者根据结构抗震的要求对筒壁上的门窗洞口进行适当的调整,使筒壁成为联肢剪力墙的结构型式,利用连系梁梁端的塑性铰耗散地震能量。

为满足底层大空间的建筑功能,核心筒周边柱子一般不落地,楼面竖向荷载只能通过水平悬挑构件传至核心筒。因为悬臂段跨度较大,水平悬挑构件的形式一般为桁架结构,当层数较多时还可在竖向分成若干区段,设置多个桁架,各区段范围内楼盖可以通过小框架支承于下层的悬挑桁架上,也可通过悬挂索支承于上层的悬挑桁架上。图 7-3 所示的长沙黄兴路综合大楼是典型的核心筒结构,在第 9、第 15、第 21 层分别布置了悬挑大梁,支承各自上部小框架的竖向荷载。

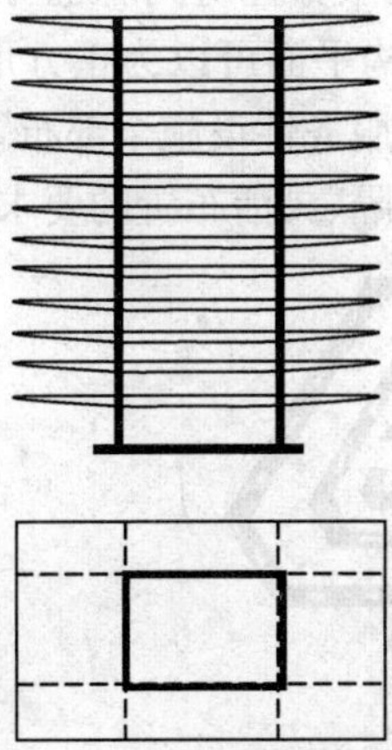

图 7-2　核心筒结构

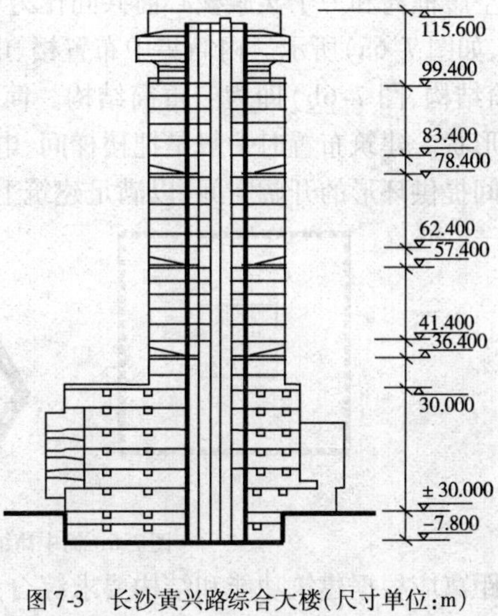

图 7-3　长沙黄兴路综合大楼(尺寸单位:m)

核心筒结构占地面积小,可在地面留出较大的空间以满足绿化、交通及保护既有建筑物等规划要求。同时,核心筒结构中建筑周边的柱子仅承受若干层的楼面竖向荷载,其截面尺寸较小,便于立面建筑上开窗采光,视野开阔。

2. 框筒结构

框筒结构是由密排柱在每层楼板平面上通过窗裙墙梁连接起来的空腹筒。典型的框筒结构平面,如图 7-4a)所示。当框筒单独作为承重结构时,常常在中间需布置柱子用于承受竖向荷载,以减少楼盖结构跨度,在计算分析过程中,柱子所形成的框架结构对抵抗侧向力的作用很小而一般不考虑,水平力全部由框筒结构承受。其平面结构如图 7-4b)所示。

角柱对框筒结构的抗侧刚度和整体抗扭具有十分重要的作用。在侧向力作用下,角柱内往往产生较大的复杂三维应力和变形,因此应使角柱具有较大的截面面积和刚度,有时甚至在角柱位置布置实腹筒,以增强框筒结构的整体抗扭和抗侧刚度。

a) b)

图 7-4 框筒结构平面

框筒结构外筒柱距较密,常常不能满足建筑使用要求。为扩大底层柱距,在密柱层和稀柱层间要设置转换层,常用刚度很大的梁、刚架、桁架、拱等构成,如图 7-5 所示。

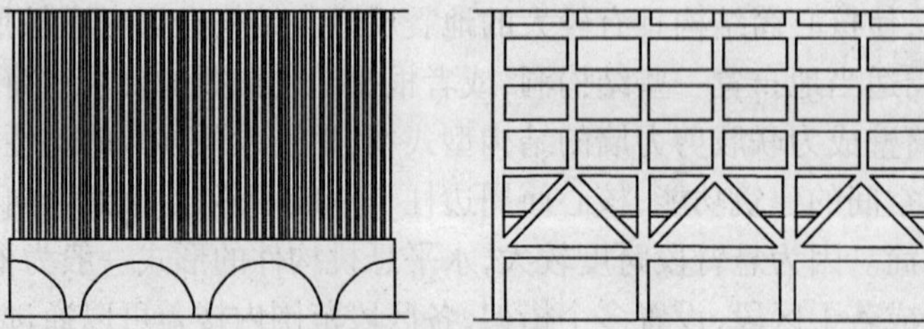

图 7-5 框筒结构底层柱的转换

二、筒中筒结构

采用一个空腹框筒和一个实腹核心筒共同作为承载结构,核心筒布置于框筒的中间,即构为筒中筒结构,如图 7-6a)所示。内筒集中布置楼、电梯间或服务性房间。也可以多重筒体套叠,形成多重筒结构,图 7-6b)即为三重筒结构。筒中筒结构平面可以为正方形、矩形、圆形、三角形或其他形状。建筑布置时一般是把楼梯间、电梯间等服务性设施全部布置在核心筒内,而在内外筒之间提供环形的开阔空间,以满足建筑上自由分隔、灵活布置的要求。

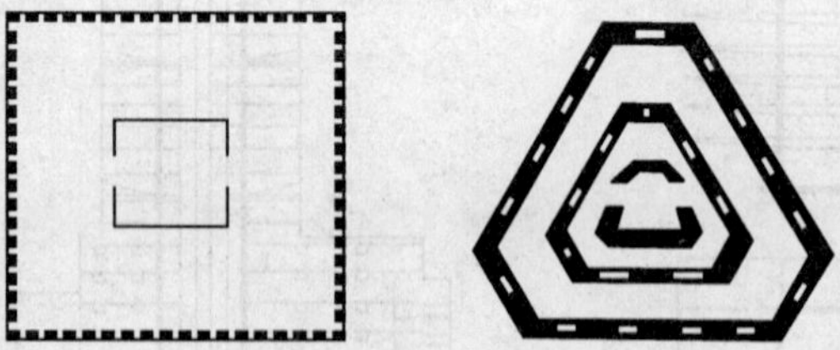

a) b)

图 7-6 筒中筒结构

内外筒的距离应根据建筑功能和结构要求综合考虑而定。因为当内筒过大时,内外筒之间的使用面积减小,影响到建筑的使用效益;如内筒过小,则结构的抗侧刚度变小,影响到结构受力的合理性。因而一般来说,筒中筒结构的内外筒之间的距离宜不大于 12m,内筒边长取外筒相应边长的 1/3 左右较为适宜。当内外筒之间的距离较大时,可另设柱子作为楼面梁的支承点,以减小楼盖结构的跨度。

三、组合筒结构

组合筒结构是指由不同的结构型式组合在一起或由几个相同的结构型式组成一个整体,共同承受荷载的复合筒体结构。有时,组合筒结构特指成束筒结构。

1. 框架—筒体结构

为满足建筑立面、建筑造形或建筑使用功能,常采用外部框架和内部实腹筒体的组合结构形式,此时外部柱距一般在4~5m左右或更大。周边柱子已不能形成筒的工作状态,而相当于框架的作用。这类结构称为框架—筒体结构,如图7-7所示。如果把内筒看成剪力墙结构,则框架—核心筒结构的受力性能与框架—剪力墙结构相似,但框架—核心筒结构中的柱子往往数量少且断面大,故设计中应特别注意保证内筒的抗侧刚度和结构的抗震性能。

2. 成束筒结构

建筑物高度或其平面尺寸进一步加大时,上述结构往往无法满足抗侧刚度的要求,可采用多个单筒的组合结构,形成束筒结构,如图7-8所示。由于束筒结构中间密柱框架的作用,可以有效地减少外筒翼缘框架中的剪力滞后效应,使翼缘框架柱子充分发挥作用。

图7-7 框架—核心筒结构

图7-8 成束筒结构

第三节 侧向力作用下的受力特点

筒体结构最主要的受力特点是它的空间整体受力性能。无论哪一种筒体形式,在侧向力作用下都可简化为固定于基础上的箱形悬臂构件,相对于单片平面结构具有更大的抗侧刚度和承载力,并具有很好的抗扭刚度。下面分别介绍框筒结构、实腹筒结构和成束筒结构的受力特点。

如图7-9a)所示,在水平荷载作用下框筒像一根下端固定竖立的悬臂梁,如按理想的悬臂梁计算,迎风面翼缘框架各柱拉应力最大且数值相等,背风面翼缘框架各柱压应力最大且数值相等,腹板框架各柱的应力按斜直线变化,中性轴处的柱轴力为零,如图7-9b)中的虚线所示。

理论计算和模型试验证明,在水平力作用下,框筒柱的应力并不像理想弯曲梁中的正应力按平面变化。框筒结构是具有箱形截面的悬臂构件,框筒底部四个角柱的应力特别大,翼缘框架柱应力越向中部越小,呈正对称曲线变化;腹板框架柱应力按反对称曲线变化,在靠近框筒弯曲的中性轴附近,柱应力小于按斜直线算出的应力,如图7-9b)中的实曲线所示。

所以出现这种现象,是由于框筒不是一根实心截面的受弯构件,它作为一个整体,有弯曲变形的作用,而腹板框架又有如同平面框架抵抗水平剪力的作用。当角柱因框筒的整体弯曲而建立起拉压应力时,就会通过墙裙梁以剪力的形式传力给其他的翼缘柱,同时墙裙梁自身也产生剪切变形(及弯曲变形),且楼板在自身平面外的抗弯刚度又较小,不能保证整个框筒像实心杆件平面弯曲那样符合平截面假定,因而其他柱的拉(压)应力比角柱小,出现四角大中间小的曲线变化规律。高层结构设计中把这种由墙裙梁剪切变形而导致的框筒柱应力降低现象称为“剪力滞后”。

单实腹内筒结构在进行整体受力分析时，常简化为一个薄壁杆件，按照符拉索夫的薄壁杆件理论计算。根据实腹筒壁间有无连梁（或连梁的强弱），计算简图可以分别按封闭实腹筒、带连梁的实腹筒或开口的实腹筒计算。筒体结构实际上是一个箱形梁，由薄壁墙体围成的单实心内筒，当其宽度较大时，在水平荷载作用下横截面的正应力也存在“剪力滞后”现象，见图7-10所示。当在各楼层都开有门洞时，其应力变化规律将更为复杂一些。

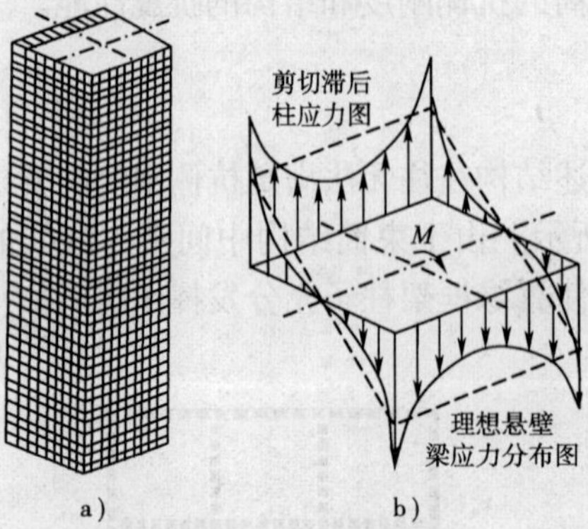

图 7-9　框筒在水平荷载作用下的应力分布

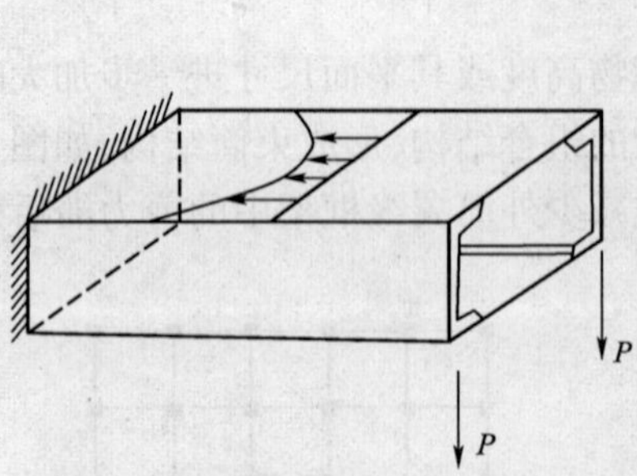

图 7-10　实腹筒在水平荷载下的应力滞后

对于成束筒结构，由于外围筒内设置了深梁密柱的框架，从而使结构的整体性得到加强，图7-11 给出了组合框筒各柱应力变化规律示意图。平行于水平荷载方向的腹板墙或框架抗剪能力很大，垂直于水平荷载的翼缘墙或框架抵抗弯矩的能力也很强。组合筒的“剪力滞后”现象比单筒也有改善，受力更均匀些。

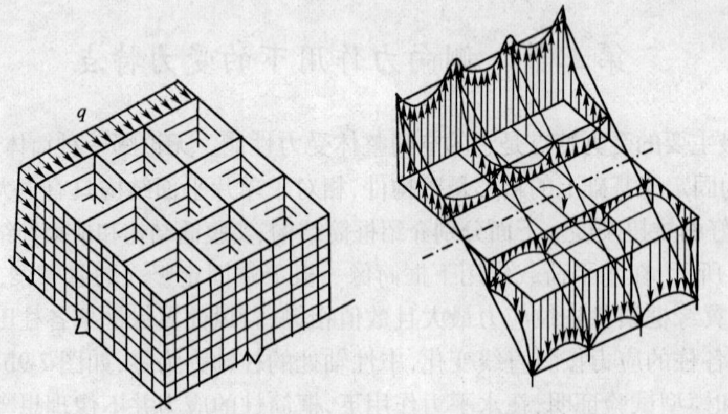

图 7-11　成束筒在水平荷载下的剪力滞后

在框筒结构中，“剪力滞后”与墙裙梁宽和高、荷载、弹性模量、腹板以及翼缘的相对刚度等有关。此外，还与框筒平面的长宽比有关。当长宽比接近 2 时，“剪力滞后”非常显著，翼缘框架的中间部分柱已不能发挥作用。此时，框筒的工作状态和框架很相似，整体空间受力作用微弱。如果能减少“剪力滞后”现象，使各柱受力尽量均匀，则可大大增加框筒的侧向刚度及承载能力，充分发挥所有材料的作用。为此，在结构布置时要采取如减小柱间距、加大窗裙梁的刚度、调整结构平面使之接近于正方形、控制结构的高宽比等一系列措施。

在筒体结构中，侧向力所产生的剪力主要由其腹板部分承担。对于筒中筒结构，则主要由外筒的腹板框架和内筒的腹板部分承担。外力所产生的总剪力在内外筒之间的分配与内外筒之间的抗侧刚度比有关，且在不同的高度，侧向力在内外筒之间的分配比例是不同的。一般来说，在结构底部，内筒承担了大部分剪力，外筒承担的剪力很小，其受力特点与框架—剪力墙结构是相似的。

侧向力所产生的弯矩则由内外筒共同承担。由于外筒柱离建筑平面形心较远，故外筒柱内的轴力所形成的抗倾覆弯矩极大。在外筒中，翼缘框架又占了其中的主要部分，角柱也发挥了十分重要的作用，而外筒腹板框架及内筒腹板墙肢的局部弯曲所产生的弯矩极小。

由以上分析可知，筒体结构存在着整体空间作用，筒体中尤其框筒中存在着“剪力滞后”现象，并且因为“剪力滞后”及楼板平面外刚度不大而引起各层楼板平面外的翘曲，在筒体结构设计中和构造处理上都应妥善考虑。

第四节　筒体结构的计算方法

伴随着计算机技术的发展，推动了不同计算方法在高层建筑结构设计中的应用。从原理上可将计算方法划分为矩阵位移法、有限元法和有限条分法等。上述三种分析方法是分别将高层结构离散为杆单元、平面连续单元和连续条元后，再将其分别集成为结构进行分析。其中矩阵位移法和有限条方法是应用较为广泛、计算精度较高的通用方法，而有限元法多适用于不规则的结构和计算简图不宜简化为杆件的结构。筒体结构的计算方法很多，本节仅对几种通用的计算方法进行简单介绍。

一、空间杆系—薄壁柱矩阵位移法

将梁柱单元作为空间杆件考虑，而把内筒、角柱等部位的单元作为空间薄壁杆件，用矩阵位移法求解的方法，称为空间杆系—薄壁柱分析法。

对于图 7-12 所示的空间杆件单元，每个杆端有 6 个自由度，即沿 x、y、z 三个方向的平移和绕 x、y、z 三个方向的转角。对于图 7-13 所示的空间开口薄壁杆件单元，在一般情况下杆件在弯曲的同时，还将产生扭转，且杆件横截面不再保持平面而发生翘曲，每个杆端有 7 个自由度，比普通空间杆件单元增加了双力矩所产生的扭转角。

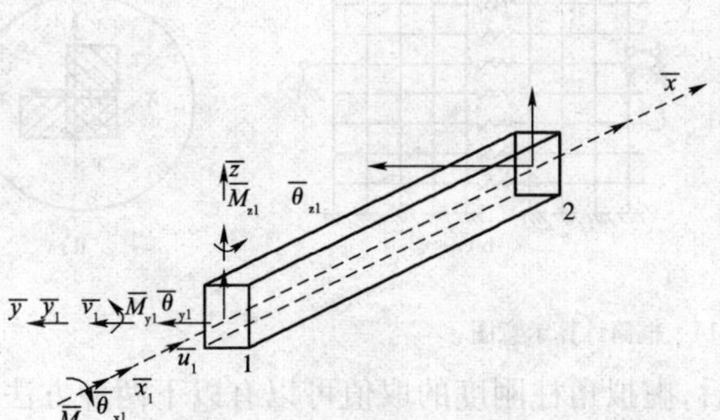

图 7-12　一般的空间杆件单元

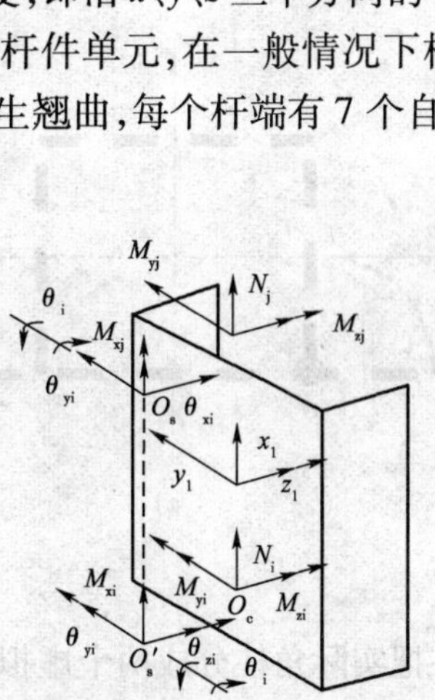

图 7-13　空间开口薄壁杆件单元

该分析方法的优点是可以分析梁柱为任意布置的一般空间框架结构或筒体结构，可以分析平面为非对称的结构或荷载，并可获得薄壁柱受约束扭转所引起的翘曲应力。

二、展开平面矩阵位移法

展开平面矩阵位移法是将框筒或筒中筒结构展开，等效为一个平面框架，将空间问题化为平面问题后，采用矩阵位移法进行求解。通过对矩形平面的框筒结构或筒中筒结构受力性能的分析可知，在侧向力作用下，筒体结构的腹板部分主要抗剪，翼缘部分的轴力形成弯矩作用主要抗弯；筒体结构的各榀平面单元主要在其自身平面内受力，而在平面外的受力则很小。为使计算简便，又能保证有足够的精确度，采用如下基本假定：

(1)筒体结构体系自身各榀平面单元内的刚度无限大，平面外的刚度忽略为零，仅考虑在其自身平面内的作用。因此，可忽略外筒的梁柱构件各自的扭转作用。

(2)楼层结构在其自身平面内的刚度可视为无穷大，故在对称侧向力作用下同一楼层高程处内外筒的水平侧向位移应相等，楼层结构在其平面外的刚度忽略不计。

在水平对称荷载作用下，图 7-14a)所示的框筒结构不发生整体扭转，按上述假定，框筒各榀平面结构在自身平面外的作用以及框筒梁柱构件各自的扭转作用与框筒结构整体受力作用相比，可忽略不计。另由于楼盖结构处平面外的刚度小，可略去它对框筒壁的变形约束作用。因此，框筒主要产生两种变形：正面和背面翼缘框架主要受整体弯曲引起轴力，产生轴向变形；两侧腹板框架承受剪力和弯矩，产生剪切和弯曲变形。按前述假定，翼缘和腹板框架都作为平面框架，翼缘和腹板框架之间的整体作用，主要通过角柱传递的竖向力及角柱处竖向位移的协调来实现。由于大部分筒中筒结构在双向都为轴对称，因此，可取四分之一平面的结构来分析。

根据上述框筒结构的受力特点，可把四分之一框筒的翼缘框架在腹板框架平面内展开，把空间框架转化成平面框架体系。水平荷载可视为作用在腹板框架上。两框架通过角柱连接。角柱的作用是把腹板框架柱的轴向变形传递到翼缘框架中，使其参加工作，因此角柱的作用可用一个只传递剪力而不能传递弯矩和轴力的虚拟机构[见图 7-14b)]来代替。当空间结构展开成平面结构时，L 形角柱展开成分别属于两榀正交平面壁式框架的两根边柱(以下简称虚拟角柱)。角柱分开后，在每一楼层处用仅能传递竖向剪力的虚拟机构将它们连接起来，以保持两个虚拟角柱的竖向变形一致，而相互之间又不传递水平力及弯矩。

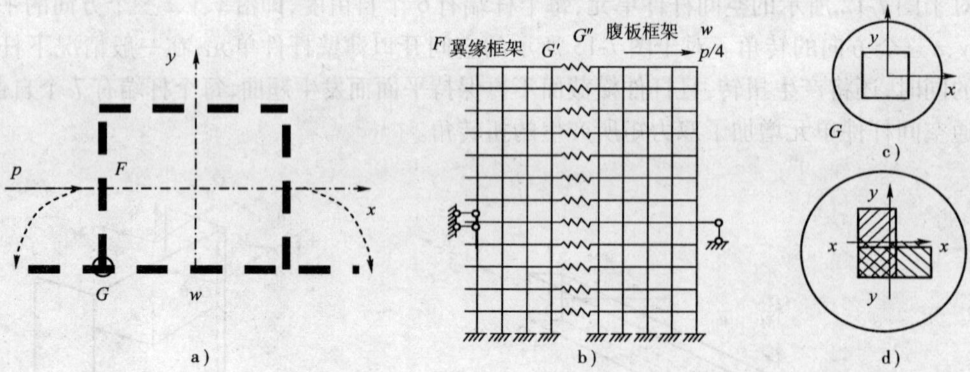

图 7-14 框筒计算示意图

在把实际角柱分成两个虚拟角柱以后，虚拟角柱刚度的取值可以有以下两种方法。第一种方法是，当计算虚拟角柱的轴向刚度时，其截面面积取实际角柱截面面积的一半；当计算虚拟角柱的弯曲刚度时，其惯性矩可取实际角柱在相应方向上的惯性矩。第二种方法是，根据在相同荷载作用下变形相等的原则，从虚拟角柱的简化力学模式，导出虚拟角柱的轴向刚度与抗弯刚度的计算公式。当角柱为图 7-14c)所示的矩形或圆形截面时，截面形心轴分别位于腹板和翼缘框架平面内，截面惯性矩分别用相应的主轴惯性矩。当角柱为图 7-14d)所示的 L 形截面时，截面形心轴不再位于腹板和翼缘框架平面内，对截面惯性矩的计算作进一步的简化，分别取L形截面的一肢作为矩形截面计算相应的惯性矩。

三、有限条分析法

有限条分析法是将筒体结构离散为平面或空间的连续条元，再将这些条元集成结构的一种半解析分析方法。它通过分离变量，可以将三维空间结构的分析简化为二维问题，二维问题化为一维问题，使得结构总刚度矩阵大大降阶，对计算机硬件需求不高，并可大大缩短计算时间。有限条分析法是以竖向的条作为分析单元，可以不受结构高度影响。这克服了前面所述的空间杆系—薄壁柱分析法或平面展开分析法由于建筑层数多、梁柱单元多、节点位移未知量多而受计算机内存的限制，或者在计算时要花费很长计算时间的缺点。

有限条分析法首先需要对筒体结构进行连续化，即把筒体结构简化成等效弹性连续体。当为刚结楼盖并要考虑楼盖结构的平面外刚度时，还须把楼盖结构在竖向连续化。连续化后，用假想的结线，把内、外筒壁和楼盖梁分成若干个底部嵌固、顶部自由的竖条。当楼盖结构与内外筒之间为铰接或楼盖结构在其自身平面外的刚度可略去不计时，各榀平面结构都处于平面应力状态，这时的有限条元是平面应力有限条，各条元之间的关系，除了满足结线处位移协调外，还应满足楼盖结构在其自身平面内的刚度为无穷大的条件。满足了这两点，就可利用平面应力有限条来分析筒体结构这类空间受力体系。

对于筒体结构，有限条单元可以分成如下几类：第一类是由框筒切出的框筒条，由于筒壁孔洞分布均匀，可按等效弹性连续体能量法先将框筒结构连续成等效实体筒，然后按精度要求划分条元，亦可直接取孔洞的等分线和两相邻计算面的交接线作为结线，条元的物理常数可按等效弹性连续体能量法中所述的等效连续的正交异性板计算；第二类是由内筒的无孔部分所切出的实条，其物理常数可直接取用材料的物理常数；第三类可称之为内筒虚条，它是由内筒连系梁等效而成的正交异性板，假定这类条元仅能传递薄膜剪力和横向力，便可导得内筒虚条的各个物理常数；第四类为楼盖虚条，它是当楼盖结构与内外筒为刚接时，考虑楼盖平面外刚度的虚拟条元，其条元的物理常数也可根据楼盖结构的刚度导得。

四、等效弹性连续体能量法

由于框筒结构中楼板在其平面内的刚度为无限大和框筒的筒壁在其自身平面外的作用很小，从而可以忽略其平面外作用并仅考虑其平面内的作用，把框筒结构的每一面的梁柱体系的框架简化成一个等效的正交异性弹性板，这样框筒结构就可简化为一个由四榀正交异性等代板组成的实腹筒体，并进而采用能量法求解。

等效正交异性弹性板的刚度特征值可通过弹性板与实际结构的变形等效条件求得。框筒结构梁柱的轴向刚度由等效弹性板的水平和竖直方向的弹性模量代替，而等效板的剪切模量应能代表框架的剪切模量。假定框筒层高相同，各层柱距相等，梁柱截面尺寸不变。如图7-15所示，在轴向力作用的情况下，对于每个开间，等效板的弹性模量可按式(7-1)计算：

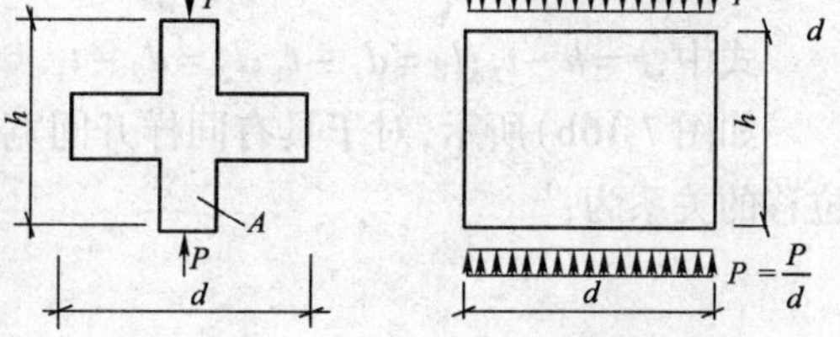

图7-15　等效正交异性弹性板的轴向刚度特征值

$$AE = dtE_{eq} \tag{7-1}$$

式中：A——每根柱的截面面积；

E——材料的弹性模量；

d——柱距；

t——等效板厚；

E_{eq}——等效弹性模量。

框架与墙板两者在轴力作用下的荷载变形关系相等，取等效板的截面面积 dt 和柱子截面面积 A 相等，则：

$$E_{eq}=E \tag{7-2}$$

如图 7-16 所示，等效墙板的剪切模量可以根据壁式框架与等效墙板在承受相同的剪力时，两者具有相等的水平位移条件求解。假定在图 7-16 所示的壁式框架中，柱中的反弯点都在层高的中间，梁内的反弯点都在梁的跨中。从而，框架的作用可取一个梁柱单元表示。由于柱的间距很小，窗裙梁的截面又相对很高，相对于柱的层高与梁的跨度来说，梁柱节点处假定为刚域，不可忽略，其宽度等于柱宽，其高度等于梁高。

根据如图 7-16a）所示的框架梁柱单元上的受力及边界约束条件。设水平剪力值为 V，作用于节点 D，最终水平位移是 Δ，求得剪力与位移之间的关系为：

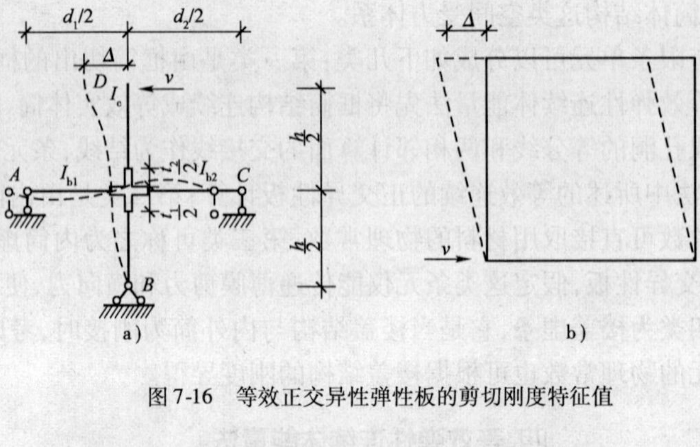

图 7-16　等效正交异性弹性板的剪切刚度特征值

$$\frac{1}{2}Vh=\frac{6EI_c}{e^2}\left(1+\frac{t_2}{e}\right)\frac{\Delta}{1+\dfrac{2\dfrac{I_c}{e}\left(1+\dfrac{t_2}{e}\right)^2}{\dfrac{I_{b1}}{l_1}\left(1+\dfrac{t_1}{l_1}\right)^2+\dfrac{I_{b2}}{l_2}\left(1+\dfrac{t_1}{l_2}\right)^2}} \tag{7-3}$$

式中，$e=h-t_2$；$l_1=d_1-t_1$；$l_2=d_2-t_1$。

如图 7-16b）所示，对于具有同样开间宽度，承受同样大小的剪力 V 的等效墙板，其荷载与位移的关系为：

$$\Delta=\frac{V}{GA}h \tag{7-4}$$

式中：G——等效板的剪切弹性模量；

A——每根柱的截面面积亦即等效板的截面面积。

由式（7-3）和式（7-4），可得等效弹性板的剪切刚度为：

$$GA=\frac{12EI_{c}}{e^{2}}\left(1+\frac{t_{2}}{e}\right)1+\frac{\dfrac{1}{2\dfrac{I_{c}}{e}\left(1+\dfrac{t_{2}}{e}\right)^{2}}}{\dfrac{I_{b1}}{l_{1}}\left(1+\dfrac{t_{1}}{l_{1}}\right)^{2}+\dfrac{I_{b2}}{l_{2}}\left(1+\dfrac{t_{1}}{l_{2}}\right)^{2}} \tag{7-5}$$

设其中一根梁的惯性矩为零,则这个关系式可用于边柱。

如前述假定,一般情况下 $I_{b1}=I_{b2}=I_{b}, d_{1}=d_{2}=d, l_{1}=l_{2}=l=d-t_{1}$,则:

$$GA=\frac{12EI_{c}}{e^{2}}\left(1+\frac{t_{2}}{e}\right)\frac{1}{1+\dfrac{l}{e}\dfrac{I_{c}\left(1+\dfrac{t_{2}}{e}\right)^{2}}{I_{b}\left(1+\dfrac{t_{2}}{e}\right)^{2}}} \tag{7-6}$$

等效墙板的总剪切刚度 GA 等于各单个柱的等效剪切刚度 GA_{i} 值的总和。

采用上述方法把实际为密柱深梁的框筒结构等效为厚度为 t、等效弹性模量为 E、等效剪切模量为 G 的封闭的实腹筒,并可根据能量法进一步求解。

第五节　筒体结构的截面设计及构造措施

筒体结构的设计是一个十分复杂的问题,本节只就筒体结构截面设计和构造措施涉及的几个主要问题作些简要的说明。

一、一般规定

筒中筒结构的高度不宜低于60m,高宽比不应小于3。筒体结构应采用现浇钢筋混凝土结构,混凝土强度等级不宜低于C30。

楼盖主梁不宜搁置在核心筒或内筒的连梁上。筒体结构的楼盖外角宜设置双层双向钢筋,单层单向配筋率不宜小于0.3%,钢筋的直径不应小于8mm,间距不应大于150mm,配筋范围不宜小于外框架(或外筒)至内筒外墙中距的1/3和3m。

核心筒或内筒的外墙与外框柱间的中距,非抗震设计大于12m、抗震设计大于10m时,宜采取另设内柱等措施。

核心筒或内筒的外墙不宜在水平方向连续开洞,洞间墙肢的截面高度不宜小于1.2m。当洞间墙肢的截面高度与厚度之比小于3时,其配筋设计应符合规程中的有关规定。

二、框架—核心筒结构

核心筒宜贯通建筑物全高。核心筒的宽度不宜小于筒体总高的1/12,当筒体结构设置角筒、剪力墙或增强结构整体刚度的构件时,核心筒的宽度可适当减小。框架—核心筒结构的周边柱间必须设置框架梁。核心筒应具有良好的整体性,并满足下列要求:

(1)墙肢宜均匀、对称布置;

(2)筒体角部附近不宜开洞,当不可避免时,筒角内壁至洞口的距离不应小于500mm和开洞墙的截面厚度;

(3)核心筒外墙的截面厚度不应小于层高的1/20及200mm,对一、二级抗震设计的底部加强部位不宜小于层高的 1/16 及 200mm，不满足时，应按《高层建筑混凝土结构技术规程》附录 D 计算墙体稳定，必要时可增设扶壁柱或扶壁墙，在满足承载力要求以及轴压比限值（仅对抗震设计）时，核心筒内墙可适当减薄，但不应小于 160mm；

（4）筒体墙的水平、竖向配筋不应少于两排；

（5）抗震设计时，核心筒的连梁，宜通过配置交叉暗撑、设水平缝或减小梁截面的高宽比等措施来提高连梁的延性。

三、筒中筒结构

筒中筒结构的平面外形宜选用圆形、正多边形、椭圆形或矩形等，内筒宜居中。矩形平面的长宽比不宜大于 2。三角形平面宜切角，外筒的切角长度不宜小于相应边长的 1/8，其角部可设置刚度较大的角柱或角筒；内筒的切角长度不宜小于相应边长的 1/10，切角处的筒壁宜适当加厚。内筒的边长可为高度的 1/12 ~ 1/15，如有另外的角筒或剪力墙时，内筒平面尺寸还可适当减小。内筒宜贯通建筑物全高，竖向刚度宜均匀变化。

外框筒应符合下列规定：

（1）柱距不宜大于 4m，框筒柱截面长边应沿筒壁方向布置，必要时可采用 T 形截面；

（2）洞口面积不宜大于墙面面积的 60%，洞口高宽比宜与层高与柱距之比值相近；

（3）外框筒梁的截面高度可取柱净距的 1/4；

（4）角柱截面面积可取中柱的 1 ~ 2 倍。

外框筒梁和内筒连梁的截面尺寸应符合下列要求：

无地震作用组合时，

$$V_b \leqslant 0.25\beta_c f_c b_b h_{b0} \tag{7-7}$$

有地震作用组合，且当跨高比大于 2.5 时，

$$V_b \leqslant \frac{1}{\gamma_{RE}}(0.20\beta_c f_c b_b h_{b0}) \tag{7-8}$$

有地震作用组合，且当跨高比不大于 2.5 时，

$$V_b \leqslant \frac{1}{\gamma_{RE}}(0.15\beta_c f_c b_b h_{b0}) \tag{7-9}$$

式中：V_b——外框筒梁或内筒连梁剪力设计值；

b_b——外框筒梁或内筒连梁截面宽度；

h_{b0}——外框筒梁或内筒连梁截面的有效高度。

非抗震设计时，外框筒梁和内筒连梁的箍筋直径不应小于 8mm，间距不应大于 150mm；抗震设计时，其箍筋直径不应小于 10mm，箍筋间距沿梁长不变，且不应大于 100mm。当梁内设交叉暗撑时，箍筋间距不应大于 150mm。框筒梁上、下纵向钢筋的直径不应小于 16mm，腰筋直径不应小于 10mm，腰筋间距不应大于 200mm。

对于跨高比不大于 2 的框筒梁和内筒连梁宜采用交叉暗撑，跨高比不大于 1 的框筒梁应采用交叉暗撑，如图 7-17 所示。梁的截面宽度不宜小于 300mm，全部剪力应由暗撑承担。每根暗撑的总面积 A_s 按式（7-10）计算：

无地震作用组合时，

$$A_s = \frac{V_b}{2f_y \sin\alpha} \tag{7-10}$$

有地震作用组合时，

$$A_s = \frac{V_b \gamma_{RE}}{2f_y \sin\alpha} \tag{7-11}$$

式中：V_b——梁的剪力设计值；

α——暗撑与水平线的夹角。

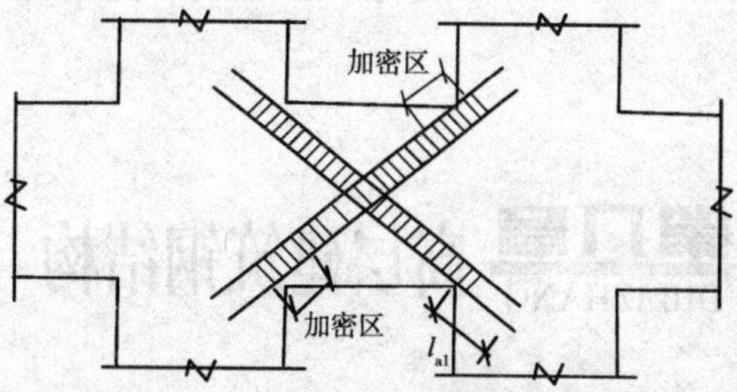

图 7-17 梁内交叉暗撑的配筋

每根交叉暗撑应由 4 根纵向钢筋组成，直径不小于 14mm，并用直径不小于 8mm 的矩形箍筋或螺旋箍筋绑成一体，箍筋间距不大于 200mm 及梁截面宽度的一半；端部加密区的箍筋间距不应大于 100mm，加密区长度不应小于 600mm 及梁截面宽度的 2 倍。纵筋伸入竖向构件的长度不应小于 l_{al}，非抗震设计时，l_{al} 可取 l_a；抗震设计时的 l_{al} 宜取 $1.15l_a$。

外框筒柱的正截面（压、弯）承载力按双向偏心受压计算。由于在侧向力作用下，角柱起着特别重要的作用，为保证角柱的承载力，计算时取用的角柱在两个方向上的受压偏心距均不应小于相应边长的 1/10。

外框筒柱的轴压比限值、抗剪截面限制条件及配筋构造要求，详见有关设计规范，此不赘述。

思考题与练习题

7-1 常见的筒体结构布置形式有哪几种？其优缺点分别是什么？

7-2 什么是剪力滞后效应？对筒体结构的受力有什么影响？

7-3 水平荷载作用下筒体结构受力特性有哪些？

7-4 一般情况下常用的筒体结构计算方法有哪些？其适用范围如何？

7-5 筒体结构展开平面矩阵位移法有哪些基本假定？

7-6 说明筒体结构平面展开分析法中虚拟机构的作用和传力机理，各榀平面结构之间的联系或边界约束条件是如何确定的？

7-7 筒体结构窗裙梁的设计与普通框架梁的设计相比有何特点？

7-8 框筒结构为何不宜作为主要承受水平作用的结构？框筒结构高宽比较大时空间作用为何较为明显？

7-9 采用等效弹性连续体能量法对框筒结构进行分析时，如何对框筒结构进行简化等效？等效后的正交异性弹性板的特点是什么？

第八章 高层建筑钢结构

DIBAZHANG

第一节 概 述

一、高层建筑钢结构特点

钢结构是世界上早期高层建筑中最先使用的一种结构型式。建于1885年的美国芝加哥的家庭保险大楼(10层,55m高),是世界上第一幢高层钢结构建筑。高层钢结构的主要优点是材料强度高、结构自重轻,有良好的延性,抗震性能好,工业化程度高,能满足建筑上大跨度、大空间及多用途的各种要求。到目前为止,钢结构仍然是超高层建筑特别是地震区高层建筑的一种经济有效的结构型式。

与钢筋混凝土结构相比,钢结构的性能具有以下特点。

(1)自重轻:钢材的抗拉、抗压、抗剪强度高,因而钢结构构件断面小、自重轻。采用钢结构承重骨架要比钢筋混凝土结构减轻自重约1/3以上。

(2)结构布置灵活:在梁高相同的情况下,钢结构可比钢筋混凝土结构的开间大50%,既可增加建筑的使用面积,又可使建筑布置更灵活。

(3)抗震性能好:钢结构的延性比混凝土结构的延性好得多,所以其抗震性能比钢筋混凝土结构好;由于自重轻,对钢结构更易采用振动控制措施,提高结构的抗风、抗震能力。

(4)建造速度快:钢结构构件可在工厂加工制作,与混凝土结构现场施工相比,更易实现结构设计要求;同时,现场安装可提供较宽敞的现场施工作业面,使得梁、柱的安装与混凝土核心筒的浇注及组合楼盖的施工实现平行立体交叉作业,因而更能缩短工期。

(5)防火性能差:不加耐火防护的钢结构构件,其平均耐火时限约15min左右,明显低于钢筋混凝土结构。为满足高层建筑防火规范的要求,钢构件表面必须用专门的防火涂料防护。

高层钢结构建筑在我国起步较晚。我国的第一幢高层建筑钢结构是1990年建成的43层,165m高的深圳发展中心大厦,以后随着改革开放的深入和发展,在北京、上海、深圳、大连等地陆续有高层钢结构建筑建成。上海金茂大厦(88层,高421m)和环球金融中心(95层,高460m)使我国的高层建筑进入了世界前列。至今,我国内地已建成及在建的高层钢结构建筑已有近40幢,总面积约$3.2\times10^6m^2$,用钢量约3×10^5t,资金约600亿元人民币。我国在高层钢结构的科学研究、软件编制、设计能力及各项配套的工艺等方面均取得较大的进展,在钢结构的制作及安装方面的国产化已具有相当水准。1998 年底正式颁布的《高层民用建筑钢结构技术规程》(JGJ 99—98),为我国高层钢结构建筑的发展奠定了基础。

二、结构体系及选用原则

高层建筑钢结构体系主要包括框架结构体系,双重抗侧力体系(包括支撑及嵌入式剪力墙板),筒体体系及巨形框架体系等。

1. 框架结构体系

框架体系是指沿房屋的纵向和横向均采用框架作为承重和抵抗侧力的主要构件所构成的结构体系。图 8-1 所示为北京长富宫中心典型层结构平面,该结构为框架结构体系。

在地震区,框架体系的纵、横梁与柱一般采用刚性连接。框架结构有较大延性,自震周期长,抗震性能好,但此种体系侧向刚度小,侧向位移大,易引起非结构构件的破坏。框架结构不设置柱间竖向支撑,建筑平面布置比较灵活,可获得较大的使用空间,对于 20 层以下的办公楼、旅馆及商场等公共建筑,框架结构体系有较大的适应性。

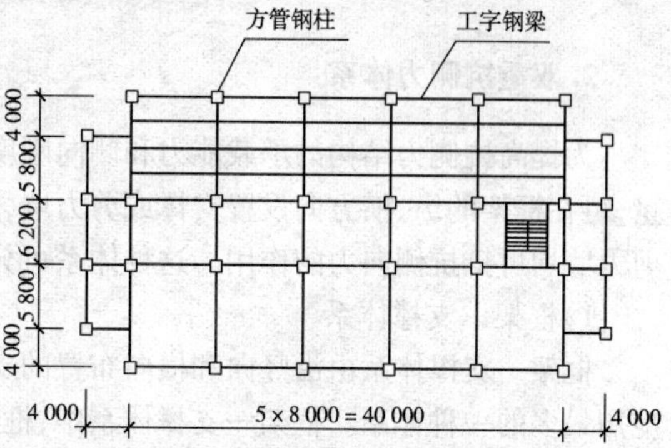

图 8-1 北京长富宫中心典型层结构平面(尺寸单位:mm)

1)受力特征和变形特点

钢框架在水平力作用下的侧移特点同钢筋混凝土框架一样,梁柱弯曲和剪切变形引起的侧移所占比例较大,框架在水平荷载作用下总体变形所产生的侧移曲线属剪切型。钢框架结构除了具有一般框架结构的受力特征和变形特点以外,还存在以下两个特点:

(1)柱脚轴向力产生的力偶是平衡倾覆力矩的主要部分。在水平荷载作用下,梁柱刚结的框架结构一侧的部分柱脚产生轴向拉力,另一侧部分柱脚产生轴向压力,形成力偶 $\sum N_i a_i$,平衡外部荷载产生的倾覆力矩,如图 8-2 所示。一般情况下,柱脚轴向力产生的平衡力矩远大于柱脚弯矩之和。

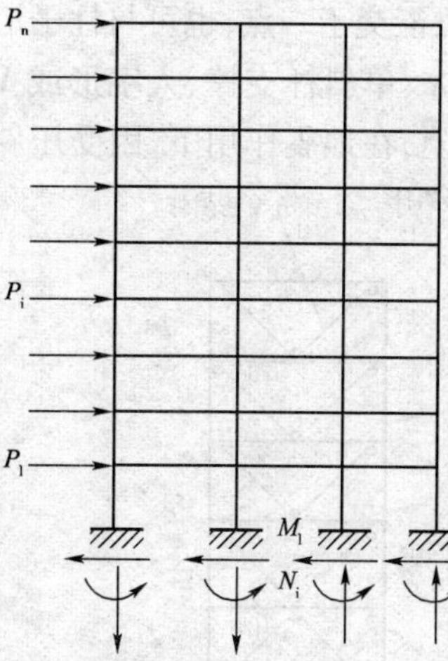

图 8-2 钢框架结构柱脚平衡力矩

(2)对钢框架结构还需考虑框架的几何非线性效应。在水平荷载作用下结构将发生侧向移动,钢框架因截面尺寸较小,侧移值较大。竖向荷载 P 作用于几何形状发生显著变化的结构上,会使杆件内力和结构侧移进一步增大,这种效应称为 $P—\Delta$ 效应。研究结果表明,$P—\Delta$ 效应的大小,主要取决于房屋总层数、柱的轴压比和杆件长细比。$P—\Delta$ 效应将使高层钢框架的极限承载力降低,严重时还会危及框架的总体稳定。

2)梁柱节点域变形

水平荷载作用下,框架因节点腹板较薄,节点域会产生图 8-3a)所示的剪切变形,剪切变形将使框架侧移增大。结构分析时应根据板件的厚度确定是否需计入节点域的剪切变形。图 8-3b)、8-3c)中给出了某 10 层三跨钢框架水平荷载下的结构侧移计算结果,可以看出,不考虑节点域变形,计算误差高达15%左右。

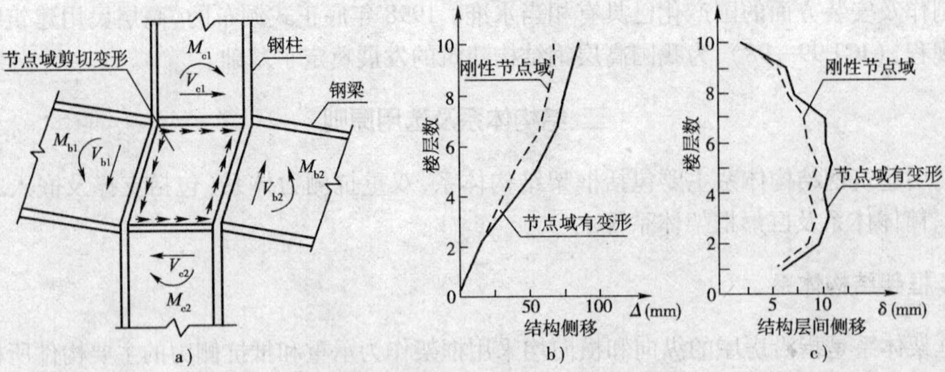

图8-3　梁柱节点域的受力与变形

2. 双重抗侧力体系

为提高抗侧力结构的承载能力和侧向刚度,同时避免过多地加大梁柱截面及相应的用钢量,可在框架的纵、横方向设置支撑或剪力墙,这样就形成了双重抗侧力体系,即框架和支撑或剪力墙均可抵抗侧向力的作用。这种体系可分为框架—支撑体系及框架—剪力墙体系两类。

1)框架—支撑体系

框架—支撑体系由沿竖向和横向布置的支撑桁架结构和框架构成,是高层建筑钢结构中应用最多的一种体系。框架—支撑体系中,框架是剪切型构件,底部层间位移大,支撑为弯曲型构件,底部层间位移小。两者并联,由于框架和支撑的变形协调,可以明显减小建筑物下部的层间位移,使整个结构体系的最大侧移角有所减小。因此在相同侧移限值标准的情况下,框架—支撑体系可以用于比框架体系更高的房屋,一般用于40层以下的楼房。

支撑类型的选择与抗震设防、建筑的层高、柱距,以及建筑使用要求等有关,设计时应根据不同的设计条件来选择。

(1)中心支撑

中心支撑是指斜杆与横梁及柱汇交于一点,或两根斜杆与横梁汇交于一点,也可与柱子汇交于一点,但汇交时均无偏心距。中心支撑体系包括十字交叉支撑、单斜杆支撑、人字形或V形支撑、K形支撑等类型,如图8-4所示。K形支撑的交点位于柱上,在地震作用下,因受压斜

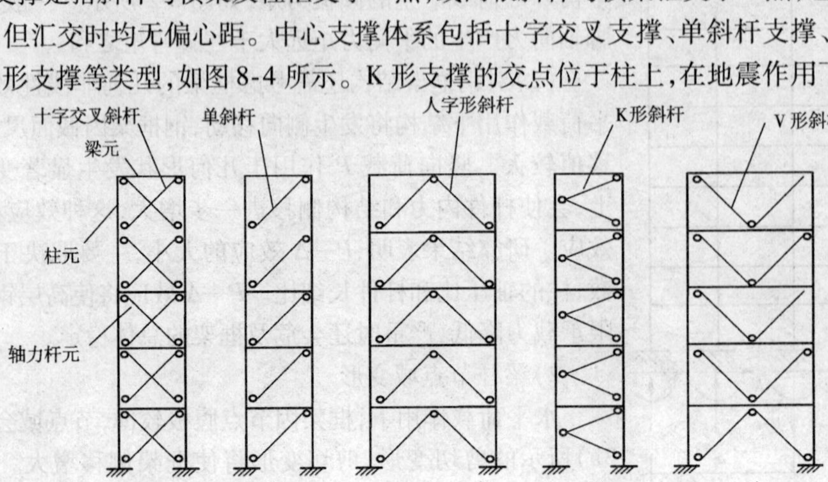

图8-4　中心支撑类型

撑屈曲或受拉斜撑屈服引起较大的侧向变形,易使柱首先出现破坏,因而在地震区不应采用。

中心支撑在风荷载作用下具有较大的侧向刚度,对减小结构的水平位移和改善结构的内力分布是有效的。但在往复的水平地震作用下,中心支撑容易产生侧向屈曲,支撑斜杆重复压曲后,其受压承载力会急剧降低;支撑的两侧柱子产生压缩变形和拉伸变形时,由于支撑的端节点实际构造做法并非铰接,引发支撑产生很大的内力和应力,斜杆会从受压的压曲状态变为受拉的拉伸状态,这将对结构产生冲击性作用力,使支撑及其节点和相邻的构件产生很大的附加应力;同一层支撑框架内的斜杆轮流压曲又不能恢复(拉直),楼层的受剪承载力将迅速降低。

(2)偏心支撑和耗能梁段

偏心支撑框架是在支撑框架中将支撑斜杆与梁偏心连接,从而构成耗能梁段,这在地震区高层建筑中已有较多的应用。偏心支撑框架中每一根支撑斜杆的两端,至少有一段与梁相交(不在柱节点处),另一端可在梁与柱交点处连接,也可偏离另一根支撑斜杆一段长度与梁连接,使得在支撑斜杆杆端与柱子之间或在两根支撑斜杆的杆端之间构成一耗能梁段,如图 8-5 所示。

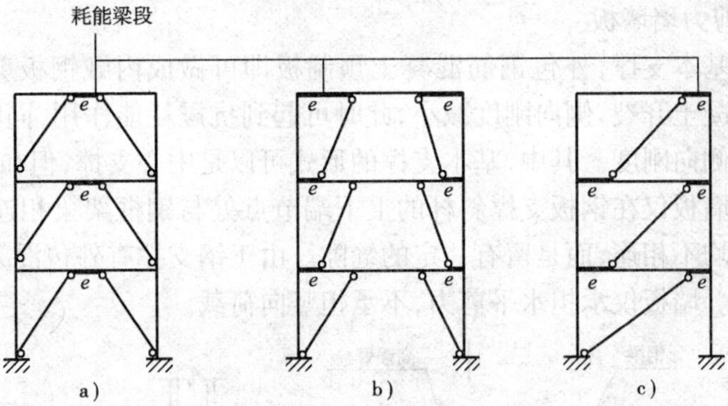

图 8-5　耗能梁段

偏心支撑框架在中、小地震作用下,所有构件弹性工作,这时支撑提供主要的抗侧力刚度,其工作性能与中心支撑框架相似;在大地震作用下,则能保证支撑不发生受压屈曲,而让偏心梁段屈服消耗地震能量。可见,偏心支撑框架的设计应注意两点:一是支撑应有足够的强度,以保证偏心梁段先于支撑屈曲而屈服;二是在梁截面一定的条件下,偏心梁段的长度不能太大,应设计为剪切屈服型,以使偏心支撑框架的抗侧力能力最大,且延性和耗能性好。

2)框架—剪力墙体系

在框架结构中布置一定数量的剪力墙可组成框架—剪力墙结构体系。框架—剪力墙体系中,剪力墙为抗侧力结构,与框架结构相比有较大的侧向刚度,适用于 40 ~ 60 层的高层钢结构。剪力墙按其材料和结构型式可分为以下三种。

(1)钢板剪力墙墙板

钢板剪力墙是以一定厚度的钢板做成剪力墙结构,与钢框架组合起到刚性构件的作用。设防烈度为 7 度或 7 度以上的抗震建筑还需在钢板的两侧焊接纵向或横向加劲肋,以增强钢板的稳定性和刚度。钢板剪力墙墙板的上下两边缘和左右两边缘,可分别用高强螺栓与框架梁和框架柱连接,如图 8-6 所示。钢板剪力墙墙板承担沿框架梁、柱周边的剪力,不承担框架梁上的竖向荷载。水平刚度相同的条件下,框架—钢板剪力墙结构的耗钢量比纯框架要省。

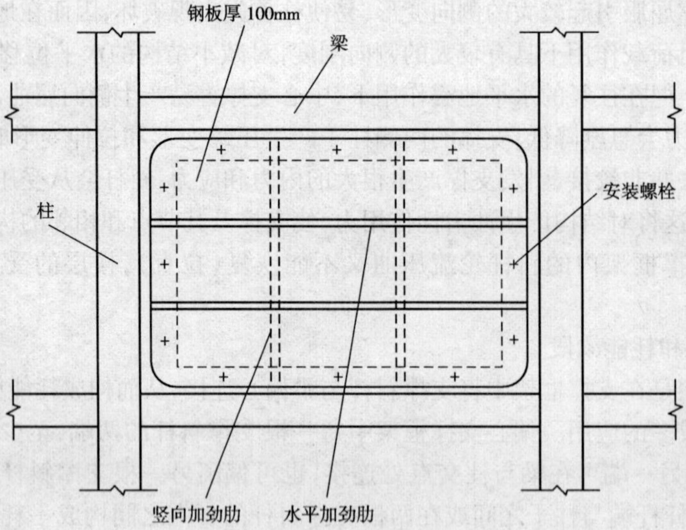

图 8-6　钢板剪力墙墙板

(2)内藏钢板剪力墙墙板

以钢板支撑为基本支撑,外包钢筋混凝土预制板即可做成内藏钢板剪力墙,如图 8-7 所示。罕遇地震时混凝土开裂,侧向刚度减小,此时可起到抗震耗能作用,同时钢板支撑又能提供必要的承载力和侧向刚度。其中,基本支撑的形式可以是中心支撑,但在高烈度地震区宜采用偏心支撑。预制墙板仅在钢板支撑斜杆的上下端节点处与钢框架梁相连,除该节点部位外与钢框架的梁或柱均不相连,而是留有一定的缝隙。由于钢支撑有外包混凝土,可不考虑平面内和平面外的屈曲。墙板仅承担水平剪力,不承担竖向荷载。

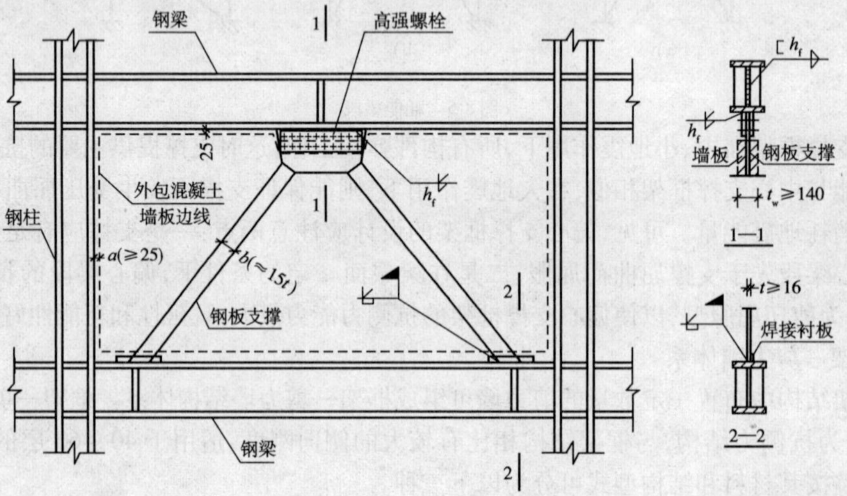

图 8-7　内藏钢板支撑剪力墙(尺寸单位:mm)

(3)带竖缝混凝土剪力墙墙板

钢筋混凝土剪力墙刚度较大,地震时易发生应力集中,导致墙体产生斜向大裂缝而发生脆性破坏。为避免这种现象,可采用带竖缝剪力墙,即在混凝土墙体中按一定间距设置竖缝,如图 8-8 所示。带竖缝混凝土剪力墙仅承担水平荷载产生的水平剪力,不承担竖向荷载产生的压力。

墙板中的竖缝宽度约为10mm,竖向长度约为墙板净高的一半。缝的填充材料宜用延性好、易滑动的耐火材料,缝边缘配置较大直径的抗弯钢筋。墙板与钢框架柱之间也有缝隙,无任何连接件。

多遇地震时,墙板处于弹性阶段,侧向刚度大,墙板如同由竖肋组成的框架板承担水平剪力。墙板中的竖肋受力如同对称配筋的大偏心受压柱。罕遇地震时,墙板处于弹塑性阶段而产生裂缝,竖肋弯曲屈服后刚度降低,变形增大,起到抗震的耗能作用。

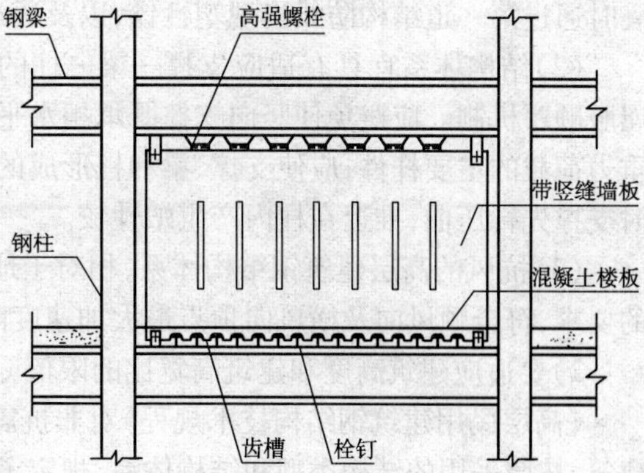

图8-8 带竖缝混凝土剪力墙

3. 筒体结构体系

根据筒体的布置、组成、数量的不同,可将筒体结构体系分为框筒、束筒、筒中筒等几种类型。筒体结构体系具有较大的刚度,较强的抗侧力能力,能形成较大的使用空间,适用于90层左右的超高层建筑。

1)框筒结构体系

框筒体系由密集排列成矩形网格的梁和柱刚性连接组成。在建筑物外围由密柱和深梁组成的封闭式筒体通过悬臂作用来抵抗侧向荷载,内部柱子假定只承受重力荷载。

2)筒中筒结构体系

筒中筒结构体系由内筒和外筒构成,几个筒体通过有效的连接组成一个共同工作的结构体系。筒中筒结构体系的内外筒体共同承受侧向力,所以能承受较大的侧向力,结构的抗侧刚度很大。利用沿内框筒的四个边伸出的伸臂桁架,可加强内外筒的连接,使外框筒的翼缘框架中段各柱在结构整体抗弯中发挥更大的作用,从而进一步提高结构体系的侧向刚度。

3)束筒结构体系

束筒结构体系由若干个小框筒组合而成。几个小框筒共同抵抗水平力,筒体的整体抗侧刚度将大大提高。

4. 巨形钢框架结构体系

巨形钢框架体系由柱距较大的立体桁架柱及立体桁架梁构成,且立体桁架柱及立体桁架梁均是由四片桁架形成的立体构件。立体桁架梁沿纵横两个方向布置,形成一个空间桁架层,在两层空间桁架层之间设置次框架结构。空间桁架层承受大部分的竖向荷载,此框架和内部结构承受各层的楼面荷载,并将其通过次框架结构的柱子传递给立体桁架梁及立体桁架柱。这种体系能在建筑中提供特大空间,且具有很大的刚度和强度,外露的巨形框架支撑体系,也使建筑立面造形十分丰富。

5. 结构体系的选用

进行实际工程设计时,常需综合考虑很多因素,进行深入的方案比较,在优化过程中确定适宜的结构体系。优化过程中宜考虑的主要因素包括:

1)要适应地震区和非地震区建筑的不同要求

地震区与非地震区高层建筑钢结构在设计概念上有相同之处,也有较大差别。地震区建筑结构的设计应符合三水准的抗震设防要求，并应符合裂而不倒的要求。在选择结构体系时应作如下考虑：

(1)形成多道抗震防线的结构体系。在这些体系中，宜采用偏心支撑和设置赘余杆使大震时通过第一道结构防线出现塑性铰，以及通过赘余杆和耗能梁段的屈服耗散地震能量。

(2)结构体系宜具有适应支撑—梁—柱的屈服顺序机制，或耗能梁段—支撑—梁—柱的屈服顺序机制。应避免使竖向支撑既承担水平荷载又传递重力荷载，更应避免使其成为传递重力荷载的主要杆件；应使支撑、梁和柱形成的支撑框架与杆件的承载力能够匹配，以使大震时支撑先行压曲，推迟在柱内产生塑性铰。

(3)抗风的高层建筑钢结构体系，相对于地震区建筑的要求有较大放松，但应符合舒适度的要求，符合顺风向及横风向顶点最大加速度限值的规定。

2)要适应建筑高度和建筑高宽比的限值

《高层民用建筑钢结构技术规程》对非抗震设防和设防烈度为6～9度的乙类和丙类高层建筑，按照采用的结构类型和结构体系，规定了适用高度和建筑高宽比。高层建筑钢结构和有混凝土剪力墙的钢结构的建筑高宽比不宜大于表8-1的规定。

钢结构的适用高度和建筑高宽比限值 表8-1

高度和高宽比限值	结构体系	非抗震设防	抗震设防烈度		
			6、7	8	9
适用高度(m)	框架	110	110	90	70
	框架—支撑	260	220	200	140
	各类筒体	360	300	260	180
建筑高宽比限值	框架	5	5	4	3
	框架—支撑	6	6	5	4
	各类筒体	6.5	6	5	5

注：1. 表中适用高度系指规则结构的高度，即从室外地坪算起至建筑檐口的高度；

2. 当塔形建筑的底部有大底盘时，高宽比采用的高度应从大底盘的顶部算起。

3)要适应建筑层数的要求

根据《建筑抗震设计规范》，不超过12层的为中低层建筑，超过12层的为高层建筑，二者的抗震设计要求不完全相同。对于不超过12层的钢结构房屋可采用框架结构、框架—支撑结构或其他结构类型。采用框架—支撑结构时，支撑框架在两个方向的布置均宜基本对称，支撑框架之间楼盖的长宽比不宜大于3。超过12层的钢结构房屋，8、9度设防时，宜采用偏心支撑、带竖缝钢筋混凝土抗震墙板、内藏钢支撑钢筋混凝土墙板或其他消能支撑及筒体结构。

三、高层钢结构建筑布置特点

高层钢结构建筑的布置原则与高层混凝土建筑基本相同，应尽可能采用简单的建筑体型和规则的结构布置，并应具有必要的承载能力、刚度和变形能力，应避免因部分结构构件的破坏而导致整个结构丧失承载能力。对可能出现的薄弱部位，应采取有效措施加强。

1. 建筑结构平面布置

平面形状的选择将在很大程度上影响结构的内力和变形。结构平面布置必须考虑有利于抵抗水平和竖向荷载，受力明确，传力直接，力争均匀对称，减少扭转的影响。因此，《高层民用建筑钢结构技术规程》对结构的平面形状有一系列的限制。

(1)建筑平面宜简单规则,并使结构各层的抗侧力刚度中心与水平作用合力中心接近重合,同时各层尽量在同一竖直线上;建筑的开间、进深宜统一。

(2)布置柱网时,不宜使钢柱截面过大,所采用的钢板厚度不宜大于100mm,否则会使柱子焊接时剖口很大,焊接时间长,焊接变形不易控制,施工困难。

抗震设防的高层钢结构常用的平面尺寸关系,应符合表8-2和图8-9的要求。当钢框筒结构采用矩形平面时,其长宽比不宜大于1.5:1,不能满足时,宜采用多束筒结构。

建筑结构平面及凹凸部分的长宽比限值 表8-2

尺寸关系	平面长宽比		凹凸部分的长宽比		大洞口宽度比
	L/B	L/B_{max}	l/b	l'/B_{max}	B'/B_{max}
比例限值	≤5	≤4	≤1.5	≥1	≤0.5

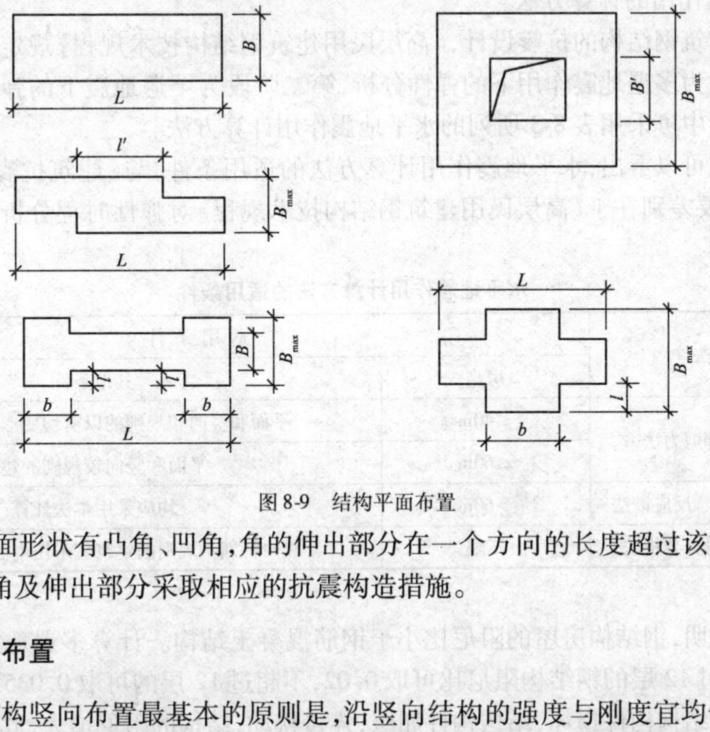

图8-9 结构平面布置

(3)结构平面形状有凸角、凹角,角的伸出部分在一个方向的长度超过该方向建筑尺寸的25%时,应对四角及伸出部分采取相应的抗震构造措施。

2. 结构竖向布置

高层建筑结构竖向布置最基本的原则是,沿竖向结构的强度与刚度宜均匀、连续变化,避免过大的外挑和内收,以利于抗风、抗震;主要抗侧力构件的截面大小和材料强度等级宜自下而上逐渐减小,避免承载力突变。《高层民用建筑钢结构技术规程》对竖向布置不规则、不均匀的情况作了明确的限制,凡是与下列情况不符者为竖向不规则结构:

(1)楼层侧向刚度不宜小于其相邻上层侧向刚度的70%,且连续三层总的侧向刚度降低不宜超过50%;

(2)相邻楼层质量之比不能超过1.5(建筑为轻屋盖时,顶层除外);

(3)立面收进尺寸不宜大于25%;

(4)竖向抗侧力构件宜沿竖向连贯布置,除底部楼层和设置伸臂桁架所在的楼层外,竖向支撑的形式和布置在竖向宜一致;

(5)任意楼层抗侧力构件的总受剪承载力不宜小于其相邻上层的80%。所谓楼层受剪承载力是指该层全部抗侧力构件在所考虑的水平地震作用方向受剪承载力之和。

3. 变形缝的设置

高层建筑钢结构不宜设置防震缝和伸缩缝。如因不设防震缝出现薄弱部位时,应采取措施提高抗震能力;必须设置伸缩缝时,抗震设防的结构伸缩缝宽度应符合抗震缝的要求。必需设置变形缝时,也可考虑将高层建筑划分为独立的结构单元,并应满足变形缝的构造要求。

四、高层建筑钢结构的荷载特点

高层建筑钢结构的荷载规定与钢筋混凝土高层建筑基本相同,但对地震作用和风荷载还需要注意以下问题。

1. 地震作用

1)水平地震作用的计算方法

对于高层建筑钢结构的抗震设计,《高层民用建筑钢结构技术规程》规定应采用两阶段设计法。第一阶段为多遇地震作用下的弹性分析,第二阶段为罕遇地震下的弹塑性分析。第一阶段的弹性分析中可采用表8-3所列的水平地震作用计算方法。

从表中规定可以看出,水平地震作用计算方法的适用条件,与《建筑抗震设计规程》规定的有所不同,主要差别在于《高层民用建筑钢结构技术规程》对弹性时程分析法的适用条件有所放宽。

水平地震作用计算方法的适用条件　　表8-3

计算方法		适用条件	
		房高	其他条件
1	底部剪力法	≤40m	平面和竖向较规则的以剪切变形为主的建筑
		≤60m	平面和竖向较规则的建筑
2	振型分解反应谱法	>60m	均应采用本法计算
3	弹性时程分析法	不限	竖向特别不规则的建筑宜采用本法作补充计算

2)阻尼比

实测研究表明,钢结构房屋的阻尼比小于钢筋混凝土结构。计算多遇地震作用下的地震作用时,对于超过12层的钢结构阻尼比可取0.02,不超过12层的可取0.035。罕遇地震作用下,楼板开裂,非结构构件损坏,结构构件屈服,连接松动,结构的阻尼增大,此时高层建筑钢结构的弹塑性分析,阻尼比可取0.05,且不计混凝土楼板对钢梁刚度的增大作用。

3)采用底部剪力法时,突出屋面小塔楼的地震作用效应,宜乘以增大系数3。增大影响宜向下考虑1~2层,但不再往下传递。

4)钢结构的计算周期,应采用按主体结构弹性刚度计算所得的周期乘以考虑非结构构件影响的修正系数ζ_T,该修正系数宜采用0.90。

5)在初步计算时,结构的基本自振周期可按经验公式估算。根据国内外36幢高层建筑钢结构的实测周期和计算周期的统计,高层钢结构基本周期的经验式为:$T=0.1n$。其中,n为建筑物地面以上的层数(不包括地下部分及突出屋顶的电梯间、水箱等)。

6)突出屋面的小塔楼,应按每层一个质点进行地震作用计算和振型效应组合。当采用3个振型时,所得地震作用效应可乘以增大系数1.5;当采用6个振型时,所得地震作用效应不再增大。

7)《建筑抗震设计规范》规定,9 度设防的高层建筑结构宜考虑竖向地震作用,其计算模型可采用图 8-10 所示的"串联质点系",即将整个结构的所有构件合并为一根竖杆,将各楼层集中于相应位置的各质点,此时,结构的竖向地震作用标准值可按下列公式计算:

(1)总竖向地震作用标准值

$$F_{\mathrm{Evk}}=\alpha_{\mathrm{vmax}}G_{\mathrm{eq}} \tag{8-1}$$

$$G_{\mathrm{eq}}=0.75\sum_{i=1}^{n}G_{i} \tag{8-2}$$

式中:α_{vmax}——竖向地震影响系数最大值,可取水平地震影响系数的 65%,即 $\alpha_{\mathrm{vmax}}=0.65\alpha_{\mathrm{hmax}}=0.65\eta_2\alpha_{\max}$,其中 $\alpha_{\max}$ 为水平地震作用影响系数最大值;

η_2——阻尼调整系数,$\eta_2=[1+(0.05-\zeta)/(0.06-1.7\zeta)]$;

ζ——阻尼比;

G_{eq}——结构等效总重力荷载,取总重力荷载代表值的 75%。

(2)楼层 i 的竖向地震作用标准值

$$F_{\mathrm{vi}}=\frac{G_iH_i}{\sum_{k=1}^{n}G_kH_k}F_{\mathrm{Evk}} \tag{8-3}$$

式中各项意义见图 8-10。

显然,各楼层的竖向地震作用标准值,实际上是按各构件所承受重力荷载代表值比例分配的,另外,9 度设防时宜乘以增大系数 1.5,并考虑向上或向下产生的不利组合。

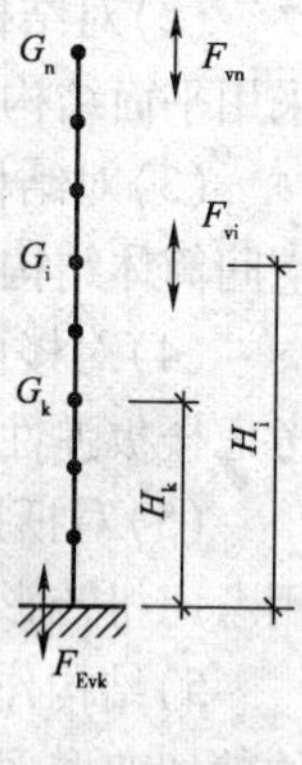

图 8-10 地震作用计算

2. 风荷载

作用在高层建筑任意高度处的风荷载标准值,沿高度等截面的高层建筑钢结构的顺风向风振系数应根据《建筑结构荷载规范》中的规定计算。

在主体结构的顶部有小体型建筑时,应计入鞭梢效应,此时可根据小体型建筑作为独立体时的基本自振周期 T_{u} 与主体建筑的基本自振周期 T_1 的比例,分别按下列规定处理:

(1)当 $T_{\mathrm{u}}\leqslant T_1/3$ 时,可假定主体建筑的高度延伸至小体型建筑的顶部,其风振系数宜按《建筑结构荷载规范》的规定采用;

(2)当 $T_{\mathrm{u}}>T_1/3$ 时,其风振系数宜按风振理论进行计算。

第二节 高层钢结构内力分析与位移限值的一般规定

高层建筑钢结构的体型多样,高宽比大,刚度小,侧移大,且杆件数目多,截面小,受力复杂。因此,进行结构的静、动力分析时,一般都借助于电子计算机完成。与高层钢筋混凝土结构相比,高层建筑钢结构在水平荷载作用下的内力和位移的弹性计算分析还应注意以下几点:

(1)计算时需考虑几何非线性的 $P—\Delta$ 效应。

(2)梁柱连接处节点域的剪切变形对框架的变形和内力有很大影响,应在计算中考虑。

(3)带有斜撑的框架,斜撑的轴力作用应在计算中考虑。

(4)高层钢结构在一定条件下,允许杆件在弹塑性或塑性状态下工作,应在计算中考虑材料非线性的弹塑性分析或塑性分析。

一、一 般 原 则

多高层建筑钢结构进行作用效应计算时,应遵循下列规定:

1)高层钢结构的内力与位移一般采用弹性方法计算,并考虑各种抗侧力结构的协同工作。当有抗震设防要求时,还应考虑在罕遇烈度地震作用下结构可能进入弹塑性状态,采用弹塑性方法进行分析。

2)高层建筑钢结构通常采用现浇组合楼盖,其在自身平面内的刚度是相当大的,一般可假定楼面在自身平面内为绝对刚性。但在设计中,应采取能保证楼面(屋面)整体刚度的构造措施。对整体性较差或开孔面积大或有较长外伸段的楼面,或者相邻层刚度有突变的楼面,当不能保证楼面的整体刚度时,宜采用楼板平面内的实际刚度,或对按刚性楼面假定计算所得结果进行调整。

3)进行结构弹性分析时,宜考虑现浇钢筋混凝土楼板与钢梁共同工作,且在设计中应使楼板与钢梁间有可靠连接;在进行结构弹塑性分析时楼板可能严重开裂,此时可不考虑楼板与梁的共同工作。

4)高层建筑钢结构的计算模型,应视具体结构型式和计算内容确定。

(1)一般情况下,可采用平面抗侧力结构的空间协同计算模型。

(2)对结构布置规则、质量和刚度沿高度分布均匀的结构,可忽略扭转效应的结构,允许采用平面结构的计算模型。

(3)对结构平面或立面布置不规则、体型复杂、无法划分成平面抗侧力单元的结构,以及空间筒体结构等,应采用空间结构计算模型。

(4)对楼面不连续和刚度突变,包括开洞面积超过该层总面积的50%的结构,此时应采用考虑楼板弹性变形的计算模型进行计算。

(5)对抵抗水平力的构件既不平行又不对称于抗侧力结构的两个互相垂直的主轴,应采用考虑扭转影响的计算模型进行计算。

5)结构作用效应计算中,应计算梁、柱的弯曲变形和柱的轴向变形,还应考虑计算梁、柱的剪切变形,并考虑梁、柱节点域剪切变形对侧移的影响。一般可不考虑梁的轴向变形,但当梁同时作为腰桁架或帽桁架的弦杆时,应计入轴力的影响。

6)柱间支撑两端应为刚性连接,但可按两端铰接杆元计算,其端部连接的刚度,则通过支撑构件的计算长度加以考虑。偏心支撑中的耗能梁段应取为单独单元计算。

7)对钢框架—剪力墙体系中现浇竖向连续钢筋混凝土剪力墙,计算时宜考虑墙的弯曲变形、剪切变形和轴向变形,剪力墙可作为独立竖向悬臂弯曲构件考虑。当钢筋混凝土剪力墙具有比较规则的开孔时,可按带刚域的框架计算;当具有复杂开孔时,宜采用平面有限元法计算。对于嵌入式剪力墙,可按相同水平力作用下产生相同侧移的原则,将其折算成等效支撑或等效剪切板考虑。

二、结构的整体稳定验算

高层建筑钢结构的 $P—\Delta$ 效应较强,一般应验算结构的整体稳定性。高层建筑钢结构的稳定分为倾覆稳定和压屈稳定两种类型。

1. 倾覆稳定

倾覆稳定是将结构物视为刚体,计算所有竖向荷载(永久荷载取90%,可变荷载取50%)

对其基根点的稳定力矩 M_s 和所有水平荷载对基根点的倾覆力矩 M_0，要求 $M_s \geqslant M_0$。

2. 压屈稳定

压屈稳定是将结构物视为弹性体，对其进行二阶分析，要求实际荷载不大于其极限承载力。压屈稳定又可分为整体稳定和局部稳定。整体稳定是指整个结构物的稳定，局部稳定则是指结构物中的构件或杆件的稳定，这里仅介绍高层钢结构的整体稳定分析。

结构的整体稳定分析，主要是计及二阶效应的结构极限承载力验算。根据理论分析和实例计算，若把结构的层间侧移、柱的轴压比和长细比控制在某一限值以内，就能控制住二阶效应对结构极限承载力的影响。

1）满足下列条件时可不验算结构整体稳定

《高层民用建筑钢结构技术规程》中规定，当高层建筑结构同时符合以下两个条件时，可不验算结构的整体稳定性。

（1）结构各楼层柱子平均长细比和平均轴压比满足式（8-4）要求：

$$\frac{N_m}{N_{pm}}+\frac{\lambda_m}{80}\leqslant 1 \tag{8-4}$$

式中：λ_m——楼层柱的平均长细比；

N_m——楼层柱的平均轴压力设计值；

N_{pm}——楼层柱的平均全塑性轴压力，$N_{pm}=f_yA_m$。其中，f_y 是钢材的屈服强度；A_m 是楼层柱截面面积的平均值。

（2）结构按一阶线弹性计算所得各楼层的层间相对侧移值满足式（8-5）要求：

$$\frac{\Delta u}{h}\leqslant 0.12\frac{\sum F_h}{\sum F_v} \tag{8-5}$$

式中：Δu——按一阶线弹性计算所得的质心处层间侧移；

h——楼层的层高；

$\sum F_h$、$\sum F_v$——所验算楼层以上的全部水平作用之和与全部竖向作用之和。

2）当不满足上述要求时，需对结构整体稳定性进行验算

（1）无侧移结构

对于有支撑结构（在结构体系中设置竖向支撑或剪力墙或筒体等），且层间侧移角 $\Delta u/h<1/1\,000$ 时，可视为无侧移的框架。研究表明，对于无侧移的结构，采用“有效长度法”来验算结构的整体稳定，能够取得较高精度的计算结果。柱的计算长度系数可按现行《钢结构设计规范》（GB 50017—2003）采用。

（2）有侧移结构

在结构体系中未设置竖向支撑或剪力墙或筒体等侧向支承的钢框架，以及虽设置侧向支承，但层间侧移角 $\Delta u/h\geqslant 1/1\,000$ 的结构，均属有侧移的结构。验算有侧移结构的整体稳定，应按能反映 $P—\Delta$ 效应的二阶分析方法验算结构的整体稳定。

三、结构的侧移限值

1. 风荷载侧移限值

高层钢结构自身的变形能力很强，而且在钢结构高层建筑中，内部隔断又多采用轻型隔

墙，外墙面多采用悬挂墙板或玻璃幕墙、铝板幕墙，适应变形的能力较强。因此，对于钢结构高层建筑，风荷载下的变形限值可以比其他结构放宽一些。《高层民用建筑钢结构技术规程》规定：

（1）结构在风荷载作用下，顶点质心位置的侧移不宜超过建筑高度的1/500，各楼层质心位置的层间侧移不宜超过楼层高度的1/400。

（2）结构平面端部构件的最大侧移值，不得超过质心侧移的1.2倍。

2. 地震作用下的水平位移限值

1）第一阶段抗震设计

在多遇地震作用时，高层建筑钢结构的侧移应满足以下要求：

（1）层间侧移标准值不得超过层高的1/250；

（2）结构平面端部构件的最大侧移不得超过质心侧移的1.3倍。

2）第二阶段抗震设计

在发生罕遇地震时，结构中出现塑性铰，随着塑性变形的发展，将导致出现次要构件与非结构构件发生严重破损而使修复费用过高，以及 $P—\Delta$ 效应和其他设计上无法预料的后果。此时，除应保证结构具有一定的刚度外，还应使结构的变形分布尽量均匀，避免塑性变形过于集中而形成薄弱层。因此，《高层民用建筑钢结构技术规程》规定结构在罕遇地震作用下层间侧移和层间侧移延性比应满足下列要求：

（1）结构层间侧移不得超过层高的1/70；

（2）结构层间侧移延性比不得超过表8-4的规定。

结构层间侧移延性比 表8-4

结构类型	钢框架	偏心支撑框架	中心支撑框架	有混凝土剪力墙的钢框架
层间侧移延性比	3.5	3.0	2.5	2.0

四、结构构件内力调整

1. 框架—支撑（剪力墙）结构框架部分的地震剪力调整

框架—支撑（剪力墙）结构是双重抗侧力结构体系，在设防烈度的水平地震作用下按协同工作计算，底部若干层框架承受的地震剪力很小，按此内力计算的框架梁柱截面尺寸将很小。如果在地震作用下支撑斜杆丧失稳定或剪力墙出现塑性铰，都将引起结构侧向刚度蜕化，使框架部分负担的地震剪力增大。为了确保高层钢结构的安全，必须使框架部分的承载力具有一定的安全储备，使框架能起到抗震第二道防线的作用，在设防烈度的水平地震作用下，框架部分的地震层剪力不能太小。在进行第一阶段抗震设计时，框架—支撑结构或框架—剪力墙结构中总框架在任意楼层所承担的地震剪力，应取式（8-6）计算的较小值：

$$V_{fi}=\begin{cases}0.25V_0\\1.8V_{fmax}\end{cases}\tag{8-6}$$

式中：V_{fi}——第 i 层框架部分地震层剪力标准值；

V_0——地震作用下框架—支撑结构底部总地震剪力标准值；

V_{fmax}——按协同工作计算得到的框架部分地震层剪力最大值的标准值。

2. 角柱、支撑柱

在结构平面的两个主轴方向分别计算水平地震效应时，角柱为两个方向的支撑或剪力墙所共有的柱，应考虑同时受双向地震作用的效应，其水平地震作用引起的构件内力应在进行总框架负担地震剪力不小于结构底部总剪力 25%（或 $1.8V_{fmax}$）的调整的基础上进一步提高 30%。

3. 托柱梁与托墙柱

在多遇地震作用下进行构件承载力计算时，托柱梁与承托钢筋混凝土抗震墙的钢框架柱的内力，应乘以增大系数 1.5。

4. 中心支撑斜杆

人字支撑、V 形支撑的斜杆受压屈曲后，将使横梁产生较大变形，并使结构体系的侧向刚度发生蜕化，故将人字支撑和 V 形支撑的斜杆内力放大 1.5 倍，以提高支撑的承载力。十字交叉支撑、单斜杆支撑相应的内力增大系数为 1.3。

5. 支撑横梁

与人字支撑、V 形支撑相交的横梁，在柱间的支撑连接处应保持连续。为了不增加人字支撑和 V 形支撑在竖向荷载作用下的负担，在设计人字支撑体系的横梁截面时，还需满足在不考虑支撑支点作用的情况下按简支梁跨中承受竖向集中荷载时的承载力。

第三节　高层钢结构构件设计

高层建筑钢结构的构件按照其功能和构造特点可分为：一般受力构件、抵抗地震作用的框架构件、中心支撑和偏心支撑构件、抗震剪力墙体系以及组合楼盖体系等。高层建筑钢结构构件的截面形式、构造特点、设计原理和计算原则与一般建筑钢结构并没有本质上的差别，可按一般钢结构构件的方法进行设计。其中要解决的主要问题是构件的截面尺寸较大、钢板厚度亦较厚的问题。本节重点阐述有关高层建筑钢结构构件的设计特点。

一、构件截面设计原则

高层建筑钢结构构件的组合内力（剪力、弯矩和轴向力）设计值 S，应满足下列要求：

非抗震设计

$$\gamma_0 S \leqslant R \tag{8-7}$$

抗震设计

$$S \leqslant R/\gamma_{RE} \tag{8-8}$$

式中：γ_0——结构重要性系数，按结构构件安全等级确定；

R——结构构件的承载力设计值；

γ_{RE}——承载力抗震调整系数，按表 8-5 的规定取值。当仅考虑竖向效应组合时，各类构件承载力抗震调整系数均取 1.0。

构件和节点承载力的抗震调整系数 γ_{RE} 表 8-5

规　范	梁	柱	支撑	节点板件及连接螺栓	节点焊缝
高层民用建筑钢结构技术规程(JGJ 99—98)	0.80	0.85	0.90	0.90	1.0
建筑抗震设计规范(GB 50011—2001)	0.75	0.75	0.80	0.85	0.90

二、框架梁设计

框架梁主要承受横向荷载,截面宜采用轧制或焊接的 H 型钢,也可采用槽钢或钢板焊接的箱形截面。钢梁和混凝土楼板的共同工作,形成了组合梁。在钢梁承载力计算时,多数情况下不考虑楼板对钢梁的组合作用,只是在计算钢梁的刚度时,考虑组合作用的影响。

1. 框架梁的强度

(1)框架梁的抗弯强度按式(8-9)计算:

$$\frac{M_x}{\gamma_x W_{nx}} \leqslant f \tag{8-9}$$

式中:M_x——梁对 x 轴的弯矩设计值;

W_{nx}——梁对 x 轴的净截面抵抗矩;

γ_x——截面塑性发展系数,非抗震设防时按《钢结构设计规范》的规定采用,抗震设防时宜取 1.0;

f——钢材强度设计值,抗震设计时应除以承载力抗震调整系数 γ_{RE},$\gamma_{RE}=0.75$。

(2)框架梁端部截面的抗剪强度按式(8-10)计算:

$$\tau = \frac{V}{A_{wn}} \leqslant f_v \tag{8-10}$$

式中:V——计算截面沿腹板平面作用的剪力;

A_{wn}——扣除扇形切角和螺栓孔后的腹板受剪面积;

f_v——钢材抗剪强度设计值,抗震设计时除以承载力抗震调整系数 γ_{RE},$\gamma_{RE}=0.75$。

2. 梁的整体稳定

梁上设有符合规范中规定的整体刚性铺板时,可不进行梁的整体稳定验算,否则按式(8-11)计算:

$$\frac{M_x}{\varphi_b W_x} \leqslant f \tag{8-11}$$

式中:W_x——梁的毛截面抵抗矩;

φ_b——梁的整体稳定系数;

f——钢材强度设计值,抗震设计时应除以承载力抗震调整系数 γ_{RE},$\gamma_{RE}=0.75$。

三、框架柱设计

框架柱是竖向承重构件,它不仅承受竖向荷载的作用,与梁刚性连接的框架柱还承受一部分水平荷载的作用。框架柱截面常用的形式有:H 形、箱形、十字形、圆形等。

1. 强柱弱梁及轴压比

在地震作用下塑性铰应在梁端形成而不应在柱端形成,以保证整个结构不致倒塌。亦即设计时应使梁先于柱屈服,实现强柱弱梁。对于抗震设防的框架柱,在框架的任意一节点处,柱截面的塑性抵抗矩和梁截面的塑性抵抗矩宜满足式(8-12)的要求:

$$\sum W_{pc}(f_{yc} - N/A_c) \geqslant \eta \sum W_{pb} f_{yb} \tag{8-12}$$

式中:W_{pc},W_{pb}——在平面内交汇于节点的柱和梁的截面塑性抵抗矩;

f_{yc},f_{yb}——柱和梁钢材的屈服强度;

η——强柱系数,超过6层的钢框架、6度Ⅳ类场地和7度时可取1.0,8度时可取1.05,9度时可取1.15;

N——按多遇地震作用组合得到的柱轴力;

A_c——框架柱的截面面积。

满足下列情况之一时,可不进行强柱弱梁验算:

(1)柱的轴力设计值较小,即 $N \leqslant 0.4fA_c$ 时,f 为钢材抗拉强度设计值。由于柱的轴压力小,其屈服后的变形能力大。

(2)柱所在楼层的受剪承载力比上一层受剪承载力高出25%。由于所在层受剪承载力高,地震作用下,该楼层的柱不容易屈服。

(3)作为轴心受压构件,在2倍地震力作用下稳定性得到保证。若地震作用加大一倍后柱的组合轴压力设计值 $N \leqslant \varphi_b fA_c$ 时,框架可以不做墙柱弱梁验算,φ_b 为柱作为轴心受压构件时的稳定系数。

2. 框架柱的稳定要求

框架柱的强度和稳定性应按规范的规定计算,但柱的计算长度、截面塑性抵抗矩和板件宽厚比,还应满足以下要求:

(1)柱的计算长度系数

当计算框架柱在重力作用下的稳定性时,纯框架体系柱的计算长度应按有侧移的 μ 系数确定:

$$\mu = \sqrt{\frac{1.6 + 4(K_1 + K_2) + 7.5K_1K_2}{K_1 + K_2 + 7.5K_1K_2}} \tag{8-13}$$

若纯框架体系层间位移小于层高的0.1%,柱的计算长度系数也可按下列无侧移计算:

$$\mu = \frac{3 + 1.4(K_1 + K_2) + 0.64K_1K_2}{3 + 2(K_1 + K_2) + 1.28K_1K_2} \tag{8-14}$$

式中:K_1,K_2——交于柱上、下端的横梁线刚度之和与柱线刚度之和的比值。

计算在重力和风力或多遇地震作用组合下的稳定性时,有支撑和(或)剪力墙的结构在层间位移满足第一阶段抗震设计要求的条件下,柱计算长度系数可取1.0。

(2)框架柱板件宽厚比限值

框架柱除应符合强度及整体稳定外,对可能出现塑性铰区段,其构件宽厚比不应超过表8-6的限值。

框架柱板件宽厚比限值 表8-6

板件 \ 抗震设防	7度	8、9度
工字形柱翼缘悬伸部分	11	10
工字形柱腹板	43	43
箱形柱壁板	37	33

(3)框架柱腹板在节点域范围的稳定性要求

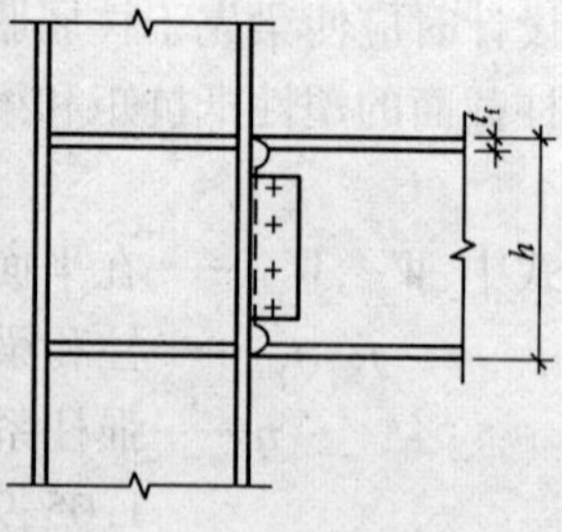

图 8-11　柱和梁连接的节点

为了保证在大地震作用下使柱和梁连接的节点域腹板不致失稳，以利于吸收地震能量，应在柱与梁连接处，柱应设置与梁上下翼缘位置对应的加劲肋，见图 8-11。为避免节点域板件局部失稳破坏，板件厚度应符合下列要求：

$$t_{wc} \geqslant \frac{h_{0b} + h_{0c}}{90}$$

式中：t_{wc}——柱在节点域的腹板厚度，当为箱形柱时仍取一块腹板的厚度；

h_{0b}，h_{0c}——梁、柱腹板高度。

(4)框架柱的长细比限值

为了保证框架柱在地震时不出现整体失稳破坏，地震区框架柱的长细比不应太大。设防烈度高、层数多的建筑，框架柱的长细比限值要严一些。具体长细比限值见表 8-7。

框架柱长细比限值　　表 8-7

房屋总层数	6 度	7 度	8 度	9 度
≤12 层	120	120	120	100
>12 层	120	80	60	60

注：表列数值均应乘以 $\sqrt{235/f_y}$。

四、支撑设计

为了提高框架结构体系的水平刚度，可以增设适当数量的支撑作为抗剪结构，与框架一起抵抗水平荷载的作用。

1. 中心支撑

(1)中心支撑杆件的强度和整体稳定验算

中心支撑框架的支撑杆件和偏心支撑框架的支撑杆件为轴心受压或轴心受拉构件，除摩擦型高强度螺栓处外，其强度按式(8-15)验算：

$$N/A_n \leqslant f \tag{8-15}$$

受压支撑杆件的整体稳定按式(8-16)验算：

$$N/\varphi A \leqslant f \tag{8-16}$$

式中：N——支撑杆件轴力设计值；

A，A_n——分别为杆件毛截面面积和净截面面积；

f——钢材的抗压、抗拉强度设计值，抗震设计时，f 应除以承载力抗震调整系数 γ_{RE}，$\gamma_{RE}=0.80$；

φ——轴心受压构件整体稳定系数，按《钢结构设计规范》规定采用。

(2)中心支撑的杆件长细比限值

中心支撑框架的支撑斜杆是轴心受力构件，支撑斜杆的滞回耗能取决于其受压性能，斜杆的长细比大，容易压曲，滞回耗能能力差。中心支撑的斜杆长细比 λ 不应超过表 8-8 规定的限值。

中心支撑斜杆长细比 λ 的限值 表 8-8

类型		6、7 度	8 度	9 度
≤12 层	按压杆设计	150	120	120
	按拉杆设计	200	150	150
>12 层	压杆或拉杆	120	90	60

注：表列数值应乘以 $\sqrt{235/f_y}$。

(3) 支撑斜杆板件宽厚比限值

板件宽厚比是影响局部屈曲的重要因素，直接影响支撑杆件的承载能力和耗能能力。为了保证梁柱出现塑性铰后板件的局部稳定，梁柱板件的宽厚比应符合一定的要求。板件宽厚比应与支撑杆件长细比相匹配，对于小长细比支撑杆件，宽厚比应严一些，对大长细比的支撑杆件，宽厚比可放宽。

支撑斜杆的板件宽厚比不应超过国家标准《钢结构设计规范》所规定的限值。

支撑斜杆宜采用双轴对称截面，当采用单轴对称截面时（如双角钢组合的 T 形截面），应采取防止绕对称轴屈曲的构造措施。

(4) 支撑杆件的抗震承载力验算

中心支撑框架的支撑斜杆在地震作用下反复受拉压，一旦杆件受压屈曲，杆件的压屈变形很大，重新受拉时变形不能完全恢复，杆件不能完全拉直，再次受压时承载力降低，即出现退化现象，长细比越大，退化现象越严重。验算地震作用下中心支撑斜杆的受压承载力时，要考虑多遇地震下受压承载力退化的影响，按式(8-17)验算：

$$\left.\begin{aligned}&\frac{N}{\varphi A_{br}}\leqslant\eta\frac{f}{\gamma_{RE}}\\&\eta=\frac{1}{1+0.35\lambda_n}\\&\lambda_n=\frac{\lambda}{\pi}\sqrt{\frac{f_{ay}}{E}}\end{aligned}\right\}\tag{8-17}$$

式中：N——支撑斜杆的轴压力设计值，人字形支撑和 V 形支撑斜杆组合轴压力计算值应乘以增大系数 1.5 后作为其轴压力设计值；

A_{br}——支撑斜杆的截面面积；

φ——轴心受压构件的整体稳定系数；

η——受往复荷载时的强度降低系数；

λ,λ_n——支撑斜杆的长细比和正则化长细比；

E——支撑斜杆钢材的弹性模量；

f,f_{ay}——支撑斜杆钢材的抗拉强度设计值和屈服强度；

γ_{RE}——支撑斜杆的承载力抗震调整系数，取 0.8。

2. 偏心支撑

偏心支撑的设计原则是：强柱、强斜杆、弱消能梁段。即强烈地震时，通过较弱的耗能梁段的屈服和塑性变形，来消耗输入结构的地震能量，并保持支撑斜杆不屈曲，从而具有稳定的滞回性能；即使当消能梁段屈服并进入应变硬化阶段，支撑斜杆、框架柱和横梁其余梁段仍能保持在弹性工作阶段。

偏心支撑框架的抗推刚度主要取决于耗能梁段长度与所在跨框架梁长度的比值。随着耗能梁段变短,其刚度将趋近于中心支撑框架;相反,随着耗能梁段的加长,偏心支撑框架的抗推刚度逐渐减小,以至接近于纯框架。设计良好的偏心支撑框架,除柱脚有可能出现塑性铰外,其他塑性铰均出现在梁段上。

1)耗能梁段的设计

耗能梁段可分为剪切屈服型和弯曲屈服型两种。剪切屈服型梁段短,短梁段的非弹性变形为腹板剪切屈服产生的剪切变形;弯曲屈服型梁段长,长梁段的非弹性变形为翼缘拉压屈服产生的弯曲变形。腹板剪切屈曲的滞回耗能稳定,滞回曲线饱满,优于弯曲屈服。

试验证明,耗能梁段宜采用剪切屈服型,剪切屈服型梁段的耗能性能优于弯曲屈服型,对偏心支撑框架抵抗大震特别有利。

耗能梁段的耗能能力与梁段的长度和构造有关,耗能梁段的净长 a 符合式(8-18)的为剪切屈服型,否则为弯曲屈服型。

$$a \leqslant 1.6M_p/V_p \tag{8-18}$$

式中:a——消能梁段净长;

M_p——耗能梁段的塑性受弯承载力,$M_p = W_p f_y$;

V_p——耗能梁段的塑性抗剪承载力,$V_p = 0.58 f_y h_0 t_w$,其中,h_0 为梁段腹板计算高度;t_w 为梁段腹板厚度。

梁段中作用轴力时,应考虑轴力对抗弯承载力的降低,其折减的塑性抗弯承载力

$$M_{pc} = W_p(f_y - \sigma_N) \tag{8-19}$$

式中:W_p——梁段截面塑性抵抗矩;

σ_N——由轴力在梁段翼缘产生的平均正应力。

σ_N 按式(8-20)计算:

耗能梁段净长 $a < 2.2M_p/V_p$ 时,

$$\sigma_N = \frac{V_p N_{lb}}{V_{lb} 2 b_f t_f} \tag{8-20}$$

耗能梁段净长 $a > 2.2M_p/V_p$ 时,

$$\sigma_N = \frac{N_{lb}}{A_{lb}} \tag{8-21}$$

式中:V_{lb},N_{lb}——梁段的剪力设计值和轴力设计值;

b_f——梁段翼缘宽度;

t_f——梁段翼缘厚度;

A_{lb}——梁段截面面积。

当 $\sigma_N < 0.15 f_y$ 时,取 $\sigma_N = 0$。

在地震水平剪力作用下,偏心支撑框架的支撑斜杆产生轴向力,轴力的水平分量成为耗能梁段的轴压力,轴压力较大时,不利于梁段的屈服后性能。因此,轴力较大时,应减小耗能梁段的长度。

当 $N > 0.16Af$ 时,耗能梁段的长度应符合下列规定:

当 $\rho \frac{A_w}{A} \geqslant 0.3$ 时,

$$a \leqslant 1.6M_p/V_p \tag{8-22}$$

当$\rho \dfrac{A_w}{A} \geqslant 0.3$时，

$$a \leqslant 1.6 \frac{M_p}{V_p}\left(1.15 - 0.5\rho \frac{A_w}{A}\right) \tag{8-23}$$

式中：ρ——耗能梁段轴向力设计值N与剪力设计值V之比；

A, A_w——梁段的腹板截面面积和全截面面积。

2)耗能梁段的强度验算

耗能梁段的受剪承载力抗震验算按下列方法进行：

当耗能梁段的轴力设计值不超过$0.15Af$时，可忽略轴力影响，消能梁段的受剪承载力，不应小于梁段腹板屈服时剪力和梁段两端形成塑性铰时剪力两者中的较小值。

当耗能梁段的轴力设计值超过$0.15Af$时，则需适当降低梁段的受剪承载力，以保证该梁段具有稳定的滞回性能。

耗能梁段的剪力设计值V，应根据轴压比的大小，分别满足下列公式要求：

当$N \leqslant 0.15Af$时，

$$V \leqslant \varphi \frac{V_p}{\gamma_{RE}} \tag{8-24}$$

当$N > 0.15Af$时，

$$V \leqslant \varphi \frac{V_{pN}}{\gamma_{RE}} \tag{8-25}$$

式中：V——耗能梁段的剪力设计值；

φ——系数，可取0.9；

γ_{RE}——耗能梁段承载力抗震调整系数，取0.85；

V_p——耗能梁段$N \leqslant 0.15Af$时，不考虑轴力影响的屈服受剪承载力，采用耗能梁段剪切屈服和弯曲屈服两种情况的较小值，即$V_p = 0.58A_w f_{ay}$和$V_p = 5M_p/a$中的较小值。

V_{pN}——耗能梁段$N > 0.15Af$时，考虑轴力影响的屈服受剪承载力，采用耗能梁段剪切屈服和弯曲屈服两种情况的较小值，即$V_{pN} = 0.58A_w f_{ay}[1 - (N/Af)^2]$和$V_{pN} = [(2.4M_p/a)(1 - N/Af)]$中的较小值；

其中：M_p——耗能梁段的全塑性受弯承载力；

N——耗能梁段的轴力设计值。

3)腹板强度验算

为使耗能梁段在多遇烈度地震作用效应组合下仍处于弹性状态，耗能梁的腹板承担的剪力设计值不宜超过其受剪承载力的80%。钢梁的受剪承载力$V = 0.58f_y h_0 t_w$，净长度$a < 2.2M_p/V_p$的耗能梁段，腹板不分担梁的轴力，其腹板强度应按式(8-26)验算：

$$\frac{V_{lb}}{0.8 \times 0.58h_0 t_w} \leqslant \frac{f}{\gamma_{RE}} \tag{8-26}$$

当耗能梁段的轴力很大时，应考虑其对非弹性变形的影响，对腹板的受剪承载力予以适当折减。

4)翼缘强度验算

耗能梁段的翼缘强度应分别按下列公式验算：

当耗能梁段净长度$a < 2.2M_p/V_p$时，腹板完全用于抗剪，轴力和弯矩全部由翼缘承担：

$$\left(\frac{M_{lb}}{h_f}+\frac{N_{lb}}{2}\right)\frac{1}{b_f t_f}\leqslant\frac{f}{\gamma_{RE}} \tag{8-27}$$

当耗能梁段净长度 $a\geqslant 2.2M_p/V_p$ 时，轴力和弯矩由翼缘和腹板共同承担：

$$\frac{M_{lb}}{W}+\frac{N_{lb}}{A_{lb}}\leqslant\frac{f}{\gamma_{RE}} \tag{8-28}$$

式中：M_{lb}，N_{lb}——多遇烈度地震作用效应组合时消能梁段的弯矩设计值和轴力设计值；

γ_{RE}——承载力抗震调整系数，取0.85；

b_f，h_f，A_{lb}——梁段的翼缘宽度、翼缘厚度和截面面积。

一般梁段只需作抗剪承载力验算，即使梁段的一端为柱时，虽然梁端弯矩较大，但由于弹性弯矩向梁段的另一端重分布，在剪力达到抗剪承载力之前，不会严重弯曲屈服。

5）偏心支撑斜杆

偏心支撑框架的设计要求是：在足够大的地震效应作用下，耗能梁段屈服而支撑不屈服。为了满足这一要求，支撑的设计抗压承载力至少应为梁段屈服时支撑轴力的1.6倍，才能保证梁段进入非弹性变形而支撑不屈曲。偏心支撑的轴向力设计值取下列两式中的较小者：

$$N_{br}=1.6\frac{V_p}{V_{lb}}N_{br,com} \tag{8-29}$$

$$N_{br}=1.6\frac{M_{pc}}{M_{lb}}N_{br,com} \tag{8-30}$$

式中：$N_{br,com}$——在跨间的竖向荷载和水平作用最不利组合下的支撑轴力。

偏心支撑斜杆的强度按式(8-31)计算：

$$\frac{N_{br}}{\varphi A_{br}}\leqslant\frac{f}{\gamma_{RE}} \tag{8-31}$$

式中：A_{br}——支撑截面面积；

φ——由支撑长细比确定的受压构件稳定系数；

γ_{RE}——支撑斜杆的承载力抗震调整系数，取0.8。

6）偏心支撑框架柱

强柱弱梁的设计原则同样适用于偏心支撑框架。考虑到梁钢材的实际屈服强度有可能大于设计值，为使塑性铰出现在梁而不是柱中，可将柱的设计内力适当提高。

（1）偏心支撑框架柱的弯矩设计值 M_c 应按下列公式计算，并取其中的较小值：

$$M_c=2\frac{V_p}{V_{lb}}M_{c,com} \tag{8-32}$$

$$M_c=2\frac{M_{pc}}{M_{lb}}M_{c,com} \tag{8-33}$$

（2）偏心支撑柱的轴力设计值 N_c 应按下列公式计算，并取其中的较小值：

$$N_c=2\frac{V_p}{V_{lb}}N_{c,com} \tag{8-34}$$

$$N_c=2\frac{M_{pc}}{M_{lb}}N_{c,com} \tag{8-35}$$

式中：V_p，V_{lb}——耗能梁段的塑性受剪承载力和剪力设计值；

M_{pc}，M_{lb}——耗能梁段在轴力作用下的全塑性受弯承载力和弯矩设计值；

$M_{c,com}$，$N_{c,com}$——竖向和水平荷载作用下考虑最不利组合时柱的弯矩和轴力。

对于角柱,应考虑两个方向的地震作用,即取设计方向的地震作用为100%,另一方向地震作用为30%,进行双向压弯设计。

7)钢框架—偏心支撑结构抗震构造措施

偏心支撑框架梁及支撑的构造要求:

(1)为使耗能梁段具有良好的延性和耗能能力,偏心支撑框架中含有耗能梁段的横梁,应采用Q235钢或Q345钢,使其屈服强度不高于345 MPa。

(2)与偏心支撑耗能梁段同跨的框架梁,同样承受着较大的轴力和弯矩,为了确保这类横梁的稳定,其上、下翼缘均应设置水平的侧向支撑,其间距不应大于$13b_f(235/f_y)^{1/2}$,梁在侧向支承点之间的长细比λ_y,应符合表8-9的规定。

钢梁的容许侧向长细比λ_y　　表8-9

应力比值	侧向支承点间的构件长细比λ_y
$-0.1\leqslant M_1/W_{px}f\leqslant 0.5$	$\lambda_y\leqslant[60-40M_1/(W_{px}f)](235/f_{ay})^{1/2}$
$0.5\leqslant M_1/W_{px}f\leqslant 1.0$	$\lambda_y\leqslant[45-10M_1/(W_{px}f)](235/f_{ay})^{1/2}$

注:表中M_1为与塑性铰相距为l_1的侧向支承点处的弯矩;当长度l_1范围内为同向曲率时,$M_1/W_{px}f$为正;当为反向曲率时,$M_1/W_{px}f$为负;W_{px}为钢梁对x轴的塑性抵抗矩;f_{ay}、f分别为钢材的屈服强度和强度设计值。

(3)耗能梁段板件宽厚比的要求比一般框架梁略严格一些。耗能梁段及与耗能梁段同一跨内的框架梁(耗能梁段),其板件的宽厚比不应大于表8-10所规定的限值,以保证消能梁段屈服时的稳定。

偏心支撑框架梁的板件宽厚比限值　　表8-10

简　　图	板件所在部位		板件宽厚比限值
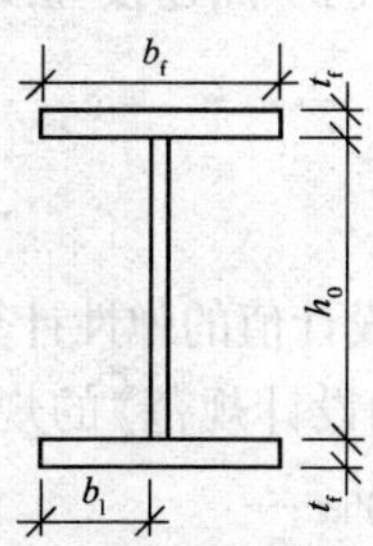	翼缘外伸部分(b_1/t_f)		8
	腹板(h_0/t_w)	当$N/Af\leqslant 0.14$时	$90(1-1.65N/Af)$
		当$N/Af>0.14$时	$33(2.3-N/Af)$

注:1. A、N分别为偏心支撑框架梁的截面面积和轴力设计值;f为钢材的抗压强度设计值;

2. 表列数值适用于Q235钢,当材料为其他钢号时,应乘以$(235/f_{ay})^{1/2}$,f_{ay}为钢材的屈服强度。

(4)为了承受平面外扭转,消能梁段两端上下翼缘应设置侧向支撑,支撑的轴力设计值不得小于消能梁段翼缘轴向承载力设计值的6%,即$0.06b_ft_ff$。与消能梁段处于同一跨内的框架梁,同样承受轴力和弯矩,为保持其稳定,非消能梁段上下翼缘,应设置侧向支撑,支撑的轴力设计值不得小于梁翼缘轴向承载力的2%,即$0.02b_ft_ff$。

(5)偏心支撑框架的支撑杆件的长细比不应大于$120(235/f_{ay})^{1/2}$,支撑杆件的板件宽厚比不应超过《钢结构设计规范》规定的轴心受压构件在弹性设计时的宽厚比限值。

(6)消能梁段与支撑斜杆的连接构造如图8-12所示,偏心支撑的斜杆中心线与梁中心线的交点,一般在消能梁段的端部,也允许在消能梁段内,此时将产生与消能梁段端部弯矩方向相反的附加弯矩,从而减少消能梁段和支撑杆的弯矩,对抗震有利;但交点不应在消能梁段以外,因此时将增大支撑和消能梁段的弯矩,对抗震不利。

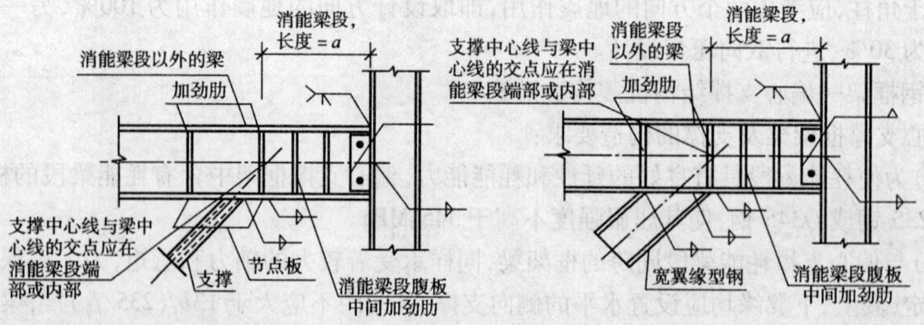

图 8-12　偏心支撑的构造

消能梁段与支撑连接处，应在其腹板两侧配置加劲肋，加劲肋的高度应为梁腹板高度，一侧的加劲肋宽度不应小于$(b_f/2-t_w)$，厚度不应小于 $0.75t_w$ 和 10 mm 的较大值。

第四节　高层钢结构节点设计

构件的连接节点是保证高层钢结构安全可靠的关键部位，对结构的受力性能有着重要的影响。节点设计得合理与否，不仅会影响结构承载力的可靠性和安全性，而且会影响构件的加工制作与工地安装的质量，并直接影响结构的造价。

一、节点连接设计的一般要求

非抗震的节点连接应按结构处于弹性受力阶段进行设计。抗震结构的节点连接应按结构进入弹塑性阶段设计，节点连接的承载力应高于构件截面的承载力。

二、抗震结构的节点验算

抗震设防的房屋，钢结构构件的连接计算应包括小震作用下按内力设计值的弹性计算，和为实现强连接弱构件的极限承载力验算。弹性设计方法可按照《钢结构设计规范》的规定执行，节点板件、连接螺栓和连接焊缝的强度，应除以承载力抗震调整系数 γ_{RE}。

抗震设防的高层建筑钢结构框架，对于柱贯通型梁柱节点，从梁端算起的 1/10 跨长或两倍梁截面高度范围内，以及对于梁贯通型梁柱节点，从柱端算起的 1/10 柱高或两倍柱截面高度范围内，节点区段设计应验算下列四项内容：

(1)节点连接的最大承载力，要高于构件截面的承载力；

(2)构件塑性区的板件宽厚比验算，要防止塑性铰区段板件丧失局部稳定；

(3)受弯构件塑性区侧向支承点间的距离，其相邻支承点间的构件长细比应符合《钢结构设计规范》的规定；

(4)梁柱节点域柱腹板的宽厚比和受剪承载力。

三、节点连接承载力大于构件截面承载力的验算

钢框架一般采用柱贯通型，较少采用梁贯通型。抗震设计时，钢框架和钢支撑框架的梁柱连接应为刚接。工程中常用的刚接方式有三种：全焊连接如图 8-13a)所示，高强度螺栓连接如图 8-13c)所示，焊缝和高强度螺栓混合连接如图 8-13b)、8-13d)所示。

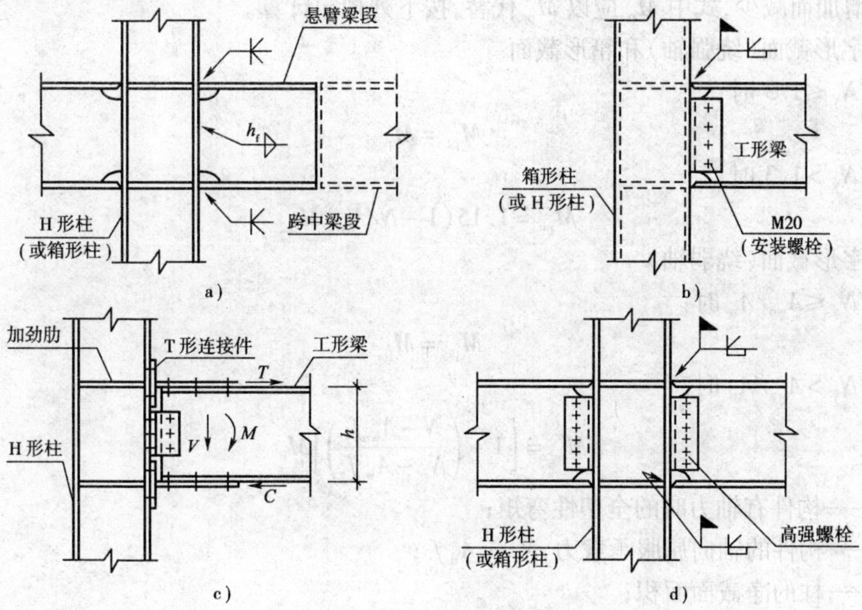

图 8-13　梁柱刚性连接方式

1. 框架梁柱相连时

框架出现塑性是从梁柱连接处开始再逐步扩展的。为使梁柱构件能充分发展塑性产生塑性铰,构件的连接应有足够的承载力。

在梁柱连接中,梁端部(梁贯通型则为柱端部)的最大连接承载力应高于其构件本身的屈服承载力,即节点连接最大受弯承载力、受剪承载力应符合式(8-36)要求:

$$M_u \geqslant 1.2M_p \tag{8-36}$$

$$V_u \geqslant 1.3\left(\frac{2M_p}{l}\right) \tag{8-37}$$

式中:M_u——节点连接最大受弯承载力,仅由翼缘的连接承担;

V_u——节点连接最大受剪承载力;

M_p——梁构件(梁贯通型时则为柱构件)的全塑性受弯承载力;

l——梁的净跨。

系数 1.2 是考虑钢材的实际屈服强度可能高于规定值而采用的修正系数,抗剪计算采用 1.3 是考虑跨中荷载的影响。

在柱贯通型连接中,当翼缘用全熔透焊缝与柱连接并采用引弧板时,式(8-36)、式(8-37)将自行满足。

M_u、M_p 是按钢材抗拉强度和屈服强度的下限由下式算出:

$$M_u = W'_p f_u \tag{8-38}$$

$$M_p = W_p f_y \tag{8-39}$$

式中:W_p、$W_p{}'$——梁(或柱)截面和连接处截面的塑性抵抗矩;

f_u——钢材的屈服强度下限;

f_y——钢材的抗拉强度下限。

当梁柱连接为梁贯通型时,则柱与梁的连接除弯矩外,还承受轴力 N,柱的抗弯承载能力随压力的增加而减少，式中 M_p 应以 M_{pc} 代替，按下列规定计算。

1）工字形截面（绕强轴）和箱形截面

当 $N/N_y \leqslant 1.3$ 时：

$$M_{pc}=M_p \tag{8-40}$$

当 $N/N_y > 1.3$ 时：

$$M_{pc}=1.15(1-N/N_y)M_p \tag{8-41}$$

2）工字形截面（绕弱轴）

当 $N/N_y \leqslant A_{wn}/A_n$ 时：

$$M_{pc}=M_p \tag{8-42}$$

当 $N/N_y > A_{wn}/A_n$ 时：

$$M_{pc}=\left[1-\left(\frac{N-A_{wn}f_y}{N_y-A_{wn}f_y}\right)\right]M_p \tag{8-43}$$

式中：M_p——构件有轴力时的全塑性弯矩；

N_y——构件的轴向屈服承载力，$N_y = A_n f_y$；

A_n——柱的净截面面积；

A_{wn}——柱的腹板净截面面积。

在梁与柱的连接节点中，连接处的最大抵抗弯矩 M_u、最大抵抗剪力 V_u 按下列规定计算。

（1）翼缘用对接焊缝和腹板用角焊缝连接（如图 8-14）

$$\left.\begin{aligned}M_u&=A_f(h-t_f)f_u+\frac{1}{4}\times 2h_e l_w^2 f_u/\sqrt{3}\\ V_u&=2h_e l_w f_u/\sqrt{3}\end{aligned}\right\} \tag{8-44}$$

式中：A_f——梁翼缘（一侧）的截面积；

h_e——角焊缝的有效厚度；

l_w——角焊缝的有效长度；

f_u——母材抗拉强度下限。

（2）翼缘用对接焊缝和腹板用高强度螺栓连接时（如图 8-15）：

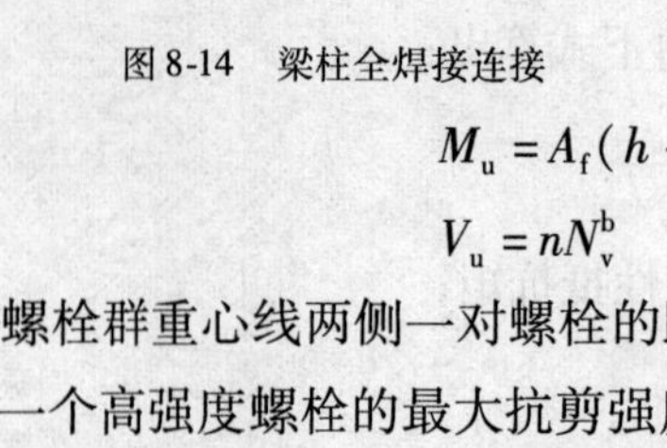

图 8-14　梁柱全焊接连接

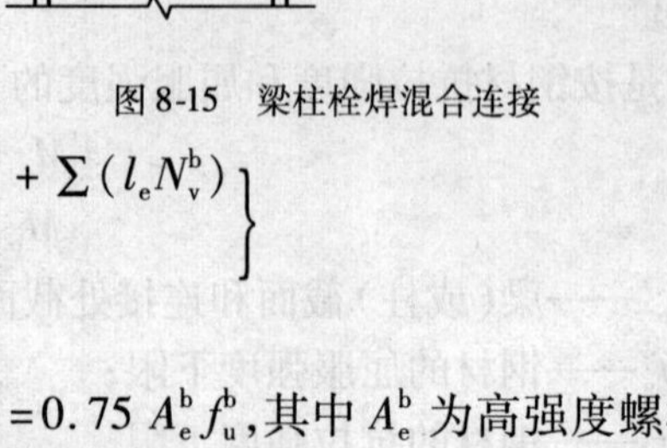

图 8-15　梁柱栓焊混合连接

$$\left.\begin{aligned}M_u&=A_f(h-t_f)f_u+\sum(l_e N_v^b)\\ V_u&=nN_v^b\end{aligned}\right\} \tag{8-45}$$

式中：l_e——螺栓群重心线两侧一对螺栓的距离；

N_v^b——一个高强度螺栓的最大抗剪强度，$N_v^b=0.75\,A_e^b f_u^b$，其中 A_e^b 为高强度螺栓螺纹处的计算截面面积；f_u^b 为高强度螺栓的材料抗拉强度。

系数0.75系考虑螺栓的剪断大部分发生在螺杆而不是螺纹处，这使螺栓连接的最大抗剪承载力在整体上有所提高，将螺杆材料的抗剪强度$f_u^b/3^{1/2}$提高1.3倍，成为$0.75f_u^b$。

2. 支撑与梁、柱相连时

支撑是承受侧力主要构件，按抗震设计时，节点连接最大拉压承载力应符合式(8-46)要求：

$$N_{ubr} \geqslant 1.2A_n f_y \tag{8-46}$$

式中：N_{ubr}——支撑连接的最大承载力；

A_n——支撑的净截面面积；

f_y——支撑钢材的屈服强度。

四、节点连接方法

高层钢结构的节点连接可采用焊接、高强度螺栓连接和焊接与高强度螺栓的混合连接。

1. 焊接连接

焊接连接的传力最充分，有足够的延性，但焊接连接存在较大的残余应力，对节点的抗震设计不利。焊接连接可采用全熔透或部分熔透焊缝。但对要求与母材等强的连接和框架节点塑性区段的焊接连接，必须采用全熔透的焊接连接。

(1)全熔透焊缝

全熔透焊缝是符合等强连接要求的焊缝，焊接前应对板件边缘加工成坡口，焊接时将焊缝金属填充于被连接件边缘的坡口内，焊缝质量应按一、二级标准进行检验。当为下列情况之一时应采用全熔透焊缝。

(2)部分熔透焊缝

部分熔透焊缝主要用于板件较厚，连接内力较小，无需采用全熔透焊缝，而用角焊缝时焊脚尺寸大影响外观的情形，主要用于箱形柱角部的组合焊缝。

2. 高强度螺栓连接

高层钢结构承重构件的高强度螺栓连接应采用摩擦型。摩擦型高强度螺栓常用于梁与柱、支撑与梁或柱、次梁与主梁等部位进行连接，常用的强度性能等级为8.8级、10.9级。高强度螺栓连接施工方便，但连接尺寸过大，材料消耗较多，因而造价较高，且在大震下容易产生滑移。

高强度螺栓的受剪承载力应按下列两种情况确定：

(1)非抗震结构或非地震作用组合时，根据《钢结构设计规范》的规定，计算高强度螺栓的受剪承载力。

(2)抗震结构按强节点弱杆件要求验算时，考虑到罕遇地震时连接件间的摩擦力已被克服，高强度螺栓的受剪承载力将取决于螺栓的受剪承载力（最大受剪承载力按$N_v^b=0.75nA_n^b f_u^b$计算）。

3. 栓—焊混合连接

栓—焊混合连接是指一个连接接头中，同时采用摩擦型高强度螺栓和焊缝两种连接形式，一般受力较大的翼缘部分采用焊接，腹板部分采用高强度螺栓。两者的传力方式不同，但变形特征相似，故可混合应用。

栓—焊混合连接主要用于框架的梁柱连接及框架梁柱的工地拼接节点。梁与柱连接时，翼缘板采用坡口全熔透焊缝，腹板采用高强度螺栓连接，且宜以先栓后焊的方式进行施工。

五、节点连接的应用

1. 梁与柱的连接

工程中梁与柱的连接方法有两种：一是梁与柱直接连接；二是柱上焊接悬臂短梁，梁与悬臂短梁拼接，如图 8-13a）所示。

梁与柱直接连接时，应在梁翼缘的对应位置设置柱的水平加劲肋。对抗震设防的结构，水平加劲肋应与梁翼缘等厚。对非抗震设防的结构，水平加劲肋应能传递梁翼缘的集中力，其厚度不得小于梁翼缘厚度的 1/2，并应符合板件宽厚比限值。水平加劲肋的中心线应与梁翼缘的中心线对齐。当柱两侧的梁高不等时，对应两个方向的梁翼缘处均应设置柱的水平加劲肋。加劲肋间距不应小于 150mm，且不应小于水平加劲肋的宽度，如图 8-16a）所示。当不能满足此要求时，应调整梁的端部高度，将截面高度较小的梁腹板高度局部加大[图 8-16b）、图 8-16c）]。当与柱相连的梁在柱的两个互相垂直的方向高度不等时，同样也应分别设置柱的水平加劲肋，如图 8-16d）所示。

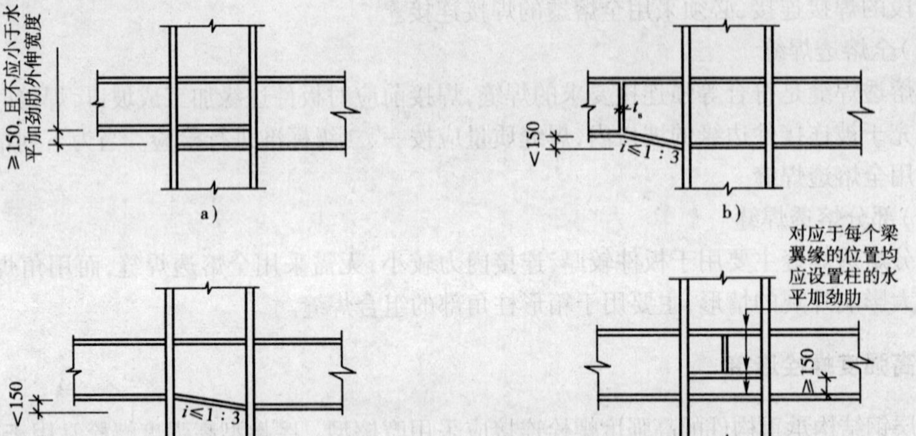

图 8-16 柱两侧梁高度不等时水平加劲肋的设置（尺寸单位：mm）

在刚性连接的梁柱节点连接处，由上下水平加劲肋和柱翼缘所包围的节点板域，在相当大的剪力作用下，存在着板域首先屈服的可能性，对框架的整体性能有较大的影响，设计中被视为薄弱环节，应予以充分重视。

图 8-17 是梁柱节点板域的剪力和弯矩作用情况，板域所受的剪力：

$$V = \frac{M_{b1} + M_{b2}}{h_b} - V_{c1} \tag{8-47}$$

板域内的剪应力：

$$\tau = \frac{V}{t_{wc}h_c} = \frac{1}{t_{wc}h_c}\left(\frac{M_{b1} + M_{b2}}{h_b} - V_{c1}\right) \leqslant f_v = \frac{f_y}{\sqrt{3}} \tag{8-48}$$

实际上板域处的内力非常复杂，剪应力在板域中心最大，屈服由中心开始，荷载加大后向四周扩散，板域初期屈服时的变位对结构的影响很小。试验证明，当板域的剪力为剪切屈服强度的4/3时，板域仍保持稳定。为简化计算，在板域的设计中，弯矩的影响最大，当仅考虑弯矩而取 V_{c1} 等于零，则偏于安全地将式(8-48)改写为：

$$\tau = \frac{M_{b1} + M_{b2}}{t_{wc}h_c h_b} = \frac{M_{b1} + M_{b2}}{V_p} \leqslant \frac{4}{3}f_v = 0.77f_y \tag{8-49}$$

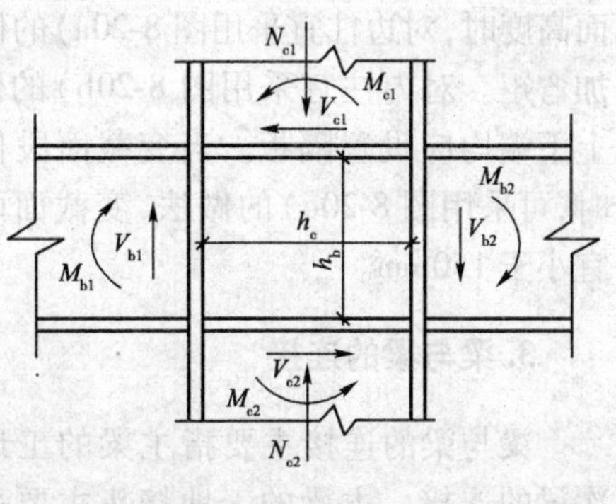

图8-17　梁柱节点板域的剪力和弯矩

按7度以上抗震设防的结构，为不使节点板域厚度太大，影响地震能量吸收，尚应符合式(8-50)的要求：

$$\tau = \alpha\left(\frac{M_{pb1} + M_{pb2}}{V_p}\right) \leqslant \frac{4}{3}f_v \tag{8-50}$$

上述式中：α——系数，按7度设防的结构取0.6，按8、9度设防的结构取0.7；

M_{b1}、M_{b2}——节点域两侧梁端弯矩设计值；

M_{pb1}、M_{pb2}——节点域两侧钢梁端部截面全塑性受弯承载力；

f_v——节点域抗剪强度设计值；

V_p——节点域体积。

板域的厚度不足时，不仅单纯的塑性分析已不适用，且变形也将增大。很多情况下，为使塑性铰在节点板域之外形成，即在梁端或柱端形成塑性铰，有必要对节点板域进行补强，用补强板增加板域的厚度，如图8-18所示。当板域厚度不足部分小于腹板厚度时，用单面补强；若超过腹板厚度则用双面补强。

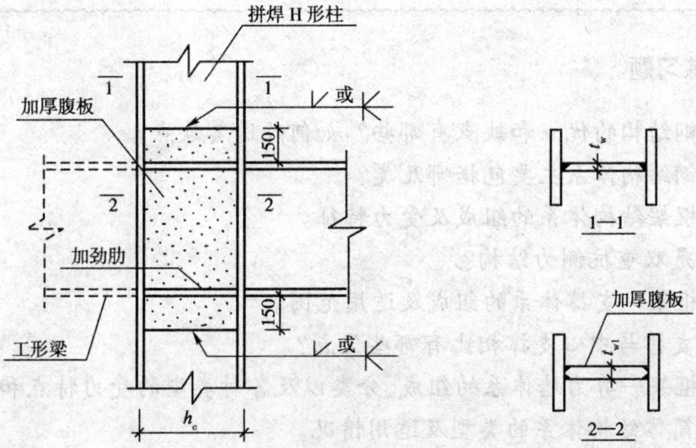

图8-18　节点域腹板的加厚(尺寸单位：mm)

2. 柱与柱的连接

柱的连接主要指工地拼接，常用的连接方法有对齐坡口焊接以及高强度螺栓与焊缝的混合连接。

非抗震设防的高层建筑钢结构，当柱的弯矩较小且不产生拉力时，若将柱的上下端磨平顶紧，则可通过接触面直接传递25%的压力和25%的弯矩，因而可采用部分熔透焊缝。但坡口焊缝的有效深度 t_e 不宜小于厚度的1/2，如图8-19所示。全熔透焊缝与母材等强，用于抗震设防的结构。

柱截面改变时，应优先采用保持截面高度不变而只改变翼缘厚度的方法。若必须改变截面高度时，对边柱宜采用图 8-20a）的做法，不影响贴挂外墙板，但应考虑上下柱偏心产生的附加弯矩。对内柱宜采用图 8-20b）的做法。变截面的上下端均应设置隔板。当变截面段位于梁柱接头处时，可采用图 8-20c）的做法，变截面两端距梁翼缘不宜小于 150mm。

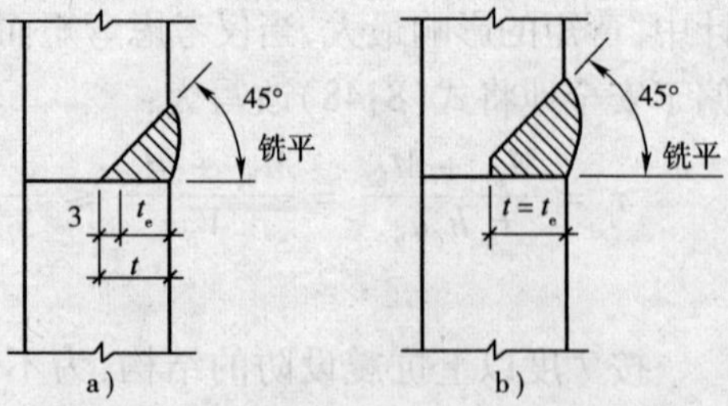

图 8-19　柱接头的部分熔透焊缝

3. 梁与梁的连接

梁与梁的连接主要指主梁的工地接头和主梁与次梁的连接。主梁的工地接头主要采用柱带悬臂梁段与梁的连接形式。次梁与主梁的连接一般采用铰接连接。

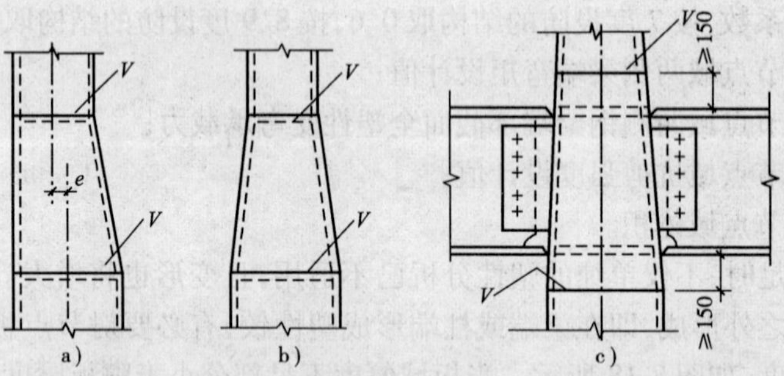

图 8-20　变截面柱的连接（尺寸单位：mm）

思考题与练习题

8-1　高层钢结构的优点和缺点有哪些？如何改进其缺点？

8-2　高层钢结构体系主要包括哪几类？

8-3　简述框架结构体系的组成及受力特征。

8-4　什么是双重抗侧力结构？

8-5　简述框架—支撑体系的组成及适用范围。

8-6　偏心支撑与中心支撑相比有哪些优点？

8-7　试述框架—剪力墙体系的组成、分类以及各种类型的受力特点和适用情况。

8-8　试述筒体结构体系的类型及适用情况。

8-9　确定结构体系时应主要考虑哪些因素？

8-10　高层钢结构平面布置的原则是什么？

8-11　与钢筋混凝土高层建筑相比，高层建筑钢结构的荷载有什么特点？

8-12　高层建筑钢结构在水平荷载作用下的内力与位移计算应注意什么？

8-13　高层建筑钢结构的稳定验算包括几种？

8-14　为什么要对支撑斜杆板件宽厚比进行限制？

8-15　框架—偏心支撑结构抗震构造措施有哪些？

8-16　抗震结构的节点验算包括哪些内容？

8-17　工程中钢框架的梁与柱常用哪些方法连接？

第九章 钢—混凝土组合结构设计

DIJIUZHANG

第一节 概 述

传统的多高层建筑结构以钢筋混凝土结构为主,但随着我国经济实力的增强,高层及超高层建筑不断涌现,若一味地采用普通钢筋混凝土结构,势必造成“肥梁胖柱”,浪费使用空间,既不美观又不经济。钢结构多高层建筑以其自重轻、结构延性及抗震性能好、可加工性好等诸多优点而被应用,但钢结构建筑用钢量大、造价偏高、防腐效果不理想、防火处理造价昂贵,且结构刚度较小、侧移较大,限制了其在高层建筑中的应用。钢—混凝土组合结构是在钢结构和钢筋混凝土结构的基础上发展起来的结构型式,即用钢部件与混凝土(或钢筋混凝土)部件组成整体共同参与工作的一种结构,它们共同作用,取长补短,协同工作,目前,在高层,尤其是超高层建筑中得到广泛应用。

钢—混凝土组合结构早在19世纪末已经存在,尽管当时并没有意识到要利用两种材料组合以后新增的强度和刚度,单纯的想要减轻钢管内部的锈蚀而灌入混凝土,为了改善钢结构的耐火性能而在其外围包裹混凝土,就这样开创了组合结构实际应用的历史。20世纪初,有人为了提高钢管柱的刚度,在方钢管中注入混凝土。之后,世界各国开始逐步对组合结构构件进行试验和研究。早期的组合结构主要是型钢混凝土和钢管混凝土结构,以型钢或钢管为骨架,外包或内填混凝土而形成组合构件,通过连接件或材料间的黏结力使钢部件与混凝土部件一起共同受力和变形。良好的工作性能使这种组合结构开始广泛应用于实际工程中。

总的来说,与钢筋混凝土结构和钢结构相比,钢—混凝土组合结构有以下特点:

(1)能够合理布置空间,改善建筑效果。钢—混凝土组合梁与钢筋混凝土梁相比,自重较轻,通常可减轻自重50%以上,从而大大减小梁的高度及支撑结构的截面尺寸;同时组合梁跨度可以做得很大,以简支结构为例,组合梁的高跨比可达1/18~1/22,而普通混凝土梁只有1/8~1/14。钢管混凝土柱不但承载力大大高于混凝土柱,而且不会出现混凝土柱使用期间出现的表面裂缝,从而使外表美观,满足人们的审美要求。

(2)承载力高,稳定性及抗震性能好。钢—混凝土组合结构中钢的应用使承载力大大提高;混凝土的存在增加了整体稳定性,从而减小了结构高度;由于结构重量轻,减小了地震作用,同时钢材本身延性较高,从而抗震性能优越。

(3)混凝土外壳可作为保护层,增强组合结构中钢材的防腐和防火能力,同时耐久性增强,并提高了隔热、隔声、防渗的能力。

(4)施工简化,周期缩短。钢—混凝土组合结构中的大部分构件可以在工厂里制作,不需要支模和搭设脚手架,既降低了成本,又加快了施工速度;组合梁柱的连接简单,在节点处不会出现钢筋混凝土结构中纵横钢筋密集交错的现象;同时对周围环境污染少,提高了施工的机械化水平。

(5)综合效益好,造价低。由于自重轻,上部结构对地基的要求相对较低,可以采用天然基础形式。由于基础在工程造价中占有较大比重,上部结构重量轻可以降低基础造价,从而减少整个项目的投资;与全钢结构相比,可节约钢材 1/3 左右;由于施工机械化程度高,还可以减少人工费和模板等辅助材料的费用,并且大大缩短工期,使结构提前投入使用,提高了隐性经济效益;同时设计周期也可以通过计算机软件的使用而缩短。因此,与传统结构相比,在设计、使用、施工及综合效益方面,组合结构都具有优势。

基于以上优点,钢—混凝土组合结构将成为本世纪结构体系的重要发展方向之一。当前我国基本建设发展很快,规模越来越大,对结构型式也提出了越来越高的要求。钢—混凝土组合结构适应现代结构对"轻型大跨、预制装配、快速施工"的要求,在建筑结构领域具有广阔的应用前景。

第二节　组合结构的基本构件和结构布置

一、组合结构的基本构件

1. 梁

按照截面形式不同,钢—混凝土组合梁可以分为外包混凝土组合梁和 T 形组合梁,如图 9-1 所示。外包混凝土组合梁属于型钢混凝土构件,又称为劲性混凝土梁,主要依靠钢材与混凝土之间的黏结力协同工作,T 形组合梁则依靠抗剪连接件将钢梁与混凝土翼板组合在一起。

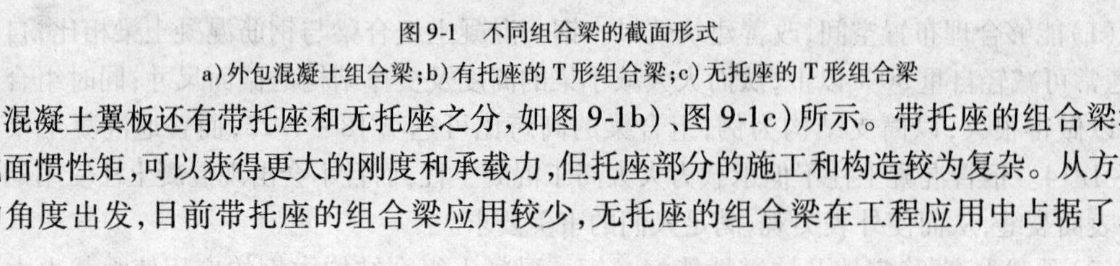

图 9-1　不同组合梁的截面形式

a)外包混凝土组合梁;b)有托座的 T 形组合梁;c)无托座的 T 形组合梁

混凝土翼板还有带托座和无托座之分,如图 9-1b)、图 9-1c)所示。带托座的组合梁增大了截面惯性矩,可以获得更大的刚度和承载力,但托座部分的施工和构造较为复杂。从方便施工的角度出发,目前带托座的组合梁应用较少,无托座的组合梁在工程应用中占据了主导地位。

按照混凝土翼板的构造不同,T 形钢—混凝土组合梁又可以分为现浇混凝土翼板组合梁、预制混凝土翼板组合梁、叠合板翼板组合梁以及压型钢板混凝土翼板组合梁,如图 9-2 所示。

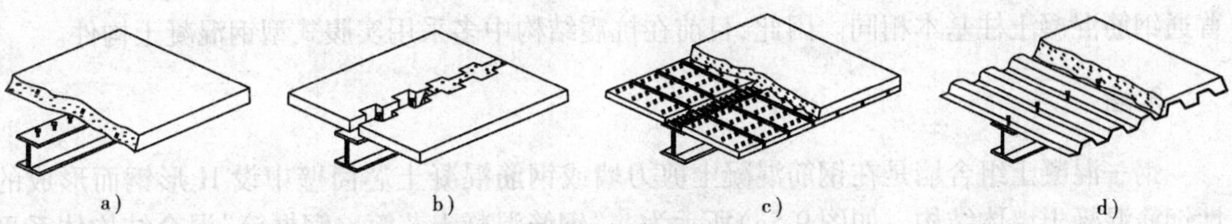

图 9-2 不同混凝土翼板的钢—混凝土组合梁截面形式

a)钢—现浇混凝土翼板组合梁;b)钢—预制混凝土翼板组合梁;c)钢—混凝土叠合板翼板组合梁;d)钢—压型钢板混凝土组合梁

2. 柱

钢—混凝土组合柱主要有钢管混凝土柱、型钢混凝土柱等。

(1)钢管混凝土柱

钢管混凝土柱是在钢管内填充素混凝土而形成的组合结构受压构件,包括轴心受压柱和偏心受压柱。其截面形式有圆形、方形和多边形等,工程中常用的几种截面如图 9-3 所示。

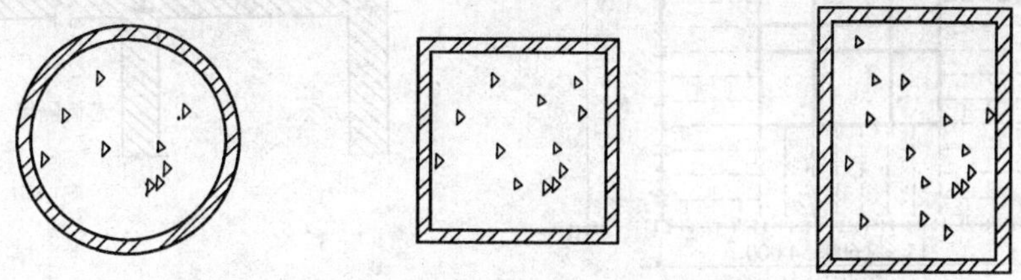

图 9-3 常见的钢管混凝土柱截面形式

a)圆形;b)正方形;c)矩形

圆形截面受力性能更好,承载力更高,故实际工程中应用较多。虽然方形截面与圆形截面相比效果降低,但这种截面易于和梁连接,因而在国外应用较多,在我国的应用也呈上升趋势。八角形钢管改善了受力性能,其工作状态与圆钢管混凝土接近。

(2)型钢混凝土柱

型钢混凝土柱是在型钢周围配置钢筋,并浇筑混凝土而形成的一种组合结构受压构件。型钢混凝土柱的内部型钢部分与外包钢筋混凝土部分形成整体、共同受力,其受力性能优于型钢部分和钢筋混凝土部分的简单叠加。

型钢可以分为实腹式和空腹式两大类。实腹式型钢除采用轧制型钢外,还可以用型钢和钢板焊接而成。空腹式型钢一般由缀板或缀条连接角钢和槽钢而成。型钢混凝土柱的型钢,宜采用实腹式宽翼缘的 H 形轧制型钢和各种截面形式的焊接型钢;非地震区或设防烈度为 6 度地区的多、高层建筑,可采用带斜腹杆的格构式焊接型钢(如图 9-4 所示)。实腹式型钢的腹板可提供很大抗剪承载力,使构件的抗震性能大为提高;空腹式型钢混凝土柱的受力性能与

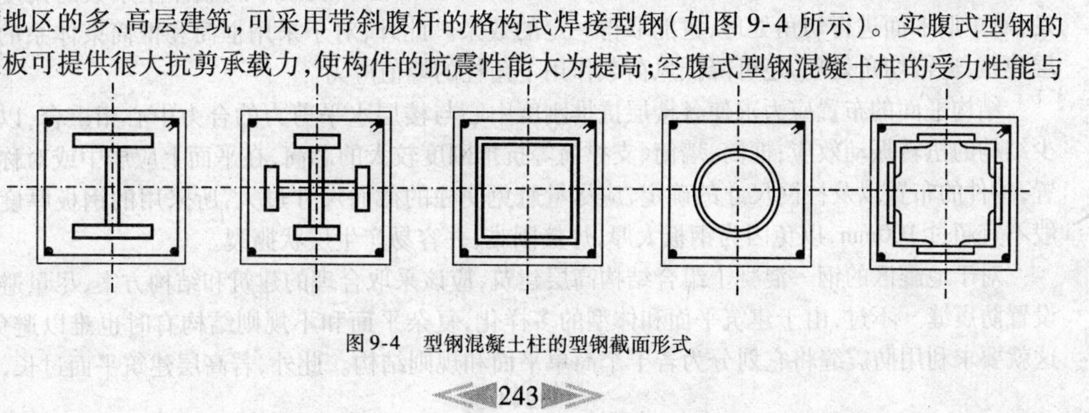

图 9-4 型钢混凝土柱的型钢截面形式

普通钢筋混凝土柱基本相同。因此,目前在抗震结构中多采用实腹式型钢混凝土构件。

3. 墙

钢—混凝土组合墙是在钢筋混凝土剪力墙或钢筋混凝土芯筒壁中设 H 形钢而形成的劲性钢筋混凝土墙体结构。如图 9-5a)所示为一"钢筋混凝土芯筒—钢框筒"混合结构体系平面图,其内部为钢筋混凝土实腹芯筒,外筒为钢框筒。整个体系在水平荷载作用下,水平剪力大部分由内部钢筋混凝土芯筒承担,由于芯筒比较瘦高,故墙体的弯曲应力较大,容易出现水平裂缝。因此,通常可在钢筋混凝土墙内设 H 形钢,以形成暗柱来增加墙体的抗弯能力,如图 9-5b)所示。

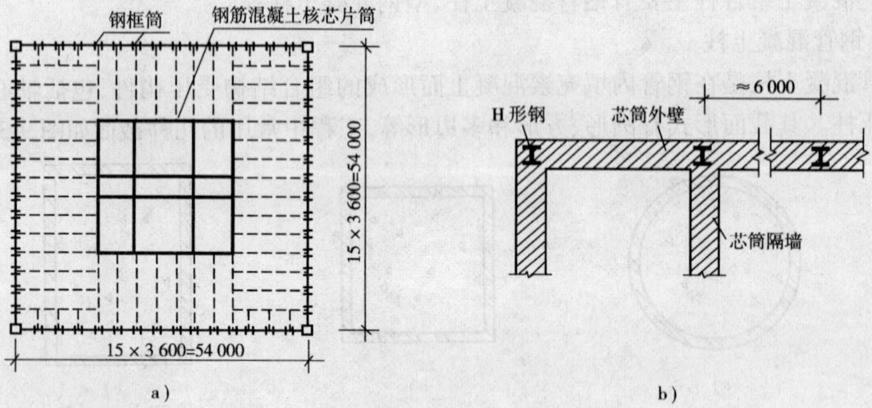

图 9-5　钢—混凝土组合墙(尺寸单位:mm)

a)结构平面图;b)钢—混凝土组合墙

二、结构的总体布置

1. 结构平面布置

采用钢—混凝土组合结构的高层建筑,高度多在 100m 以上,所受到的风荷载很大,为了控制结构侧移和风振加速度,建筑平面应该尽量采用方形、矩形、圆形、正六边形、正八边形和椭圆形等双轴对称的平面形状。其中,圆形、椭圆形等属于流线型平面,与矩形平面相比较,风载体型系数可减小约 30% 以上,这类平面能够显著降低风荷载对高层建筑的作用,取得较好的经济效果。另外,正六边形、正八边形、Y 形和十字形平面的风载体型系数,也都比矩形平面要小。不过,在实际工程中,高层建筑还是以矩形平面居多。从减小风载体型系数的角度出发,对矩形平面进行切角处理,也能取得一定的效果。此外,对于采用框筒和框筒束体系的高层建筑,进行切角处理,还可降低风荷载作用下角柱的峰值应力。

结构平面的布置应力求使各楼层抗推刚度中心与楼层水平剪力的合力中心相重合,以减少结构的扭转振动效应;框筒、墙筒、支撑筒等抗推刚度较大的芯筒,在平面上应居中或对称布置;构件的布置以及柱网尺寸的确定,应尽量避免使柱的截面尺寸过大,所采用的钢板厚度一般不宜超过 100mm,以免因为钢板太厚,焊接困难,并容易产生层状撕裂。

对于地震区的钢—混凝土组合结构高层建筑,应该采取合理的建筑和结构方案,尽量避免设置防震缝。不过,由于建筑平面和体型的多样化,复杂平面和不规则结构有时也难以避免,这就要求利用防震缝将它划分为若干个简单平面和规则结构。此外,若高层建筑平面过长,或各部分的地基沉降差过大，需要设置伸缩缝或沉降缝时，也需要设置防震缝。设缝时要注意满足构造要求。

2. 结构立面布置

钢—混凝土组合结构高层建筑，通常层数多，高度大，为利于抗风抗震，其立面形状也应该采用矩形、梯形或三角形等沿高度均匀变化的简单几何图形。避免采用楼层平面尺寸存在剧烈变化的阶梯形立面。因为，立面形状的突然变化，必然带来楼层质量和抗推刚度的剧烈变化。地震时，突变部位就会因剧烈振动或塑性变形集中效应而使破坏程度加重。

钢筋混凝土芯筒和剪力墙作为主要的抗侧力构件，刚度宜自下而上逐渐减小，剪力墙的厚度也应逐渐减薄。不应采用刚度突变的底层框支剪力墙或框支筒体。

对于框架—芯筒体系、筒中筒体系，以及沿楼面核心区周边布置竖向支撑或抗剪墙板的框—撑体系和框—墙体系，宜在顶层及每隔若干层沿纵、横方向设置刚臂（如图 9-6 所示），使外柱参与结构整体抗弯，减轻外框筒的剪力滞后效应，以增加整个结构抵抗侧力的刚度和承载力；刚臂由立放桁架所构成，为充分发挥其刚性伸臂的作用，沿房屋纵向和横向布置的桁架，均应贯穿房屋全宽；为避免给楼面使用带来不便，并尽可能增大刚臂的有效高度，刚臂一般均安置在设备层或避难层；在顶层布置的刚臂，一般称为帽桁架；布置在中间楼层的刚臂，一般称为腰桁架。

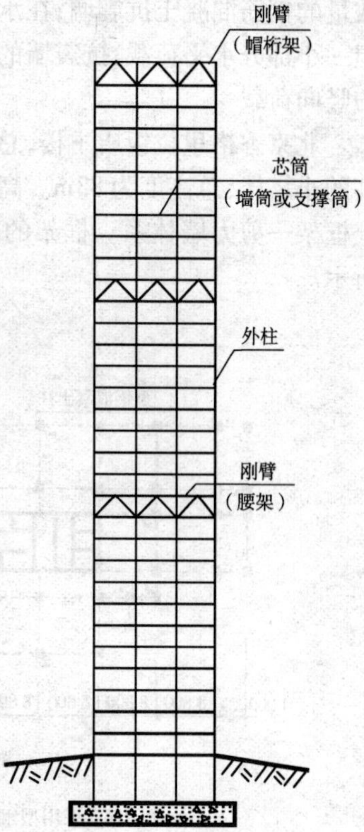

图 9-6　连接内外构件的刚臂

三、组合结构高层建筑结构布置实例

就当前我国的经济条件和现实情况而言，对于地震区的高层建筑，型钢混凝土结构比全钢结构更具有竞争力。在国外，型钢混凝土结构也得到较快的发展。

实际工程中所采用的型钢混凝土框架，又可分为全型钢混凝土框架和半型钢混凝土框架。前者的柱和梁，均为型钢混凝土构件；后者，梁为钢构件，柱为型钢混凝土构件。全型钢混凝土框架，多用于上层钢结构与地下钢筋混凝土结构之间的转换层。半型钢混凝土框架，多用于高楼地面以上结构。从抗震角度来看，半型钢混凝土框架更有利于结构实现“强柱弱梁”抗震设计准则。

对于型钢混凝土结构，可供选择的结构体系更加广泛。凡是适用于全钢结构和混凝土—钢混合结构的各种结构体系，型钢混凝土结构均可采用。下面列举采用不同结构体系的几个建筑实例。

1. 框架—剪力墙结构体系

高楼采用型钢混凝土结构的框架—剪力墙体系，在构件的布置和体系的组成方面，与钢筋混凝土结构的框架—剪力墙体系大体相同。型钢混凝土结构的框架—剪力墙体系，在构件布置方面，首先是根据建筑布局和使用要求，确定型钢混凝土框架的形式和柱网尺寸；然后，在不影响楼面使用功能的条件下，结合建筑物纵、横向刚度和承载力的需要，在适当位置设置一定数量的钢筋混凝土抗震墙;在承力方面,体系中的钢筋混凝土框架,主要是承担竖向荷载,也分担一小部分水平荷载;抗震墙的主要任务则是承担水平荷载的绝大部分,并承担其左右开间内的竖向荷载。

北京香格里拉饭店主楼,总建筑面积为56 700m^2,地下2层,地上24层,屋顶上另有两层高的小塔楼,总高度为83m。高宽比为3.9。主楼按8度抗震设防。主体结构采用型钢混凝土框架—剪力墙体系。框架的基本柱网尺寸为8.8m×7.7m,典型楼层的结构平面如图9-7所示。

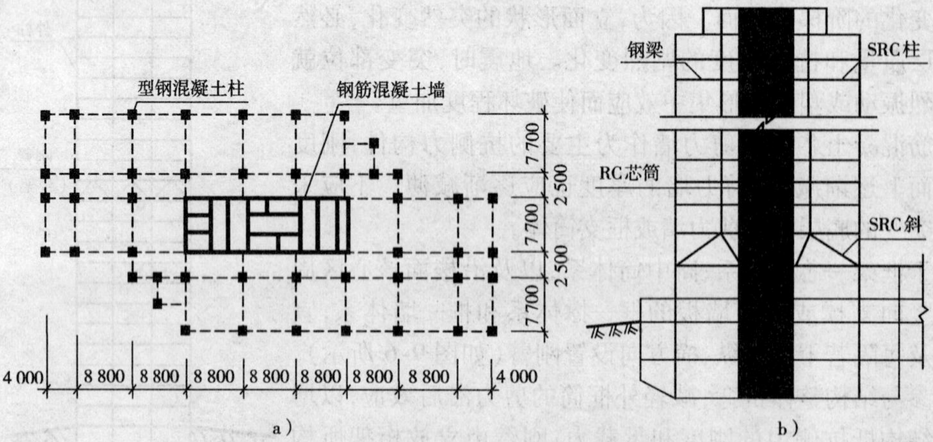

图9-7　采用型钢混凝土框架—剪力墙体系的香格里拉饭店(尺寸单位:mm)

a)典型层结构平面;b)结构剖面

沿楼层平面中心服务竖井周围布置的抗震墙,以及在房屋两端设置的抗震墙,从底到上均采用现浇钢筋混凝土墙。各榀框架,地下二层至地上一层采用现浇钢筋混凝土,地上第二、第三层采用全型钢混凝土,四层以上采用半型钢混凝土框架,即采用由钢梁和型钢混凝土柱构成的框架。型钢混凝土框架柱内的型钢骨架采用轧制H形钢,其截面尺寸一般为300mm×300mm×10mm×15mm,最大为350mm×350mm×10mm×15mm。框架梁采用焊接工字钢,一般截面尺寸为588mm×300mm×12mm×20mm,最大截面高度为1 200mm。

2. 框架—芯筒结构体系

型钢混凝土"框架—芯筒"体系,在结构布置上与钢筋混凝土"框架—芯筒"体系大体相同。此结构体系适用于楼层平面比较规则而且采取核心式建筑布置方案的高楼。其结构布置,一般是沿楼层平面中心部位的服务竖井周围,设置现浇钢筋混凝土芯筒或型钢混凝土芯筒,在芯筒外围布置一圈或两圈型钢混凝土框架柱。与钢筋混凝土"框架—芯筒"体系一样,芯筒是整个结构体系中的主要抗侧力构件,因此,当楼房的层数很多,或者风荷载很大,或者地震烈度较高时,则多采用型钢混凝土芯筒。即在芯筒的转角处以及内隔墙与筒壁相交处,在筒壁内设置型钢柱,以提高芯筒的抗弯能力。

深圳"八一"大厦,主楼建筑平面采用正八边形,总宽度为50m,地面以上共81层,高288m。房屋的高宽比为5.8。主楼采用型钢混凝土结构的框架—芯筒体系。钢筋混凝土芯筒也是采用正八边形平面,边长10m,总宽度为25m,芯筒的高宽比为11.5。芯筒的前后两个边为通道开设了3m宽的洞口;作为补强,将这两个边的墙加厚。沿楼面周边布置的外圈框架,柱距为10m,因每根柱所承担的荷载很大,为控制柱的截面尺寸,采用型钢混凝土柱。"八一"

大厦主楼的结构平面图如图 9-8 所示。

3. 框筒结构体系

型钢混凝土框筒结构体系的主要组成部分是楼房外圈的型钢混凝土框筒，在楼房内部，可以是钢框架，也可以是沿楼面中心服务竖井设置的型钢混凝土框筒，或者是型钢混凝土墙体。与钢筋混凝土框筒相比较，当楼房的层数很多时，型钢混凝土框筒的柱截面尺寸显著减小，轴压比值也可控制在较小数值。更重要的是，因为内有型钢骨架，框筒柱及其梁柱节点的抗剪强度和延性大增，改善了框筒的抗震性能，扩大了框筒的应用范围。若楼面中心部位设置的是钢框筒，或者是型钢混凝土框筒，整个结构体系的抗震能力将进一步得到提高，从而可以应用于层数更多的高层建筑结构。

美国休斯顿的德克萨斯商业大厦，建筑面积为 176 500m^2，地面以上为 75 层，高 305m。建筑师为了给大楼创造一个观看休斯顿中心区的良好视野，大楼平面采取在一般方形平面的基础上切去一个角，形成一个长约 27m 的 45°斜边作为大楼的正立面。大楼采用型钢混凝土框筒结构体系，即内部钢框架加外圈型钢混凝土框筒构成结构的主体（如图 9-9 所示）。沿建筑平面外圈，布置间距为 3.1m 的密排"型钢混凝土"柱，与各层楼板处的型钢混凝土梁共同组成外框筒。在大楼正立面的外框筒开口处，除了在正立面两侧各设置一个粗大的三角形截面型钢混凝土角柱外，还在外框筒开口处的内面，设置一片槽形的厚 610mm 的型钢混凝土墙，对缺损了的外框筒进行补强。此外，在三角形角柱与槽形墙之间，于每层楼板处设置一根跨度为 9.1m、截面高度等于 1 067mm 的型钢混凝土连系梁，以便将侧向荷载由外柱传递至内部槽形剪力墙。

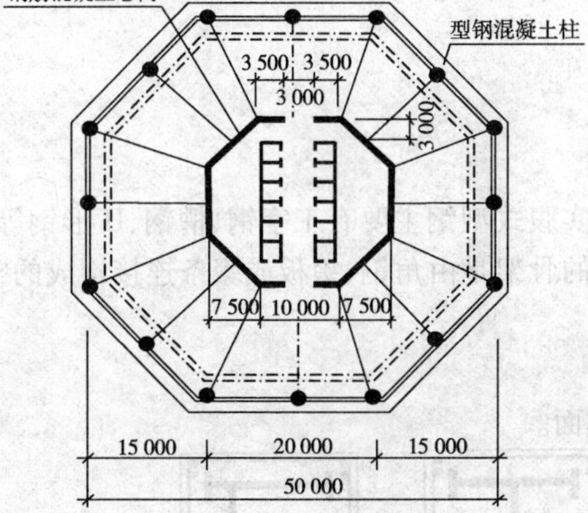

图 9-8　深圳"八一"大厦结构平面图（尺寸单位：mm）

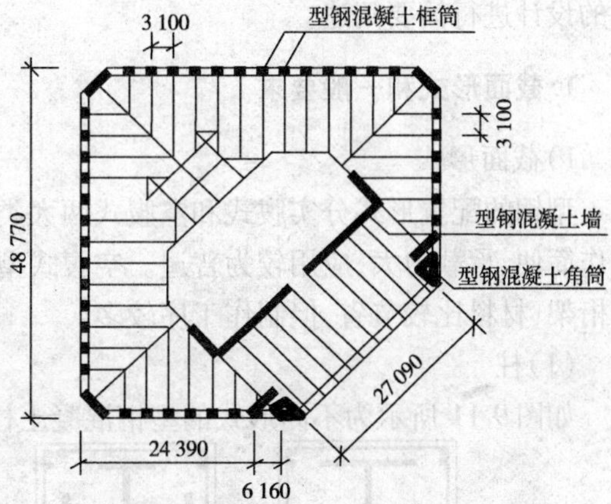

图 9-9　德克萨斯商业大厦典型层结构平面（尺寸单位：mm）

4. 大型支撑筒结构体系

大型支撑筒结构体系是由大型立体支撑、平面内小框架及内部钢框架所组成。在体系中，大型立体支撑是主构件，承担着整座大楼的绝大部分竖向荷载和水平荷载；支撑平面内小框架及内部钢框架的是次构件，担负着将若干楼层竖向荷载和局部水平荷载，向主构件传递的任务。大型立体支撑的主要组成部分是沿建筑物周边布置的大型支撑，支撑的每一个面都是横跨整个边长的单列支撑，各个面的支撑杆件在建筑物的转角处交汇，并共用一根竖杆件。在建筑物内部，有时也沿对角线方向布置支撑，其作用是将建筑物内部的竖向荷载传递至外圈支撑的角柱，以加大角柱的竖向压力，避免支撑的角柱在水平荷载引起的倾覆力矩作用下出现拉应力。大型支撑的斜杆和水平杆，一般均采用型钢制作，大型支撑的竖杆（即角柱）可以用型钢制作，也可以用型钢混凝土制作。

美国依依中心大厦，地面以上为207层，高840m，是大型支撑筒结构体系。大楼结构的主体是沿建筑周边布置的4片横跨建筑全宽的大型交叉支撑。沿建筑4个面布置的4片大型支撑，在建筑物4个转角处交汇；在4个转角处设置的特大截面的型钢混凝土柱，把4片大型支撑连接成一个大型的立体支撑，即大型的支撑竖筒，以承担大楼的重力荷载以及作用于整个大楼的水平荷载引起的剪力和倾覆力矩。该大楼的结构平面图如图9-10所示。因为4根角柱承担着整个大楼的大部分重力荷载和全部倾覆力矩所引起的轴力，型钢混凝土角柱的截面尺寸是很大的，截面采用正方形，柱的底部为12m×12m，柱的顶部为4m×4m。

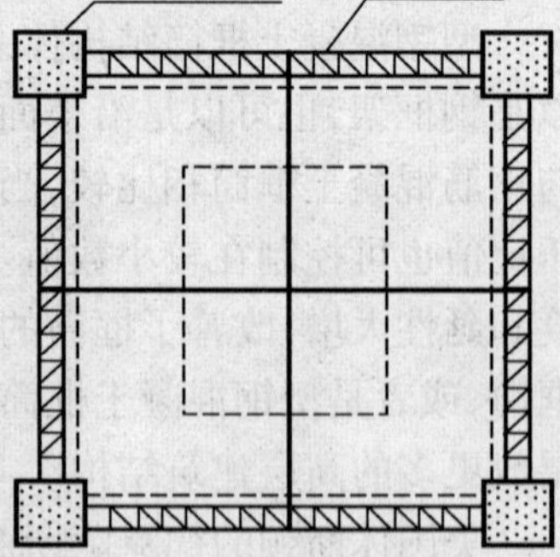

图9-10　美国依依中心大厦结构平面图

第三节　组合结构构件设计

一、型钢混凝土结构

由于型钢混凝土结构具有强度高，刚度大，延性好，抗震能力强，防火防腐性能好及便于施工等一系列优点，因此越来越广泛地被应用于高层建筑结构。在此，对型钢混凝土组合结构构件的设计进行简要阐述。

1. 截面形式和一般要求

1）截面形式

型钢的配置形式分实腹式和空腹式两大类。实腹式型钢主要有工字钢、槽钢、H形钢等，制作简便，承载力大，应用较为普遍。空腹式型钢的骨架是由角钢、缀板或缀条连接构成的空间桁架，材料比较节省，但制作工序较多。

（1）柱

如图9-11所示为不同形式的型钢混凝土柱截面。

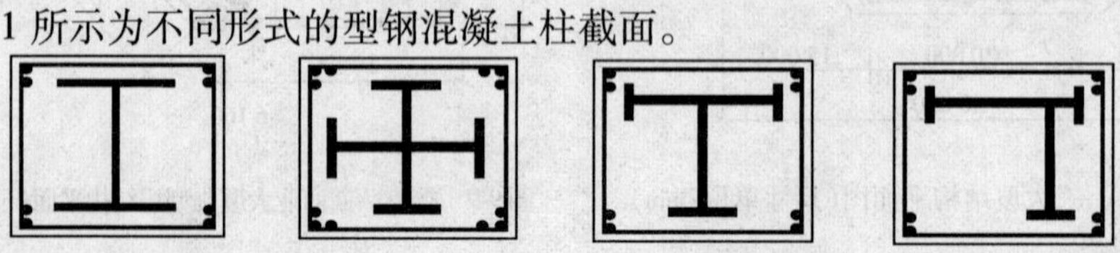

a）

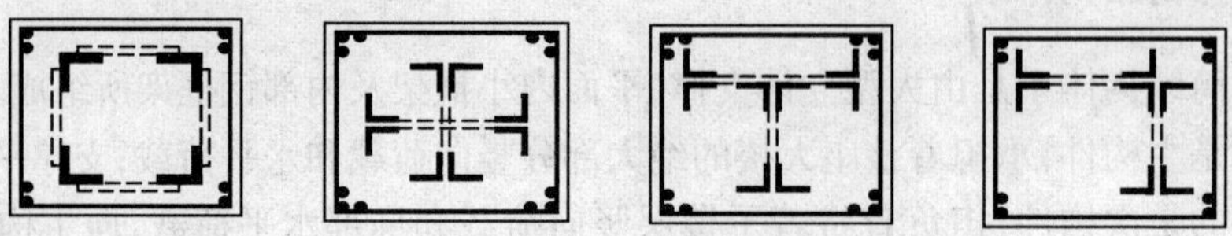

b）

图9-11　型钢混凝土柱

a）实腹式；b）空腹式

试验表明，配置实腹式型钢的型钢混凝土柱具有良好的延性性能和耗能能力，适用于抗震设防区。配置空腹式型钢的型钢混凝土柱的变形性能及受剪承载力相对较差，配置一定数量的斜腹杆后，其变形性能才能有所改善。带斜腹杆的格构式焊接型钢适用于非地震区或设防烈度为6度的抗震设防区的建筑。

(2)梁

型钢混凝土框架梁和框架柱一样宜采用充满型宽翼缘实腹型钢。所谓充满型实腹型钢，是指实腹型钢的上翼缘处于截面受压区，下翼缘处于截面受拉区。设计中应考虑在满足型钢混凝土保护层厚度要求和便于施工的前提下，使型钢的上翼缘和下翼缘尽量靠近混凝土截面的近边。如图9-12所示为不同形式的型钢混凝土梁截面。

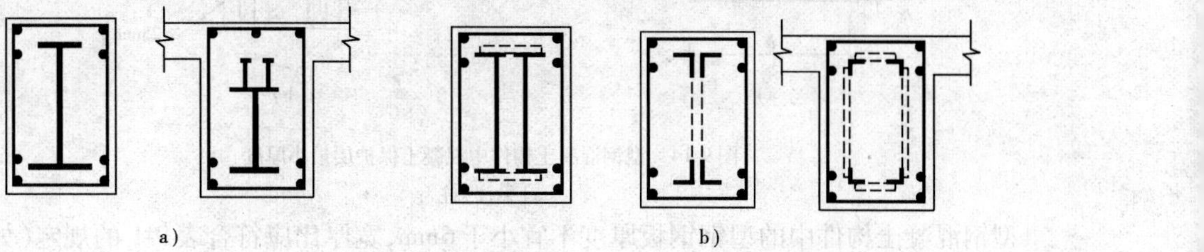

图9-12　型钢混凝土梁

a)实腹式；b)空腹式

(3)墙

为了提高剪力墙的承载力和延性，宜在剪力墙两端或边柱中配置实腹型钢。为加强剪力墙的抗侧刚度和承载力，也可在剪力墙腹板内加设斜向钢支撑。如图9-13所示为不同形式的型钢混凝土剪力墙截面。

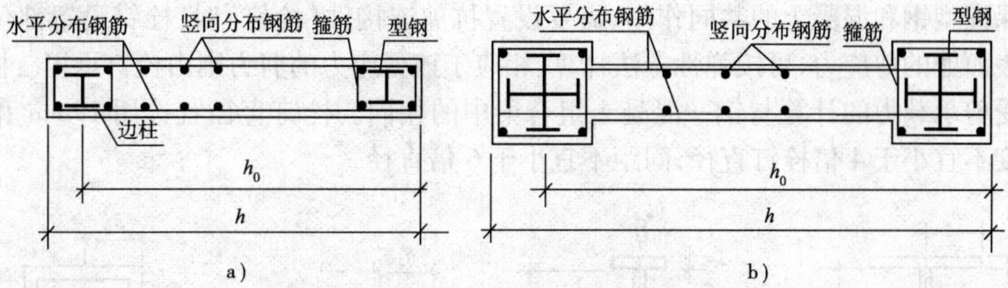

图9-13　型钢混凝土剪力墙示意图

a)无边框；b)有边框

2)一般要求

型钢混凝土组合结构的混凝土强度等级不宜低于C30。型钢混凝土结构构件中，纵向受力钢筋直径不宜小于16mm，与型钢的净间距不宜小于30mm。其最小锚固长度、搭接长度应符合《混凝土结构设计规范》(GB 50010—2002)的要求。

为保证在大变形情况下能维持箍筋对混凝土的约束，在抗震设防的型钢混凝土组合结构构件中，箍筋应做成封闭箍筋，其末端应有135°弯钩，弯钩端头平直段长度不应小于10倍箍筋直径。

型钢混凝土构件中纵向受力钢筋的混凝土保护层最小厚度应符合《混凝土结构设计规范》(GB 50010—2002)的规定。型钢梁的混凝土保护层最小厚度不宜小于100mm，且型钢翼缘离两侧距离之和(b_1+b_2)在梁内不宜小于截面宽度b的1/3，在柱中不宜小于120mm，如图

9-14 所示。型钢有一定的混凝土保护层厚度，是为了防止型钢发生局部压屈变形，保证型钢、钢筋混凝土相互粘结而整体工作，也是提高耐火性、耐久性的必要条件。

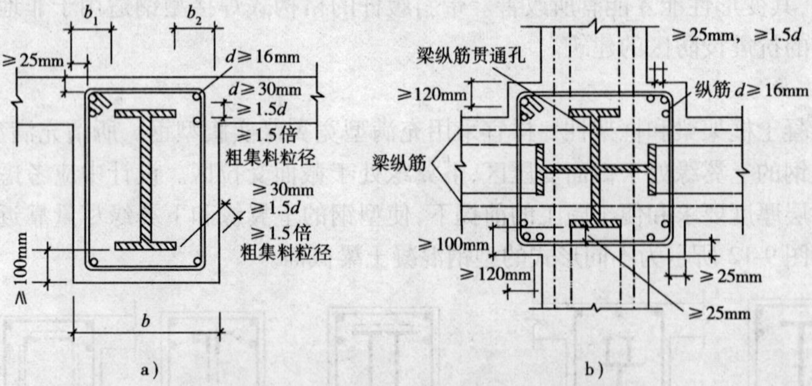

图 9-14 型钢混凝土构件中混凝土保护层最小厚度

a）梁；b）柱

型钢混凝土构件中的型钢钢板厚度不宜小于6mm，宽厚比应符合表9-1 的规定（如图9-15 所示）。型钢钢板不宜过薄，以利于焊接和满足局部稳定要求。

型钢钢板宽厚比限值

表 9-1

钢 号	梁		柱	
	b_{af}/t_f	h_w/t_w	b_{af}/t_f	h_w/t_w
Q235	<23	<107	<23	<96
Q345	<19	<91	<19	<81

为保证型钢和混凝土的共同作用，需要设置抗剪连接件（栓钉）时，栓钉设置部位的型钢翼缘外表面处的剪应力，可按弹性方法计算，相应于该剪应力的剪力则由栓钉承担。栓钉抗剪连接件受剪承载力的计算与钢—混凝土组合梁中的相同。栓钉直径宜选用 19mm 和 22mm。栓钉长度不宜小于 4 倍栓钉直径，间距不宜小于 6 倍直径。

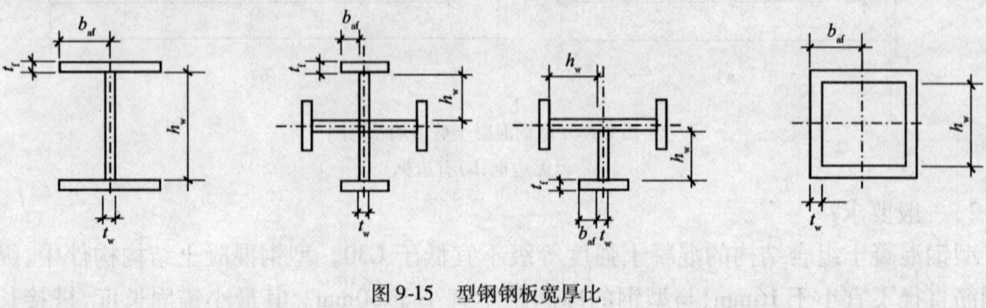

图 9-15 型钢钢板宽厚比

2. 型钢混凝土框架梁设计

1）构造要求

截面宽度不宜小于 300mm，截面高宽比不宜大于 4。截面宽度不宜过小是为了保证框架梁对框架节点的约束作用，便于型钢混凝土梁的混凝土浇筑；若截面高宽比过大，对梁的抗扭和侧向稳定都不利。

梁中纵向受拉钢筋不宜超过两排，其配筋率宜大于 0.3%，直径宜取 16 ~ 25mm，净距不宜小于 30mm 和 1.5d(d 为钢筋的最大直径)。

梁的截面高度大于或等于 500mm 时,应在梁的两侧沿高度方向每隔 200mm 设置一根纵向腰筋,且腰筋与型钢间宜配置拉结钢筋。

2)承载力计算

(1)基本假定

①截面应变保持平面;

②不考虑混凝土的抗拉强度;

③受压边缘混凝土极限压应变 ε_{cu} 取 0.003,相应的最大压应力取混凝土轴心抗压强度设计值 f_c,受压区应力图形简化为等效的矩形应力图,其高度取按平截面假定所确定的中和轴高度乘以系数 0.8,矩形应力图取为混凝土轴心抗压强度设计值;

④型钢腹板的应力图形为拉、压梯形应力图形,设计计算时,简化为等效矩形应力图形;

⑤钢筋应力取等于钢筋应变与其弹性模量的乘积,但不大于其强度设计值,受拉钢筋和型钢受拉翼缘的极限拉应变 ε_{su} 取 0.01。

(2)正截面受弯承载力计算

充满型实腹型钢混凝土框架梁矩形截面达到受弯承载力极限状态时,其正截面受弯承载力计算简化图形如图 9-16 所示。

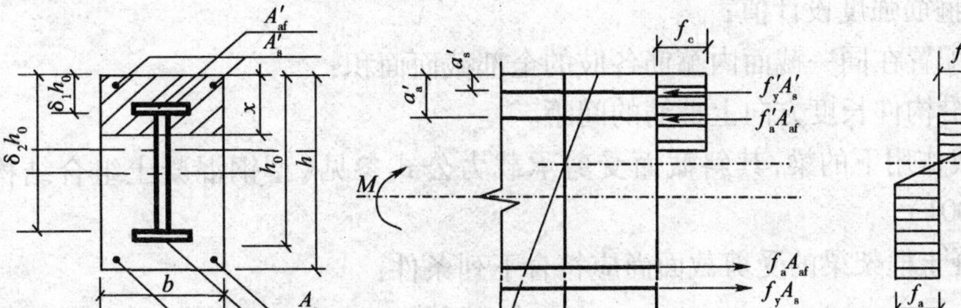

图 9-16 框架梁正截面受弯承载力计算

计算时把型钢翼缘作为纵向受力钢筋考虑;破坏时上、下翼缘达到屈服强度 f_a 和 f_a';此时,型钢腹板承受弯矩 M_{aw}、轴向力 N_{aw}。由平衡条件可得基本方程:

$$M \leqslant f_c bx\left(h_0-\frac{x}{2}\right)+f_y'A'_s(h_0-a'_s)+f'_aA'_{af}(h_0-a'_a)+M_{aw} \tag{9-1}$$

$$f_c bx+f_y'A'_s+f'_aA'_{af}-f_yA_s-f_aA_{af}+N_{aw}=0 \tag{9-2}$$

当 $\delta_1 h_0<1.25x$,$\delta_2 h_0>1.25x$ 时

$$N_{aw}=[2.5\xi-(\delta_1+\delta_2)]t_w h_0 f_a \tag{9-3}$$

$$M_{aw}=\left[\frac{1}{2}(\delta_1^2+\delta_2^2)-(\delta_1+\delta_2)+2.5\xi-(1.25\xi)^2\right]t_w h_0^2 f_a \tag{9-4}$$

$$\xi_b=\frac{0.8}{1+\dfrac{f_y+f_a}{2\times 0.003E_s}} \tag{9-5}$$

混凝土受压区高度 x 应符合下列公式要求:

$$x \leqslant \xi_b h_0 \tag{9-6}$$

$$x \geqslant a_a'+t_f \tag{9-7}$$

式中: ξ——相对受压区高度,$\xi=x/h_0$;

ξ_b——相对界限受压区高度，$\xi_b = x_b / h_0$；

x_b——界限受压区高度；

M_{aw}——型钢腹板承受的轴向合力对型钢受拉翼缘和纵向受拉钢筋合力点的力矩；

N_{aw}——型钢腹板承受的轴向合力；

δ_1——型钢腹板上端至截面上边缘距离与 h_0 的比值；

δ_2——型钢腹板下端至截面上边缘距离与 h_0 的比值；

t_w——型钢腹板厚度；

t_f——型钢翼缘厚度；

h_0——型钢受拉翼缘和纵向受拉钢筋合力点至混凝土受压边缘距离；

a'_s——纵向受压钢筋合力点至混凝土截面近边的距离；

a'_a——型钢受压翼缘截面重心至混凝土截面近边的距离；

A_s、A'_s、A_{af}、A'_{af}——分别为受拉钢筋总截面面积、受压钢筋总截面面积、型钢受拉翼缘截面面积、型钢受压翼缘截面面积。

(3)斜截面受剪承载力计算

$$V_b \leqslant 0.08 f_c b h_0 + f_{yv} \frac{A_{sv}}{s} h_0 + 0.58 f_a t_w h_w \tag{9-8}$$

式中：f_{yv}——箍筋强度设计值；

A_{sv}——配置在同一截面内箍筋各肢的全部截面面积；

s——沿构件长度方向上箍筋的间距。

集中荷载作用下的梁，其斜截面受剪承载力公式参见《型钢混凝土组合结构技术规程》(JGJ 138—2001)。

型钢混凝土框架梁的受剪截面尚应符合下列条件：

$$V_b \leqslant 0.45 f_c b h_0 \tag{9-9}$$

$$\frac{f_a t_w h_w}{f_c b h_0} \geqslant 0.10 \tag{9-10}$$

3. 型钢混凝土框架柱设计

1)构造要求

钢筋混凝土柱的试验中证实，截面配箍率越高，柱的延性越好，因为箍筋对混凝土的约束作用使混凝土的极限变形增大。型钢混凝土柱中，箍筋对型钢外围混凝土的约束作用更强，从而使型钢混凝土柱的延性得以提高。

柱中箍筋的配置应符合《混凝土结构设计规范》(GB 50010—2002)的有关规定。考虑抗震设防的型钢混凝土框架柱柱端箍筋加密区长度，箍筋最大间距和最小直径应符合表 9-2 的规定。

柱中受力型钢的含钢率不宜小于4%，且不宜大于10%。一定数量的型钢才能使其具有比钢筋混凝土柱更高的承载力和更好的延性。若按构造要求配置型钢，可不受这些规定限制。

柱中全部纵向受力钢筋的配筋率不宜小于0.8%，以使型钢能在混凝土、纵向钢筋和箍筋的约束下发挥其强度和塑性性能。框架柱承受的弯矩和轴力较大，因此杆内纵向受力钢筋直径不宜小于16mm、净距不宜小于60mm，以便浇筑混凝土。

纵向受力钢筋不应在中间各层节点中截断，其在框架节点区的锚固和搭接应符合《混凝土结构设计规范》(GB 50010—2002)的要求。

框架柱柱端箍筋加密区的构造要求 表 9-2

抗震等级	箍筋加密区长度	箍筋最大间距	箍筋最小直径
一级	取矩形截面长边尺寸(或圆形截面直径)、层间柱净高的 1/6 和 500mm 三者中的最大值	取纵向钢筋直径的 6 倍、100mm 二者中的较小值	$\phi10$
二级		取纵向钢筋直径的 8 倍、100mm 二者中的较小值	$\phi8$
三级		取纵向钢筋直径的 8 倍、150mm 二者中的较小值	$\phi8$
四级			$\phi6$

2)承载力计算

(1)正截面偏心受压承载力计算

型钢混凝土柱正截面偏心受压承载力计算的基本假定同型钢混凝土框架梁。

截面为充满型实腹型钢的型钢混凝土框架柱,其偏心受压构件正截面受压承载力计算简图如图 9-17 所示,承载力计算公式如下:

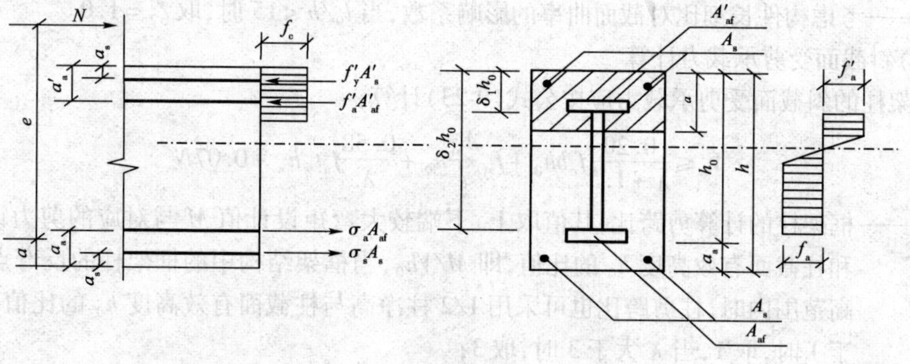

图 9-17 偏心受压框架柱承载力计算简图

$$N \leqslant f_c bx + f'_y A'_s + f_a' A'_{af} - \sigma_s A_s - \sigma_a A_{af} + N_{aw} \tag{9-11}$$

$$Ne \leqslant f_c bx\left(h_0 - \frac{x}{2}\right) + f_y' A_s'(h_0 - a'_s) + f_a' A'_{af}(h_0 - a_a') + M_{aw} \tag{9-12}$$

$$e = \eta e_i + h/2 - a \tag{9-13}$$

$$e_i = e_0 + e_a \tag{9-14}$$

当 $\delta_1 h_0 < 1.25x, \delta_2 h_0 > 1.25x$ 时

$$N_{aw} = (\delta_2 - \delta_1) t_w h_0 f_a \tag{9-15}$$

$$M_{aw} = \left[\frac{1}{2}(\delta_1^2 - \delta_2^2) + (\delta_2 - \delta_1)\right] t_w h_0^2 f_a \tag{9-16}$$

$$\xi_b = \frac{0.8}{1 + \dfrac{f_y + f_a}{2 \times 0.003 E_s}} \tag{9-17}$$

受拉边或受压较小边的钢筋应力 σ_s 和型钢翼缘应力 σ_a 可按下列条件计算:

当 $x \leqslant \xi_b h_0$ 时,为大偏心受压构件,取 $\sigma_s = f_y, \sigma_a = f_a$;

当 $x > \xi_b h_0$ 时,为小偏心受压构件,σ_s 及 σ_a 按下列公式计算:

$$\sigma_s = \frac{f_y}{\xi_b - 0.8}\left(\frac{x}{h_0} - 0.8\right) \tag{9-18}$$

$$\sigma_a = \frac{f_a}{\xi_b - 0.8}\left(\frac{x}{h_0} - 0.8\right) \tag{9-19}$$

上述式中：e——轴向力作用点至纵向受拉钢筋和型钢受拉翼缘的合力点之间的距离；

e_0——轴向力对截面重心的偏心距，取 $e_0 = M/N$；

e_a——考虑荷载位置不定性、材料不均匀，施工偏差等引起的附加偏心距，其值取 20mm 和偏心方向截面尺寸的 1/30 两者中的较大值；

η——偏心受压构件考虑挠曲影响的轴向力偏心距增大系数，其值可按下列公式计算：

$$\eta = 1 + \frac{1}{1\,400 e_0/h_0}\left(\frac{l_0}{h}\right)^2 \zeta_1 \zeta_2 \tag{9-20}$$

$$\zeta_1 = 0.5 f_c A/N \tag{9-21}$$

$$\zeta_2 = 1.15 - 0.01 l_0/h \tag{9-22}$$

其中：l_0——构件计算长度；

ζ_1——偏心受压构件的截面曲率修正系数，当 $\zeta_1 > 1$ 时，取 $\zeta_1 = 1.0$；

ζ_2——考虑构件长细比对截面曲率的影响系数，当 $l_0/h < 15$ 时，取 $\zeta_2 = 1.0$。

(2)斜截面受剪承载力计算

框架柱的斜截面受剪承载力应按公式(9-23)计算：

$$V_c \leqslant \frac{0.20}{\lambda + 1.5} f_c b h_0 + f_{yv}\frac{A_{sv}}{s}h_0 + \frac{0.58}{\lambda} f_a t_w h_w + 0.07N \tag{9-23}$$

式中：λ——框架柱的计算剪跨比，其值取上、下端较大弯矩设计值 M 与对应的剪力设计值 V 和柱截面有效高度 h_0 的比值，即 M/Vh_0，当框架结构中的框架柱的反弯点在柱层高范围内时，柱剪跨比也可采用 1/2 柱净高与柱截面有效高度 h_0 的比值，当 λ 小于 1 时，取 1，当 λ 大于 3 时，取 3；

N——考虑地震作用组合的框架柱的轴向压力设计值；当 $N > 0.3 f_c A_c$ 时，取 $N = 0.3 f_c A_c$。

型钢混凝土框架柱的受剪截面尚应符合式(9-9)、式(9-10)的规定。

4. 型钢混凝土剪力墙设计

1)构造要求

高层建筑物中常采用剪力墙作为结构的抗侧力构件。型钢混凝土剪力墙分为无边框型钢混凝土剪力墙和有边框型钢混凝土剪力墙，如图 9-13 所示，后者用于框架—剪力墙结构中。剪力墙端部均配置型钢，周围应配置纵向钢筋和箍筋形成暗柱。腹板部分宜采用混凝土墙板、内含钢支撑混凝土墙板或内含钢板混凝土墙板。腹板厚度一般不小于 150mm。内含钢支撑混凝土墙板、内含钢板混凝土墙板可提高剪力墙的抗剪承载力，但应注意采取适当的构造措施，防止钢支撑或钢板过早产生局部压曲而导致承载力的降低。

剪力墙端部的型钢采用工字形钢或槽钢等，以保证型钢与混凝土的粘结，其惯性矩较大的形心轴(强轴)应与墙面平行。为保证混凝土对型钢的约束作用，混凝土保护层厚度宜大于 50mm。剪力墙的厚度、水平和竖向分布钢筋的最小配筋率以及端部暗柱、翼柱的箍筋、拉筋等构造要求，宜符合《混凝土结构设计规范》(GB 50010—2002)和《高层建筑混凝土结构技术规程》(JGJ 3—2002)的规定。

为保证现浇混凝土剪力墙与边框柱、梁的整体作用，有边框柱、梁现浇钢筋混凝土剪力墙中的水平分布钢筋应通过或穿过边框柱型钢，且应满足钢筋锚固长度的要求。当间隔穿过时，宜另加补强钢筋。边框柱中的型钢、纵向钢筋、箍筋配置应符合型钢混凝土柱的设计要求，边框梁可采用型钢混凝土梁或钢筋混凝土梁。当不设边框梁时，应在相应位置设置钢筋混凝土暗梁，暗梁的高度可取2倍墙厚。

2）承载力计算

（1）正截面偏心受压承载力计算

两端配有型钢的钢筋混凝土剪力墙，其正截面偏心受压承载力计算简图如图9-18所示，按下列公式计算：

$$N \leqslant f_c b h_0 \xi + f_y' A_s' + f_a' A_a' - \sigma_s A_s - \sigma_a A_a + N_{sw} \tag{9-24}$$

$$Ne \leqslant f_c b h_0^2 \xi (1 - 0.5\xi) + f_y' A_s' (h_0 - a_s') + f_a' A_a' (h_0 - a_a') + M_{sw} \tag{9-25}$$

$$N_{sw} = \left(1 + \frac{\xi - 0.8}{0.4\omega}\right) f_{yw} A_{sw} \tag{9-26}$$

$$M_{sw} = \left[0.5 - \left(\frac{\xi - 0.8}{0.8\omega}\right)^2\right] f_{yw} A_{sw} h_{sw} \tag{9-27}$$

式中：A_a，A_a'——剪力墙受拉端、受压端配置的型钢全部截面面积；

A_{sw}——剪力墙竖向分布钢筋总面积；

f_{yw}——剪力墙竖向分布钢筋强度设计值；

N_{sw}——剪力墙竖向分布钢筋所承担的轴向力，当$\xi > 0.8$时，取$N_{sw} = f_{yw} A_{sw}$；

M_{sw}——剪力墙竖向分布钢筋的合力对型钢截面重心的力矩，当$\xi > 0.8$时，取$M_{sw} = 0.5 f_{yw} A_{sw} h_{sw}$；

ω——剪力墙竖向分布钢筋配置高度h_{sw}与截面有效高度h_0的比值，即$\omega = h_{sw}/h_0$；

b——剪力墙厚度；

h_0——型钢受拉翼缘和纵向受拉钢筋合力点至混凝土受压边缘的距离；

e——轴向力作用点到型钢受拉翼缘和纵向受拉钢筋合力点的距离。

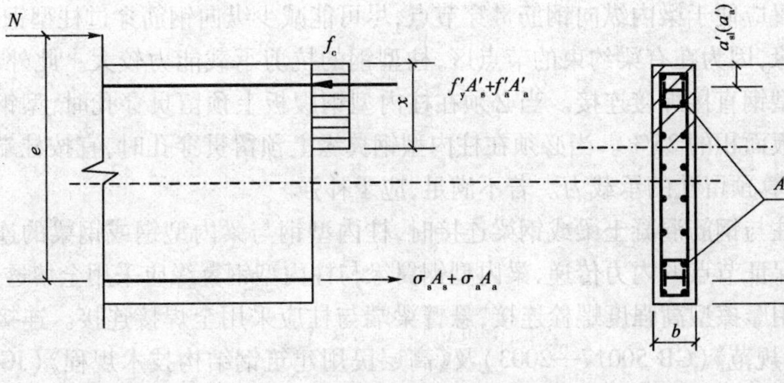

图9-18　剪力墙正截面偏心受压承载力计算简图

（2）斜截面受剪承载力计算

两端配有型钢的钢筋混凝土剪力墙在偏心受压时的斜截面受剪承载力应按公式（9-28）计算：

$$V_w = \frac{1}{\lambda - 0.5}\left(0.05 f_c b h_0 + 0.13 N \frac{A_w}{A}\right) + f_{yv} \frac{A_{sh}}{S} h_0 + \frac{0.4}{\lambda} f_a A_a \tag{9-28}$$

式中：λ——计算截面处的剪跨比，$\lambda = M/Vh_0$；当 $\lambda < 1.5$ 时，取 1.5；当 $\lambda > 2.2$ 时，取 2.2；

N——考虑地震作用组合的剪力墙的轴向压力设计值，当 $N > 0.2f_c bh$ 时，取 $N = 0.2f_c bh$；

A——剪力墙的截面面积；

A_w——T形、工形截面剪力墙腹板的截面面积，对矩形截面剪力墙，取 $A = A_w$；

A_{sh}——配置在同一水平截面内的水平分布钢筋的全部截面面积；

A_a——剪力墙一端暗柱中型钢截面面积；

S——水平分布钢筋的竖向间距。

剪力墙的受剪截面应符合式(9-29)的要求：

$$V_w \leqslant 0.25 f_c bh \tag{9-29}$$

上述几种构件的抗震计算详见《型钢混凝土组合结构技术规程》(JGJ 138—2001)。

5. 型钢混凝土梁柱节点

框架梁柱节点为梁和柱的重叠区域，是保证结构承载力和刚度的重要部位。型钢混凝土组合结构中的梁柱连接有型钢混凝土柱与型钢混凝土梁的连接、型钢混凝土柱与钢筋混凝土梁的连接以及型钢混凝土柱与钢梁的连接等三种形式。

梁柱节点的连接构造应做到构造简单，传力明确，便于混凝土的浇捣和配筋。例如型钢混凝土梁柱节点部位型钢和钢筋纵横交错，除了应能保证梁端型钢部分的应力可靠地传递到柱型钢外，同时还要便于浇筑混凝土，以保证节点区混凝土的密实性。

型钢混凝土柱与型钢混凝土梁、钢筋混凝土梁或钢梁的连接节点中，柱内型钢宜贯通。柱内型钢的拼接构造应满足《钢结构设计规范》(GB 50017—2003)的规定。为了保证梁端内力更好地传递，还应沿高度方向，在型钢柱对应于型钢梁的上、下翼缘处或钢筋混凝土梁的上、下边缘处设置水平加劲肋。加劲肋形式应便于混凝土浇筑，水平加劲肋应与梁端型钢翼缘等厚，且其厚度不宜小于12mm。

型钢混凝土柱与钢筋混凝土梁或型钢混凝土梁的连接节点应采用刚性连接构造。梁的纵向钢筋应伸入柱节点，且应满足钢筋锚固要求。柱与各类梁的连接构造中，柱内型钢截面形式和纵向钢筋的配置应便于梁内纵向钢筋贯穿节点，尽可能减少纵向钢筋穿过柱型钢的数量，且不宜穿过型钢翼缘，因为在有梁约束的节点区，柱型钢的抗剪承载能力较大。此外，梁纵向钢筋也不应与柱内型钢直接焊接连接。当必须在柱内型钢腹板上预留贯穿孔时，型钢腹板截面损失率宜小于腹板面积的25%。当必须在柱内型钢翼缘上预留贯穿孔时，宜按柱端最不利组合的内力 M、N 验算预留孔的承载力。若不满足，应予补强。

型钢混凝土柱与钢筋混凝土梁或钢梁连接时，柱内型钢与梁内型钢或钢梁的连接也应采用刚性连接。为保证节点的内力传递，梁内型钢翼缘与柱内型钢翼缘应采用全熔透焊缝连接，梁腹板与柱宜采用摩擦型高强度螺栓连接，悬臂梁端与柱应采用全焊接连接。连接构造均应符合《钢结构设计规范》(GB 50017—2003)及《高层民用建筑钢结构技术规程》(JGJ 99—98)的要求。

型钢混凝土框架节点核心区的箍筋最大间距、最小直径宜按表 9-2 采用。一、二、三级抗震等级框架的箍筋最小体积配筋率分别不宜小于0.6%，0.5%，0.4%，这是因为四边有梁约束的型钢混凝土框架节点的受剪承载力和变形能力都优于钢筋混凝土框架节点。柱中纵向受力钢筋不应在中间各层节点中截断。框架梁、柱的纵向受力钢筋在框架节点区的锚固和搭接应符合《混凝土结构设计规范》(GB 50010—2002)的规定。

关于节点承载力计算的内容参考《型钢混凝土组合结构技术规程》(JGJ 138—2001)。

二、钢管混凝土结构

钢管混凝土是指在钢管中填充混凝土而形成的组合构件,如图9-3所示。钢管混凝土的基本原理为:①借助钢管对核心混凝土的套箍约束作用,使核心混凝土处于三向受压状态,从而使核心混凝土具有更高的抗压强度和压缩变形能力;②借助内填混凝土的支撑作用,增强钢管壁的几何稳定性,改变空钢管的失稳模态,从而提高其承载能力。

钢管混凝土具有以下特点:

(1)承载力高

由上述原理,钢管混凝土构件轴心受压时,由于套箍约束作用的存在,使核心混凝土的强度大大提高,同时钢管又能充分发挥强度,从而使构件的抗压承载力大幅提高。通过试验和理论分析证明:钢管混凝土中的核心混凝土,由于钢管产生的套箍作用,抗压强度可提高一倍;而整个构件的抗压承载力约为钢管和核心混凝土单独承载力之和的1.7~2.0倍。

(2)塑性和韧性好,延性高

单纯受压的混凝土构件通常为脆性破坏;而对于钢管混凝土构件,管内的核心混凝土在钢管的约束下,不但使用阶段工作时提高了弹性性质,扩大了弹性工作阶段,而且破坏时会产生很大的塑性变形;试验结果表明,钢管混凝土轴心受压短柱破坏时往往可以被压缩到原长的2/3,但仍没有呈现脆性破坏的特征。此外,构件在承受冲击荷载和振动荷载时,也具有很好的韧性,吸收能量多,延性好,具有良好的抗震性能。

(3)经济效益显著

与钢柱相比,可节约钢材50%左右,造价也可降低45%左右;对于一些荷载特别大的高层建筑的柱子,采用钢管混凝土柱所用的钢管厚度通常为20~30mm左右,而同条件下钢柱的厚度将大于50mm;同时钢管混凝土所用钢材价格较低,且对材质要求较低,焊接也简易得多,从而更增大了经济效益。与钢筋混凝土柱相比,不需要模板,可节约混凝土50%以上,减少自重50%以上,用钢量基本相等或略高。

(4)施工简便,缩短工程周期

与钢筋混凝土柱相比,不需支模、绑扎钢筋和拆模等工序;特别是目前采用泵送混凝土、高位抛落不振捣混凝土和免振自密实混凝土等施工工艺,更加速了钢管混凝土柱的施工进度;与钢柱相比,钢管混凝土柱零部件少、焊缝少,柱脚构造简单,尤其是由于钢管较薄,现场焊接工作量和施焊难度大大降低。同时,空钢管重量小,运输和吊装工作量也大大减少。

由于以上优异特性,使钢管混凝土结构特别适合我国当前国情,因而用途比较广阔,不仅被广泛应用于拱桥、工业厂房、设备构架、塔杆等结构中,而且对于高层建筑更具优越性。

钢管混凝土结构的出现和日趋完善,解决了我国长期存在而未能解决的"胖柱"问题,从而提高了建筑水平。

钢管混凝土最宜用作轴心受压构件。下面我们主要介绍一下单肢钢管混凝土轴心受力构件的承载力计算。

1. 一般规定

圆钢管一般宜采用螺旋缝焊接钢管,当螺旋焊接管的常用规格不能满足要求或管壁较厚时，可采用钢板卷成的直缝钢管；钢管的钢材一般采用屈强比 $f_y/f_u \leqslant 0.8$ 的 Q235 或 Q345 钢，钢管壁厚不应小于 8mm，不宜大于 25mm，以确保沿厚度方向的良好性能；钢管的径厚比 D/t 一般为 20～90（式中 D 为钢管外径，t 为钢管壁厚）；钢管的长径比 l_0/D 一般不宜超过 50（式中 l_0 为柱的计算长度）。

混凝土强度等级，根据承载力要求及与钢管钢号匹配的原则，可采用 C30～C80；由于钢管是封闭的，混凝土中多余的水分不能排出，所以混凝土水灰比不宜过大；为确保混凝土易于振捣密实，可掺入引气量小的减水剂；对于直径大于 500mm 的钢管混凝土柱，管内混凝土宜选用自补偿或微膨胀混凝土。

2. 单肢钢管混凝土柱承载力计算

《钢—混凝土组合结构设计规程》（DL/T 5085—1999）提出的单肢钢管混凝土柱的承载力设计公式为：

$$N \leqslant \varphi f_{sc} A_{sc} \tag{9-30}$$

式中：　φ——轴心受压稳定系数，查表 9-3；

A_{sc}——钢管混凝土的截面面积；

f_{sc}——钢管混凝土组合轴压强度设计值，按式（9-31）计算：

$$f_{sc} = (1.212 + \eta_s \xi_0 + \eta_c \xi_0^2) f_c \tag{9-31}$$

其中：η_s、η_c——计算系数，按下式计算：

$$\eta_s = 0.1759 f_y/235 + 0.974$$

$$\eta_c = -0.1038 f_{ck}/20 + 0.0309$$

ξ_0——构件截面的套箍系数设计值，$\xi_0 = \alpha f/f_c$；

α——构件截面含钢率，$\alpha = A_s/A_c$；

A_s、A_c——分别为钢管和混凝土的横截面面积；

f_{ck}、f_c——分别为混凝土轴心抗压强度标准值和设计值；

f——钢材的抗拉、抗压和抗弯强度设计值；

f_y——钢材的屈服强度。

采用第一组钢材的 f_{sc} 值由式（9-31）计算确定，采用第二、第三组钢材的 f_{sc} 值应按式（9-31）计算的值乘换算系数 k_1 后确定。k_1 的确定方法：对 Q235、Q345 钢，$k_1 = 0.96$；对 Q390 钢，$k_1 = 0.94$。钢材分组按《钢结构设计规范》（GB 50017—2003）的有关规定确定。

稳定系数 φ 值　　表 9-3

$\lambda = 4l_0/d$		10	20	30	40	50	60	70	80
钢材	Q235	1.000	0.998	0.989	0.972	0.946	0.912	0.860	0.819
	Q345	1.000	0.998	0.987	0.966	0.935	0.895	0.844	0.783
	Q390	1.000	0.998	0.987	0.966	0.934	0.892	0.840	0.778
$\lambda = 4l_0/d$		90	100	110	120	130	140	150	
钢材	Q235	0.760	0.692	0.617	0.521	0.444	0.383	0.333	
	Q345	0.712	0.632	0.541	0.455	0.387	0.334	0.291	
	Q390	0.705	0.622	0.529	0.444	0.379	0.327	0.284	

思考题与练习题

9-1 什么是钢—混凝土组合结构体系？它具有什么特点？

9-2 高层建筑结构中常见的钢—混凝土组合结构体系有哪些？

9-3 钢—混凝土组合结构构件的设计与普通钢筋混凝土结构构件的设计有哪些不同？

9-4 简述型钢混凝土框架梁设计的基本假定。

9-5 简述钢管混凝土柱承受轴压力的优越性，并与钢筋混凝土柱和纯钢管柱进行比较。

第十章 高层建筑结构基础设计

DISHIZHANG

第一节 概　　述

高层建筑的荷载相对较大，基础埋置深度较深，很多都设有地下室。同时，对高层建筑而言，基础占的工程量大、消耗材料较多，且工期长、施工难度大，对建筑总工期及总造价影响较大。一般9～16层民用高层住宅的地基所需工期占总工期的1/3左右，造价也占总造价的1/3左右。因此，基础设计对高层建筑的经济技术指标有着较大的影响。

通常高层建筑的基础设计应满足以下要求：

(1)基底的压力不超过地基承载力或桩基承载力；

(2)基础总沉降量和差异沉降量控制在允许值范围内；

(3)当地下水位较浅时，建筑地下室存在有上浮问题，此时应进行抗浮验算，同时还要注意满足建筑物地下室部分的防水要求；

(4)对经常受水平荷载作用的高层建筑，以及建造在斜坡上或边坡附近的建筑物，应验算稳定性。

一、基础选型

基础的合理选形和设计是高层建筑结构设计的关键环节，需综合考虑地基土的物理力学性质、水文地质条件、上部结构型式、荷载大小及分布、抗震设计要求、使用要求、施工条件以及建设投资等因素来确定。高层建筑由于基础埋置深度深，必须注意与相邻建筑基础的相互影响，了解地下设施的位置和高程，选择合适的基础形式，以确保施工安全。亦即，确定基础的形式时应综合考虑以下因素：

(1)工程地质条件和水文地质条件；

(2)上部结构的类型、整体性和结构刚度；

(3)建筑物的抗震设防要求；

(4)周围建筑物和环境条件；

(5)施工技术。

二、高层建筑基础类型

高层建筑常用的基础形式有筏形基础、箱形基础、交叉梁式基础和桩基础等类型,如图10-1 所示。一般情况下,高层建筑的荷载相对较大,为减少地基变形,宜优先选用整体性较好的筏形基础、箱形基础。当地质条件好、层数较少、高度不大、荷载较小时,也可采用交叉梁基础。当天然地基应用上述基础不能满足承载力或变形要求时,可考虑采用桩基础。地基承载力不足,沉降量大时,可采用桩基础与承台、条形基础、筏形基础、箱形基础等结合的联合基础。

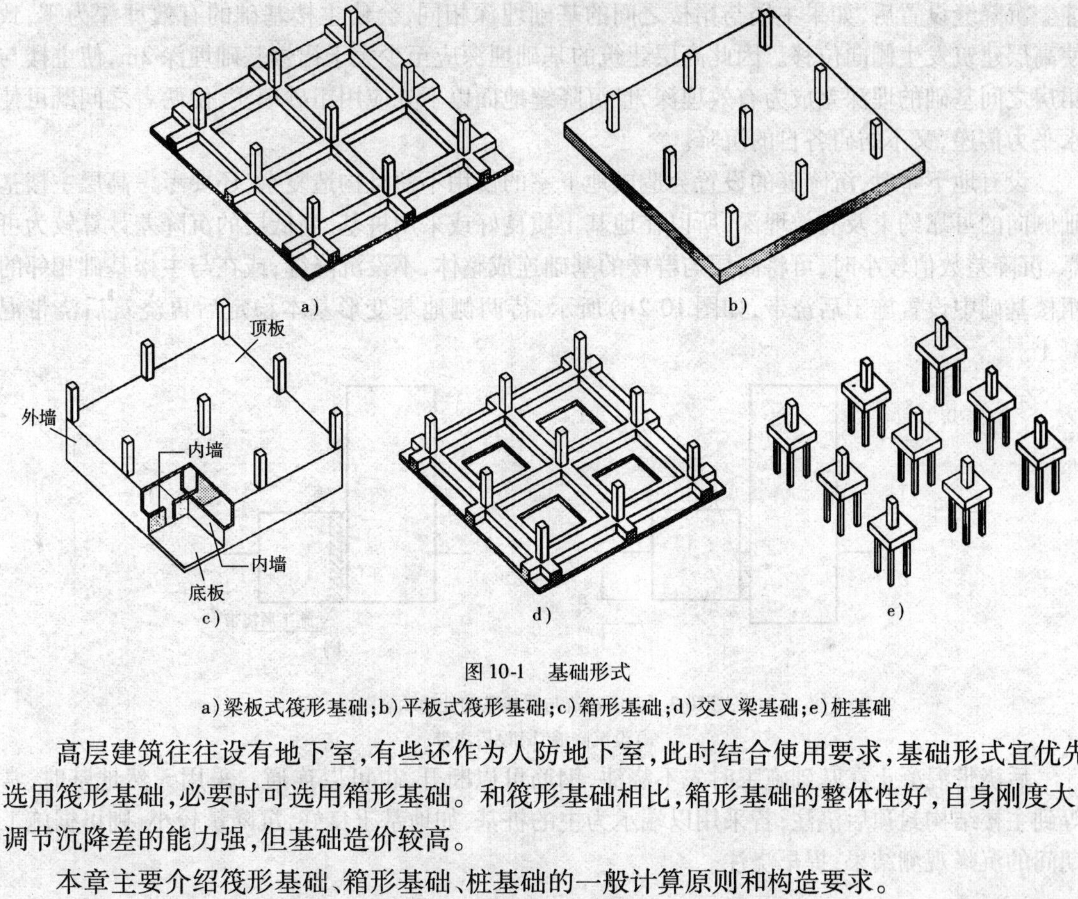

图 10-1　基础形式

a)梁板式筏形基础;b)平板式筏形基础;c)箱形基础;d)交叉梁基础;e)桩基础

高层建筑往往设有地下室,有些还作为人防地下室,此时结合使用要求,基础形式宜优先选用筏形基础,必要时可选用箱形基础。和筏形基础相比,箱形基础的整体性好,自身刚度大,调节沉降差的能力强,但基础造价较高。

本章主要介绍筏形基础、箱形基础、桩基础的一般计算原则和构造要求。

三、基础埋深要求

高层建筑基础埋置深度的确定,应综合考虑建筑物的高度、体型、地基土的工程性质、抗震设防烈度以及相邻房屋及设备基础埋深等因素。基础的埋置深度必须满足地基承载力、变形和稳定性的要求。

高层建筑的基础埋深是指从室外地坪至基础底面的埋置深度。天然地基算至箱形基础、筏形基础的底板下皮高程;桩基算至承台的下皮高程。当室内外地坪不等高时,按较低一侧计算。基础埋深一般可取为:①天然地基或复合地基,可取房屋高度的 1/15;②桩基础,可取房屋高度的 1/18(桩长不计在内);③若采用岩石地基或采取有效措施满足地基承载力和稳定性等要求时,基础埋深的要求可适当放宽。当地基可能产生滑移时,基础埋深还应该满足抗滑移要求。

四、高层建筑与裙楼基础的处理

高层建筑常带有裙楼,裙楼一般为多层建筑,裙楼和高层建筑高度相差很大,荷载相差也很悬殊,需妥善处理裙楼基础与高层建筑基础之间的关系。根据地基土质、基础类型以及建筑平面形状的不同,采用的处理方法也不相同。

当地质条件很差,沉降难以控制时,应在高层建筑基础和裙楼基础之间设沉降缝,如图10-2a)所示,使两者可以自由沉降。沉降缝应有足够宽度,避免由于基础倾斜而使上部结构碰撞。沉降缝设置后,如果主楼与裙楼之间的基础埋深相同,会使主楼基础的有效埋深为零,致使高层建筑发生侧向位移。因此高层建筑的基础埋深应至少大于裙楼基础埋深2m,使主楼与裙房之间基础的埋深差成为有效埋深,且沉降缝地面以下处应用粗砂填实,使两者之间既可使水平力传递,又不妨碍各自的沉降。

设有地下室时,沉降缝的设置会造成地下室的使用不便且构造复杂,还要考虑高层主楼基础侧向的可靠约束及有效埋深,所以在地基土质良好或采用桩基,高低层的沉降差计算较为可靠、沉降差数值较小时,可将高层与群楼的基础连成整体,不设沉降缝;或在与主楼基础相邻的裙楼基础中设置施工后浇带,如图10-2b)所示,待两侧地基变形基本稳定后再浇筑后浇带混凝土。

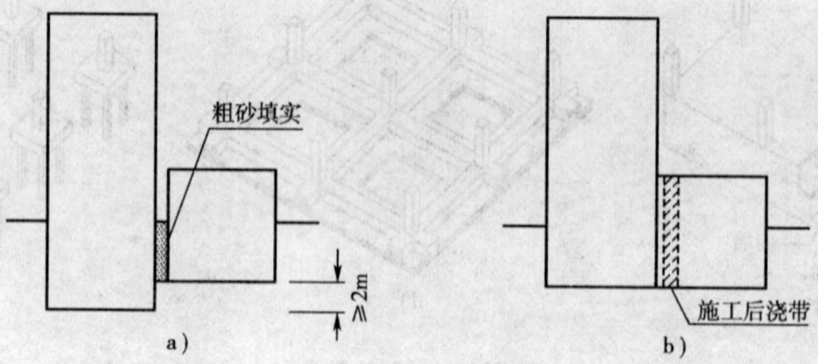

图10-2 高层建筑与群楼基础处理示意图

a)设沉降缝;b)设后浇带

后浇带混凝土在基础施工时先不浇注,钢筋可以断开,也可以连通。采用天然地基时,常等到主楼结构封顶后浇注;若采用以端承为主的桩基,如地基土良好,沉降量较小,则可据施工期间的沉降观测结果,提早浇注。

第二节 筏形基础

筏形基础又称满堂基础,能减小地基的单位面积压力并增强基础刚度,调整不均匀沉降,适用于地基承载力较低、上部结构竖向荷载较大的工程。按有无肋梁,筏形基础分为梁板式筏形基础和平板式筏形基础两类[图10-1a)、图10-1b)]。梁板式筏形基础沿柱网布置刚度很大的肋梁,特别适合于柱网不均匀,且尺寸和荷载均较大的结构。而平板式筏形基础适合于柱网均匀,且尺寸和荷载不太大的结构。筏形基础本身可做地下室的底板,有良好的抗渗性能,特别适合于有地下室的建筑。

筏板基础的设计主要包括以下内容:

(1)合理确定基础埋深;

(2)确定材料强度等级;

(3)估算基础尺寸,包括底板厚度、外形尺寸,肋梁的高度及宽度;

(4)确定地基反力的力学模型,计算地基反力;

(5)地基承载力及变形计算;

(6)根据受冲切承载力和受剪切承载力要求,验算筏板厚度;

(7)进行梁、板内力和配筋计算;

(8)根据计算和构造要求绘制基础平面及剖面施工图。

一、梁板式筏形基础

梁板式筏形基础应首先进行地基反力和内力计算,基础梁除应满足正截面受弯及斜截面受剪承载力外,还应验算底层柱下基础梁顶面的局部受压承载力,对板底则应进行正截面受弯承载力、受冲切承载力和受剪切承载力验算。

1. 地基反力和内力计算

当地基比较均匀、上部结构刚度较好、肋梁高与柱距比值不小于1/6、柱间距及柱荷载的变化不超过20%时,高层建筑的带肋梁的筏形基础可仅考虑局部弯矩作用,按倒楼盖法进行计算。如图10-3a)所示带肋梁的筏形基础,梁的断面如图10-3b)所示,凸出部分为长向肋梁的截面,此时不考虑宽度方向的肋梁存在。

假定基础是刚性的,地基反力呈直线分布,因此地基土的反力为:

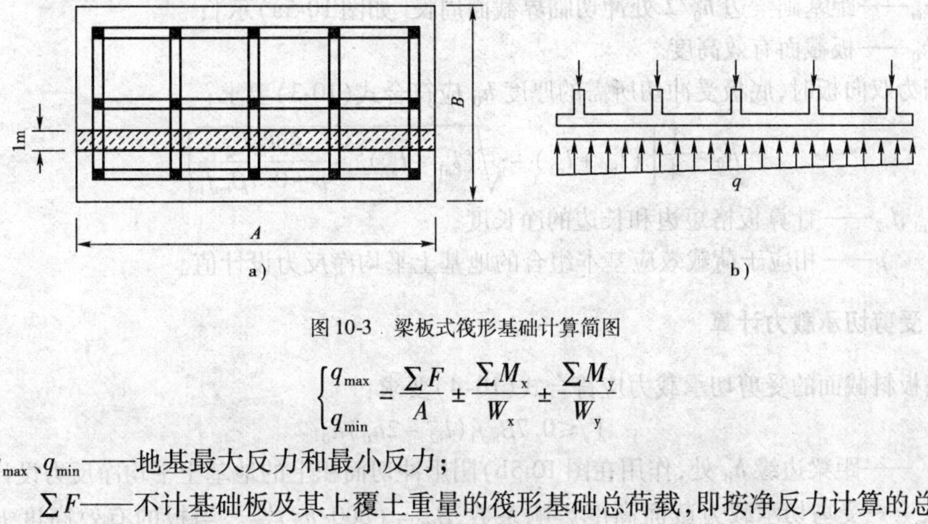

图10-3　梁板式筏形基础计算简图

$$\begin{cases} q_{\max} \\ q_{\min} \end{cases} = \frac{\sum F}{A} \pm \frac{\sum M_x}{W_x} \pm \frac{\sum M_y}{W_y} \qquad (10\text{-}1)$$

式中:$q_{\max}$、$q_{\min}$——地基最大反力和最小反力;

$\sum F$——不计基础板及其上覆土重量的筏形基础总荷载,即按净反力计算的总荷载;

A——筏形基础的底面积;

$\sum M_x$、$\sum M_y$——不计基础板及其上覆土重量的荷载或作用对基础形心点x,y坐标的弯矩值;

W_x、W_y——筏形基础底板对x,y坐标的抵抗矩。

将地基反力作用在筏板上,根据肋梁布置不同,板分为双向板和单向板。当柱网单元内不布置次向肋梁时,板多为双向板,这时筏形基础的反力可按45°线划分,如图10-4a)所示,荷载分别传到纵向肋梁和横向肋梁上。筏形基础底板可按多跨连续双向板计算,其中间支座可视为固定支座,纵向肋梁及横向肋梁可按多跨连续梁计算。

如果筏形基础布置次向肋梁,如图10-4b)所示,板一般为单向板,这时筏形基础梁板的内力可采用类似于肋梁楼盖的计算方法进行，板按连续单向板计算，次向肋梁按多跨连续梁计算，纵向梁作为主梁，也按多跨连续梁计算。

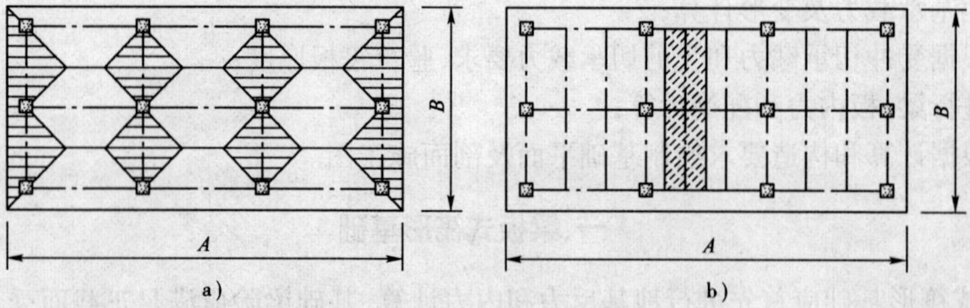

图 10-4 筏形基础反力划分图

2. 受冲切承载力计算

梁式筏板基础的底板受冲切承载力按式(10-2)计算：

$$F_1 \leqslant 0.7\beta_{hp} f_t u_m h_0 \tag{10-2}$$

式中：F_1——冲切锥体范围以外面积上的地基土平均净反力设计值；

β_{hp}——受冲切承载力截面高度影响系数，当 h_0 不大于 800mm 时取 1.0，h_0 大于或等于 2 000mm时取 0.9，其间按结构内插法取用；

f_t——混凝土轴心抗拉强度设计值；

u_m——距基础梁边 $h_0/2$ 处冲切临界截面周长［如图 10-5a)示］；

h_0——板截面有效高度。

当为双向板时，底板受冲切所需的厚度 h_0 应符合式(10-3)要求：

$$h_0 = \frac{1}{4}\left[(l_{n1} + l_{n2}) - \sqrt{(l_{n1} + l_{n2})^2 - \frac{4pl_{n1}l_{n2}}{p + 0.7\beta_{hp}f_t}}\right] \tag{10-3}$$

式中：l_{n1}，l_{n2}——计算板格短边和长边的净长度；

p——相应于荷载效应基本组合的地基土平均净反力设计值。

3. 受剪切承载力计算

底板斜截面的受剪切承载力应符合式(10-4)要求：

$$V_s \leqslant 0.7\beta_{hs} f_t (l_{n2} - 2h_0) h_0 \tag{10-4}$$

式中：V_s——距梁边缘 h_0 处，作用在图 10-5b)阴影冲切面积上的地基土平均净反力设计值；

β_{hs}——受剪切承载力截面高度影响系数，$\beta_{hs} = (800/h_0)^{1/4}$。当板的有效高度 h_0 小于 800mm 时取 800mm，h_0 大于 2 000mm 时取 2 000mm。

若筏板变厚度，还应验算变厚度处筏板的受剪承载力。

当不满足冲切验算时，可采用加大底板厚度或提高混凝土强度等级等措施。

二、平板式筏形基础

1. 内力计算

当地基比较均匀、上部结构刚度较好、筏板的厚跨比不小于 1/6、柱间距及柱荷载的变化不超过 20% 时，平板式筏形基础可仅考虑局部弯曲作用，近似按倒无梁楼盖的方法来计算，地

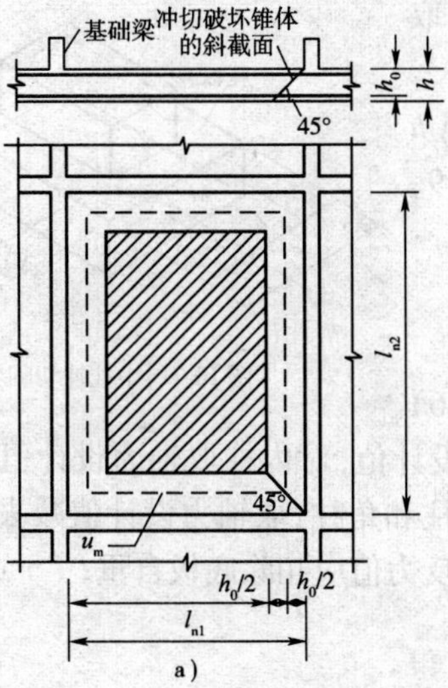

图 10-5　底板冲切计算和剪切计算示意图

a）底板冲切计算示意图；b）底板剪切设计示意图

基反力可假定均匀分布。计算时按柱下板带和跨中板带分别进行，如图 10-6 所示。跨中板带宽度为该方向柱距的 1/2，位于跨中；柱下板带宽度为每侧柱距的 1/4。一个方向的柱下板带可作为另一个方向跨中板带的支座，根据板带所承担的荷载，近似按倒置的连续梁来计算。

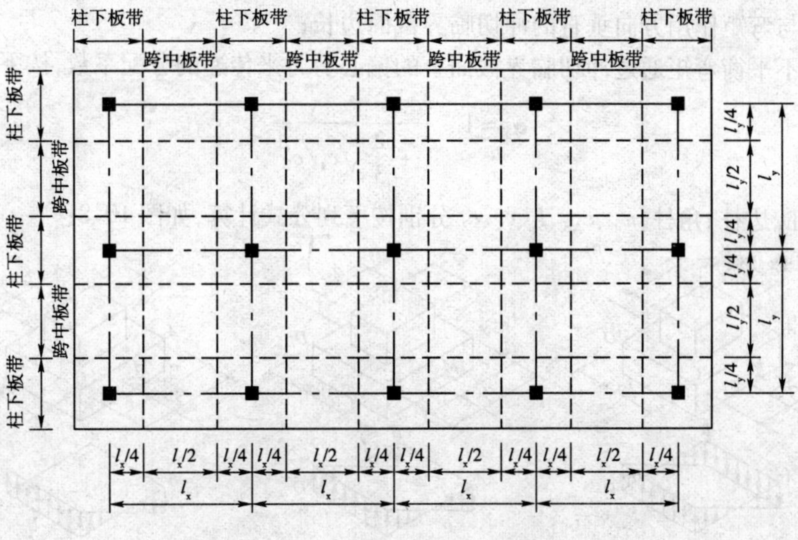

图 10-6　平板式筏形基础板带划分图

当地基比较复杂、上部结构刚度较差，或柱荷载及柱间距变化较大时，梁板式筏形基础和平板式筏形基础的内力计算应考虑地基和基础的变形协调，按弹性地基梁板法或有限元法等进行计算。

2. 受冲切承载力

平板式筏形基础受冲切承载力计算时应考虑作用在冲切临界面上的不平衡弯矩产生的附加剪力。距柱边 $h_0/2$ 处冲切临界最大剪应力（图 10-7）τ_{max} 值应满足：

$$\tau_{max} \leqslant 0.7(0.4 + 1.2/\beta_s)\beta_{hp}f_t \tag{10-5}$$

式中：β_s——柱截面长边与短边的比值，小于 2 时取 2，大于 4 时取 4；

β_{hp}——受冲切承载力截面高度影响系数，当 $h \leqslant 800$ 时取 1.0，当 $h \geqslant 2\,000$ 时取 0.9，其间按线性插值法取值；

f_t——混凝土轴心抗拉强度。

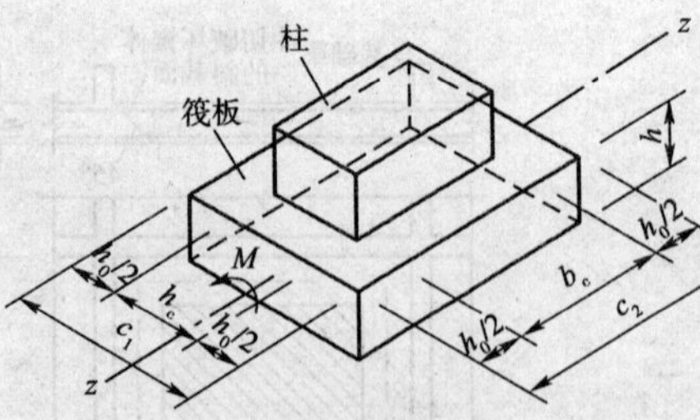

图 10-7　中柱冲切临界截面

τ_{max} 按式（10-6）计算：

$$\tau_{max} = F_1/(u_m h_0) + \alpha_s M_{unb} c_{AB}/I_s \qquad (10\text{-}6)$$

式中：F_1——相应于荷载效应基本组合的集中力设计值，对内柱取轴力设计值减去筏板冲切破坏锥体内的地基反力设计值，对边柱和角柱，取轴力设计值减去筏板冲切临界截面范围内的地基反力设计值，地基反力值应扣除底板自重；

u_m——距柱边 $h_0/2$ 处冲切临界截面的周长；

h_0——筏板的有效高度；

M_{unb}——作用在冲切临界截面重心上的不平衡弯矩设计值；

c_{AB}——沿弯矩作用方向，冲切临界截面重心至冲切临界截面最大剪应力点的距离；

I_s——冲切临界截面对其重心的极惯性矩；

β_s——柱截面长边与短边的比值，当 β_s 小于 2 时取 $\beta_s = 2$，当 β_s 大于 4 时，取 $\beta_s = 4$；

c_1——与弯矩作用方向一致的冲切临界截面边长；

c_2——与弯矩作用方向垂直的冲切临界截面边长；

α_s——不平衡弯矩通过冲切临界截面上的偏心剪力来传递的分配系数，按下式计算：

$$\alpha_s = 1 - \frac{1}{1 + \frac{2}{3}\sqrt{c_1/c_2}}$$

对于中柱、边柱、角柱，u_m、c_{AB}、I_s、c_1、c_2 分别按下列公式计算，如图 10-8：

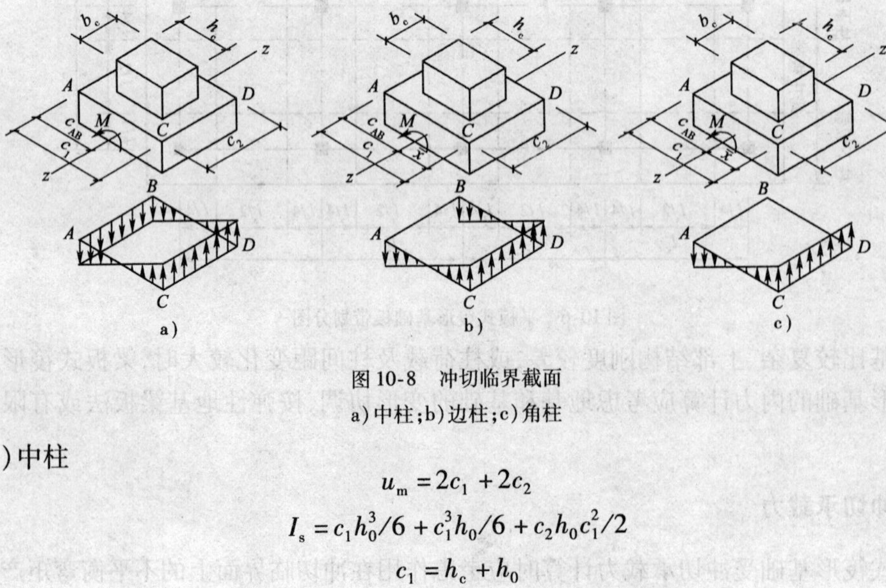

图 10-8　冲切临界截面

a）中柱；b）边柱；c）角柱

（1）中柱

$$u_m = 2c_1 + 2c_2$$

$$I_s = c_1 h_0^3/6 + c_1^3 h_0/6 + c_2 h_0 c_1^2/2 \qquad (10\text{-}7)$$

$$c_1 = h_c + h_0$$

$$c_2 = b_c + h_0$$

$$c_{AB} = c_1/2$$

式中：h_c——与弯矩作用方向一致的柱截面边长；

b_c——与弯矩作用方向垂直的柱截面边长。

(2)边柱

$$u_m = 2c_1 + c_2$$

$$I_s = c_1 h_0^3/6 + c_1^3 h_0/6 + 2h_0 c_1 (c_1/2 - \bar{x})^2 + c_2 h_0 \bar{x}^2 \tag{10-8}$$

$$c_1 = h_c + h_0/2$$

$$c_2 = b_c + h_0$$

$$c_{AB} = c_1 - \bar{x}$$

$$\bar{x} = c_1^2/(2c_1 + c_2)$$

式中：$\bar{x}$——冲切临界截面中心位置。

(3)角柱

$$u_m = c_1 + c_2$$

$$I_s = c_1 h_0^3/12 + c_1^3 h_0/12 + h_0 c_1 (c_1/2 - \bar{x})^2 + c_2 h_0 \bar{x}^2 \tag{10-9}$$

$$c_1 = h_c + h_0/2$$

$$c_2 = b_c + h_0/2$$

$$c_{AB} = c_1 - \bar{x}$$

$$\bar{x} = c_1^2/(2c_1 + 2c_2)$$

当柱荷载较大，等厚度筏板的受冲切承载力不能满足时，可在筏板上面增设柱墩或在筏板下局部增加板厚或采用抗冲切箍筋来提高受冲切承载力。

3. 受剪切承载力计算

对筏板除了要进行冲切承载力计算外，尚应按式(10-10)验算距柱边 h_0 处筏板的受剪承载力：

$$V_s \leqslant 0.7\beta_{hs} f_t b_w h_0 \tag{10-10}$$

式中：V_s——荷载效应基本组合，地基土净反力平均值产生的距柱边 h_0 筏板单位宽度的剪力设计值；

b_w——筏板计算截面单位宽度；

h_0——距柱边缘 h_0 处筏板截面的有效高度。

三、构 造 要 求

1. 一般要求

筏形基础混凝土强度等级不应低于 C30。当有地下室时，应采用防水混凝土，防水混凝土的抗渗等级应根据地下水与防水混凝土厚度的比值按表 10-1 采用，且不应小于 P6。

基础防水混凝土的抗渗等级　　表 10-1

H/h 范围	设计抗渗等级	H/h 范围	设计抗渗等级
$H/h<10$	P6	$25\leqslant H/h<35$	P16
$10\leqslant H/h<15$	P8	$H/h\geqslant35$	P20
$15\leqslant H/h<25$	P12		

注：表中 H 为最大水头，h 为防水混凝土厚度。

基础下宜设置混凝土强度等级 C10 的垫层，垫层伸出基础边缘尺寸为 100mm，垫层厚度不宜小于 70mm。底板钢筋的保护层厚度，当有垫层时不小于 40mm，无垫层时不小于 70mm。

采用筏形基础的地下室,地下室钢筋混凝土外墙的厚度不应小于 250mm,内墙厚度不应小于 200mm。墙的截面设计除满足承载力要求外,尚应考虑变形、抗裂及防渗等要求。墙体内应设置双面钢筋,竖向和水平钢筋的直径不应小于 12mm,间距不应大于 300mm。

2. 梁板式筏形基础构造要求

当满足地基承载力时,筏形基础的周边不宜向外有较大的伸挑扩大。当需要外挑时,有肋梁的筏基宜将梁一同挑出。周边有墙体的筏基,筏板可不外伸。

梁板式筏基的底板厚不应小于 300mm,且板厚与板格最小跨度的比值不宜小于 1/20;12 层以上建筑的板厚不应小于 400mm,板厚与最大双向板格的短边净跨的比值不宜小于 1/14。

基础梁与剪力墙连接时,基础梁比剪力墙每边的尺寸宜大于 50mm,若为交叉基础梁,交叉基础梁的宽度也应大于柱截面的边长 50mm,不满足时,应采取如图 10-9 所示的水平加腋构造。

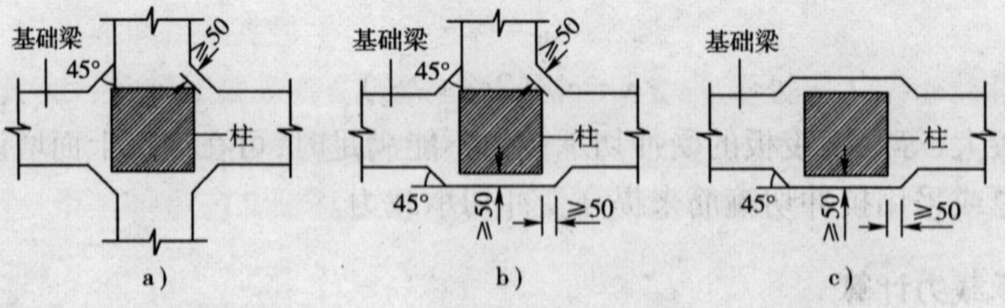

图 10-9　现浇柱与基础梁交接处平面尺寸(尺寸单位:mm)

梁板式筏形基础的配筋要求、配筋率、间距和直径同肋形楼盖。筏形基础的钢筋间距不应小于 150mm,宜为 200 ~ 300mm,受力钢筋直径不宜小于 12mm,采用双向钢筋网片配置在板的顶面和底面。

梁板式筏形基础的底板配筋除满足计算要求外,纵横方向的底部钢筋应有 1/2 ~ 1/3 贯通全跨,且其配筋率不应小于 0.15%,顶部钢筋按计算配筋全通。

3. 平板式筏形基础构造要求

平板式筏形基础的板厚不应小于 400mm。柱下板带中,柱宽及其两侧各 0.5 倍板厚且不大于 1/4 板跨的有效宽度范围内,其钢筋配置量不应小于柱下板带钢筋数量的一半。柱下板带和跨中板带的底部钢筋应有 1/2 ~ 1/3 贯通全跨,且配筋率不小于 0.15%,顶部钢筋应按计算配筋全部连通。当板的厚度大于 2m 时,尚宜沿板厚方向设置间距不超过 1m 与板面平行的构造钢筋网片,其直径不宜小于 12mm,纵横方向的间距不宜大于 200mm。

现浇柱的插筋下端宜做成直钩放在基础底板钢筋网上,且柱筋伸入基础的长度应不小于锚固长度 l_a 或 l_{aE}(有抗震设防要求时)。对基础高度不小于 1.2m 的轴心受压或小偏心受压柱,或者基础高度不小于 1.4m 的大偏心受压柱,可仅将四角的插筋伸到底板钢筋网上,其余插筋锚固在基础顶面下 l_a 或 l_{aE}(有抗震设防要求时)处(图 10-10)。

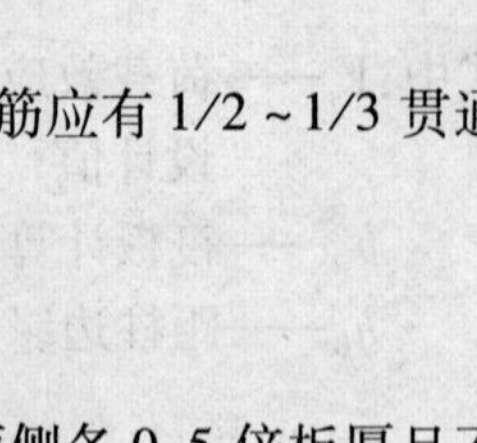

图 10-10　基础插筋构造(尺寸单位:mm)

第三节　箱形基础

箱形基础是高层建筑中常采用的基础形式,由钢筋混凝土顶板、底板、外墙和纵、横内墙等组成,是具有相当大整体刚度的空间结构。箱形基础整体刚度好,能将上部结构荷载较均匀地传递给地基或桩基;能利用自身的刚度调整沉降差异,减少由于沉降差产生的结构内力;箱形基础有利于抗震,在地震区采用箱形基础的高层建筑震害较轻。

箱形基础设计的主要内容包括:

(1)确定箱形基础埋深;

(2)根据地基承载力确定基底最小尺寸;

(3)地基沉降计算;

(4)箱形基础内力计算,包括顶板、底板和墙体等;

(5)箱形基础各构件配筋计算;

(6)箱形基础的构造设计及绘制施工图。

一、一般要求

箱形基础的平面尺寸应根据地基承载力和上部结构荷载的大小和分布等因素确定。

箱形基础的高度除应满足承载力、刚度和使用要求外,还要满足埋深的要求。为使箱基具有一定的刚度,能适应地基的不均匀沉降,满足使用功能上的要求,减少不均匀沉降引起的上部结构附加应力,箱基的高度不宜小于箱基长度的1/20,且不宜小于3m。

箱形基础的外墙宜沿建筑物周边布置,内墙沿上部结构的柱网或剪力墙位置纵横均匀布置,墙体水平截面总面积不宜小于箱形基础外包尺寸的水平投影面积的1/10。对基础平面长宽比大于4的箱形基础,其纵墙水平截面面积尚不应小于箱形基础外墙外包尺寸水平投影面积的1/18,箱形基础的高度不宜小于其长度的1/20,且不宜小于3m。箱形基础的墙体厚度应根据实际受力情况确定,外墙厚度不应小于300mm,内墙厚度不应小于200mm。箱形基础底板的厚度不应小于300mm,顶板厚度不应小于200mm。

二、箱形地基反力和内力的计算

箱形基础设计中,基底反力的分布规律和大小对箱基内力有着直接的影响。影响基底反力的因素包括地基土性质、上部结构和基础刚度、荷载分布等。目前在设计中主要采用以下几种简化方法。

1. 刚性法

刚性法即假设反力为直线分布,采用一般中心、偏心受压公式计算。当地基土较软且土层均匀时,可采用此法。

2. 弹性地基梁法

若箱基为矩形平面,可将箱基简化为工字等代梁,工字形截面上、下翼缘宽度分别为箱基顶、底板宽,腹板厚度为在弯曲方向墙厚度之和,梁高即箱基高度,在上部结构传来的荷载作用下,按弹性地基上的梁计算基底反力。该法计算结果与实际差别较大。

3. 基底反力系数法

基底反力系数法是通过对我国一批高层建筑长期观测、分析整理而提出的一种具有较好精度的实用计算方法，被列入了《高层建筑箱形与筏形基础技术规范》(JGJ 6—99)，设计时直接查规范中的反力系数表求出基底反力的大小。基底反力系数法适用于上部为框架结构、荷载均匀、地基为均质土、无相邻建筑物影响，并基本满足有关构造要求的单幢建筑物的箱形基础。

4. 可变地基系数法

对于不符合地基反力系数法的情况，可采用可变地基系数法进行计算。这是一种试算法，计算时，每次改变地基系数进行沉降分析和基底反力计算，直至前后两次所求得的地基反力差值在允许范围内为止。

箱形基础的内力计算包括整体内力计算和局部内力计算。计算时应确定顶板、底板、外墙和内纵横墙的内力。内纵横墙以抗剪强度验算为主，外墙因承受土压力、水压力等作用还应满足抗弯验算要求。

当地基压缩层深度范围内的土层在竖向和水平方向都比较均匀，且上部结构为平立面布置较规则的框架、剪力墙、框架—剪力墙结构时，顶板、底板整体弯曲的影响较小，可不考虑整体弯曲，仅需考虑局部弯曲作用。计算底板承载力时应扣除基础自重和填土重量，即按净反力计算，而顶板的荷载应按实际情况考虑。当地下水位于基底以上时，还应考虑地下水浮力的作用。当不满足上述条件时，应考虑箱形基础整体弯矩作用。

对于顶板，当考虑上部结构嵌固在箱形基础顶板上或地下一层结构时，箱基或地下一层结构顶板除满足正截面受弯承载力、各斜截面受剪承载力要求外，其厚度尚不应小于200mm。箱基底板厚度应根据实际受力情况、整体刚度及防水要求确定，其厚度不应小于300mm。除正截面受弯承载力计算外，还应对斜截面受剪承载力、底板抗冲切承载力进行验算，验算方法同筏形基础。

箱形基础的内外墙，除与剪力墙连接外，由柱根传给各片墙的竖向剪力设计值，可按与该柱相交的各片墙的刚度进行分配。其墙身的受剪截面应符合下列要求：

$$V_W \leqslant 0.25\beta_c f_c A_W \tag{10-11}$$

式中：β_c——混凝土强度影响系数；

V_W——由柱根轴力传给各片墙的竖向剪力设计值，按相交的各片墙的刚度进行分配；

f_c——混凝土轴心抗拉强度设计值；

A_W——墙身竖向有效截面积。

对于承受水平荷载的内外墙，尚需进行受弯计算，计算时将墙身视为顶、底板固定的多跨连续板，作用于外墙上的水平荷载包括土压力、水压力和由于地面均布荷载引起的侧压力。

箱形基础墙洞口的上、下过梁的受剪截面应分别符合下列要求：

$$V_1 = \mu V + q_1 l/2 \leqslant 0.25\beta_c f_c A_1 \tag{10-12}$$

$$V_2 = (1-\mu) V + q_2 l/2 \leqslant 0.25\beta_c f_c A_2 \tag{10-13}$$

$$\mu = \frac{1}{2}\left(\frac{b_1 h_1}{b_1 h_1 + b_2 h_2} + \frac{b_1 h_1^3}{b_1 h_1^3 + b_2 h_2^3}\right) \tag{10-14}$$

式中：V_1，V_2——分别为洞口上、下过梁的剪力设计值；

V——洞口中点处的剪力设计值；

μ——剪力分配系数；

q_1，q_2——分别作用在上、下过梁上的均布荷载设计值；

l——洞口净宽；

A_1，A_2——上、下过梁的有效截面积，按图 10-11a)、图 10-11b)中的阴影部分计算，并取其中较大值。

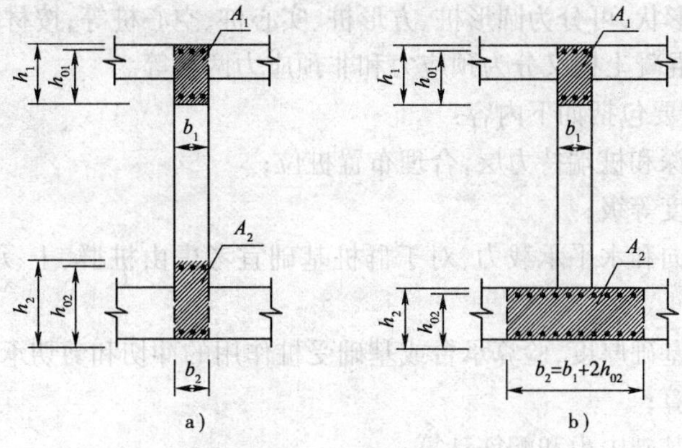

图 10-11　洞口上、下过梁的有效截面积

三、构造要求

箱基墙身混凝土的要求与筏形基础相同。

墙身分布筋采用双排双向配筋，配筋除按受力计算决定外，墙身分布钢筋间距不宜大于200mm，直径不宜小于10mm。除上部为剪力墙结构者外，沿内外墙顶部和底部宜各配置两根直径不小于25mm的通长构造钢筋，目的是使墙体形成一根高梁，有利于抵抗整体弯曲产生的内力。

箱形基础的顶板和底板钢筋除符合计算要求外，纵横方向支座钢筋尚应有总截面面积的1/3～1/2贯通配置，且贯通钢筋的配筋率，纵向不应小于0.15%，横向不应小于0.10%。钢筋接头宜采用机械连接，若采用绑扎接头时，搭接长度应按受拉钢筋考虑。

中柱的四角钢筋应直通至基底，其余钢筋可伸至顶板底面上下40倍纵向钢筋直径处，边柱、角柱及与剪力墙相连的柱纵向钢筋应直通至基底。

箱形基础外墙最小厚度为250mm，内墙最小厚度为200mm。事实上，由于外墙为挡土墙，为承受土压力和水压力，厚度一般都在350mm以上。

顶板的厚度不小于200mm，当有人防要求时，应根据倒塌荷载决定。底板厚度不小于300mm，但由于底板防渗要求，厚度一般都大于此数。例如北京地区箱形基础底板厚度最小为600mm，广州、深圳地区一般为1 500～2 000mm。

墙体的门洞口宜设在柱间居中部位，洞边至上层柱中心的水平距离不宜小于1.2m，洞口上过梁的高度不宜小于层高的1/5，洞口面积也不宜大于柱距与箱形基础全高乘积的1/6。墙体洞口周围应设置加强钢筋，洞口四周附加钢筋面积不应小于洞口内被切断钢筋面积的一半，且不少于2ϕ16。

第四节　桩　基　础

当地基浅层土质软弱,不能满足承载力和沉降要求时,往往可以采用桩基础将荷载传到下部较坚实的土层上。桩基础是由一根或多根在土中的桩和承接上部结构荷载的承台组成,按不同的方法,可以分成多种类型。根据桩的受力情况,可分为摩擦桩、端承桩、摩擦端承桩;按桩的施工方法,可分为预制桩和灌注桩;按沉桩方法,可分为打入桩、静压桩、沉管灌注桩、钻孔灌注桩等;按桩截面形状,可分为圆形桩、方形桩、实心桩、空心桩等;按材料可分为钢筋混凝土桩和钢桩,其中钢筋混凝土桩又分为预应力和非预应力两种等。

桩基础的设计主要包括如下内容:

(1)确定基础埋深和桩端持力层,合理布置桩位;

(2)确定材料强度等级;

(3)验算单桩竖向和水平承载力,对于群桩基础宜考虑由桩群、土、承台相互作用产生的群桩效应;

(4)确定承台或基础厚度,验算承台或基础受桩作用的冲切和剪切承载力;

(5)桩基沉降计算;

(6)进行承台或基础内力和配筋计算;

(7)根据计算和构造要求绘制基础平面及剖面施工图。

基础视具体情况可采用桩下独立承台,或采用桩—条形承台梁、桩筏、桩箱等形式。本节主要介绍桩基的一般计算原则及桩和承台的构造要求。

一、桩的计算

1. 轴心竖向力作用

在轴心竖向力作用下,单桩竖向承载力应满足:

$$Q_k \leqslant R_a \tag{10-15}$$

式中: Q_k——按荷载标准组合的轴心竖向力作用下任一单桩的竖向力,$Q_k=(F_k+G_k)/n$;

F_k, G_k——分别为按荷载标准组合的作用于桩顶的竖向力和承台及其上土自重标准值;

n——桩基中的桩数;

R_a——单桩竖向承载力特征值,可通过静荷载试验确定,也可按下式估算:

$$R_a = u_p \sum q_{sia} l_i + q_{pa} A_P$$

其中: u_p, A_P——分别为桩身周边长度和桩底端横截面面积;

q_{sia}, q_{pa}——分别为第 i 层土桩侧阻力特征值和桩端端阻力特征值;

l_i——第 i 层土的厚度。

2. 偏心竖向力作用

在偏心竖向力作用下,单桩竖向承载力除平均值应满足式(10-15)外,单桩竖向力最大值 Q_{ikmax} 还应满足:

$$Q_{ikmax} \leqslant 1.2R_a \tag{10-16}$$

$$Q_{ik}=\frac{F_k+G_k}{n}\pm\frac{M_{xk}y_i}{\sum y_i^2}\pm\frac{M_{yk}x_i}{\sum x_i^2} \tag{10-17}$$

式中：M_{xk}，M_{yk}——分别为按荷载标准组合的承台底面通过群桩形心的 x，y 轴的力矩；

x_i，y_i——第 i 根桩至群桩形心的 y、x 轴线的距离。

3. 水平力作用

在水平力作用下，单桩承载力应满足：

$$H_{ik}\leqslant R_{Ha} \tag{10-18}$$

式中：H_{ik}——按荷载标准组合的水平力作用下任一单桩的水平力，$H_{ij}=H_k/n$；

H_k——按荷载标准组合的作用于桩顶的水平力标准值；

R_{Ha}——单桩水平承载力特征值。

二、桩的构造要求

桩身混凝土强度等级，预制桩不应低于 C30，灌注桩不应低于 C20，预应力桩不应低于 C40。纵向钢筋保护层厚度不应小于 30mm。桩身截面的最小配筋率，打入式预制桩不宜小于 0.8%，静压预制桩不宜小于 0.6%，灌注桩不宜小于 0.20% ~0.65%（小直径桩取大值）。受水平荷载和弯矩较大的桩，配筋长度应通过计算确定，且桩径大于 600mm 的钻孔灌注桩不宜小于桩长的 2/3。对于坡地岸边的桩、端承桩、嵌岩桩、8 度及 8 度以上地震区的桩，桩身应通长配筋。

布桩时，宜使各桩承台承载力合力点与相应竖向永久荷载合力作用点重合，并使桩基在水平力产生的力矩较大方向有较大的抵抗矩。桩的中心距不应小于 3 倍桩直径或边长，扩底桩中心距不应小于扩底直径的 1.5 倍，且两个扩大头之间的净距不宜小于 1m，当柱距较小时，布置独立承台可能使桩间距不满足要求，此时可以布置双柱或多柱的联合承台，且应使群桩的形心与多柱的永久荷载中心尽量重合。

应选择较硬土层为桩端持力层。桩端全截面进入持力层的深度，对于黏性土、粉土不宜小于 $2d$（d 为桩径）；砂土不宜小于 $1.5d$；碎石类土不宜小于 $1d$。当桩底存在软弱下卧层时，桩基以下硬持力层厚度不宜小于 $4d$。

抗震设计时，桩进入碎石土、砾砂、粗砂、中砂、密实粉土、坚硬黏性土的深度尚不应小于 0.5m，对其他非岩类土尚不应小于 1.5m。

为保证桩与承台的整体性及水平力和弯矩的可靠传递，桩顶嵌入承台的长度，对大直径桩不宜小于 100mm，对中小直径的桩不宜小于 50mm。

三、承台的构造要求

承台的混凝土强度等级不应低于 C20，承台钢筋的保护层厚度不小于 50mm，当有混凝土垫层时，下部钢筋的保护层可减小到 30mm。承台梁的纵向钢筋直径不宜小于 12mm，架立筋直径不宜小于 10mm，箍筋直径不宜小于 6mm；板式承台宜采用直径较小的受力筋，但直径不宜小于 10mm，间距不宜大于 200mm，也不宜小于 100mm，承台底面的受力钢筋宜直接放在根据设计高程凿平的桩顶面上。

承台的宽度不应小于 500mm。边桩中心至承台边缘的距离不宜小于桩的直径或边长，且桩的外边缘至承台边缘的距离不应小于 150mm。双桩承台和单排桩承台的底板宽度均不宜小于2倍桩的直径或边长，也不宜小于600mm，桩边缘至承台边缘的净距不应小于150mm；对于条形承台梁，桩的外边缘至承台边缘的距离不小于75mm。承台的厚度应根据上部结构要求确定，其厚度自垫层面算起不宜小于300mm，当为锥形承台时，承台边缘的厚度亦不宜小于300mm。为保证水平传力的可靠，承台和地下室周围的回填土应密实。

对于单桩承台，应在两个相互垂直的方向设连系梁。两桩承台，应在承台短向设连系梁，但有抗震设防要求的建筑也应在两个方向设连系梁。连系梁的宽度不应小于250mm，高度可取相邻承台中心距的1/10～1/15。连系梁顶面宜与承台位于同一高程，上下纵向钢筋均不宜少于2ϕ12，且应按受拉钢筋要求锚入承台内，箍筋直径不小于8mm，间距不大于300mm。

思考题与练习题

10-1　高层建筑基础设计中应满足哪些要求？

10-2　高层建筑基础选型时应考虑哪些因素？

10-3　高层建筑的基础类型主要有哪几种？

10-4　确定高层建筑基础埋深时应考虑哪些因素？

10-5　高层建筑与裙楼之间的基础应如何处理？

10-6　梁板式筏形基础的反力与内力如何确定？

10-7　筏形基础设计应包括哪些内容？

10-8　筏形基础的构造要求有哪些？

10-9　箱形基础设计应包括哪些内容？

10-10　箱形基础设计的一般要求是什么？

10-11　箱形基础地基反力的计算方法有几种？

10-12　箱形基础的构造要求有哪些？

10-13　桩有哪些类型？

10-14　桩基础的设计内容有哪些？

10-15　桩的构造要求有哪些？

10-16　桩承台的构造要求有哪些？

参考文献

CANKAOWENXIAN

[1] 国家标准. GB 50007—2002 建筑地基基础设计规范[S]. 北京:中国建筑工业出版社,2002.

[2] JGJ 94—94 建筑桩基技术规范[S]. 北京:中国建筑工业出版社,1995.

[3] JGJ 6—99 高层建筑箱形与筏形基础技术规范. 北京:中国建筑工业出版社,1999.

[4] 宰金珉,宰金璋. 高层建筑基础分析与设计[M]. 北京:中国建筑工业出版社,1993.

[5] 钱力航. 高层建筑箱形与筏形基础的设计计算[M]. 北京:中国建筑工业出版社,2003.

[6] 吕西林. 高层建筑结构(第二版)[M]. 武汉:武汉理工大学出版社,2003.

[7] 侍倩. 高层建筑基础工程[M]. 北京:化学工业出版社,2005.

[8] 田稳苓,黄志远. 高层建筑混凝土结构设计[M]. 北京:中国建材工业出版社,2005.

[9] 张世海、刘正保、张世忠. 高层建筑结构选型与分析[J]. 四川建筑科学研究,2004,30(4):1-5.

[10] 包世华, 方鄂华. 高层建筑结构设计[M]. 北京:清华大学出版社,1990.

[11] 霍达. 高层建筑结构设计[M]. 北京:高等教育出版社,2004.

[12] 吴世明. 城市科学与管理[M]. 北京: 中国建筑工业出版社,2000:113-118.

[13] 杨绍胤. 智能建筑原理、规划和设计[M]. 杭州:浙江科学技术出版社, 1999: 7-36.

[14] 王光远. 工程软件设计理论[M]. 北京: 科学出版社, 1992:293-295.

[15] 张世海, 董至仁, 欧进萍,等. 高层钢筋混凝土结构抗震选型的影响因素及其关系模型. 混凝土结构基本理论及工程应用[M]. 天津:天津大学出版社, 1998: 541-545.

[16] 中国科学院工程力学研究院. 地震工程研究报告集(第三集)[M]. 北京:科学出版社,1977.

[17] 王广军,樊水荣. 建筑自振周期计算方法和实测资料手册[M]. 北京:中国建筑科学研究院,1988.

[18] 漆桂芬,等. 高层钢筋混凝土建筑结构动力特性的实测分析[J]. 地震工程动态,1983,3～4 期.

[19] [日]武藤清著,藤家禄,等译. 结构动力设计[M]. 北京:中国建筑工业出版社,1984.

[20] 徐渭、刘长伶. 有关房屋自振周期的分析研究. 工业与民用建筑抗震验算与构造措施(86

年设计规范背景资料、条文解说汇编),1986.

[21] 刘大海. 高层建筑抗震设计[M]. 北京:中国建筑工业出版社,1994.

[22] 建研院结构所主编. 高层建筑结构设计[M]. 北京:科学出版社,1985.

[23] 李国强. 我国高层建筑钢结构发展的主要问题[J]. 建筑结构学报, 1998.

[24] JGJ 3—2002 高层建筑混凝土结构技术规程[S]. 北京:中国建筑工业出版社,2002.

[25] JGJ 99—98 高层民用建筑钢结构技术规程[S]. 北京:中国建筑工业出版社,1998.

[26] 国家标准. GB 50011—2001 建筑抗震设计规范[S]. 北京:中国建筑工业出版社,2001.

[27] 李国强. 多高层建筑钢结构设计(第二版)[M]. 北京:中国建筑工业出版社,2002.

[28] 刘大海,杨翠如. 高楼钢结构设计[M]. 北京:中国建筑工业出版社,2003.

[29] 魏明钟. 钢结构(第二版)[M]. 武汉:武汉理工大学出版社,2002.

[30] 彭伟. 高层建筑结构设计原理.[M] 成都:西南交通大学出版社,2004.

[31] 方鄂华, 钱稼茹, 叶列平. 高层建筑结构设计[M]. 北京:中国建筑工业出版社,2003.

[32] 包世华. 新编高层建筑结构[M]. 北京:中国水利水电出版社,知识产权出版社,2005.

[33] 宋天齐. 多高层建筑结构设计[M]. 重庆:重庆大学出版社,2003.

[34] 方鄂华. 高层建筑钢筋混凝土结构概念设计[M]. 北京:机械工业出版社,2004.

[35] JGJ 138—2001. 型钢混凝土组合结构技术规程[S]. 北京:中国建筑工业出版社,2002.

[36] 刘大海,杨翠如. 高层建筑结构优选. 北京: 中国建筑工业出版社,1996.